GUÍAS DE LA NATURALEZA

ESTRELLAS Y PLANETAS

EDICIONES OMEGA

GUÍAS DE LA NATURALEZA

ESTRELLAS Y PLANETAS

Robert Dinwiddie • Will Gater
Giles Sparrow • Carole Stott

A DORLING KINDERSLEY BOOK
www.dk.com

La edición original de esta obra ha sido publicada en inglés con el título
NATURE GUIDE: STARS AND PLANETS

Traducción **M.ª José Vázquez**

DORLING KINDERSLEY

Director senior
Peter Frances

Directores
Lizzie Munsey, Martyn Page, Andrew Szudek

Director de la cubierta
Manisha Majithia

Director de producción
Rebekah Parsons-King

Gerente
Camilla Hallinan

Editor
Sarah Larter

Director de publicación asociado
Liz Wheeler

Director de publicación
Jonathan Metcalf

Director artístico del proyecto
Anna Hall

Diseñador
Fiona Macdonald

Ayudante de diseño
Jonny Burrows

Diseño de la cubierta
Laura Brim

Búsqueda de ilustraciones
Jo Walton, Julia Harris-Voss

Jefe de producción
Erika Pepe

Gerente artístico
Michelle Baxter

Director artístico
Philip Ormerod

ASESOR

Andrew K. Johnston, geógrafo, Center for Earth and Planetary Studies, National Air and Space Museum, Smithsonian Institution, EE.UU.

AVISO IMPORTANTE

Mirar al Sol a simple vista, con prismáticos o un telescopio puede causar lesiones graves en los ojos. En la página 70 de este libro se explica la manera segura de observar el Sol. Los autores y editores declinan toda responsabilidad frente a los lectores que no tengan en cuenta este aviso.

Primera reimpresión: 2016

Plató, 26 - 08006 Barcelona
www.ediciones-omega.es

Edición española producida por
Ciurana Disseny. Barcelona. Spain.

ISBN 978-84-282-1597-8

ÍNDICE DE MATERIAS

CLAVE

- Distancia media del Sol
- Periodo orbital (duración del año)
- Periodo rotacional (duración del día)
- Diámetro del ecuador
- Número de lunas
- Magnitud máxima
- Posición según el tamaño desde 1 (mayor) hasta 88 (menor)
- Anchura, medida en manos extendidas
- Altura, medida en manos extendidas
- Estrella más brillante
- Meses durante los cuales una constelación está alta en el cielo a las 22 horas

EL CIELO NOCTURNO

Estrellas, gas y polvo cerca del centro de la Vía Láctea

¿QUÉ ES EL UNIVERSO?

El Universo es todo lo que existe: espacio, tiempo, energía y materia, desde los cúmulos de galaxias más grandes hasta las partículas más diminutas. Ha estado en expansión desde su formación y es probable que nunca veamos algunas partes del mismo desde la Tierra.

TAMAÑO Y ESTRUCTURA

El tamaño del Universo no se conoce y podría ser infinito, aunque la parte que vemos es de tamaño finito (v. p. sig.). La materia visible del Universo está agrupada en cadenas de cúmulos de galaxias separados por enormes vacíos a una escala de cientos de millones de años luz (un año luz son 9,46 billones de kilómetros). Los cúmulos de galaxias se componen de múltiples galaxias separadas, cada una con miles de millones de estrellas, cuerpos más fríos y pequeños como planetas y cometas, enormes cantidades de gas y polvo, y concentraciones extremas de materia: los agujeros negros.

La escala del Universo
Aunque el Universo es de una inmensidad desconocida, una forma de hacerse una idea de su escala es utilizar una serie de piedras: desde un planeta hasta el sistema solar, la Vía Láctea y más allá.

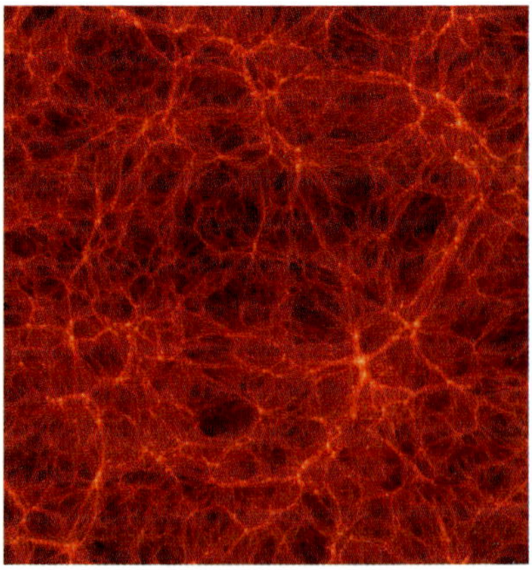

Filamentos y vacíos
Los supercúmulos de galaxias forman una red de filamentos y vacíos. Se cree que estas estructuras tienen su origen en los primeros momentos del Universo.

LOS ORÍGENES DEL UNIVERSO

La luz y otra radiación de galaxias lejanas indican que estas se están alejando de nosotros. En la década de 1920 se descubrió que, cuanto más lejos está una galaxia, más rápido se está alejando. La única explicación lógica es que el Universo se debe estar expandiendo.

Hoy en día, los astrónomos creen que el Universo comenzó a existir en un estado compacto y extremadamente caliente hace unos 13.700 millones de años, en un episodio denominado el Big Bang. La expansión que tiene lugar desde entonces es una inflación gradual de todo el espacio, no una expansión dentro del espacio: no existe un "borde" del Universo.

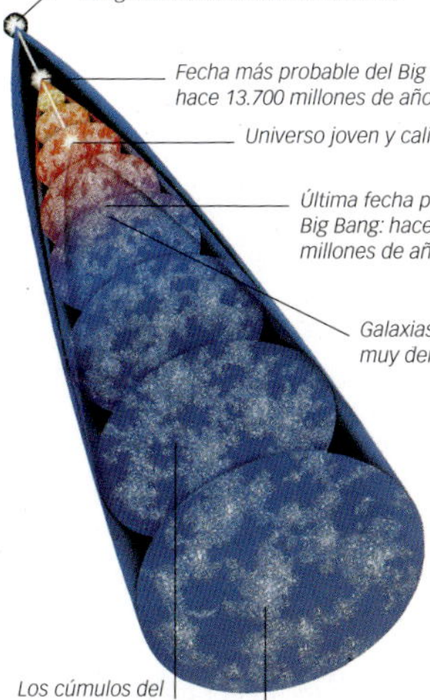

El Universo en expansión
Desde el Big Bang, hace entre 13.500 y 13.900 millones de años, el Universo está en expansión. Durante el mismo periodo, se ha ido enfriando desde un estado inicial extremadamente caliente.

EL UNIVERSO OBSERVABLE

Aunque puede que el Universo sea infinito, la parte que los astrónomos pueden observar y que conocen es finita. Se trata del Universo "observable", la región desde la que la luz ha tenido tiempo a llegar hasta nosotros desde el Big Bang. Es una enorme región esférica alrededor de la Tierra, con un diámetro de más de 90.000 millones de años luz. La luz de las galaxias cercanas al borde del Universo observable ha tardado unos 13.200 millones de años en llegar hasta nosotros. En consecuencia, vemos estas galaxias como eran cuando eran muy jóvenes, no más de unos pocos cientos de millones de años. Es probable que haya más galaxias lejanas que nunca podremos observar porque la expansión del Universo las está alejando de nosotros a una velocidad más rápida que la de la luz.

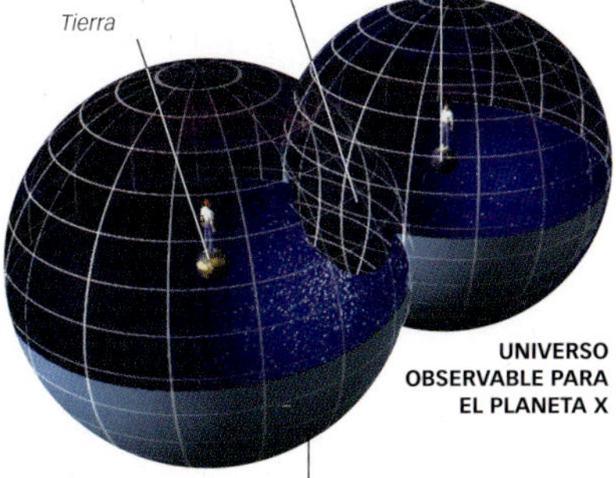

Universos observables solapados
La parte del Universo visible desde la Tierra es distinta de la que se vería desde otro planeta muy lejano. Puede que las dos regiones observables se solapen, como se muestra aquí, o puede que no.

MATERIA Y ENERGÍA

El Universo está hecho de materia y energía, que son interconvertibles. Juntas forman su masa-energía total. Al igual que la materia normal (compuesta por átomos, que forman los planetas, estrellas y galaxias), el Universo contiene materia "oscura" –así denominada porque no contiene luz– y energía oscura, cuya naturaleza se desconoce.

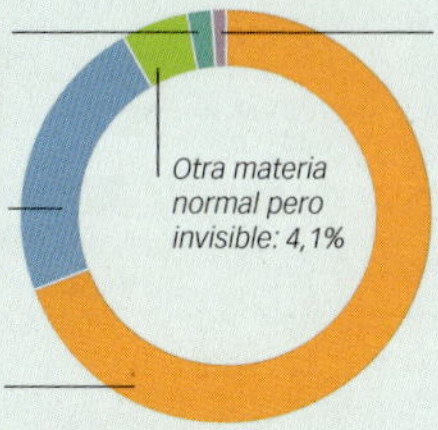

LOS OBJETOS DEL CIELO

Desde la Tierra pueden verse muchos tipos de objetos celestes. Los más obvios son las estrellas, la Luna y los planetas, pero también están presentes otros cuerpos. Algunos parecen manchas de luz, otros solo son visibles a través de prismáticos o telescopios.

ESTRELLAS

Las estrellas, muy numerosas en el cielo nocturno, son bolas calientes y lejanas de plasma (gas ionizado) que generan energía mediante reacciones de fusión nuclear en sus núcleos. Las estrellas se forman a partir de la condensación de grupos de gas y polvo, y a veces aparecen en pares de cúmulos. Existen en diferentes tamaños, colores y grados de brillo, y tienen duraciones distintas (pp. 124-125). Excepto el Sol y algunas estrellas grandes cercanas que han sido registradas con el telescopio espacial Hubble, las estrellas parecen puntos de luz.

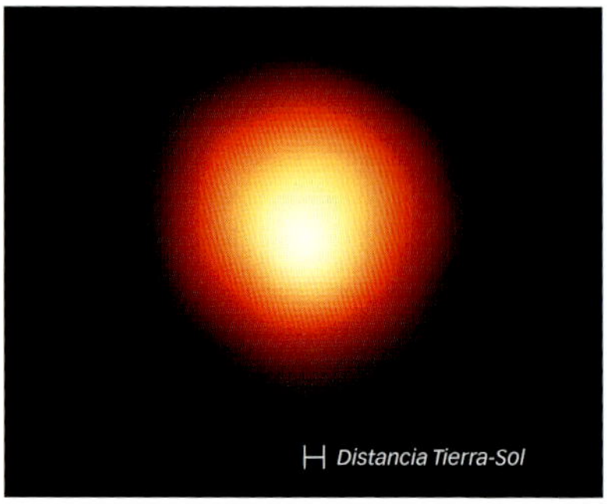

Betelgeuse
El Hubble ha podido registrar esta supergigante roja como un disco porque es lo bastante grande y está lo bastante cerca de la Tierra.

Variedad de estrellas
Esta fotografía del Hubble de parte de la constelación de Sagitario muestra estrellas en una variedad de colores, tamaños y brillos.

EL SOL

De día vemos una sola estrella en el cielo. Es nuestra estrella, el Sol (pp. 66-71). El Sol es una estrella amarilla de tamaño mediano y 4.600 millones de años. Es, con diferencia, el objeto más grande del sistema solar y representa el 99,86% de la masa total. Cuando se observa el Sol (lo cual solo debe hacerse tomando las precauciones adecuadas), lo que vemos es una capa específica que emite luz dentro de él, la fotosfera, que tiene un grosor de decenas a cientos de kilómetros. Esta capa brillante tiene una temperatura de unos 5.500 °C. Fuera de la fotosfera hay otras capas de la atmósfera solar que solo son visibles durante eclipses totales de Sol.

Nuestra estrella
El Sol tiene un brillo muchas decenas de miles de veces mayor que el de cualquier otro objeto celeste.

LA VÍA LÁCTEA

Todas las estrellas que podemos observar individualmente en el cielo nocturno forman parte de nuestra galaxia, la Vía Láctea (pp. 138-141). No obstante, no es fácil distinguir la inmensa cantidad de estrellas que tiene nuestra galaxia como puntos de luz individuales, sino que, en las noches despejadas, se ven como una banda "lechosa", ancha e irregular, que cruza el cielo. Vemos esta banda de luz debido a la forma de nuestra galaxia: un disco con una protuberancia en el centro. Cuando miramos a lo largo del plano de este disco, aparece una gran concentración de estrellas en la línea de visión, mientras que por encima y por debajo del plano se ven muchas menos.

La Vía Láctea desde la Tierra
En una noche despejada, la Vía Láctea parece una franja que cruza el cielo. Esta fotografía muestra una vista de la Vía Láctea sobre los Dolomitas en Italia.

LA LUNA

Cuando está presente y visible, el satélite natural de la Tierra, la Luna (pp. 72-81), es el objeto celeste más destacado de noche. La Luna es un globo de rocas frío, seco y sin vida con una atmósfera insustancial, cuyo diámetro es aprox. una cuarta parte del de la Tierra. Se ve grande en el cielo y brillante porque refleja la luz solar. La Luna es el único mundo, aparte de la Tierra, en el que el ser humano ha puesto los pies. Está unida a la Tierra en un modo de rotación sincrónico, es decir, completa una vuelta sobre su eje en el mismo tiempo que describe una órbita de la Tierra. En consecuencia, siempre vemos la misma cara de la Luna. Tanto las partes visibles como las ocultas de la Luna presentan muchos cráteres debido al impacto de asteroides y meteoroides (rocas espaciales) durante los últimos 4.500 millones de años.

La Luna desde la Tierra
La Luna puede verse durante unas horas aproximadamente el 70% de las noches despejadas. Cuando el cielo está claro y la Luna llena, nuestro satélite puede observarse durante toda la noche o su mayor parte.

» LOS PLANETAS

Un planeta es un objeto que orbita alrededor de una estrella y es lo bastante grande para que su propia gravedad le haya dado una forma esférica, pero no tan masivo como para que se produzcan reacciones de fusión nuclear en su núcleo (a diferencia de las estrellas). También ha limpiado su órbita de pequeños objetos rocosos que no sean sus satélites.

Ocho planetas giran alrededor del Sol y brillan reflejando la luz solar. De estos, Mercurio (pp. 86-87), Venus (pp. 88-89) y Marte (pp. 90-93) son pequeños planetas rocosos, como la Tierra, que orbitan cerca del Sol. Júpiter (pp. 94-97), Saturno (pp. 98-101), Urano (pp. 102-103) y Neptuno (pp. 104-105) son planetas más grandes, envueltos en gas, que orbitan más alejados del Sol. Según la época del año, es posible observar varios planetas en una sola noche. Todos, excepto Neptuno, pueden verse a simple vista, aunque Urano es apenas visible. Venus es más brillante que ninguna estrella, mientras que Júpiter y Marte parecen estrellas brillantes.

La Luna y Venus
Cuando está presente, el planeta Venus suele ser el objeto más brillante del cielo nocturno exceptuando la Luna. Aquí, Venus y la Luna creciente se ven en el cielo occidental, una hora después de la puesta de sol.

La superficie de Marte
Esta fotografía de la superficie de Marte tomada por el *Spirit Rover* en 2005 muestra el color óxido del terreno de Marte, además de rocas volcánicas.

LUNAS Y ANILLOS PLANETARIOS

Todos los planetas, excepto Venus y Mercurio, tienen satélites naturales, llamados lunas. Los cuatro planetas exteriores, envueltos en gas, tienen muchas lunas y sistemas de anillos. Estos sistemas están formados por residuos y cada sistema se divide en varias bandas. La composición de los anillos varía: algunos son de polvo; otros, de roca o hielo. Algunos anillos y lunas pueden observarse con equipo de aficionado. Por ejemplo, las cuatro lunas más grandes de Júpiter y los anillos de Saturno son lo bastante brillantes como para verlos a través de un telescopio pequeño.

Urano con sus lunas
Esta imagen muestra a Urano (con estructura anular) y sus cinco lunas más grandes. En diagonal desde arriba a la izquierda son: Titania, Umbriel, Miranda, Ariel y Oberon.

PLANETAS ENANOS Y ASTEROIDES

Los planetas enanos son muy pequeños para haber despejado sus órbitas de otros cuerpos. Solo se han identificado cinco. Ceres puede verse con prismáticos. Para los demás se necesita un telescopio. La mayoría se encuentran en el cinturón de Kuiper (pp. 106-107), en el sistema solar exterior. Los asteroides (pp. 114-117) son pequeños cuerpos rocosos. Muchos giran alrededor del Sol entre Marte y Júpiter, en el Cinturón Principal. Varios asteroides pueden verse con prismáticos.

Plutón y sus lunas
Aquí vemos el planeta enano Plutón (centro) con su luna más grande, Caronte (abajo a la dcha.). A la derecha están dos lunas más pequeñas: Nix (arriba) e Hidra.

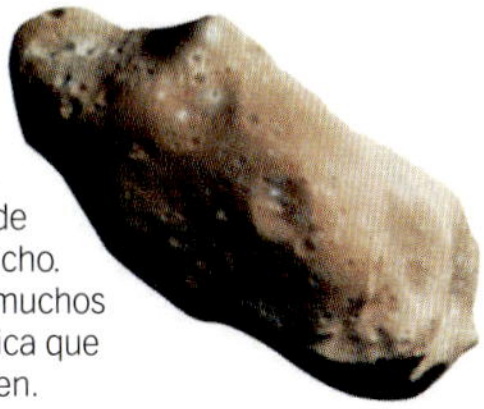

Ida
Ida es un asteroide típicamente irregular, de unos 58 km de largo y 23 km de ancho. La superficie tiene muchos cráteres, lo que indica que no es un objeto joven.

COMETAS

Los cometas (pp. 108-111) son pedazos de hielo, roca y polvo que giran alrededor del Sol. Cuando un cometa se aproxima al Sol, empieza a evaporarse debido al calor, liberando gas y polvo atrapado para formar una cabeza brillante o "coma". Luego, la radiación y los flujos de partículas que emanan del Sol (el viento solar) alejan el gas y el polvo de la coma para producir unas largas colas. Los cometas brillantes son poco comunes –solo algunos cada siglo–, pero sí que hay muchos cada año que son más tenues. Los cometas parecen manchas de luz difusa, a veces con colas visibles. Si se observa un cometa varias noches, se verá cómo se mueve sobre las estrellas del fondo. Muchos cometas se originan en la nube de Oort (p. 109), una enorme región esférica que se cree que contiene billones de cometas.

El cometa McNaught
En 2006/2007, este gran cometa, con su asombrosa cola de polvo, fue el más brillante que se había visto en el hemisferio sur en 40 años. Ahora se dirige a las partes exteriores del sistema solar y seguramente no volverá.

METEOROS

Popularmente conocidos como estrellas fugaces, los meteoros son estelas lineales de material que irradia luz, producidos en la atmósfera superior de la Tierra por el impacto de pequeños fragmentos de cometas o asteroides. En el cielo de la Tierra se producen en torno a 1 millón de meteoros cada día.

Las lluvias de meteoros tienen lugar en determinadas fechas. Se deben a que la Tierra cruza una estela de residuos en el espacio que se ha acumulado en la órbita de un cometa. La mejor forma de verlas es a simple vista, en un lugar tan oscuro como sea posible y desde una tumbona.

Las Leónidas
Cada año, los meteoros de las Leónidas se ven en torno al 17 de noviembre. Dispara en todas las direcciones desde la constelación de Leo.

»

CÚMULOS ESTELARES

Muchas estrellas de la Vía Láctea se agrupan en cúmulos (pp. 134-137) de dos tipos: globulares y abiertos. Los globulares son una bola muy densa de estrellas extremadamente viejas, cuya cantidad puede ir desde 10.000 hasta varios millones. Los abiertos suelen ser más pequeños y más dispersos. Pueden verse ejemplos de ambos tipos a simple vista. Entre ellos se encuentran cúmulos abiertos como las Pléyades, las Híadas y el Joyero, y cúmulos globulares como Omega Centauri, 47 Tucanae, M13 y M15.

El Joyero
Situado en la constelación meridional de la Cruz, el Joyero es un cúmulo abierto dominado por estrellas azules calientes, con una supergigante roja más fría.

Cúmulo globular M15
En el límite de la visibilidad a simple vista, M15 se encuentra en la constelación de Pegaso y es uno de los cúmulos globulares más densos de la Vía Láctea.

La nebulosa Laguna
Esta nebulosa de emisión ovalada, muy luminosa, es una de las más grandes del cielo.

NEBULOSAS

La mayor parte de la Vía Láctea está llena de hidrógeno y helio, mezclados con un poco de polvo. Esta mezcla penetra en el espacio entre las estrellas, por lo que se conoce como medio interestelar. Los grupos más densos de gas y polvo en el espacio se conocen como nebulosas (pp. 128-131). Se ven muchas como manchas claras u oscuras en el cielo nocturno. Existen diferentes tipos: las de emisión son nubes de gas que producen un resplandor brillante a medida que absorben la energía radiante de una estrella o cúmulo estelar cercanos, y luego vuelven a irradiar la energía en forma de luz. Las nebulosas oscuras, sin embargo, solo son visibles como manchas que tapan la luz estelar. Otros dos tipos son las nebulosas de reflexión –nubes de polvo que reflejan la luz de estrellas cercanas– y las planetarias, halos calientes de material eyectado por estrellas de baja masa al final de su vida.

SUPERNOVAS

Las estrellas que experimentan grandes explosiones producen objetos temporalmente brillantes en el cielo denominados supernovas. Son muy infrecuentes: no se ha observado ninguna con certeza en la Vía Láctea desde 1604, aunque en 1987 se produjo una supernova brillante en la Gran Nube de Magallanes, una galaxia satélite de la Vía Láctea. Conocida como supernova 1987A, fue causada por la explosión de una supergigante azul y pudo verse a simple vista durante dos meses. La nube de material en expansión que sigue a una supernova se llama resto o remanente de supernova y permanece en el cielo durante siglos en forma de rasgo pálido que va creciendo.

Supernova 1987A
Esta imagen del Hubble muestra el resto de la supernova 1987A, en la Gran Nube de Magallanes, diez años después de la explosión original.

GALAXIAS

Hasta hace un siglo, se creía que la Vía Láctea abarcaba todo el Universo. Ahora sabemos que solo la parte observable de nuestro Universo ya contiene más de 100.000 millones de galaxias (pp. 142-145), las cuales van desde enanas –de unos pocos cientos de años luz de ancho y con unos cuantos millones de estrellas– hasta gigantes que abarcan varios cientos de miles de años luz y contienen varios billones de estrellas. Algunas de estas galaxias son lo bastante grandes y cercanas como para verlas con equipo de aficionado. La de Andrómeda puede verse a simple vista. Las galaxias se unen formando cúmulos, que contienen desde 20 hasta varios miles de galaxias. Las cadenas de más o menos una docena de cúmulos forman supercúmulos, que pueden tener hasta 200 millones de años luz de ancho. Los cúmulos y supercúmulos solo pueden observarse a través de potentes telescopios.

El Molinillo Austral
M83 es una espléndida galaxia espiral barrada situada en los límites de las constelaciones de Hidra y Centauro.

Cúmulo de galaxias Abell 1689
Este enorme cúmulo de galaxias está a 2.200 millones de años luz. Contiene cientos de galaxias individuales.

LA ESFERA CELESTE

Cuando se registran y se siguen las posiciones de objetos del cielo, ayuda imaginarse el cielo como una esfera hueca alrededor de la Tierra a la que los objetos están o bien adheridos o bien la atraviesan. Este globo imaginario es la esfera celeste.

TOPOGRAFÍA

La esfera celeste posee unos rasgos topográficos relacionados con la esfera real de la Tierra. Entre estos se incluyen los polos norte y sur celestes. La esfera celeste también tiene un ecuador celeste, situado sobre el ecuador terrestre. Los objetos muy lejanos, como las estrellas y las galaxias, tienen unas posiciones más o menos "fijas" en la esfera celeste, aunque cambian muy lentamente a consecuencia de la precesión (v. p. sig.). Los objetos del sistema solar, como el Sol y los planetas, se mueven constantemente y en la mayoría de los casos permanecen en una órbita circular en la superficie de la esfera, llamada la eclíptica (pp. 20-21).

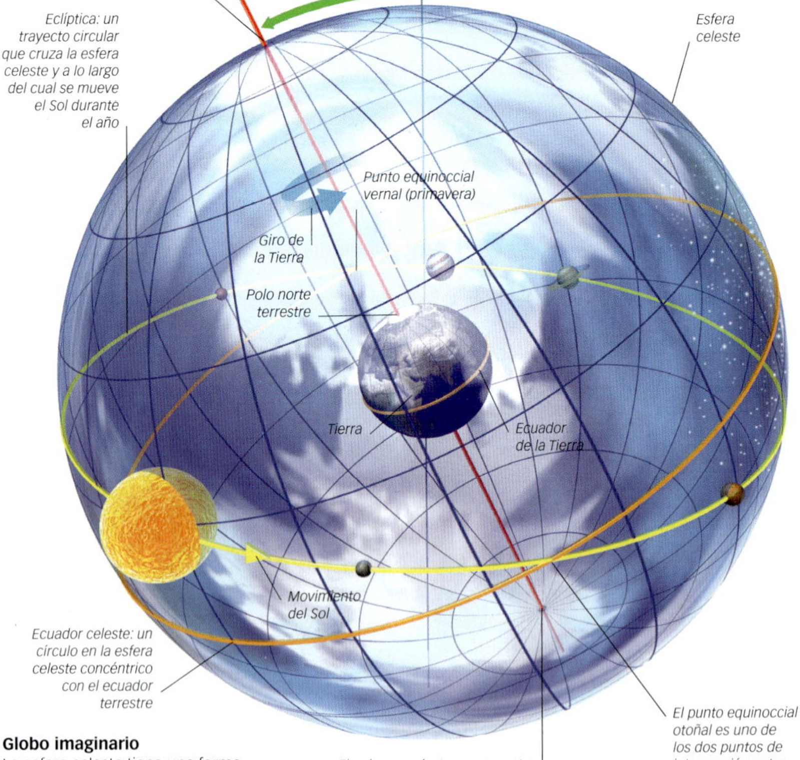

Globo imaginario
La esfera celeste tiene una forma específica, pero no un tamaño específico. Se utilizan diversos puntos y curvas de su superficie para describir las posiciones de los objetos en el cielo.

COORDENADAS CELESTES

Para definir las posiciones en la esfera celeste se utilizan unas coordenadas llamadas declinación (DEC) y ascensión recta (AR). La declinación se mide en grados y minutos de arco norte (+) o sur (–) del ecuador celeste (1º = 60 minutos de arco). La AR puede medirse en horas (1 h = 15º) o en grados y minutos de arco al este del meridiano celeste: una línea curva que atraviesa los polos celestes y el punto equinoccial vernal.

Registrar la posición de una estrella
La estrella que aquí se muestra tiene una declinación de +45º y una AR de 15º. La declinación equivale a la latitud en la Tierra, y la ascensión recta, a la longitud.

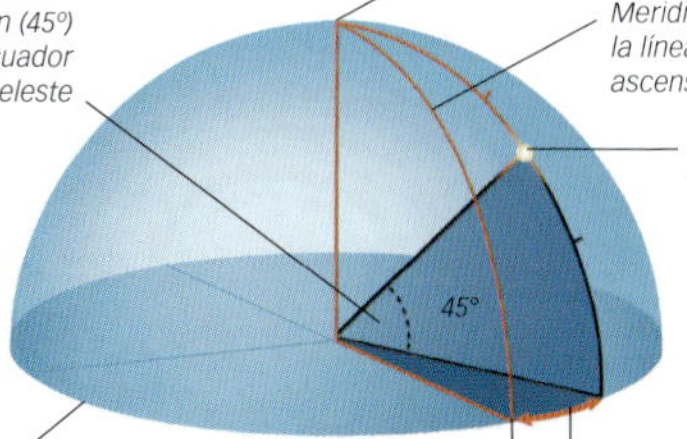

REGIÓN VISIBLE

A medida que la Tierra describe una órbita alrededor del Sol, parece que el Sol se mueve contra las estrellas, difuminando la luz del cielo. A la vez, la parte de la esfera celeste en el lado opuesto a la Tierra desde el Sol –la parte visible de noche– cambia constantemente. El área visible del cielo cambia a lo largo del año, excepto para los observadores que están en los polos de la Tierra.

Cielos de junio y diciembre
Un observador nocturno del ecuador de la Tierra ve una mitad de la esfera celeste en junio y la mitad opuesta en diciembre.

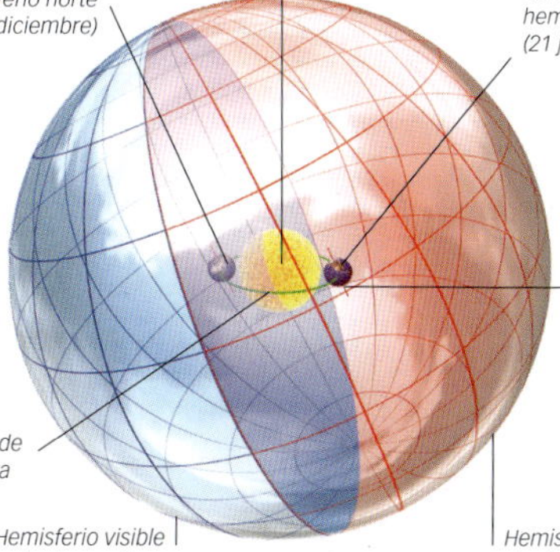

LA PRECESIÓN

La Tierra ejecuta un lento movimiento llamado precesión, que modifica la dirección de su eje de giro en un ciclo de 25.800 años. En consecuencia, van cambiando progresivamente las posiciones de los polos y el ecuador celestes y de los puntos equinocciales; incluso las coordenadas de objetos "fijos" como las estrellas cambian muy lentamente.

El movimiento de la Tierra
Debido a la precesión, el polo norte celeste describe un trayecto circular en un ciclo de 25.800 años, que aquí se muestra sobre un fondo de estrellas.

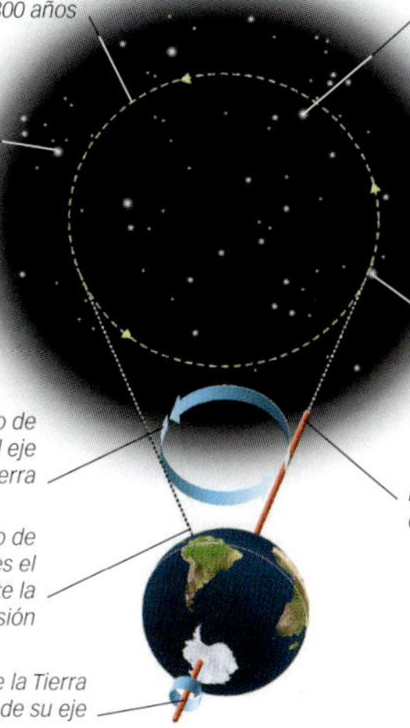

CONSTELACIONES Y ASTERISMOS

Desde tiempos antiguos, el ser humano se ha imaginado formas entre las estrellas del cielo nocturno y ha unido las estrellas para formar constelaciones y grupos más pequeños llamados asterismos. Estas figuras reciben el nombre de las formas a las que se cree que se parecen: por lo general animales, figuras mitológicas u objetos.

CONSTELACIONES

Durante miles de años, se han propuesto muchas agrupaciones diferentes de estrellas como constelaciones. Poco a poco se fue estableciendo una lista definitiva que se inició con el astrónomo Ptolomeo en el s. II. Desde 1922, un sistema internacional ha divido la esfera celeste en 88 áreas, llamadas constelaciones estándar. Por lo tanto, para un astrónomo actual el término constelación denota una parte del cielo que contiene una figura y no la propia figura.

Atlas Coelestis
Esta ilustración de *Atlas Coelestis*, publicado en Londres en 1729, muestra representaciones de varias constelaciones visibles desde el hemisferio norte.

Osa Mayor
Este mapa muestra, en el centro, la constelación de la Osa Mayor e incluye la figura de la constelación (patrón de líneas que unen las estrellas brillantes).

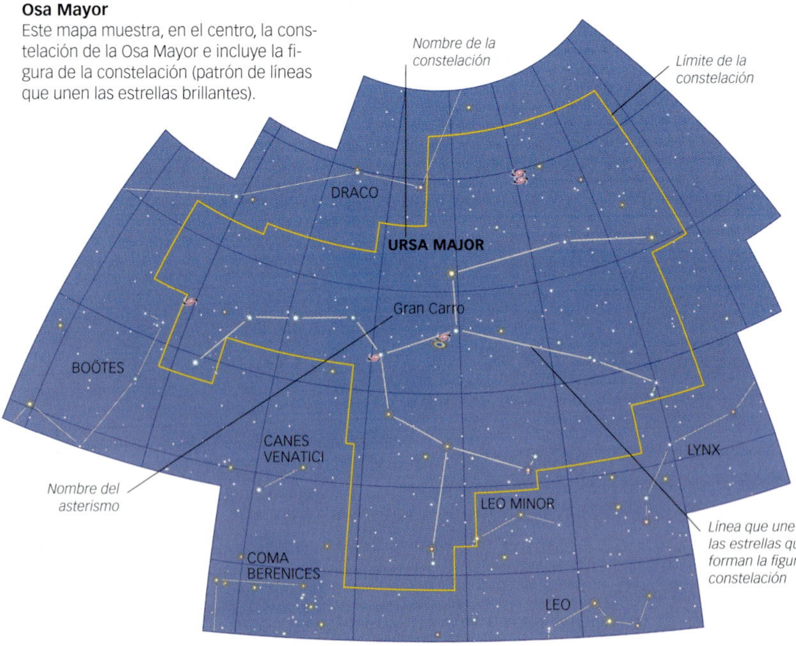

ASTERISMOS

Los pequeños grupos distintivos de estrellas dentro de las constelaciones se llaman asterismos. Uno de los más conocidos es el Gran Carro (abajo), en la Osa Mayor. Otros ejemplos son la Hoz, en la constelación del León, y las tres estrellas brillantes que forman el cinturón de Orión. Las estrellas de un asterismo no suelen estar especialmente cerca entre sí en el espacio tridimensional, a pesar de su aparente proximidad vistas desde la Tierra. No obstante, hay excepciones. Cinco de las estrellas del Gran Carro están muy cerca entre sí y viajan a través del espacio a una velocidad similar y en la misma dirección.

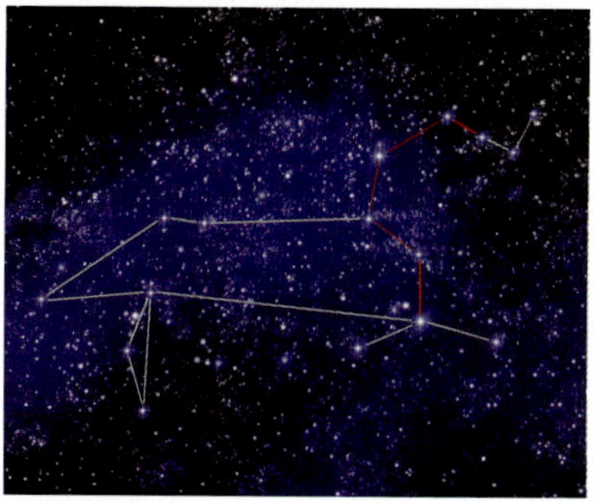

León y la Hoz
El asterismo de la Hoz, mostrado en rojo, está formado por seis estrellas de la constelación del León. El asterismo parece un signo de interrogación al revés.

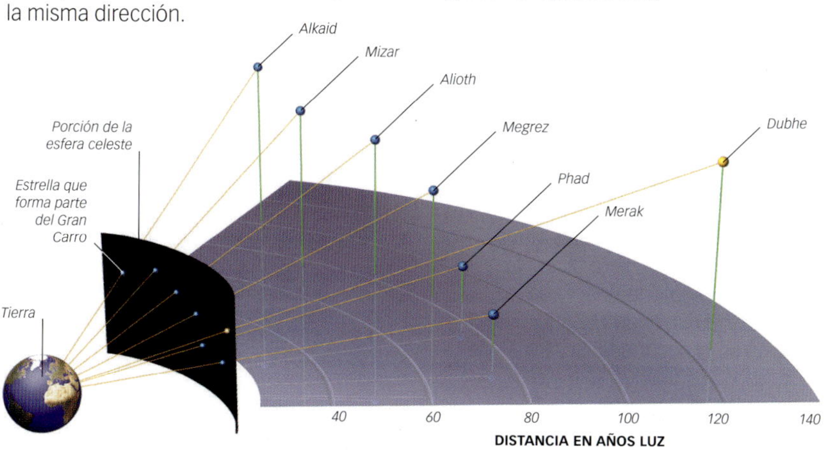

Línea de visión
Un asterismo como el Gran Carro es una visión bidimensional de un grupo de estrellas muy dispersas. Aunque parece que estén en el mismo plano, en realidad están a distancias distintas de la Tierra.

ESTRELLAS EN MOVIMIENTO

Las estrellas que están cercan entre sí en el cielo a menudo tienen diferentes movimientos "propios" (movimientos a largo plazo en determinadas direcciones en relación con la Tierra). En consecuencia, las formas de las constelaciones y los asterismos pueden cambiar a lo largo de periodos de miles de años.

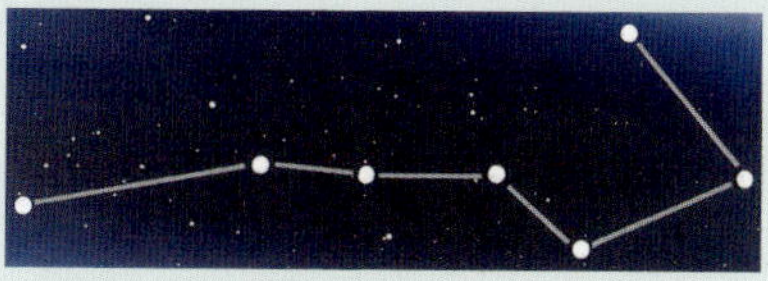

1. EL GRAN CARRO EN EL AÑO 100000 A.C.

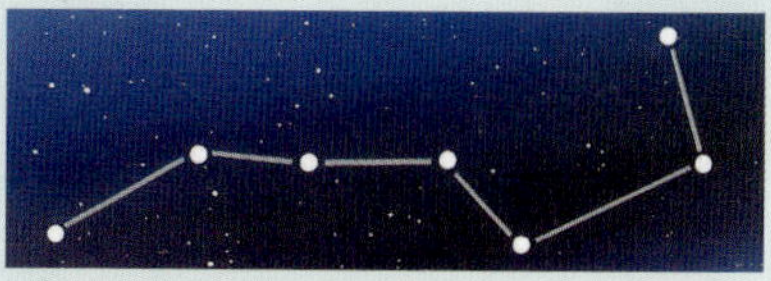

2. EL GRAN CARRO EN EL AÑO 2000.

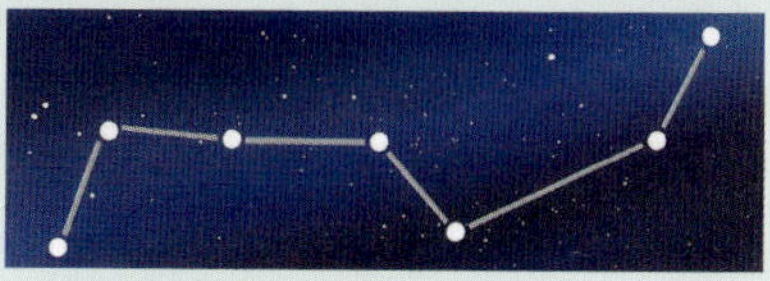

3. EL GRAN CARRO EN EL AÑO 100000.

LAS ESTACIONES Y EL ZODÍACO

La inclinación del eje de giro de la Tierra, junto con su órbita alrededor del Sol, causa las estaciones. A medida que pasan, el Sol describe un trayecto a través de la esfera celeste, conocido como la eclíptica, y se mueve a través de una franja llamada el zodíaco.

LAS ESTACIONES

La Tierra describe una órbita alrededor del Sol con una inclinación de 23,5º. En consecuencia, en momentos diferentes del año, los dos hemisferios de la Tierra están inclinados en dirección al Sol o en dirección opuesta. Esto produce las estaciones, ya que el hemisferio inclinado hacia el Sol recibe una radiación solar más intensa y se calienta más.

Cada año, el hemisferio norte alcanza su inclinación máxima en la dirección del Sol el 20 o 21 de junio (solsticio de verano en el hemisferio norte y de invierno en el sur). Unas semanas en torno a esta fecha, la región polar septentrional tiene luz solar todo el día, mientras que el polo sur está en la oscuridad. El 21 o 22 de diciembre, la situación se invierte. Entre los solsticios están los equinoccios, cuando el eje de la Tierra está de lado respecto al Sol y los periodos de luz y oscuridad son casi los mismos en todos los puntos de la Tierra.

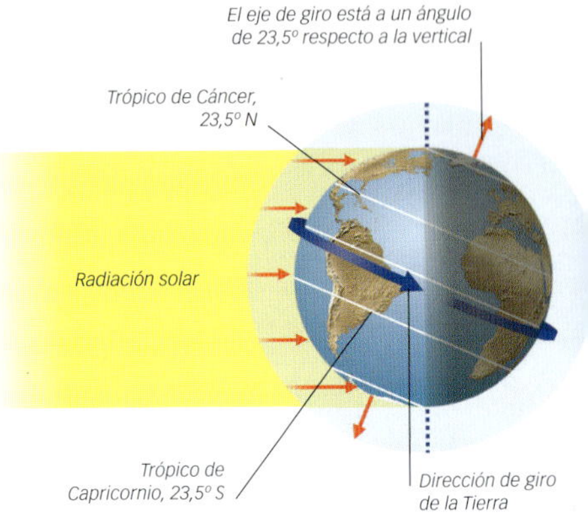

Intensidad de la luz solar
La intensidad de la radiación solar es máxima dentro de los trópicos. Hacia los polos, los rayos del Sol deben atravesar un mayor grosor de la atmósfera y se esparcen sobre un área mayor, por lo que calientan menos.

Solsticios y equinoccios
En los solsticios (extremos izqda. y dcha.), un hemisferio tiene la inclinación máxima hacia el Sol. En torno a los equinoccios (superior e inferior), ningún hemisferio está inclinado hacia el Sol.

EL PLANO DE LA ECLÍPTICA

Se puede imaginar que la Tierra se mueve alrededor del Sol en una superficie plana imaginaria conocida como el plano de la eclíptica. El plano de la eclíptica recibe este nombre porque solo puede producirse un eclipse solar cuando la Luna atraviesa este plano. Los planetas giran alrededor del Sol sobre este plano o cerca de él. La intersección entre el plano y la esfera celeste (p. 16) crea un gran círculo en la esfera celeste llamado la eclíptica. La eclíptica también es el trayecto que el Sol parece recorrer a través del cielo cuando se ve desde la Tierra.

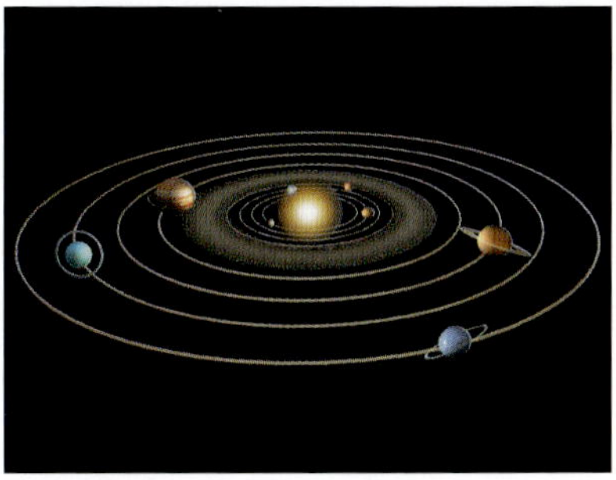

Plano de las órbitas planetarias
Todos los planetas describen una órbita alrededor del Sol sobre el mismo plano (de la eclíptica) o cerca de este. Esto se debe a que todo el sistema solar se formó a partir de un gran disco rotativo de gas y polvo.

EL ZODÍACO

En torno a unos 8° a cada lado de la eclíptica se extiende una franja de la esfera celeste llamada el zodíaco. Esta franja del cielo contiene las 24 constelaciones o parte de ellas (pp. 18-19). Debido al resplandor del Sol, su movimiento a lo largo de la eclíptica y a través del zodíaco no puede verse fácilmente, pero si se pudiese, veríamos que el Sol atraviesa cada año 13 constelaciones del zodíaco, de las cuales 12 tienen los mismos nombres que los "signos del zodíaco". El Sol pasa un número variable de días en cada una de estas 13 constelaciones. Actualmente pasa por cada una en fechas muy distintas a las fechas astrológicas tradicionales, en parte debido a la precesión (p. 17). El Sol no es el único cuerpo celeste cuya órbita se restringe al zodíaco. Dado que los planetas describen su órbita sobre el plano de la eclíptica o cerca de este, sus posiciones y movimientos siempre se limitan a esta región.

Constelaciones del zodíaco
La franja del cielo conocida como zodíaco tiene 13 constelaciones dispuestas en torno a su parte central, de las cuales 12 son constelaciones de los signos. La 13.ª constelación es Ofiuco, una parte de la cual se sitúa entre Escorpio y Sagitario.

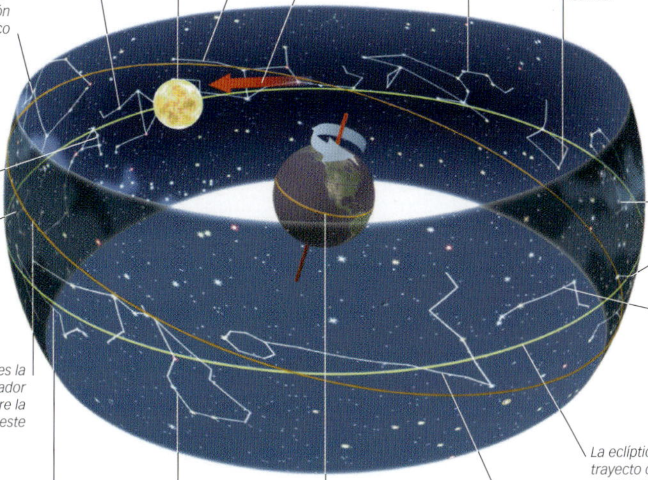

MOVIMIENTOS CELESTES

Las estrellas tienen posiciones casi constantes en la esfera celeste, pero realizan movimientos diarios debido a la rotación terrestre. Los objetos del sistema solar realizan el mismo movimiento diario, pero con movimientos adicionales a más largo plazo.

LA ROTACIÓN DE LA TIERRA

La rotación de la Tierra produce un patrón continuo de movimiento a través del cielo para todos los objetos celestes, incluidas las estrellas, la Luna, el Sol y los planetas. Este movimiento es de este a oeste y sigue día y noche, aunque en general solo puede verse de noche. La rotación de la Tierra crea el movimiento celeste dominante y más obvio de todo. El aspecto de este movimiento para un observador depende significativamente de la posición de este en la superficie de la Tierra (v. abajo). La tasa de movimiento es 1° de desplazamiento de todo el cielo cada 4 minutos. Los efectos pueden verse muy bien en fotos de larga exposición en forma de largos rastros de estrellas que describen círculos alrededor de un polo celeste.

LOS EFECTOS DE LA LATITUD

El patrón diario de movimiento de los objetos del cielo causado por la rotación terrestre cambia para los observadores situados en el ecuador, en los polos o en latitudes medias. En el polo norte, se ven todas las estrellas del cielo septentrional, y parece que estas estrellas y otros objetos giran alrededor de un solo punto justo en el cenit, sobre su cabeza. Ninguna estrella sale o se pone por debajo del horizonte. En el ecuador la rotación de la Tierra permite ver algunas estrellas mientras salen y esconde otras cuando se ponen. En las latitudes medias se observa un patrón de movimiento intermedio.

Posición del observador	Movimiento aparente de las estrellas	Vista del observador	Rastros de estrellas vistos
POLO NORTE 	Para un observador que mire hacia arriba desde el polo norte, las estrellas y otros objetos describen círculos en el sentido antihorario alrededor de un punto justo en el cenit. En el polo sur, en sentido horario.	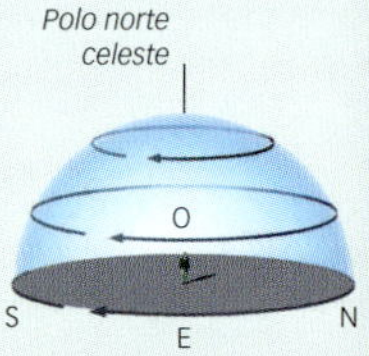	
LATITUD MEDIA 	Para un observador situado en latitudes medias –es decir, entre 25° y 65°, al norte o al sur del ecuador–, los objetos celestes salen por el este, cruzan el cielo oblicuamente y se ponen por el oeste.	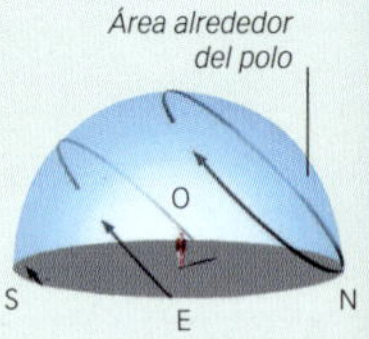	
ECUADOR 	Para un observador situado en el ecuador o cerca de este, los objetos celestes parecen salir verticalmente por el este, describen un arco sobre la cabeza y luego vuelven a hundirse verticalmente por el oeste.	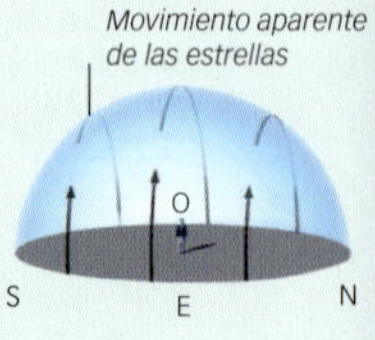	

MOVIMIENTOS LUNARES

La Luna cruza el cielo de este a oeste cada día a consecuencia de la rotación terrestre. No obstante, como está tan cerca de la Tierra y gira alrededor de esta, la Luna muestra algunos movimientos adicionales que se producen en relación con la esfera celeste y no se deben únicamente a la rotación terrestre. El más importante es un movimiento continuo de oeste a este que implica un desplazamiento de en torno a 12º en el cielo cada día. Este movimiento acompaña los cambios regulares de las fases de la Luna y significa que sale y se pone una hora más tarde cada día sucesivo. Otros ciclos más completos del movimiento celeste de la Luna son consecuencia de que gira alrededor de la Tierra en un ángulo respecto al plano de la eclíptica (p. 21) y de alteraciones causadas por su interacción con la Tierra y el Sol.

Movimiento en un periodo de dos semanas
Esta imagen muestra la Luna moviéndose progresivamente de oeste a este durante casi quince días. Cada fotografía se tomó una hora antes del amanecer.

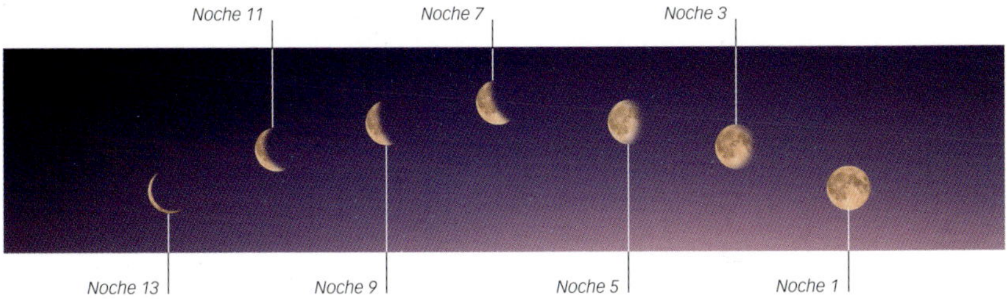

EL DESPLAZAMIENTO DEL SOL Y LOS PLANETAS

El Sol describe un trayecto de este a oeste en el cielo cada día, debido a la rotación terrestre. Pero una combinación de la inclinación de la Tierra y de su órbita solar significa que, para un observador situado en una ubicación fija, el trayecto del Sol varía a lo largo del año (v. dcha.). También afecta al movimiento solar una pequeña variación de la velocidad de la Tierra en su órbita elíptica alrededor del Sol. Estos factores juntos implican que si el Sol se observa a la misma hora del día muchas veces durante un año, describe la figura de un ocho en el cielo, llamada analema (v. izqda.). Los planetas acompañantes de la Tierra poseen complejos movimientos de desplazamiento en la esfera celeste, influidos en parte por la propia órbita solar de la Tierra porque cambia continuamente el punto de vista de los observadores restringidos a la Tierra. En general, cuanto más cerca está el planeta, más complejos parecen sus movimientos. Por ejemplo, Marte suele describir movimientos en zigzag.

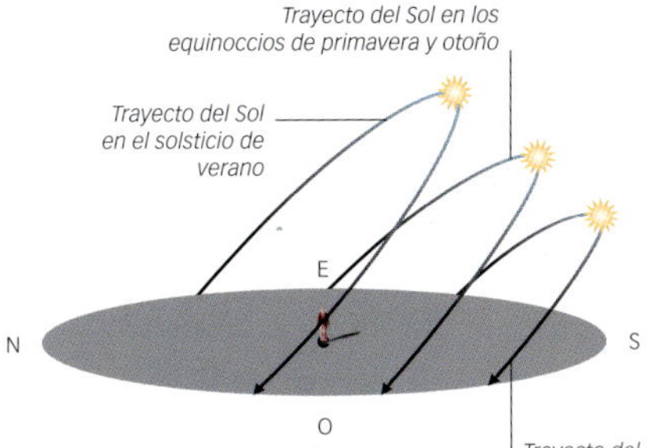

Los trayectos del Sol
Se muestran aquí los diversos trayectos del Sol en el cielo en los solsticios y equinoccios para un observador en una latitud de 45º N.

El analema del Sol
Para producir esta imagen del analema solar, se registró la posición del Sol en el cielo a la misma hora del día 38 veces en un año.

DESIGNAR LOS OBJETOS

En tiempos antiguos, solo había unos cientos de objetos celestes fácilmente distinguibles que requerían un nombre. Hoy en día, se han identificado más de mil millones. Estos se denominan sistemáticamente según convenciones universales.

ESTRELLAS

En torno a 350 de las estrellas más brillantes tienen nombres antiguos, en su mayoría de origen árabe o latino. El astrónomo alemán Johann Bayer introdujo el primer método sistemático para denominar las estrellas en 1603. Bayer distinguió hasta 24 estrellas en cada constelación, designándolas con letras griegas en orden descendiente aproximado de brillo. En 1712, el astrónomo inglés John Flamsteed introdujo un sistema alternativo, numerando las estrellas en el orden de su ascensión recta, es decir, de oeste a este en cada constelación. Todavía se utilizan los dos sistemas, pero las estrellas débiles –la mayoría– no están recogidas en ningún sistema y se designan solo con un número.

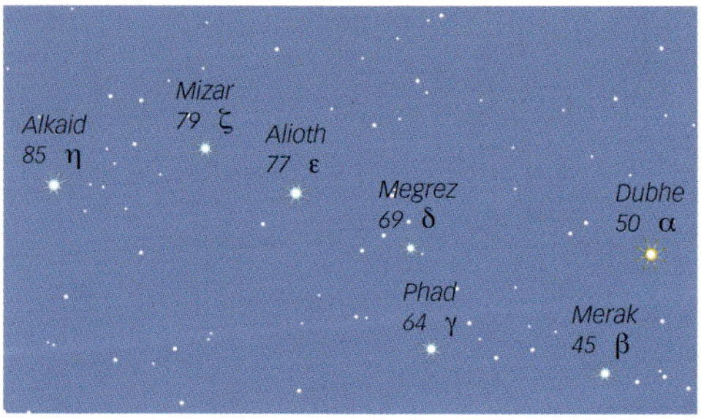

Los sistemas de Bayer y Flamsteed
Este diagrama del Gran Carro muestra el nombre antiguo de cada estrella, la letra de Bayer (del alfabeto griego) y el número de Flamsteed. Por tanto, Merak también se llama Beta (β) Ursae Majoris (Bayer) o 45 Ursae Majoris (Flamsteed).

LOS OBJETOS DEL CIELO PROFUNDO

Muchos objetos del cielo nocturno parecen manchas difusas de luz a simple vista. Entre ellos hay cúmulos estelares, nebulosas, galaxias y restos de supernovas. En el s. XVIII, Charles Messier elaboró un catálogo de 110 de estos objetos, designándolos con la letra M y un número. Más adelante, se recopilaron dos catálogos: el NGC (New General Catalogue) y el IC (Index Catalogue). Los objetos de estas listas se designan con "NGC" o "IC" seguido de un número. Algunos objetos nebulosos además de un número de catálogo, tienen nombres tradicionales, como el cúmulo estelar de las Pléyades, o nombres relacionados con su aspecto, como la galaxia del Sombrero.

La nebulosa del Cangrejo
Este espectacular objeto nebuloso, el resto de una supernova observada en 1084, se llama nebulosa del Cangrejo debido a su forma y M1 porque fue el primer objeto clasificado en el catálogo de Messier.

CUERPOS DEL SISTEMA SOLAR

Algunos objetos del sistema solar, como la Luna y la mayoría de los planetas, tienen nombres antiguos. Los cometas nuevos reciben el nombre de sus descubridores y también una denominación formal que indica, entre otra información, el tipo de cometa y la quincena del descubrimiento. Los asteroides se denominan con un número de tres a cinco dígitos que indica dónde se sitúan en el orden histórico de descubrimientos de asteroides, por lo general seguido de un nombre. En los primeros tiempos de identificación de asteroides, se utilizaban nombres mitológicos. Este sistema fracasó porque faltaban nombres y hoy en día los asteroides se bautizan a menudo con el nombre de científicos, escritores y músicos famosos.

Cometa Hale-Bopp C/1995 O1
Este cometa recibió el nombre de sus codescubridores: los estadounidenses Alan Hale y Tom Bopp. La designación formal C/1995 O1 indica que es un cometa no periódico descubierto en agosto de 1995.

253 Mathilde
El 253 del nombre de este asteroide, descubierto en 1885, indica que fue (aproximadamente) el asteroide n.º 253 en ser identificado. "Mathilde" era el nombre de la esposa de un astrónomo francés.

DISTANCIAS Y MAGNITUDES

Para expresar las distancias en astronomía se utilizan tres unidades principales: la unidad astronómica (UA), el año luz y el parsec. Las magnitudes (brillos) de los objetos celestes se expresan como magnitud aparente o absoluta.

MEDIDAS DE DISTANCIA

La unidad astronómica –la distancia media entre la Tierra y el Sol– se utiliza para expresar distancias dentro del sistema solar. Aparte, es más habitual utilizar el año luz –la distancia que recorre la luz a través de un vacío en un año– o el parsec, la distancia a la que una estrella tendría un paralaje de un sexagésimo de un grado (v. dcha.). Un aspecto delicado es la expresión de distancias a galaxias muy remotas, complicada por el hecho de que la expansión del Universo las está alejando muy deprisa. Se utilizan diferentes medidas para expresar dichas distancias; una, llamada distancia "propia", es la distancia verdadera entre la Tierra y la galaxia remota en el momento actual.

TABLA DE DISTANCIAS

Unidad	Distancias
Unidad astronómica (UA)	150 millones de km
Año luz	9,461 billiones de km
Parsec	30,857 billones de km 3,26 años luz

El paralaje
Cuando se observa la estrella A desde lugares opuestos de la órbita de la Tierra, su desplazamiento es mayor que el de la B, más distante. A partir de este desplazamiento, se calcula el ángulo de paralaje entre la estrella y las dos posiciones de la Tierra y la distancia de la estrella.

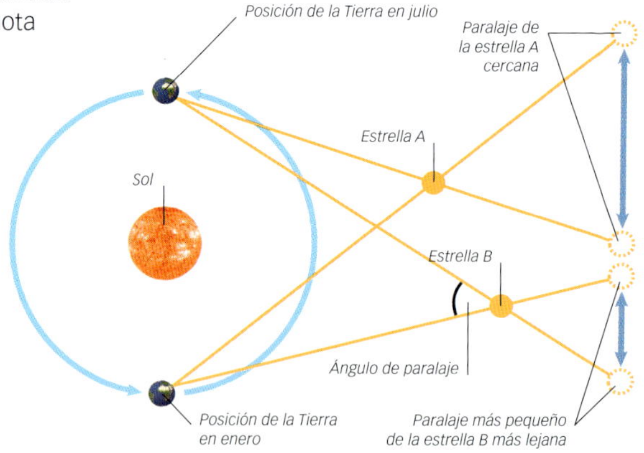

Distancias cósmicas
El gráfico siguiente utiliza una escala logarítmica. La primera división representa 10.000 km. Cada división siguiente multiplica por diez la distancia de la anterior.

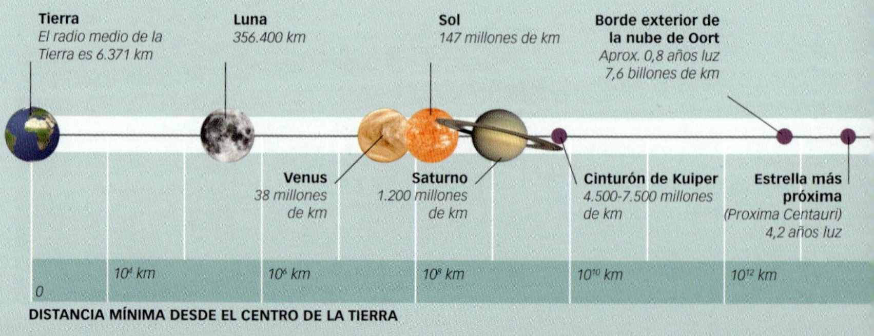

EL BRILLO DE LOS OBJETOS DEL CIELO

Conocer el brillo medido de un objeto ayuda a identificarlo en el cielo nocturno. Es importante distinguir entre la magnitud absoluta de un objeto –su brillo real– y su magnitud aparente, que es lo brillante que parece desde la Tierra. La magnitud aparente difiere de la magnitud absoluta porque cuanto más alejada está una estrella, más tenue parece. La magnitud aparente es la medida que utilizan más habitualmente los observadores de estrellas. Las escalas tanto de magnitud aparente como absoluta están organizadas de modo que los objetos tenues tienen valores numéricos altos y los brillantes tienen valores bajos o negativos. Una disminución del valor numérico de la magnitud de 1 se corresponde con un aumento de 2,5 del brillo.

El triángulo de verano
Del triángulo formado por Deneb (izqda.), Vega (arriba) y Altair, Deneb es la estrella más tenue, su magnitud aparente es la más baja. Sin embargo, Deneb está más de 50 veces más lejos que las otras, por lo que en realidad es miles de veces más luminosa y tiene una magnitud absoluta mucho más alta.

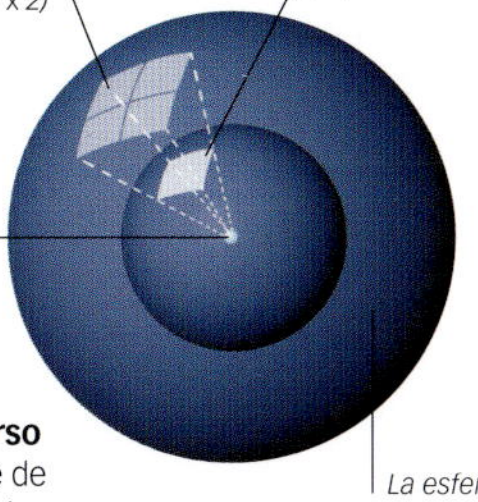

La ley del cuadrado inverso
El brillo aparente de una estrella disminuye en proporción al cuadrado de su distancia del observador: una regla llamada la ley del cuadrado inverso. Esto sucede porque la energía de la luz se extiende sobre un área cada vez mayor a medida que se aleja de una estrella.

COMPARAR EL BRILLO

Objeto	Magnitud aparente máxima
El Sol	–26,7
La Luna	–12,9
Venus	–4,9
Sirio (la estrella más brillante)	–1,4
Saturno	–0,5
Vega (estrella)	0,0
Ganímedes (luna de Júpiter)	4,4
Vesta (asteroide más brillantre)	5,1
Urano	5,3
Objetos más tenues	Aprox. 6,0
Plutón (planeta enano)	13,6

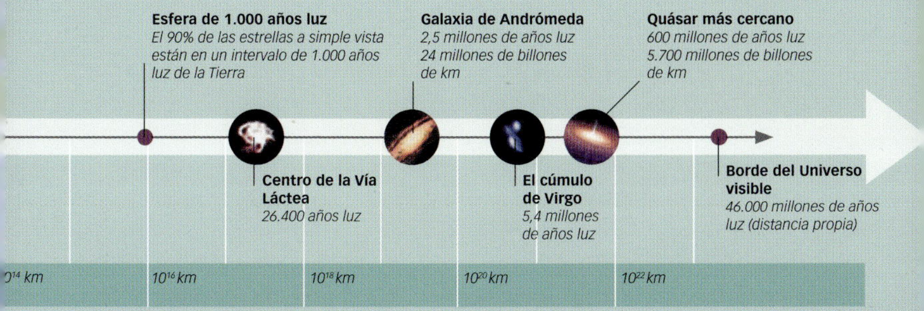

HERRAMIENTAS Y TÉCNICAS

Un encuentro astronómico en Irán, organizado para buscar objetos del cielo profundo del catálogo de Messier

ASPECTOS BÁSICOS

Mirar al cielo por la noche y descubrir estrellas es emocionante, y más aún si se pueden identificar. Algunos preparativos sencillos, como saber qué podría ver, pueden ayudarle a aprovechar al máximo una observación nocturna.

PRIMEROS PASOS

Para mucha gente, la mejor forma de observar es a simple vista porque permite ver las estrellas sobre el fondo de todo el cielo, un contexto que se pierde a través de los prismáticos o del telescopio. Además, familiarizarse con el cielo en conjunto es tan importante como ver objetos en detalle, por lo que disponer de equipo óptico debería considerarse algo opcional al principio. No obstante, sí que debe llevar consigo una brújula para orientarse, un planisferio (v. abajo), una linterna, una lista de los objetos que espera ver y comida, si va a estar mucho tiempo observando. También es indispensable llevar ropa de abrigo, ya que de noche es fácil coger frío, aunque sea verano.

PLANIFICACIÓN

Antes de salir, utilice un planisferio, un mapa estelar o un programa informático para planificar la observación. Anote qué puede ver en el horario y la ubicación elegidos. Para empezar, propóngase identificar algunas de las constelaciones más destacadas y las estrellas más brillantes. Familiarizarse con las formas de las constelaciones antes de salir le ayudará a reconocerlas. Recuerde que si hay luna llena, el cielo estará muy iluminado y será imposible ver algunos objetos. Si va a utilizar un telescopio, compruebe que funciona, déjelo adaptar a la temperatura nocturna y planifique el tiempo necesario para montarlo.

Utilizar un planisferio
Un planisferio muestra las posiciones de las estrellas a lo largo del año a una latitud dada. Cambiar la fecha y la hora del planisferio modifica el fragmento del cielo nocturno que muestra.

Mapas estelares electrónicos
Puede encontrar fácilmente programas informáticos que le permiten ver el cielo nocturno a la hora y en la ubicación que le interese. También pueden comprarse aplicaciones de astronomía para los *smartphones* y *tablets* (izqda.); con ellas puede elevar la pantalla hacia el cielo y ver cómo se traza un mapa con las estrellas ante sus ojos.

OBSERVACIÓN EN COMPAÑÍA

Pasar tiempo con un observador experimentado es una forma excelente de aprender cosas sobre el cielo nocturno. Si no conoce a ninguno, contacte con alguna asociación astronómica local. Sus miembros estarán encantados de compartir sus conocimientos. La mayoría de las asociaciones ofrecen conferencias y demostraciones prácticas de equipos, además de encuentros durante los que se reúnen astrónomos para observar el cielo. Busque también eventos especiales para hacer observaciones en otros puntos de su país o en el extranjero, tales como viajes para ver eclipses.

Encuentros astronómicos
En todo el mundo, los astrónomos se reúnen en lugares de cielo oscuro, alejados de la contaminación lumínica, para compartir su pasión por el cielo nocturno. Es una oportunidad excelente para aprender técnicas de observación y recibir consejos.

QUÉ ESPERAR

Una vez en el exterior, los ojos necesitan un tiempo para adaptarse a la oscuridad. Cada vez irán apareciendo más estrellas. Antes de 30 minutos, su vista se habrá adaptado totalmente y verá estrellas de distintos brillos. A simple vista podrá contemplar diversos objetos: la Luna, cúmulos de estrellas, planetas, cometas y galaxias. Los más tenues no pueden verse cuando se mira directamente debido a un "ángulo muerto" del ojo humano; aparte un poco la vista de estos objetos y aparecerán en su visión periférica. Los prismáticos o un telescopio descubrirán más objetos y detalles.

¿QUÉ PUEDO VER?

Un observador con un telescopio reflector de 300 mm en buenas condiciones de observación puede contar con ver los objetos siguientes:

LA LUNA Pueden verse con gran detalle cráteres, mares, montañas y otros accidentes topográficos.

LOS PLANETAS Marte parece del tamaño de una pelota de béisbol; los detalles solo pueden verse cuando está más cercano a la Tierra. Son visibles las franjas de nubes de la atmósfera superior de Júpiter. Urano es un punto diminuto.

ESTRELLAS Las estrellas parecen mucho más brillantes, pero aun así solo se ven como puntos de luz.

OBJETOS DEL CIELO PROFUNDO Las galaxias y las nebulosas parecen manchas de luz. Las estrellas y los cúmulos estelares son brillantes y como una joya.

A simple vista
Los planetas y la Luna se mueven dentro de la franja de constelaciones conocida como el zodíaco (p. 21), por lo que a menudo pueden verse juntos. Aquí, la Luna y Venus parecen muy cerca al alba.

CUÁNDO Y DÓNDE OBSERVAR

Una noche despejada es una buena oportunidad para observar, pero lo que pueda ver dependerá de la hora y el lugar de observación. Las condiciones atmosféricas, tales como la contaminación lumínica y las turbulencias del aire, también pueden afectar a la vista.

CIELOS EN MOVIMIENTO

Dado que la Tierra gira sobre su eje una vez cada 23,9 horas, las estrellas tardan 23,9 horas en realizar un circuito de 360º del cielo. Para los observadores del polo norte y sur, las estrellas ni salen ni se ponen, sino que describen círculos alrededor de los polos norte y sur celeste, respectivamente (p. 16). Desde el ecuador, el efecto de la rotación terrestre es muy distinto y las estrellas empiezan a salir sobre el horizonte y a ponerse (p. 22). Debido a que la Tierra también gira alrededor del Sol, el fragmento de cielo visible para el observador cambia durante el año. Si mira hacia el sur en el hemisferio norte (o hacia el norte en el hemisferio sur) verá que las constelaciones no están en el mismo lugar a la misma hora cada noche, sino que van desplazándose hacia el oeste.

1 MARZO, 22 H | 15 MARZO, 22 H

Ubicación fija, cielo cambiante
Un observador a 50º N que mire hacia el sur a la misma hora en noches sucesivas verá Orión cada vez más bajo a medida que avance marzo. Al final del mes, casi habrá desaparecido bajo el horizonte occidental.

ELEGIR UNA UBICACIÓN

La calidad de una observación nocturna depende de la calidad del cielo. Las estrellas, los planetas, las nebulosas y las galaxias se ven mejor en un cielo oscuro, pero la mayoría de la gente vive en poblaciones iluminadas. No obstante, incluso en una ciudad pueden verse las estrellas más brillantes y es posible distinguir las constelaciones. Si el cielo está claro y no hay luna, pueden verse unas 300 estrellas. Un cielo de un entorno rural, más oscuro, revela alrededor de 1.000 estrellas, y un lugar más oscuro en el campo permite ver 3.000 estrellas. Aunque los objetos tenues son más fáciles de ver en el campo, las figuras de las constelaciones son más difíciles de distinguir entre tantas estrellas.

Cielos claros y oscuros
Sirio es la estrella más brillante del cielo nocturno. Suele ser visible incluso en el centro de una ciudad llena de luz (arriba). Pero se ve mejor desde una zona rural (abajo), donde se pueden contemplar con más estrellas.

CONDICIONES ATMOSFÉRICAS

Para disfrutar de la mejor vista de un objeto, vale la pena esperar hasta que alcance su punto más elevado en el cielo. Entonces la luz del objeto atraviesa una sección más delgada de la atmósfera terrestre que cuando está cerca del horizonte; así, le afectan menos efectos

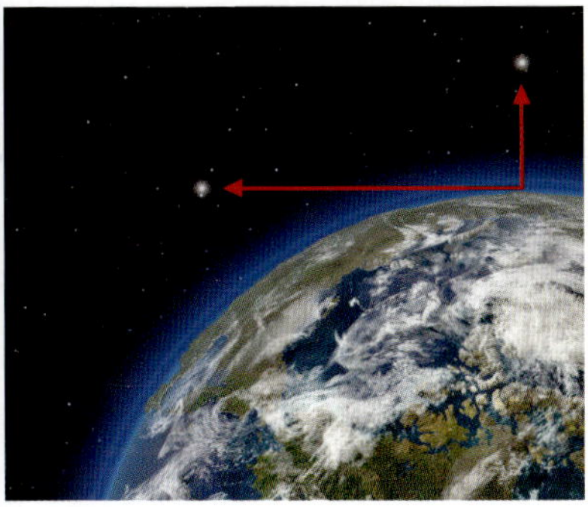

La ventaja del cenit
Observar un objeto situado justo en el cenit reduce el grosor de la atmósfera a través del que tiene que viajar su luz, mejorando así su vista.

distorsionantes causados por las condiciones atmosféricas. Una distorsión se debe a que cada parte de la atmósfera tiene temperaturas distintas, lo que hace que la imagen vista a través del telescopio se ondule. Una atmósfera estable es la que tiene una buena "visibilidad", una cualidad clasificada de uno a diez, donde diez es la vista perfecta. La cantidad de vapor de agua y polvo en la atmósfera causa una segunda distorsión. De una atmósfera con poco vapor y polvo se dice que tiene una buena "transparencia".

Luz roja
Colocar un celofán rojo sobre el extremo de una linterna suaviza su luz. La luz roja permite ver qué se hace y mantiene los ojos adaptados a la oscuridad.

LATITUD Y LONGITUD

Cambiar de posición en el globo, aunque sean miles de kilómetros, no tiene por qué cambiar la vista del cielo nocturno. Los observadores en una misma latitud pero en lugares opuestos del mundo ven el mismo cielo. Si Orión es visible desde Albuquerque (EE.UU.) a las 23 h (hora local), también será visible en Tokio (Japón) a las 23 h (hora local), ya que las dos ciudades se encuentran en la misma latitud. Sin embargo, cambiar de latitud desplazándose hacia el norte o el sur puede marcar una diferencia enorme. Si se viaja desde el polo norte al polo sur, aparecen constelaciones nuevas y todo el cielo nocturno se invierte.

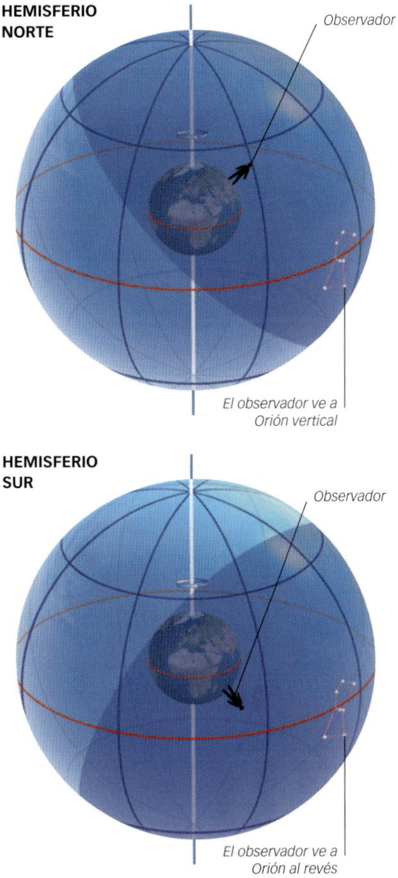

Cielos invertidos
Estas esferas celestes simplificadas muestran el aspecto de Orión cuando se ve desde el hemisferio norte y desde el sur. La zona oscurecida representa el cielo sobre el horizonte del observador.

ORIENTACIÓN

Orientarse en el cielo nocturno puede ser fácil y divertido. Todo lo que necesita son unas cuantas técnicas sencillas para poder iniciarse. Con un poco de práctica, calcular los ángulos, los tamaños y las ubicaciones de los objetos celestes se convierte en algo automático.

ÁNGULOS EN EL CIELO

La posición de un objeto en el cielo se expresa en términos de su altura y su acimut. La altura es su ángulo sobre el horizonte desde cualquier latitud dada; una estrella situada justo en el cenit tiene una altura de 90°. El acimut de un objeto es su ángulo desde el punto norte; una estrella situada detrás de usted mientras mira al norte tiene un acimut de 180°. Estos ángulos son fáciles de medir con los brazos y pronto podrá calcularlos con solo mirar. Si se encuentra en un entorno desconocido, utilice una brújula para localizar el norte o el método de ir "de estrella en estrella".

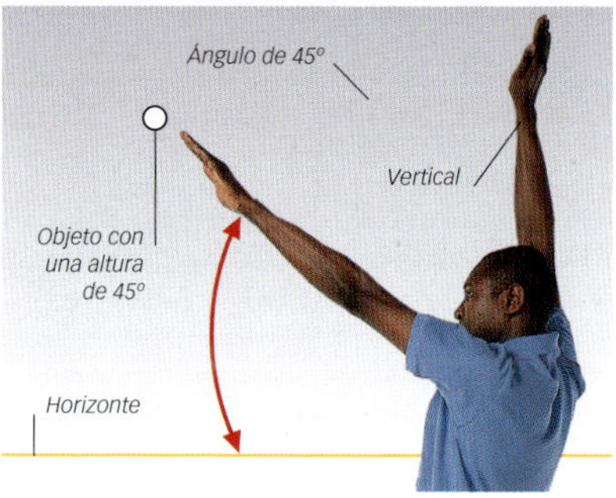

Medir la altura
Para determinar la altura de un objeto, estire un brazo sobre la cabeza para formar un ángulo de 90° con el horizonte. Luego señale con el otro al objeto y calcule su ángulo sobre el horizonte.

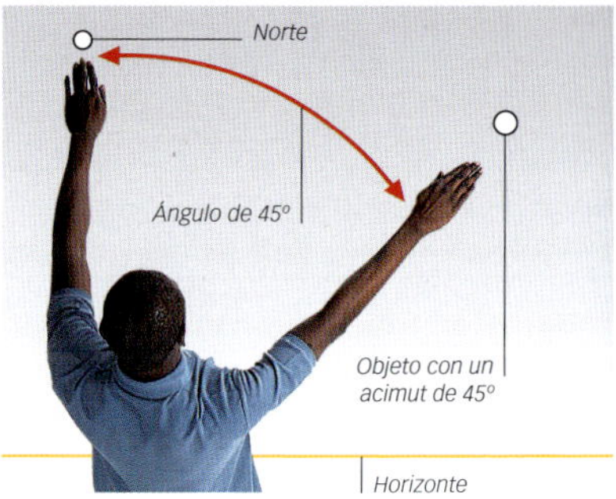

Medir el acimut
Para determinar el acimut de un objeto, estire un brazo hacia el norte y describa un arco con el otro brazo para señalar el objeto. El este está 90° a la derecha; el noreste, a 45°.

EVALUAR EL TAMAÑO

El tamaño de un objeto en el cielo, así como la distancia entre objetos, se expresa en grados o partes de un grado. Así, la constelación del León tiene unos 40° de ancho, medida desde la nariz del león hasta la cola. Puede medir estos tamaños con las manos, un método que relaciona el mapa de una constelación con las estrellas reales en el cielo.

El ancho de un dedo
Sostener un dedo con el brazo estirado cubre en torno a 1° del cielo y es útil para medir distancias pequeñas entre estrellas. La Luna llena mide medio grado de ancho.

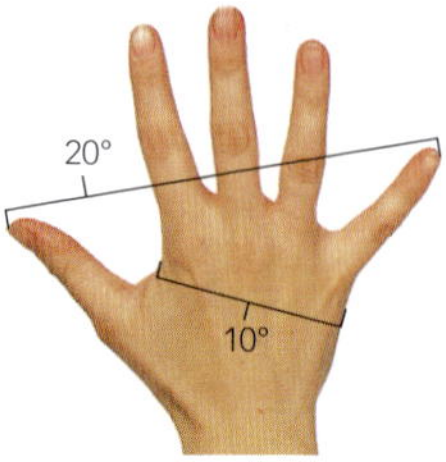

Palmos
El ancho de una mano estirada mide en torno a 20° de cielo. Un puño (la distancia a lo largo de la base de los dedos) mide 10°.

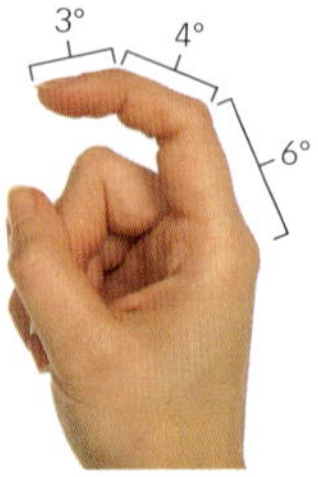

Articulaciones de los dedos
Las tres articulaciones de un dedo pueden medir pequeñas distancias en el cielo. La primera articulación tiene unos 3° de ancho; la segunda, unos 4°, y la tercera, unos 6°.

DE ESTRELLA EN ESTRELLA

Muchas constelaciones contienen estrellas que sirven de puntero para otras partes del cielo nocturno. Se muestran aquí tres rutas de “estrella en estrella”. La primera empieza en el Gran Carro, que es un asterismo (p. 19) de la Osa Mayor, una constelación del hemisferio norte. La segunda comienza en Orión, una constelación ecuatorial que es totalmente visible desde la mayoría de las latitudes. La tercera incluye las constelaciones de la Cruz y Centauro, que solo pueden verse en el hemisferio sur.

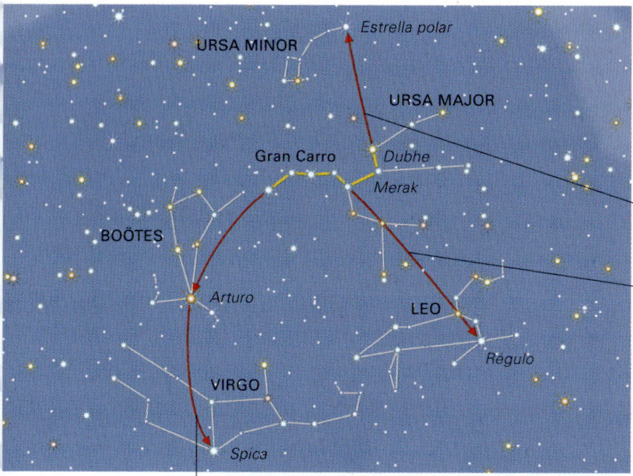

El Gran Carro
El dibujo con forma de sartén conocido como el Gran Carro es uno de los más familiares del cielo septentrional. Dos de sus siete estrellas señalan el camino a la estrella polar.

Cinco veces la distancia de Merak a Dubhe le llevará a la estrella polar

Prolongar una línea desde las dos estrellas que forman el borde de la caja del carro más cercano de la vara conduce a la estrella brillante Régulo, en León

Las estrellas del cinturón señalan a través de la mano de Orión a Aldebarán, en Tauro

La vara del Gran Carro hace una curva que se puede prolongar hasta Arturo en el Boyero y Spica en Virgo

Una línea desde el cinturón de Orión, prolongada hasta pasados los puntos bajos del cuerpo, señala a la estrella brillante Sirio del Can Mayor

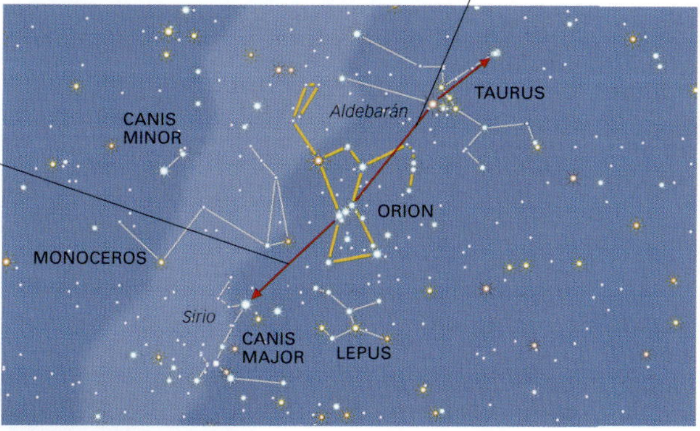

Orión
Prolongar líneas imaginarias desde las tres estrellas del cinturón de Orión lleva a las constelaciones del Can Mayor y Tauro.

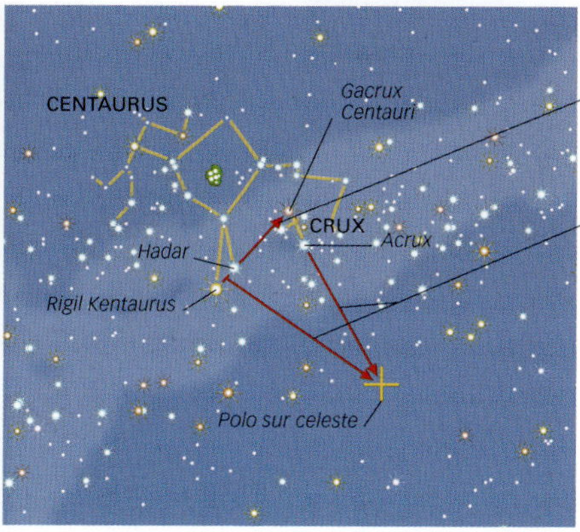

Tres veces la distancia de Rigil Kentaurus a Hadar lleva hasta Gacrux

Prolongar una línea desde el eje más largo de la Cruz y una segunda línea desde entre Hadar y Rigil Kentaurus crea un par de punteros que convergen en el polo sur celeste

La Cruz y Centauro
La diminuta Cruz y la mucho más grande Centauro están insertadas en el trayecto de la Vía Láctea en el cielo meridional. Las estrellas de estas constelaciones señalan al polo sur celeste, el punto alrededor del cual giran las estrellas meridionales.

TIPOS DE PRISMÁTICOS

Los prismáticos son una herramienta muy buena tanto para el observador principiante como para el experto. Son fáciles de utilizar y proporcionan unas vistas excelentes, aumentando tanto el número como la claridad de objetos vistos en el cielo nocturno.

VENTAJAS DE LOS PRISMÁTICOS

Los prismáticos son pequeños, asequibles, portátiles y fáciles de usar. Permiten utilizar los dos ojos para observar y la imagen que producen está en la orientación correcta, a diferencia de la vista invertida verticalmente y de izquierda a derecha producida por muchos telescopios. Además, proporcionan un campo de visión amplio, de modo que son ideales para hacer rutas visuales a lo ancho de extensas franjas de cielo y para mirar objetos grandes, como la nebulosa de Orión. También son idóneos para estudiar la superficie de la Luna.

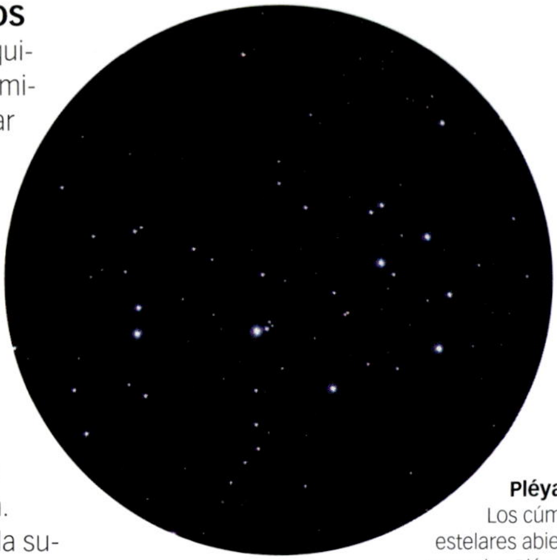

Las Pléyades Los cúmulos estelares abiertos, como las Pléyades, aparecen casi en relieve 3D.

AUMENTO Y ABERTURA

Las dos cualidades principales de los prismáticos son su capacidad para captar más luz que el ojo desnudo y para ampliar las imágenes. A estas dos cualidades se les asignan valores numéricos utilizados para describir unos prismáticos. Por ejemplo, unos prismáticos de 8 x 50 ("ocho por cincuenta") aumentan ocho veces una imagen a simple vista y tienen un objetivo de 50 mm de diámetro, una medida conocida normalmente como abertura (p. 44). Estos prismáticos estándar (dcha.) revelan unas 200 veces más estrellas que las visibles a simple vista. Al elegir unos prismáticos, seleccione un par con una abertura como mínimo cinco veces mayor que la cifra de aumento; si es más pequeña, la vista a través de los prismáticos será demasiado tenue para ser realmente útil para la astronomía.

Abertura

PRISMÁTICOS COMPACTOS

PRISMÁTICOS ESTÁNDAR

Objetivos
La abertura de un par de prismáticos (mostrada aquí en los dos tipos principales) determina su capacidad para captar la luz. Las aberturas más grandes captan más luz y descubren más estrellas.

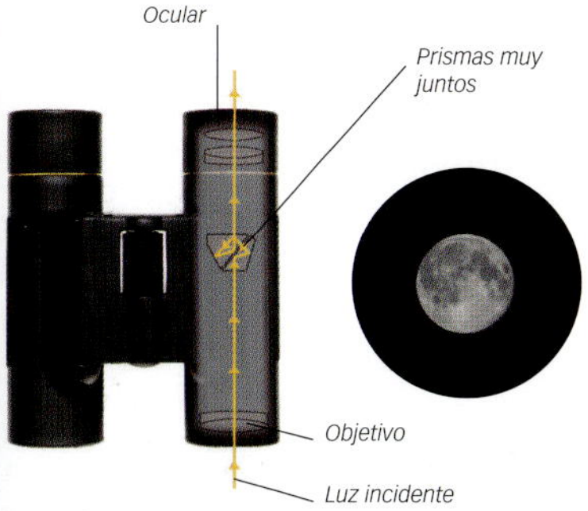

Prismáticos compactos
Los prismas de los prismáticos compactos están muy juntos, lo que permite a la luz seguir un camino recto a través de los tubos ópticos. El resultado es un diseño más pequeño y compacto.

DISEÑO DE LOS PRISMÁTICOS

Los prismáticos consisten en dos telescopios idénticos de baja potencia unidos. Los cuerpos contienen lentes de vidrio y prismas que colocan la imagen formada correctamente. Hay dos diseños: compacto (de prisma de tejado) y estándar (prisma de Porro). Estos tienen la forma clásica de patas de perro y son más grandes que los compactos. Los prismáticos estándar producen una imagen mejor y más brillante que los compactos y tienen una mejor relación calidad-precio. Los prismáticos grandes son una versión más grande del diseño estándar.

Prismáticos estándar
Los prismas de los prismáticos estándar están alejados entre sí, lo que permite un mayor recorrido de la luz y un mayor aumento. Las lentes suelen tener 50 mm de ancho y producen imágenes brillantes.

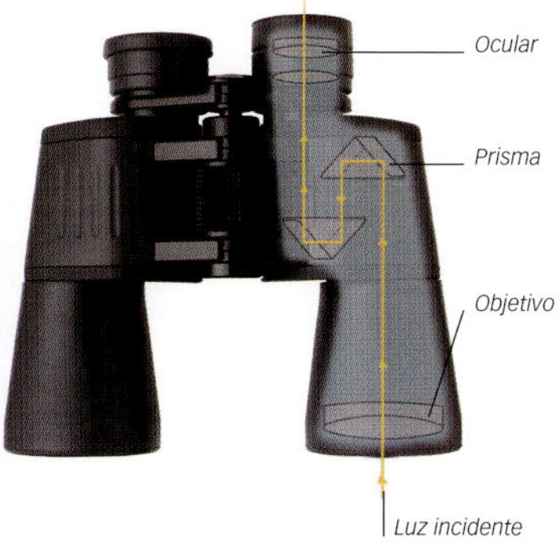

Prismáticos grandes
Cuanto mayor la abertura, más grandes, pesados e incómodos son los prismáticos. Los prismáticos con una abertura de 70 mm o más necesitan el soporte de un trípode para conseguir una vista eficaz y sin movimiento.

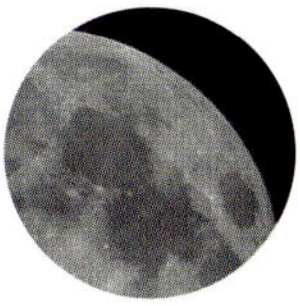

ELEGIR UNOS PRISMÁTICOS

Tipo	Ventajas	Desventajas
Compacto	Un tamaño y peso pequeños hacen que sean muy portátiles y fáciles de manipular. Buenos para uso terrestre.	El pequeño objetivo solo permite captar una cantidad reducida de luz, por lo que son los menos eficaces para la astronomía.
Estándar	Estos muestran imágenes claras y brillantes. Los grandes objetivos son buenos para observar objetos tenues.	Los prismáticos estándar no detectan objetos más tenues que una magnitud 11 y la imagen se mueve con aumentos de más de 10.
Grande	La lente grande revela más objetos celestes. Los aumentos de 15x permiten un estudio de la Luna y los planetas.	Los prismáticos grandes son demasiado aparatosos y pesados para sostenerlos con las manos, por lo que requieren un trípode.

EL USO DE PRISMÁTICOS

Los prismáticos mejoran la visión porque captan más luz que el ojo humano. Son muy gratificantes, fáciles de utilizar y requieren pocos preparativos. Busque un lugar de observación oscuro y protegido, póngase cómodo, enfoque los prismáticos y empiece a observar.

MIRAR CON PRISMÁTICOS

Para aprovechar al máximo los prismáticos, deje que los ojos se adapten previamente a la oscuridad y luego enfoque los prismáticos. Asegúrese de apoyarlos (v. p. sig.); al principio pueden parecerle ligeros, pero se cansará pronto de sujetarlos. Un problema habitual es localizar el objeto deseado en el campo de visión, incluso cuando es visible a simple vista. Un método es empezar por un rasgo reconocible en el horizonte; otro sistema consiste en localizar un objeto más fácil y utilizarlo para guiarse hasta el objetivo.

Un asiento cómodo
Una tumbona da apoyo a la espalda y al cuello y le permite mirar hacia arriba cómodamente. Descanse los codos en el tronco mientras sujeta los prismáticos.

ENFOCAR LOS PRISMÁTICOS

La Luna, los planetas y las estrellas están muy lejos, por lo que los prismáticos deben enfocarse a una distancia lejana. Dado que los ojos derecho e izquierdo pueden tener capacidades visuales distintas, cada ocular se enfoca por separado. Comience por girar los dos tubos ópticos a la altura de la barra central para alinear los oculares con los ojos. A continuación, busque una estrella brillante o la Luna y utilícela para enfocar (v. recuadro dcha.). Si utiliza una estrella, aparecerá como un punto de luz nítido y brillante. Una vez enfocados, recorra el cielo para familiarizarse con el mayor grado de detalle visible. Después puede empezar a navegar por el cielo.

Enfocar los oculares
Gire la rueda de enfoque central para enfocar el ocular no ajustable (izqda.) y enfoque el ocular ajustable con su propia rueda (dcha.).

EL ENFOQUE PASO A PASO

Cuando haya alineado los oculares con los ojos, utilice las ruedas de enfoque (una en la barra central y otra en uno de los oculares) para enfocar los dos oculares. Normalmente el ocular derecho es el que tiene una rueda independiente.

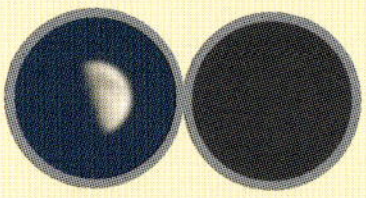

1 Compruebe qué ocular se puede enfocar independientemente. Cierre ese ojo y mire por el otro.

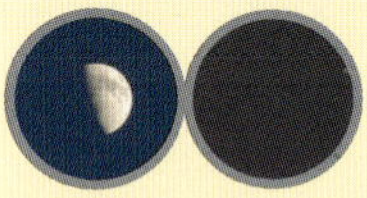

2 Gire la rueda de enfoque central de los prismáticos hasta que la imagen se vea nítida.

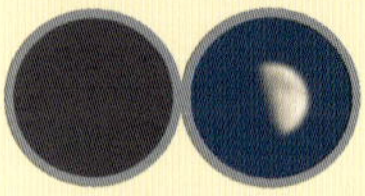

3 Abra solo el otro ojo. Utilice la rueda de enfoque del ocular para enfocar la imagen.

4 Los dos oculares deberían estar enfocados ahora. Abra los dos ojos y empiece a observar.

APOYAR LOS PRISMÁTICOS

Es importante apoyar los prismáticos, no solo porque estará más cómodo y podrá observar durante más tiempo, sino también para reducir el temblor. El campo de visión que se ve a través de unos prismáticos de 10 aumentos es de unos 6º. Cuando los sujete, temblará en torno a 1,4º.

Montura para prismáticos
Un trípode para cámara o prismáticos ofrece la mejor base. Arriba se ven unos prismáticos de 25 x 100 utilizados para observar el cielo profundo.

Apoye todo el cuerpo recostándose en una tumbona o en una esterilla impermeable en el suelo. Así podrá ver las regiones del cielo en ángulos elevados sin forzar el cuello. También puede apoyar los codos sobre una cerca o apoyarse contra una pared. Incluso un trozo de cuerda puede ser útil. Ate un extremo a los prismáticos y ponga el otro alrededor del pie. Tire suavemente con los prismáticos para mantenerlos estables.

Estabilizar los prismáticos
Sentarse con los codos apoyados en las rodillas ayuda a soportar el peso de los prismáticos y los mantiene estables.

QUÉ MIRAR

Los prismáticos son muy adecuados para los cúmulos estelares que son demasiado extensos para el campo de visión de un telescopio. Las galaxias cercanas, como Andrómeda y el Triángulo, parecen unas pequeñas manchas grises y borrosas. La nebulosa de Orión y otras nebulosas parecen similares. Pero si el cielo está despejado, la nebulosa de Orión es lo bastante brillante y grande para que sea visible algo de estructura. Los prismáticos añaden claridad a la superficie de la Luna y permiten ver cordilleras, los suaves mares y los cráteres más grandes. Con unos prismáticos estándar se verán las cuatro lunas más grandes de Júpiter.

OBJETOS QUE LOCALIZAR CON PRISMÁTICOS

Nombre del objeto	Tipo de objeto	Constelación
M13	Cúmulo globular	Hércules
M22	Cúmulo globular	Sagitario
M31	Galaxia	Andrómeda
M33	Galaxia	Triángulo
M42	Nebulosa de emisión	Orión
M45	Cúmulo abierto	Tauro
NGC 869	Cúmulo abierto	Perseo
NGC 884	Cúmulo abierto	Perseo
NGC 5139	Cúmulo globular	Centauro

Vía Láctea
Cuando se enfocan hacia la Vía Láctea, incluso los prismáticos de poca potencia muestran que esta franja nubosa está formada por estrellas individuales.

Nebulosa de Orión
Es impresionante cuando se ve a través de unos prismáticos de potencia media; su halo gaseoso es claramente visible.

TIPOS DE TELESCOPIO

Los telescopios son las herramientas principales de los astrónomos. Tradicionalmente existían dos variedades: el refractor y el reflector, pero hoy en día también está disponible un diseño híbrido. Todos tienen un alcance mucho mayor que el de los prismáticos más potentes.

EL TELESCOPIO

Todos los telescopios están diseñados para captar la luz de objetos distantes, enfocar la luz y producir una imagen de los mismos. Una vez aumentada por un ocular, esta imagen se ve o se graba. El refractor utiliza una lente para captar la luz; el reflector, un espejo; y el híbrido, o catadióptrico, utiliza una combinación de los dos. Cada tipo se compone de tres partes básicas: el conjunto del tubo que contiene la óptica (las lentes, los espejos o ambos); la montura, en la que se apoya el tubo y que permite apuntar el telescopio con precisión; y una base sólida sobre la que se fija la montura. La base puede ser un trípode, que es portátil, o una columna fija.

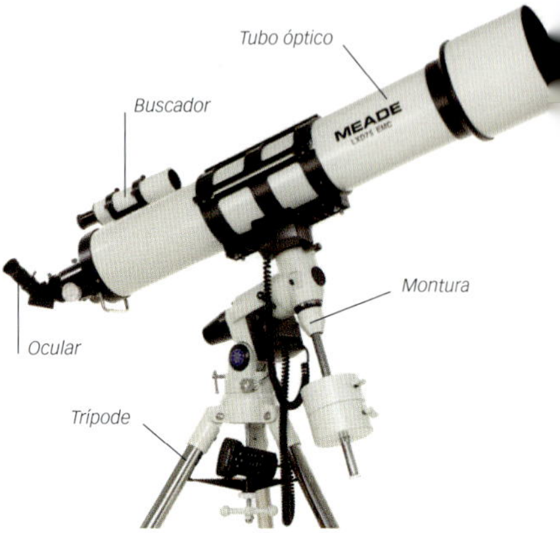

Características del telescopio
El tubo del telescopio contiene la óptica. Este modelo es un refractor, de modo que tiene una lente en el extremo superior. El tubo y su montura, que dirige el telescopio hacia en el cielo, están sobre un trípode.

CAPACIDADES DEL TELESCOPIO REFRACTOR

PUNTOS FUERTES

El refractor es robusto y requiere poco mantenimiento, por lo que es adecuado para que lo utilicen niños y para trasladarlo.

Las imágenes producidas son nítidas y tienen una buena definición, de modo que el refractor es ideal para mirar la Luna, los planetas y estrellas dobles.

Dentro del tubo del telescopio no hay ningún espejo ni obstrucción, lo que proporciona imágenes de gran contraste y mayor detalle. El refractor también es adecuado para utilizarlo de día.

PUNTOS DÉBILES

Las lentes son más caras de fabricar que los espejos, por lo que los telescopios de refracción son más costosos que los de reflexión.

El refractor tiende a una imperfección llamada aberración cromática. Esto sucede cuando el objetivo no puede enfocar todos los colores de un objeto en el mismo punto, lo cual da a las estrellas, por ejemplo, un halo tenue de color.

La posición baja del ocular dificulta la observación de objetos situados altos en el cielo, a menos que se utilice una diagonal (p. 53).

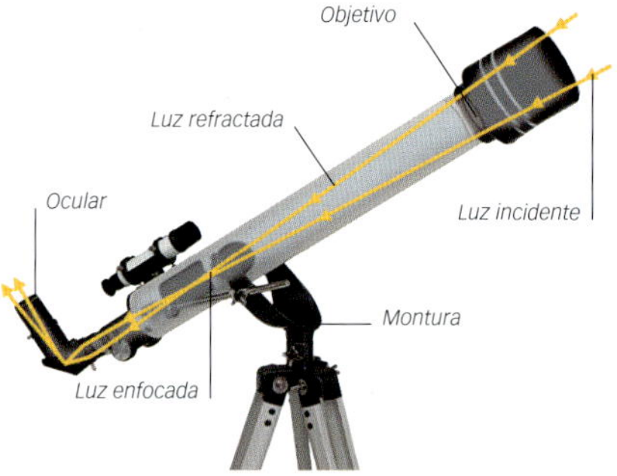

TELESCOPIO REFRACTOR

El refractor utiliza una lente, o una serie de lentes, para captar y enfocar la luz de objetos distantes. Es el telescopio astronómico clásico de tubo largo, descendiente directo de los instrumentos construidos y utilizados por Galileo. En su forma más simple se compone de un tubo con una lente grande (el objetivo) en el extremo superior. El objetivo capta la luz y la enfoca hacia abajo por el tubo, donde una lente más pequeña, el ocular, aumenta la imagen que después ve el observador.

CAPACIDADES DEL TELESCOPIO REFLECTOR

PUNTOS FUERTES

Los espejos de telescopio son más fáciles y baratos de fabricar que las lentes, por lo que un reflector es económico en comparación con un refractor de la misma abertura.

El ocular está situado cerca del extremo superior del tubo del telescopio, de modo que el reflector es fácil y cómodo de utilizar.

Este tipo de telescopio es adecuado para ver objetos del cielo profundo, como nebulosas y galaxias tenues. El reflector tampoco produce la aberración cromática.

PUNTOS DÉBILES

Debe comprobarse periódicamente que los espejos del reflector están bien alineados. Además, los recubrimientos de los espejos se degradan y deben sustituirse cada pocos años.

El reflector tiende a la coma, un efecto que hace que las estrellas situadas en el borde del campo de visión parezcan tener forma de V.

El espejo secundario obstruye la luz que viaja desde el objeto que se observa hasta el espejo principal. Esto puede hacer que parezca que salen "puntas" de los objetos brillantes.

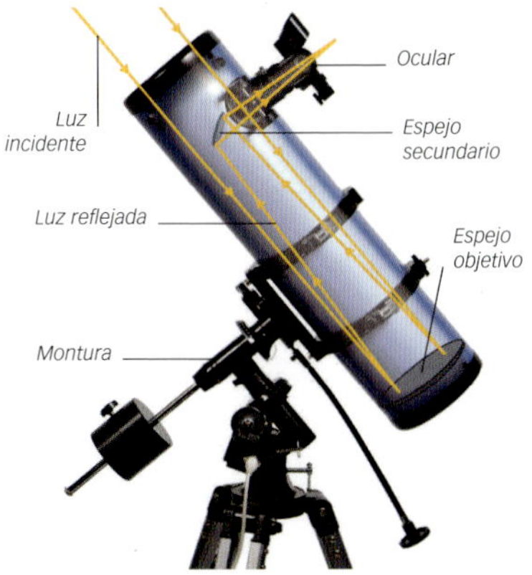

TELESCOPIO REFLECTOR

El reflector utiliza espejos para captar y enfocar la luz de objetos distantes. Un espejo principal cóncavo (el objetivo), situado en el extremo inferior del tubo del telescopio, capta la luz. Luego la luz es reflejada a un espejo más pequeño (el secundario) que está suspendido en una posición mucho más elevada dentro del tubo. Este envía la luz al lateral del tubo, donde un ocular aumenta la imagen.

TELESCOPIO CATADIÓPTRICO

Utiliza lentes y espejos. En el extremo superior del tubo hay una lente conocida como placa correctora, que compensa las imperfecciones ópticas. La luz la atraviesa hasta llegar al espejo principal en el extremo inferior. Desde aquí se refleja a un espejo secundario fijado a la parte posterior de la placa. Luego se envía hacia abajo por el tubo y a través de un orificio en el centro del espejo principal hasta llegar al ocular.

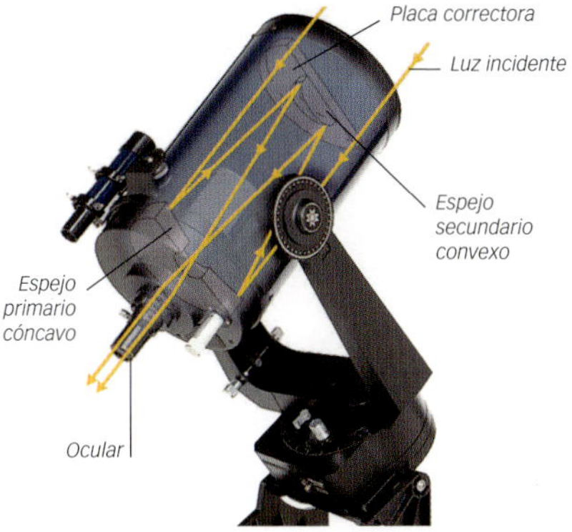

CAPACIDADES DEL TELESCOPIO CATADIÓPTRICO

PUNTOS FUERTES

Es compacto y relativamente ligero, por lo que es muy fácil de transportar. También ofrece una distancia focal larga (p. 44) en un tubo corto.

Tiene una tendencia mucho menor a la aberración cromática del refractor y a los problemas de coma del reflector.

Con un motor informatizado, localiza y sigue los objetos. Es ideal para hacer fotos.

PUNTOS DÉBILES

El diseño más complejo del catadióptrico tiende a hacerlo más caro que los refractores o reflectores con una abertura equivalente.

Parte de la luz se pierde antes de llegar al ocular debido a que se envía hacia arriba y hacia abajo a través del tubo del telescopio. El resultado es una imagen más tenue de lo que sería en un refractor o reflector equivalente. No obstante, los revestimientos especiales aplicados a los espejos contribuyen a reducir la pérdida de luz.

Este telescopio está diseñado como unidad sellada y no se puede desmontar en caso de que fuera necesario realizar ajustes importantes.

MONTURAS DE TELESCOPIO

La montura de un telescopio es parte integral de un sistema de telescopio, por lo que debe elegirse con atención. Proporciona una base estable al tubo óptico y permite apuntar con precisión el instrumento. Existen dos tipos básicos.

MONTURA HORIZONTAL

La montura más sencilla de los dos tipos es la horizontal o altacimutal. Es más ligera y compacta que la montura ecuatorial y tiene la ventaja de no requerir un montaje especial. Al igual que la montura de un trípode para cámara, permite que el telescopio se mueva alrededor de dos ejes: en altura (arriba y abajo en 90º) y en acimut (de izquierda a derecha en 360º). Es una montura práctica para observaciones informales, pero su desventaja es que las estrellas no se mueven en rígidas trayectorias de altura-acimut. Esto hace que sea difícil de manipular cuando se siguen objetos celestes.

Telescopio con montura horizontal
Para encontrar un objeto con una montura horizontal, el observador debe saber el ángulo de elevación del objeto sobre el horizonte (su altura) y su dirección cardinal (acimut).

VARIANTES DE DISEÑO DE UNA MONTURA HORIZONTAL

La montura de Dobson y la montura de horquilla son los diseños horizontales más populares. La Dobson es un modelo sencillo en el que el tubo, normalmente un refractor, gira hacia arriba y hacia abajo sobre unos rodamientos instalados en una caja que se mueve a la derecha y a la izquierda. Las monturas de horquilla tienen un diseño más abierto, con uno o dos apoyos para el tubo. Son la montura estándar para los telescopios automatizados (pp. 50-51).

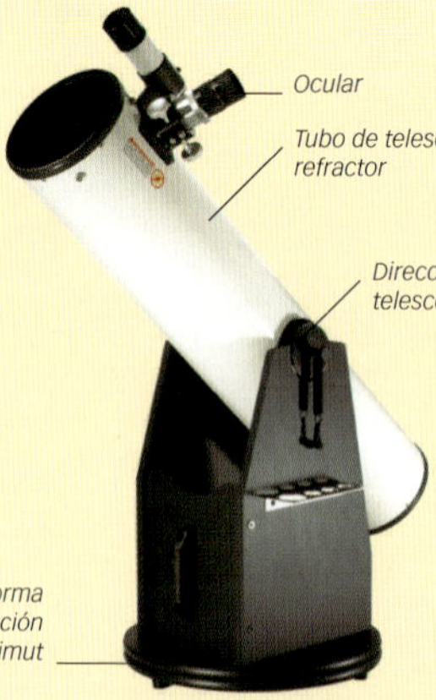

MONTURA DE DOBSON

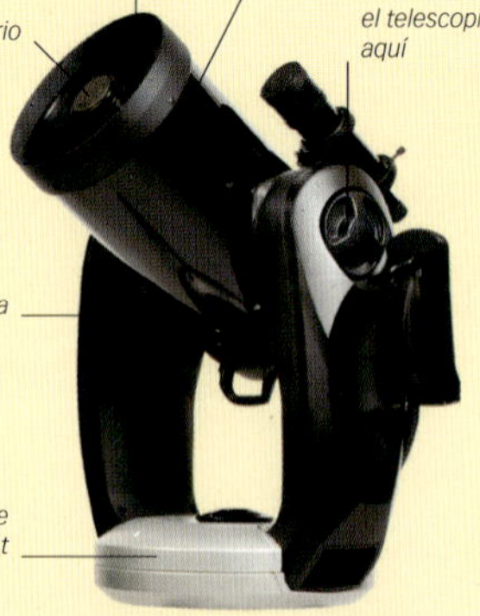

MONTURA DE HORQUILLA

MONTURA ECUATORIAL

La montura ecuatorial también se mueve hacia arriba y hacia abajo y a derecha e izquierda, pero lo hace en relación con el ecuador celeste. Es decir, toda la montura está inclinada de forma que queda alineada con el polo celeste (p. 49) y se mueve en ejes conocidos como ascensión recta (AR) y declinación (DEC). Estos ejes, que equivalen a la longitud y latitud del cielo, permiten al observador encontrar los objetos utilizando el sistema de coordenadas celestes (p. 17). Si se conocen estas coordenadas de un objeto y la montura está bien alineada, solo hay que hacer los ajustes de AR y DEC en la montura ecuatorial para colocar el objeto en el campo de visión del telescopio.

Telescopio con montura ecuatorial
Un telescopio con montura ecuatorial puede moverse conjuntamente con los objetos celestes. La latitud de un objeto en la esfera celeste (pp. 16-17) es su declinación; su longitud es su ascensión recta.

SEGUIR UN OBJETO

La rotación de la Tierra sobre su eje hace que parezca que el cielo gira alrededor de los polos celestes. Por ello un objeto del cielo sale rápidamente del campo de visión de un telescopio. Para mantenerlo en el campo, el telescopio debe moverse en la dirección contraria a la rotación.

Para mantener un objeto en el campo de visión con una montura horizontal, el observador debe mover manualmente el telescopio, tanto en el acimut como en la altura, siguiendo una complicada serie de pasos en diferentes direcciones. La montura ecuatorial, en cambio, puede seguir un objeto sin problemas. Esto se debe a que está alineada con el polo celeste y puede moverse solo en su eje AR. Gracias a esta capacidad para seguir los objetos sin dificultad, la montura ecuatorial es popular entre los fotógrafos; se requieren varios minutos para fotografiar los objetos del cielo profundo y el objeto y la cámara deben estar perfectamente sincronizados.

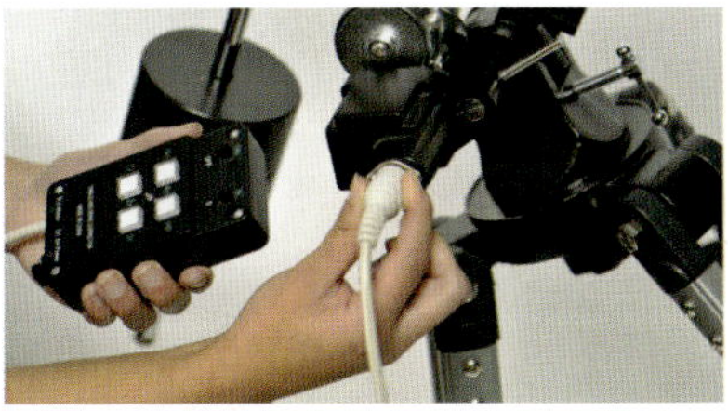

Seguimiento motorizado
Un motor eléctrico conectado al eje AR de una montura ecuatorial permite que el telescopio siga un objeto en el cielo nocturno. Los ajustes de posición pueden hacerse desde el control del motor.

Seguir las estrellas
Las estrellas parecen seguir trayectos circulares alrededor de los polos celestes. Un telescopio con montura horizontal sigue un trayecto escalonado para seguir una estrella, mientras que la montura ecuatorial permite un movimiento suave y casi circular.

Trayecto aparente de la estrella
Trayecto de una montura horizontal
Trayecto de una montura ecuatorial

PROPIEDADES

La función de un telescopio es captar la luz de objetos distantes, darle forma de imagen y luego aumentar la imagen para su visión. Las propiedades ópticas de un telescopio son determinantes para que cumpla bien esta función. Por lo tanto, es fundamental entenderlas para saber qué telescopio se adapta mejor a sus necesidades.

ABERTURA

La lente o el espejo principal del telescopio, llamado objetivo, es el encargado de captar la luz. Cuanto más grande sea el objetivo, más luz captará y mayor detalle se verá. Duplicando el diámetro del objetivo, se cuadruplica la luz captada y se duplica la distancia que se puede ver. El diámetro del objetivo se conoce como abertura, y suele medirse en milímetros. Un telescopio con una lente principal de 60 mm capta 70 veces más luz que el ojo desnudo.

Tamaños de objetivo
La abertura es la especificación más importante de un telescopio. Cuanto mayor sea, mayor será el aumento que el telescopio pueda utilizar. Usar un aumento mayor de lo que permite una abertura produce una imagen borrosa y poco definida.

ABERTURA DE 120 MM

ABERTURA DE 66 MM

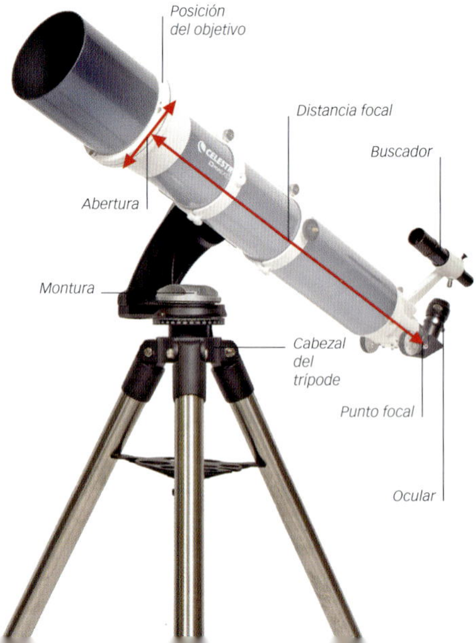

DISTANCIA FOCAL

La distancia desde la lente o espejo principal hasta el punto focal es la distancia focal. Un telescopio con una distancia focal larga produce una imagen grande pero débil en su punto focal. Uno con una distancia focal corta produce una imagen más pequeña pero más luminosa. La distancia focal dividida por la abertura indica la relación focal o número f de un telescopio. Los telescopios con un número f grande, mayor que f/9, son los mejores para observar la Luna y los planetas. Los que tienen un número f pequeño, en torno a f/5, son mejores para ver objetos tenues.

Relación focal
Este pequeño telescopio refractor tiene una abertura de 120 mm y una distancia focal de 1.000 mm. La distancia focal dividida entre la abertura da una relación focal de f/8,3.

AUMENTO

El grado de aumento ofrecido por un telescopio depende de la potencia del ocular. Un ocular se describe en términos de distancia focal, la cual está marcada en el lateral. La distancia focal es un indicativo de su potencia de aumento; cuanto más corta sea, mayor será el aumento. Un ocular de 25 mm es bueno para el uso general, y uno de 40 mm es bueno para los cúmulos estelares y las nebulosas. Un gran angular da un campo de visión más ancho y también se utiliza para cúmulos estelares y nebulosas.

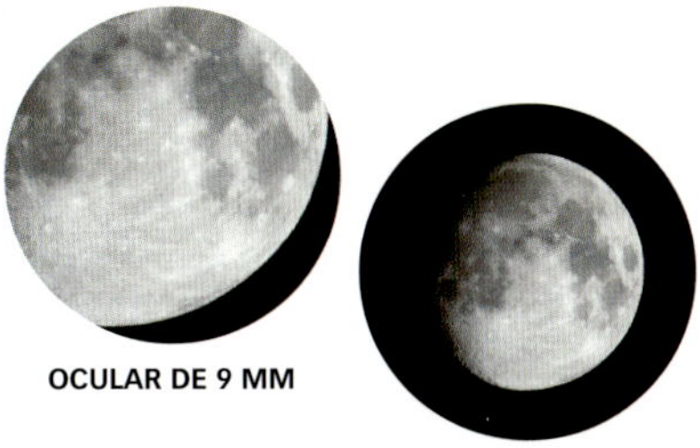

Mayor detalle
Cambiar los oculares cambia la potencia de aumento de un telescopio. Un ocular de mayor aumento (izqda.) ofrece una imagen más cercana del objeto sacrificando contraste y luminosidad.

Oculares
Este grupo de oculares ofrece una buena gama de aumentos. La lente de Barlow se inserta delante de un ocular e incrementa su aumento en un número dado de veces.

CAPACIDADES DE UN TELESCOPIO

El núcleo óptico de un telescopio está compuesto por el tubo y el ocular. El tubo, ennegrecido por dentro para evitar la reflexión, alberga el objetivo, que enfoca la luz para formar una imagen en el punto focal. El ocular sirve de lupa y aumenta esta imagen. El nivel de aumento se calcula dividiendo la distancia focal del telescopio entre la distancia focal del ocular. La cifra resultante (25x, 50x, 100x, etc.) describe el tamaño de un objeto en el ocular en comparación con la visión a simple vista. Aunque cambiar el ocular cambia el aumento, cada telescopio tiene unos límites fijados por su propia abertura.

La abertura también define la potencia de resolución de un telescopio, que es la cantidad de detalle que puede revelar un instrumento: por ejemplo, si puede distinguir entre las dos estrellas de un sistema binario. La potencia de resolución se mide en ángulos diminutos que separan los objetos, conocidos como arcosegundos (identificados con el símbolo ").

ABERTURA Y AUMENTO

El aumento máximo de un telescopio depende del tamaño de su abertura. Como regla general, el mayor aumento utilizable de un telescopio determinado es alrededor del doble del tamaño de la abertura del telescopio.

Abertura en mm	Aumento máximo utilizable	Objetos más tenues visibles	Resolución
60	120x	Mag. 11,6	1,9"
80	160x	Mag. 12,2	1,5"
90	180x	Mag. 12,5	1,3"
100	200x	Mag. 12,7	1,2"
120	240x	Mag. 13,1	1,0"
150	(300x)	Mag. 13,6	0,8"
200	(400x)	Mag. 14,2	0,6"
250	(500x)	Mag. 14,7	0,5"

MONTAR UN TELESCOPIO

Los detalles de montaje de un telescopio son distintos en cada modelo, pero el proceso básico es el mismo. Este proceso se describe a continuación utilizando un reflector con montura ecuatorial motorizada de ejemplo. Si el telescopio no se toca entre sesiones, solo habrá que repetir algunos pasos.

1 Nivelar el trípode Monte el trípode en un suelo plano y sólido. Utilice un nivel para comprobar que la placa superior del trípode está horizontal.

2 Ajustar las patas Evite extender por completo las patas del trípode; se reduce la estabilidad y no permite realizar ajustes de precisión de la altura.

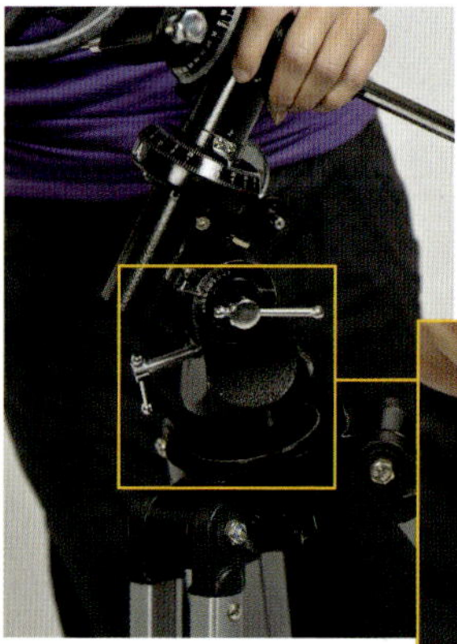

3 Colocar la montura Coloque con cuidado la montura sobre el trípode (izqda.), asegurándose de que la protuberancia de la montura se inserta en el orificio del trípode (abajo).

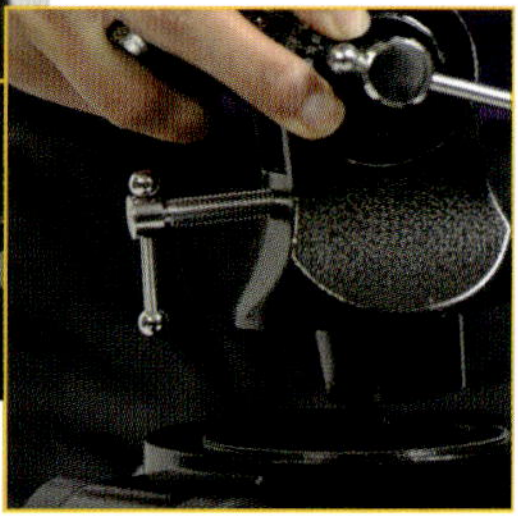

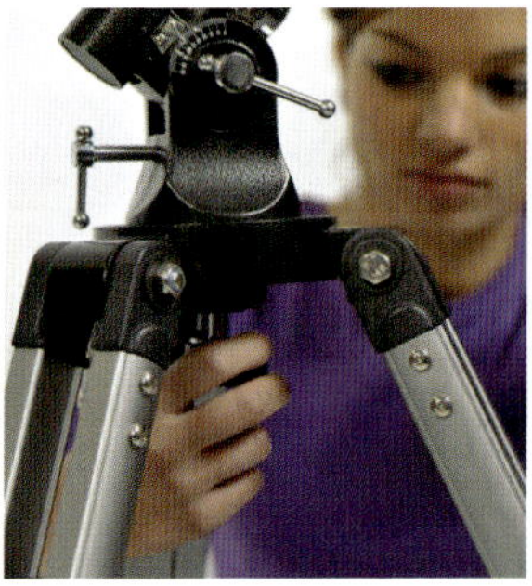

4 Fijar la montura Apriete el tornillo situado bajo el cabezal del trípode. Asegúrese de que está bien apretado y de que la montura está bien fijada en el trípode.

5 Montar el accionamiento por motor Monte el accionamiento por motor en la montura y asegúrese de que las marchas están bien engranadas con las de la montura.

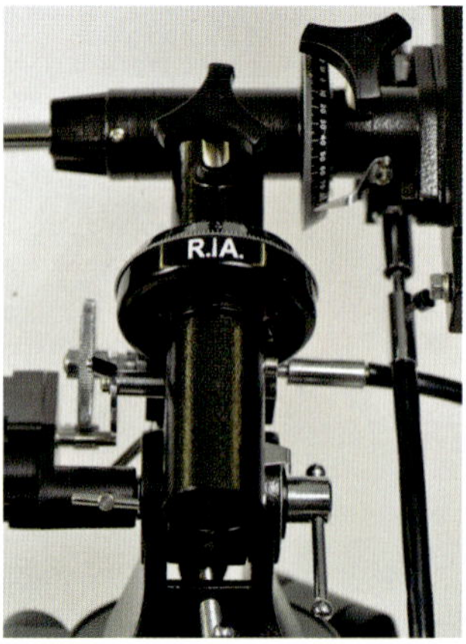

6 Alineación polar Si utiliza una montura ecuatorial, compruebe que el eje de ascensión recta (AR) (la parte larga de la "T" central de la montura) apunta aproximadamente al polo norte o sur celeste (p. 49).

7 Añadir los contrapesos
Inserte los pesos en el eje de contrapesos y asegúrelos en su posición con la tuerca. Fije también el tornillo de seguridad adicional si viene incluido.

8 Montar el telescopio
Coloque el tubo del telescopio dentro de los anillos de montaje que forman parte de la montura. Fije con los tornillos los anillos alrededor del tubo.

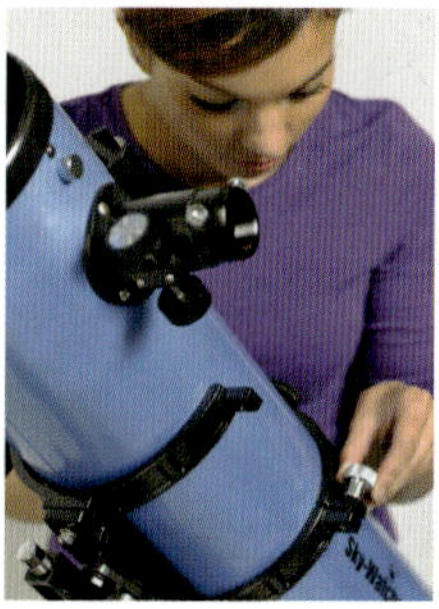

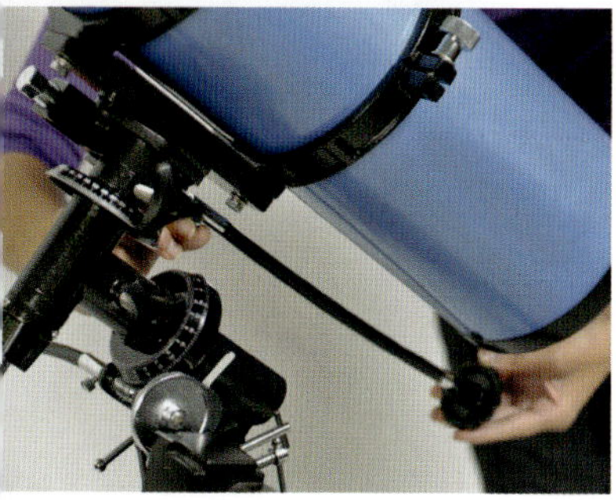

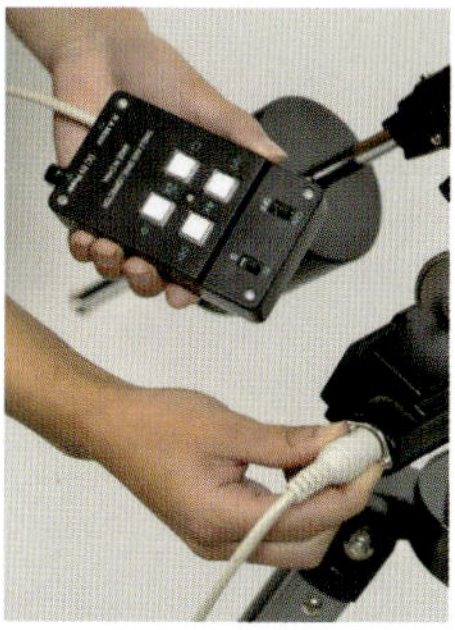

10 Añadir el controlador del accionamiento
Enchufe el controlador en el accionamiento a motor de la montura, pero no lo conecte a la red eléctrica.

9 Añadir los cables de ajuste de precisión
Atornille los cables de ajuste de precisión. Estos permiten realizar pequeños cambios de los ejes de AR y declinación (DEC) cuando se está observando.

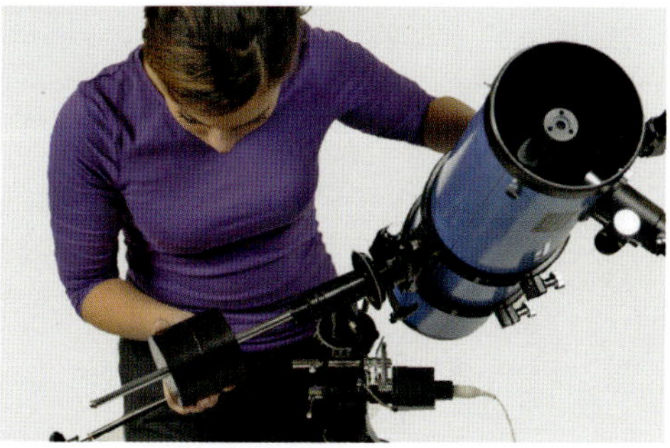

11 Montar el buscador y el ocular
Monte el ocular y el buscador en el telescopio. Fíjelos con las tuercas. Alinee el buscador con el telescopio (p. 48).

12 Equilibrar la ascensión recta
Afloje la palanca de bloqueo del eje AR (p. 49). Abra la tuerca sujetando los pesos y deslice los pesos hasta que equilibren el telescopio. Fije la tuerca en este punto.

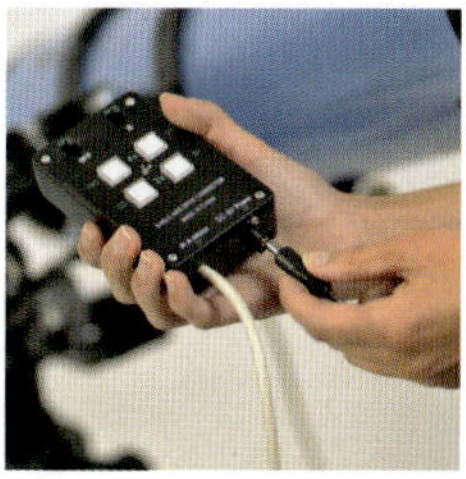

TELESCOPIO TOTALMENTE MONTADO

13 Equilibrar la declinación
Afloje la palanca de bloqueo del eje DEC (p. 49) y los anillos que sujetan el telescopio. Deslice el tubo hasta que esté equilibrado. Fije los anillos y la palanca de bloqueo.

14 Encender
Conecte el motor a la red eléctrica y realice el ajuste de precisión de la alineación polar del tubo (p. 49). El telescopio ya está preparado.

ALINEAR UN TELESCOPIO

Encontrar un objeto a través de la vista aumentada de un telescopio requiere práctica, pero le será útil el buscador, situado en el lateral del telescopio principal. Una vez que esté colocado y la montura esté alineada, el telescopio está listo para el cielo nocturno.

ENCONTRAR OBJETOS

Existen dos tipos de buscador. El normal es un pequeño telescopio de refracción que ofrece un campo de visión ancho. Una vez que el objeto sea visible en el centro de su ocular, será detectable a través del telescopio principal. Un buscador de punto rojo ofrece una vista sin aumento del cielo que se ve a través de una pantalla de vidrio o plástico transparente. Un punto rojo proyectado en la pantalla indica adónde apunta el telescopio.

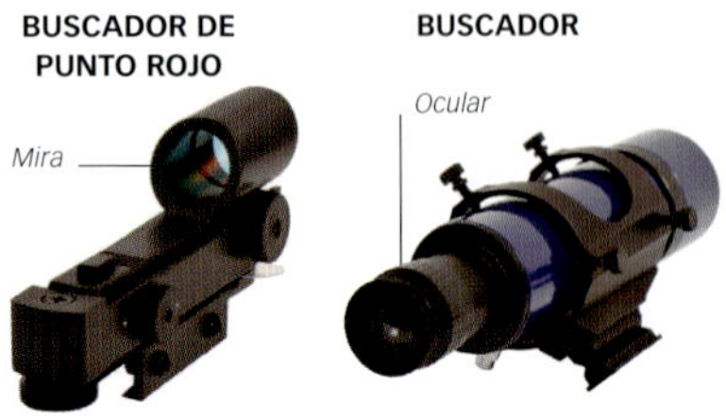

Tipos de buscador
Localizar una estrella tenue en el estrecho campo de visión que proporciona un telescopio puede ser difícil y requerir mucho tiempo. Los buscadores solucionan esto mostrando la estrella en su entorno.

ALINEAR UN BUSCADOR

Debe alinearse el buscador con el telescopio principal. Puede hacerse durante el día con un objeto terrestre alejado. Alinearlo de noche con una estrella es menos fiable porque el cielo nocturno se mueve en relación con el observador.

Los pasos para alinear un buscador se describen a continuación, y son los mismos que para un buscador de punto rojo. Siga este proceso periódicamente para mantener alineados el buscador y el telescopio y recuerde que las ruedas de ajuste deben estar bien apretadas.

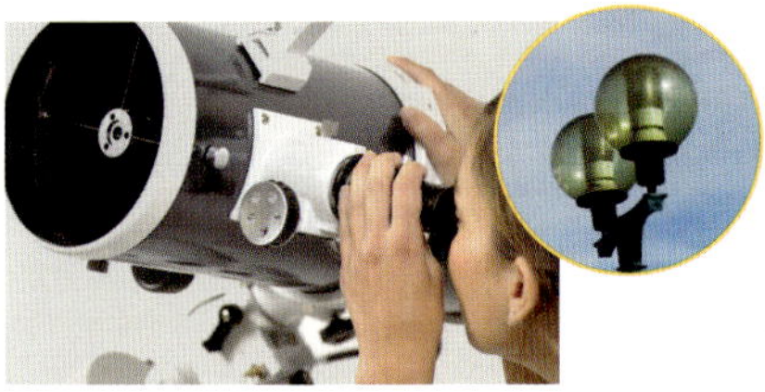

1 Apuntar el telescopio
Durante las horas del día, elija un objeto alejado, como una farola, y mueva el telescopio principal con cuidado para que el objeto se sitúe en el centro de su campo de visión.

2 Comprobar el buscador
Asegúrese de que el tubo del buscador está más o menos paralelo al telescopio. Mire a través del ocular del buscador. Es probable que el objeto esté descentrado.

3 Ajustar el buscador
Utilice los tornillos o ruedas de ajuste del buscador para realizar pequeños cambios en la alineación del tubo del buscador. Vaya comprobando la vista a través de los dos instrumentos.

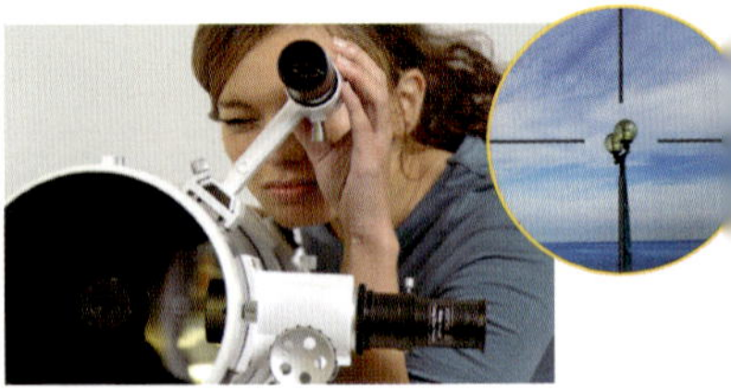

4 Finalizar la alineación
Una vez que el objeto se encuentre en el centro del campo de visión del buscador y del telescopio principal, apriete los tornillos de ajuste del buscador.

Fijar la latitud para encontrar el polo celeste
Cuando el eje polar de la montura (arriba a la dcha.) apunte al norte (hemisferio norte) o al sur (en el hemisferio sur), la latitud de observación puede marcarse en la escala (centro) de la base de la montura.

ALINEACIÓN POLAR

Como las estrellas giran alrededor del eje rotacional de la Tierra, un telescopio debe alinearse con él para poder seguir las estrellas. Para hacer esto en el hemisferio norte, levante el telescopio (con una montura ecuatorial) de modo que el eje polar de la montura apunte al norte. Marque su latitud en la escala de la base de la montura; así se ajustará el telescopio hasta que esté más o menos alineado con la estrella polar. En el hemisferio sur, marque la latitud cuando apunte con el telescopio al sur; entonces estará más o menos alineado con el polo sur celeste.

Puede realizarse una alineación más precisa con un buscador de la polar, un pequeño telescopio montado dentro del eje polar de muchas monturas. El telescopio estará alineado cuando la vista a través del buscador de la polar coincida con las constelaciones grabadas en su ocular.

UTILIZAR LOS ANILLOS DE AJUSTE

Una vez montado y alineado, compruebe todo está correcto apuntando el telescopio a una estrella que pueda identificar fácilmente y cuyas coordenadas celestes conozca (p. 17). Centre la estrella en el ocular y ponga el anillo de ajuste de la ascensión recta (AR) en la coordenada AR de la estrella. Si el telescopio está bien montado, el anillo de ajuste de la declinación (DEC) mostrará la declinación correcta de la estrella. Para observar otro objeto, busque sus coordenadas y realice los ajustes pertinentes.

ANILLOS DE AJUSTE

Coordenadas de ajuste
Este reflector con montura ecuatorial es un telescopio típico utilizado por astrónomos aficionados. Los anillos de AR y DEC pueden ajustarse en las coordenadas de los objetos que se están viendo.

AUTOMATIZACIÓN

Un telescopio automatizado facilita la localización de los objetos celestes. Utiliza una tecnología informática para encontrar y seguir objetos del cielo nocturno. El observador solo tiene que decidir qué quiere ver y esperar a que el telescopio apunte hacia el objeto.

OBSERVACIÓN FÁCIL

Muchos telescopios de aficionado se venden con monturas equipadas con motores eléctricos y terminales de control que permiten que los instrumentos sigan las estrellas en el cielo nocturno. El telescopio automatizado usa el sistema informático integrado para localizar automáticamente y desplazarse a una multitud de objetos celestes. De este modo, convierte la navegación por el cielo en algo muy sencillo para las personas con pocos conocimientos de las coordenadas celestes. Aunque puede ser más caro que un telescopio convencional, el automatizado se ha ido haciendo cada vez más popular y asequible.

Seguir los planetas
El telescopio automatizado encuentra y sigue los planetas, como Júpiter (arriba), las estrellas y los objetos del cielo profundo. Una vez ajustado, el objeto seleccionado aparece en el centro del campo de visión.

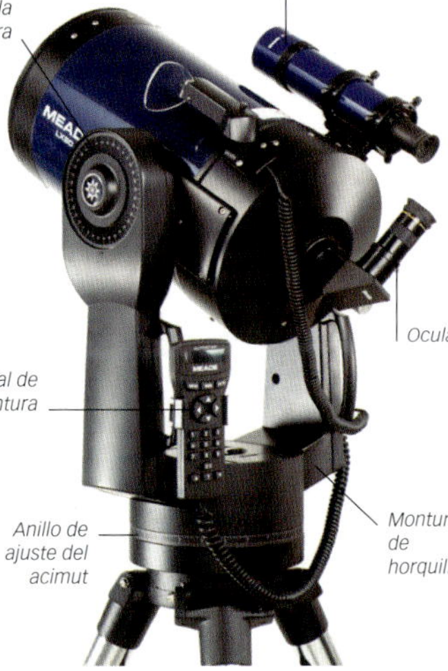

Telescopio catadióptrico con montura automatizada
Este telescopio de 200 mm está conectado a un ordenador personal y es controlado por un paquete de software de planetario.

TERMINALES

El telescopio automatizado está controlado por un terminal informatizado que contiene una lista de los objetos celestes. Después de montar y ajustar el telescopio, solo hay que elegir un objeto del menú. El terminal se comunica entonces con la montura del telescopio y le indica adónde tiene que apuntar para encontrar el objeto seleccionado. La base de datos del terminal contiene miles de objetos y cada vez que se elige uno el telescopio se mueve a la posición correcta para su observación. Algunos terminales ofrecen un recorrido predeterminado del cielo. Los modelos con receptor GPS establecen automáticamente la fecha, la hora y la ubicación siempre que se enciende el instrumento.

Introducir las coordenadas
Seleccione un objeto de la base de datos del terminal o introduzca con el teclado el nombre o las coordenadas del objeto que desee observar.

CONFIGURAR UN TELESCOPIO

Para configurar un telescopio automatizado, alinéelo con el cielo nocturno. Luego encienda la montura y el terminal e introduzca la fecha, la hora y la ubicación. Centre la estrella seleccionada en el campo de visión. Después de repetir este tercer paso con varias estrellas muy separadas, estará listo.

1 Montar el telescopio
Utilice un nivel para comprobar que el trípode está bien nivelado. Coloque con cuidado la montura y el telescopio sobre el cabezal del trípode y fíjelos.

2 Fijar la posición
Mueva el telescopio a su posición de inicio. Si tiene montura de horquilla horizontal, alinee dos flechas (izqda.). En las monturas ecuatoriales haga una alineación polar.

3 Preparar el telescopio
Conecte la montura con el bloque de alimentación y encienda la montura. Retire la tapa de la lente.

4 Introducir los datos iniciales
Introduzca la fecha, la hora y la ubicación en el terminal cuando se le solicite. En algunos telescopios automatizados hay que seleccionar la ubicación en un menú.

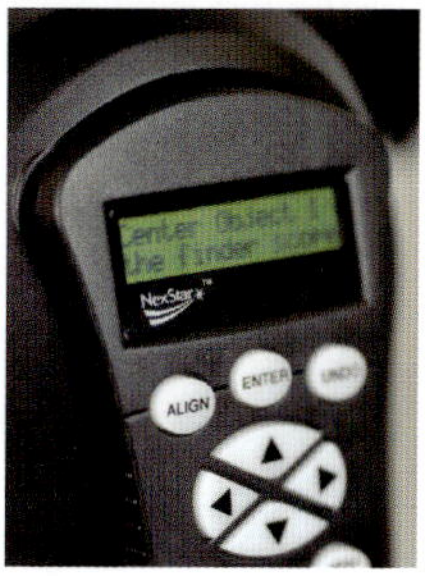

5 Alinear el telescopio
Hay distintos métodos de alineación. Normalmente hay que seleccionar una estrella brillante, como Sirio, para hacer la alineación con ella. Seleccione la estrella en el terminal. El telescopio se moverá adonde calcula que se encuentra.

6 Ajustar la alineación
Mire por el ocular para ver la estrella seleccionada. Si está descentrada, use el buscador para centrarla con los botones de dirección del terminal. Repita los pasos 4 y 5 para alinear con dos o tres estrellas más.

Júpiter seleccionado en el terminal

7 Establecer el destino
El telescopio automatizado ya está listo. Busque el nombre del objeto que quiere observar en el menú del terminal y pulse los botones "go to" o "enter". El telescopio se moverá para centrar el objeto en el ocular.

OBSERVACIÓN

Uno de los placeres de observar el cielo nocturno es poder descubrir el Universo por uno mismo. En realidad solo necesita un buen telescopio, pero merece la pena comprar algunos accesorios que permiten observar más detalles y con mayor comodidad.

UN CAMBIO DE LA VISIÓN

La capacidad de un telescopio para captar más luz que el ojo desnudo o unos prismáticos significa que puede transformar su visión de un objeto celeste. Por ejemplo, a simple vista, los brazos de Orión salen del dibujo con forma de cometa compuesto por las estrellas que forman su cuerpo. Los hombros, la cabeza y el cinturón están marcados por estrellas individuales. Una mancha de luz tenue y difusa bajo el cinturón señala la posición de la espada del cazador. En realidad, esta mancha es una nube gigante de gas y polvo denominada nebulosa de Orión.

1 **A simple vista**
Orión es visible a simple vista. Betelgeuse está en la parte superior central de esta imagen; debajo hay una fila de tres estrellas que marcan el cinturón de Orión; y debajo está la nebulosa de Orión.

2 **Vista a través de los prismáticos**
La nebulosa de Orión es la región formadora de estrellas más luminosa del cielo nocturno. Su forma empieza a ser visible a través de unos prismáticos y se distinguen estrellas no visibles a simple vista.

3 **Vista a través de un telescopio de 200 mm**
La estructura de la nebulosa se hace visible a través de un telescopio mediano. En el ocular se ve verde grisáceo, pero una fotografía de larga exposición descubre una gama de rosa, azules y blanco.

4 **Vista a través de un telescopio de 2,2 m**
Esta fotografía capta más detalles de la estructura de la nebulosa. El sistema estelar Trapecio, en su núcleo, emite radiación que da forma a los volúmenes circundantes de polvo y gas.

Cuando se ve a través de unos prismáticos, la nebulosa se transforma en una nube con estructura y luminosidad variable. Un telescopio de 200 mm cambia la visión aún más: se hace visible la estructura más fina y los colores se ven en las imágenes tomadas con el telescopio. Estos colores están relacionados con los constituyentes principales de la nebulosa: hidrógeno, oxígeno y azufre. Aumentar la abertura a 2,2 m descubre muchísimos detalles; puede verse el Trapecio, un sistema estelar recién creado, centelleando en el corazón de la nebulosa.

VISTA A TRAVÉS DEL TELESCOPIO

Los telescopios producen imágenes invertidas vertical y lateralmente. La vista que se obtiene es como si uno estuviera haciendo el pino, lo cual puede desorientar, sobre todo si se intenta relacionar lo que se ve con un mapa. Existe un pequeño accesorio, llamado diagonal o diagonal estelar, que se monta entre el telescopio y el ocular y soluciona parcialmente este problema. Este instrumento utiliza un prisma o espejo inclinado para enviar la luz a través de 90° y girar el objeto en la dirección correcta verticalmente, aunque sigue estando invertido lateralmente. Si quiere ver un objeto como se vería a simple vista, la solución es una diagonal estelar de imagen erecta. Su prisma de 45° gira el objeto en la dirección correcta vertical y lateralmente. Pero esta diagonal absorbe y dispersa parte de la luz que forma la imagen. Por este motivo, muchos astrónomos prefieren la vista más clara, aun cuando esté invertida.

Imagen invertida
La imagen de abajo muestra cómo se ve Orión a simple vista. A la izquierda puede verse la misma constelación a través de un telescopio sin diagonal.

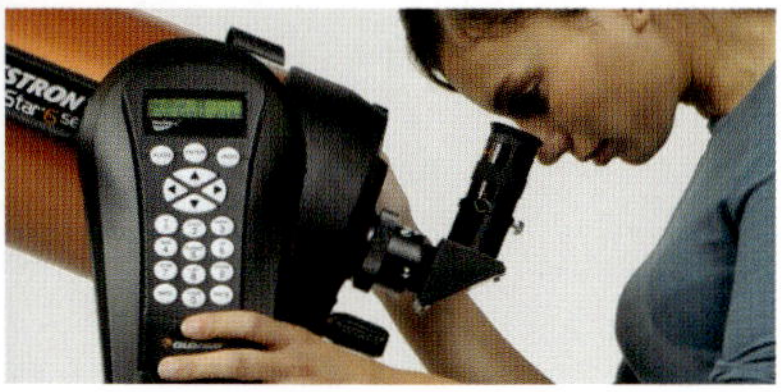

Mirar a través de una diagonal
La diagonal se monta entre el telescopio y el ocular. Su posición permite al observador mirar hacia abajo en el telescopio en lugar de hacia arriba.

FILTROS PARA OCULAR

Un filtro es un disco de cristal coloreado que se puede instalar en el ocular del telescopio para evitar que lleguen al ojo determinadas longitudes de onda de luz o colores. Existen muchos tipos, desde el filtro coloreado más sencillo utilizado para mejorar los detalles de rasgos planetarios hasta los filtros especializados para tomar imágenes de cualquier objeto. Un filtro amarillo puede revelar más detalles cuando se observan los casquetes polares de Marte; uno azul aumenta el contraste en los cinturones de Júpiter y su Gran Mancha Roja; otros atenúan el resplandor naranja de la contaminación lumínica. También existen filtros de banda estrecha muy especializados que solo permiten el paso de longitudes de onda muy específicas.

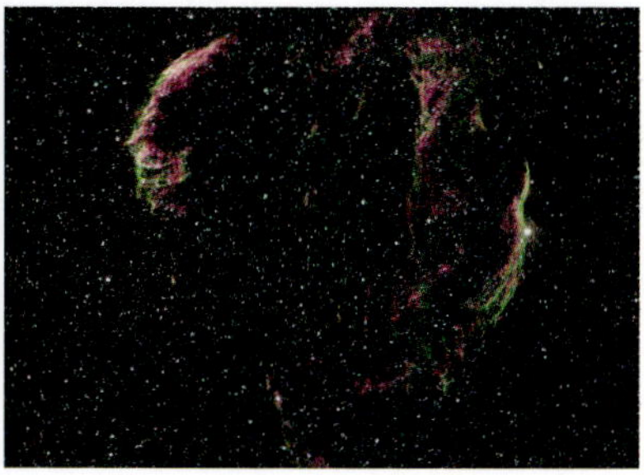

Filtro para el cielo profundo
Esta vista de la nebulosa del Velo, un resto de supernova, se obtuvo con filtros de banda estrecha para la observación del cielo profundo. Los filtros crean más contraste entre el espacio de fondo y la nebulosa.

Montar un filtro
Los filtros se atornillan en la parte posterior del ocular, que después se monta en el telescopio. Mejoran ciertos detalles, pero reducen la cantidad de luz que llega al ojo.

ASTROFOTOGRAFÍA

Tomar fotografías de objetos del cielo nocturno puede ser una experiencia extraordinariamente gratificante. El equipo necesario abarca desde una cámara digital compacta básica hasta complejos sistemas montados en telescopios motorizados con software especializado.

CÁMARA Y TRÍPODE

Puede utilizarse una cámara para hacer fotos del cielo nocturno, pero sin un telescopio se limita a registrar las imágenes a simple vista de las estrellas, la Luna, planetas luminosos y auroras. Un trípode mantiene firme la cámara y permite hacer exposiciones de varios segundos. Experimente fotografiando la misma vista en una gama de exposiciones 5, 10, 20 y 40 segundos. Una exposición más larga producirá una fotografía en la que se ve el rastro de las estrellas en forma de arcos en el cielo a medida que la Tierra rota.

Mantener firme
Puede utilizarse un sistema de temporizador o un disparador por cable (abajo) para accionar el obturador sin tocar ni mover la cámara.

Rastros de estrellas
Uno de los tipos más sencillos de astrofotografía es la imagen de rastros de estrellas. Este se tomó con una cámara con trípode.

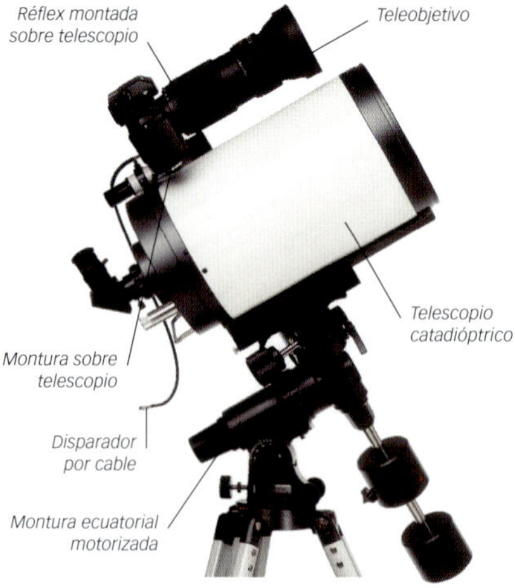

Montaje de cámara sobre telescopio
Una cámara montada sobre un telescopio puede seguir las estrellas. Un teleobjetivo puede tomar fotografías de gran angular de las constelaciones.

CÁMARA SOBRE TELESCOPIO

Para hacer fotos de larga exposición sin que las estrellas formen rastros, la cámara tiene que poder seguir el movimiento de las estrellas. Para conseguirlo puede montarse la cámara sobre un telescopio conectado a una montura ecuatorial motorizada (p. 43). La forma más sencilla de montar la cámara es instalarla sobre el dorso del telescopio. Este montaje permite registrar el objeto que está alineado con el telescopio, pero la imagen siempre es la que ve y captura la cámara. Este método resulta muy útil para tomar fotos de larga exposición de grandes extensiones del cielo y puede ser eficaz para captar nebulosas o galaxias que ocupan zonas amplias. Puede comprarse una montura especial para sujetar la cámara al telescopio.

FOTOGRAFÍA A FOCO PRIMARIO

Una forma alternativa de fotografiar objetos del cielo nocturno es la técnica a foco primario, que permite registrar la imagen producida por el telescopio en lugar de la imagen producida por la propia cámara. Para conseguir esto, se retira el objetivo de la cámara y se acopla el cuerpo de la cámara al soporte del ocular del telescopio mediante un adaptador. Así el telescopio se convierte en una lente teleobjetivo gigante que ofrece un mayor aumento de un campo de visión más estrecho.

La técnica a foco primario permite captar galaxias, nebulosas y cúmulos estelares con largas exposiciones (de varios minutos). Esto requiere que el telescopio esté instalado en una montura ecuatorial motorizada, que mantiene la cámara fija en su objetivo en el cielo.

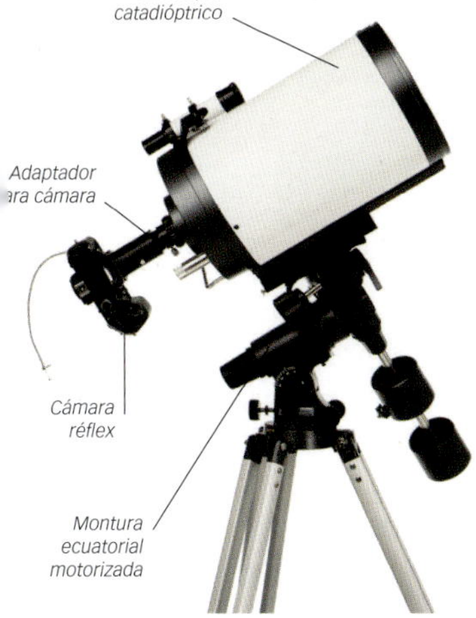

Montaje de la cámara a foco primario
La técnica a foco primario coloca la cámara en la posición del ocular, con o sin el ocular. Se necesita una montura ecuatorial motorizada para mantener el objeto en el campo de visión del telescopio.

Fotografía a foco primario de la nebulosa Dumbbell
Esta fotografía se tomó con la técnica a foco primario, se grabó en un ordenador y se utilizó un software para hacerla más nítida y mejorar el color (p. 57).

Alinear la cámara y el telescopio
Un adaptador sencillo permite alinear con precisión y seguridad el objetivo de una cámara digital compacta con el ocular de un telescopio. Experimente con la distancia entre el objetivo y el telescopio para conseguir un resultado óptimo.

DIGISCOPING

Otra forma de utilizar juntos una cámara y un telescopio es una técnica conocida como fotografía afocal o *digiscoping*. Este método implica alinear el objetivo de una cámara digital compacta con el ocular del telescopio y simplemente hacer una foto. En su forma más básica esto puede hacerse montando la cámara en un trípode y apuntándola hacia abajo por el ocular del telescopio. La alternativa es utilizar un adaptador para fijar la cámara al ocular. La mayoría de las cámaras compactas toman fotos aceptables de la Luna.

Si va a elegir una cámara para el método de *digiscoping*, busque una que tenga una pantalla LCD grande y que permita variar el tiempo de exposición manualmente. Use el temporizador para evitar moverla cuando haga una foto. »

FOTOGRAFÍA RÉFLEX DIGITAL

Las cámaras réflex digitales son el tipo más habitual de cámara para astrofotografía. Son más sensibles que las cámaras compactas, los obturadores se pueden dejar abiertos durante periodos largos y tienen objetivos intercambiables. Una exposición de 30 segundos con una réflex digital muestra las constelaciones y los campos de estrellas de la Vía Láctea. Las exposiciones de varios minutos con la técnica a foco primario ofrecen primeros planos de galaxias, nebulosas y cúmulos estelares, pero requieren una montura que siga el cielo con gran precisión. Muchas réflex tienen una función de control a distancia para hacer fotos sin mover la cámara.

Fotografías con réflex digitales
La cámara réflex digital puede utilizarse acoplada a un trípode (izqda.) o montada en un telescopio con el método a foco primario o directamente sobre el telescopio.

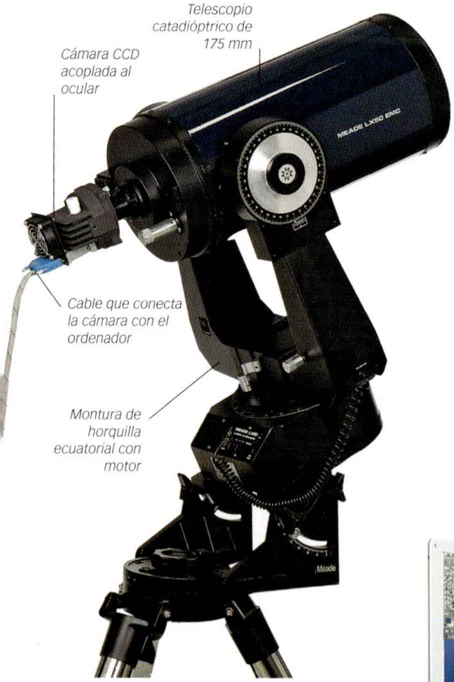

Cámara CCD y telescopio
La cámara CCD se acopla al ocular del telescopio y se conecta con el ordenador por cable. Funciona convirtiendo la luz que cae en su chip de silicona fotosensible en datos digitales para producir una fotografía.

IMÁGENES CCD

Una cámara CCD (siglas en inglés de dispositivo de carga acoplada) es una cámara especializada para la astronomía que se han diseñado para un uso cotidiano. La cámara CCD especializada consigue los mejores resultados y toma fotografías vívidas de objetos tenues en segundos en lugar de en minutos. Una cámara CCD típica es un sencillo dispositivo que se acopla al ocular del telescopio y se conecta con un ordenador por cable. La cámara convierte la luz de los objetos astronómicos en un código digital y muestra los objetos en la pantalla. Tiene un sistema de refrigeración para reducir las interferencias generadas por el calor.

Combinar fotografías
Puede utilizarse software especializado para combinar fotografías tomadas con filtros diferentes para producir una imagen detallada a todo color.

ASTRONOMÍA CON CÁMARA WEB

La atmósfera terrestre puede causarle problemas al astrofotógrafo, afectando a la visibilidad (p. 33) y haciendo la visión borrosa. Una forma ingeniosa de evitarlo es utilizar una cámara web para crear fotografías. Una vez acoplada al telescopio, esta pequeña videocámara puede enviar imágenes en tiempo real al ordenador. Un vídeo breve grabado por la cámara web se puede dividir en fotogramas individuales con ayuda de un software, que filtra lo mejor de estas imágenes y las apila para crear la fotografía final. De este modo, la imagen producida es mucho más nítida y detallada que cualquiera del vídeo original.

Montar una cámara web
Las cámaras web especializadas para astronomía se insertan en el telescopio en lugar del ocular y se conectan al ordenador por cable. Cuando el telescopio está apuntando al objeto, la cámara se controla desde el ordenador utilizando el software de la cámara.

CÁMARA WEB PARA FOTOGRAFIAR LA LUNA Y LOS PLANETAS

1 Monte el telescopio. Compruebe que sigue la Luna o un planeta. Ajuste el ordenador y el software de captación de imágenes de la cámara web.

2 Centre el objeto en el ocular y luego cambie el ocular por la cámara. Compruebe que está conectada y que se comunica con el software.

3 Utilizando la alimentación de señal de vídeo del software, enfoque la imagen para que la vista del planeta o el paisaje lunar estén nítidamente enfocados.

4 Ajuste la exposición de la cámara utilizando el software de control en caso necesario. Empiece fijando el tiempo de grabación en 60 segundos.

5 Si va a tomar imágenes de un planeta, grabe solo 60 segundos; la rotación del planeta puede hacer borrosos los pequeños detalles.

6 Encienda la cámara. Captará un vídeo breve en forma de archivo de vídeo con formato AVI (Audio Video Interleave).

7 Una vez grabado, suba el vídeo a su software de apilado. Siga las instrucciones para obtener una fotografía final apilada.

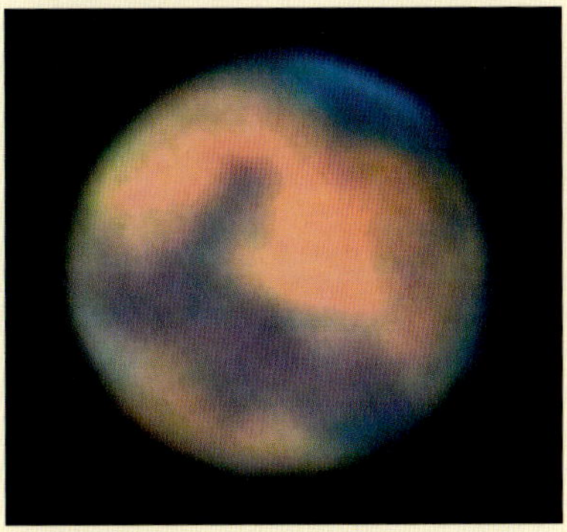

IMAGEN DE CÁMARA WEB DE MARTE

PROCESADO DE FOTOGRAFÍAS

Las fotografías grabadas directamente en un ordenador o descargadas a este se pueden mejorar con programas como Adobe Photoshop. Estos programas permiten recortar, rotar y limpiar las imágenes, además de ajustar propiedades como el brillo y el contraste. También es conveniente experimentar con el equilibrio de color. Cambiar algunos colores es un truco que utilizan los astrónomos profesionales para hacer que destaque un detalle. Recuerde salvar la fotografía cuando haya acabado de retocarla.

Retoques digitales
Esta captura de pantalla muestra una fotografía de Saturno en Photoshop, un software que se puede utilizar para retocar o manipular las características de una imagen, como el contraste, la nitidez y el color.

REGISTROS

Tradicionalmente, los astrónomos han mantenido registros escritos y visuales de sus observaciones. A pesar de la llegada de la tecnología digital, este método sigue siendo válido. Favorece la atención al detalle y permite disponer de un registro de observaciones personalizado.

LLEVAR UN REGISTRO

Es bueno acostumbrarse a llevar un registro de lo que se ve. Tome notas en un cuaderno o un diario grande, o bien compre un diario especializado. Los diarios especializados tienen un formato que facilita los registros y ofrecen espacio para hacer bocetos, además de contener información útil. Independientemente de lo que escoja, debe ser portátil y fácil de utilizar. Rellénelo mientras observa o justo después, y haga constar siempre los datos clave. Llevar un registro le hace mirar y pensar en lo que ve con más atención. Se convertirá en un recuerdo y en un libro de referencia para el futuro. Cuando lo revise podrá ver los avances que ha hecho como observador.

REGISTRAR LAS OBSERVACIONES

Registre siempre los datos clave en su diario de observación y utilice el mismo orden para todas las sesiones. De este modo no se olvidará de ningún detalle y el diario será una fuente de información fácil de utilizar. Para cada observación recoja lo siguiente:

- El nombre del observador y la ubicación.
- La fecha y la hora de la observación.
- El nombre del objeto (y la constelación).
- Las coordenadas del objeto.
- Las condiciones de observación (la transparencia de la vista, la capa de nubes, la temperatura).
- Detalles del equipo utilizado (p. ej., telescopio, ocular y filtro).
- Una descripción escrita del objeto.
- La orientación de los dibujos o fotografías realizados.

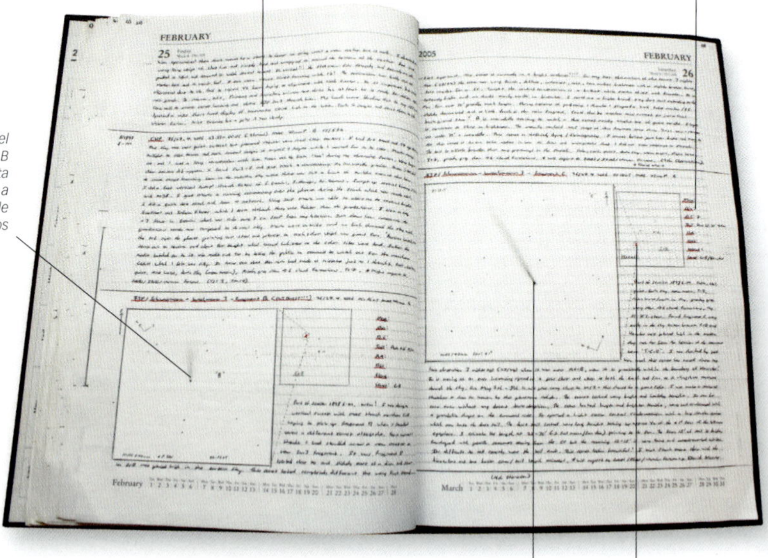

Diario de un astrónomo con esbozos
Este diario de un astrónomo de Irlanda del Norte contiene los registros de sesiones de búsqueda de cometas. Los esbozos contienen fragmentos del cometa Schwassmann-Wachmann 3, que se había roto.

REGISTRO VISUAL

Dibujar no solo proporciona un registro permanente de sus observaciones, sino que también es una forma excelente de entrenar la vista para fijarse en los detalles. Esbozar la superficie de la Luna enseñará a los ojos a identificar montañas y cráteres y las sombras que proyectan. Intente registrar las prominencias a lo largo del terminador, el límite entre las partes iluminadas y las partes oscuras de la Luna. Esboce algunos accidentes destacados antes de pasar a las líneas detalladas, el sombreado u otras características. Para los objetos estelares como cúmulos, nebulosas y galaxias, el truco es empezar con las estrellas; cuanto más brillante la estrella, más grande el punto en el papel. Dibujando las estrellas más brillantes primero establecerá un marco para rellenar el resto del esbozo.

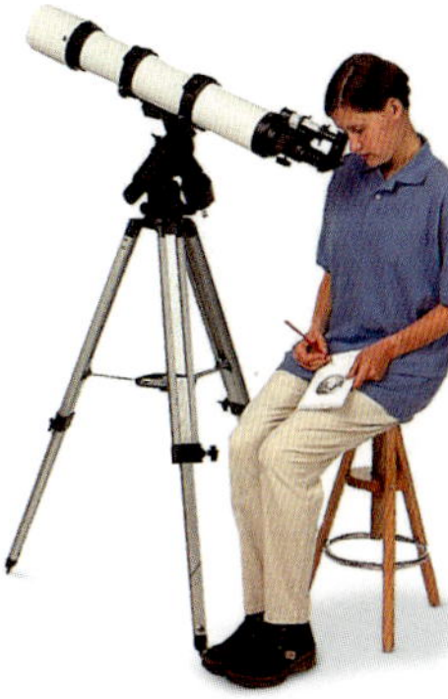

Dibujar la Luna
Para esbozar los cráteres y mares lunares vistos a través de un telescopio se utilizan una libreta y un lápiz blando. Si observa a simple vista o con prismáticos, registre las regiones claras y oscuras de la cara de la Luna y la fase lunar nocturna.

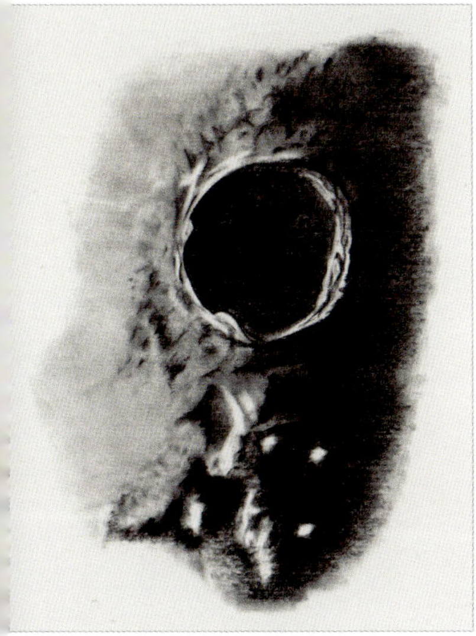

Cráter Copérnico, la Luna
La clave para dibujar accidentes topográficos lunares es empezar por esbozar ligeramente las formas principales. El lateral de un carboncillo es ideal para añadir sombras.

COMPARTIR REGISTROS

Siempre es interesante consultar el registro de otra persona, no solo para ver qué ha observado, sino cómo ha registrado la información. Muchos astrónomos suben sus observaciones a Internet, lo que facilita compartirlas con otros observadores. Los foros de astronomía en línea permiten aprender del trabajo de los demás. Verá que algunos utilizan un bolígrafo para añadir diferentes densidades de puntos en lugar de sombreado a lápiz. Otros dibujan en negativo, utilizando un lápiz oscuro para representar las estrellas en papel blanco, y luego usan gráficos por ordenador para convertir sus imágenes en estrellas brillantes sobre un fondo oscuro.

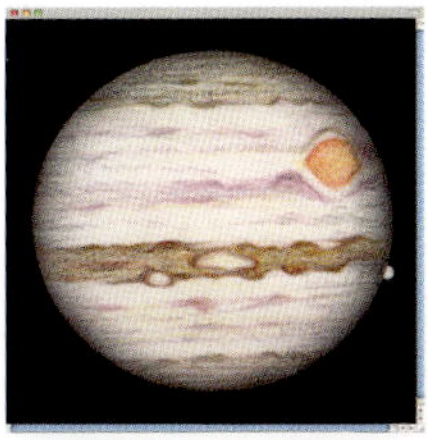

Júpiter
Este dibujo con lápices de colores de Júpiter se basa en una fotografía tomada por la sonda espacial Voyager 1. Trabajar con una fotografía es una buena forma de practicar la técnica.

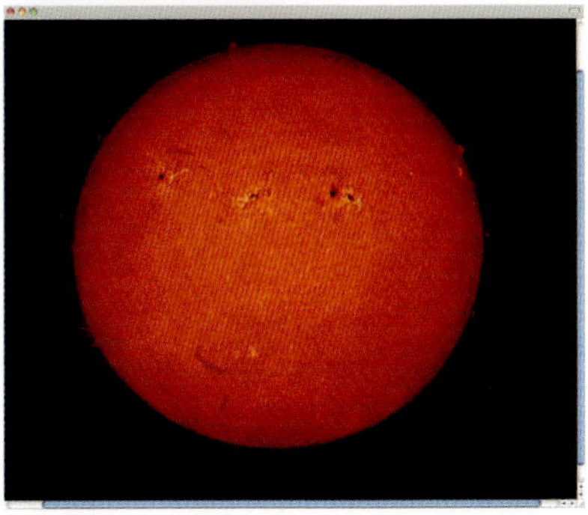

El Sol
Para producir esta vista del Sol con telescopio solar, el observador hizo un esbozo con pasteles blancos y negros. El color se añadió con Photoshop.

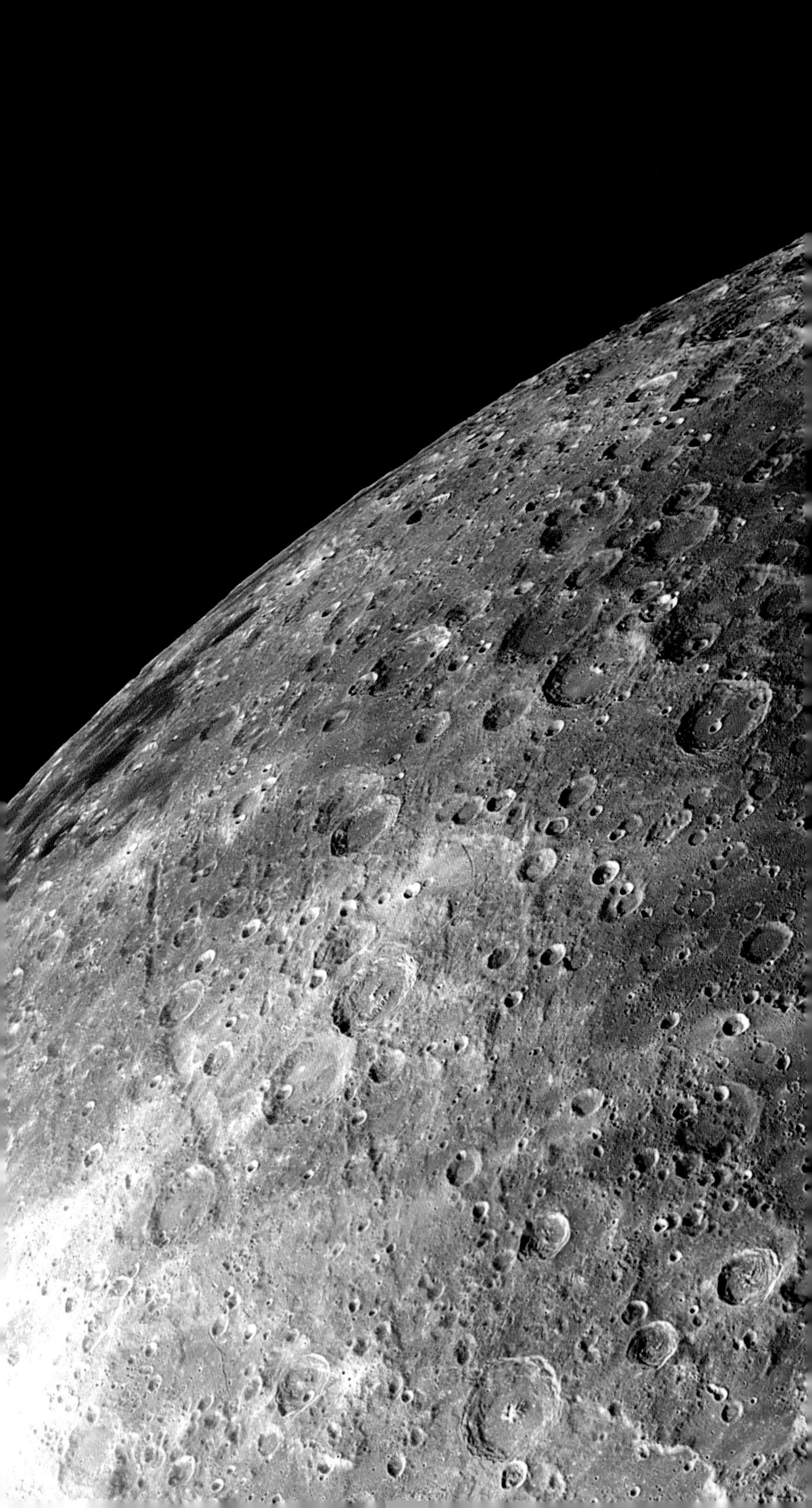

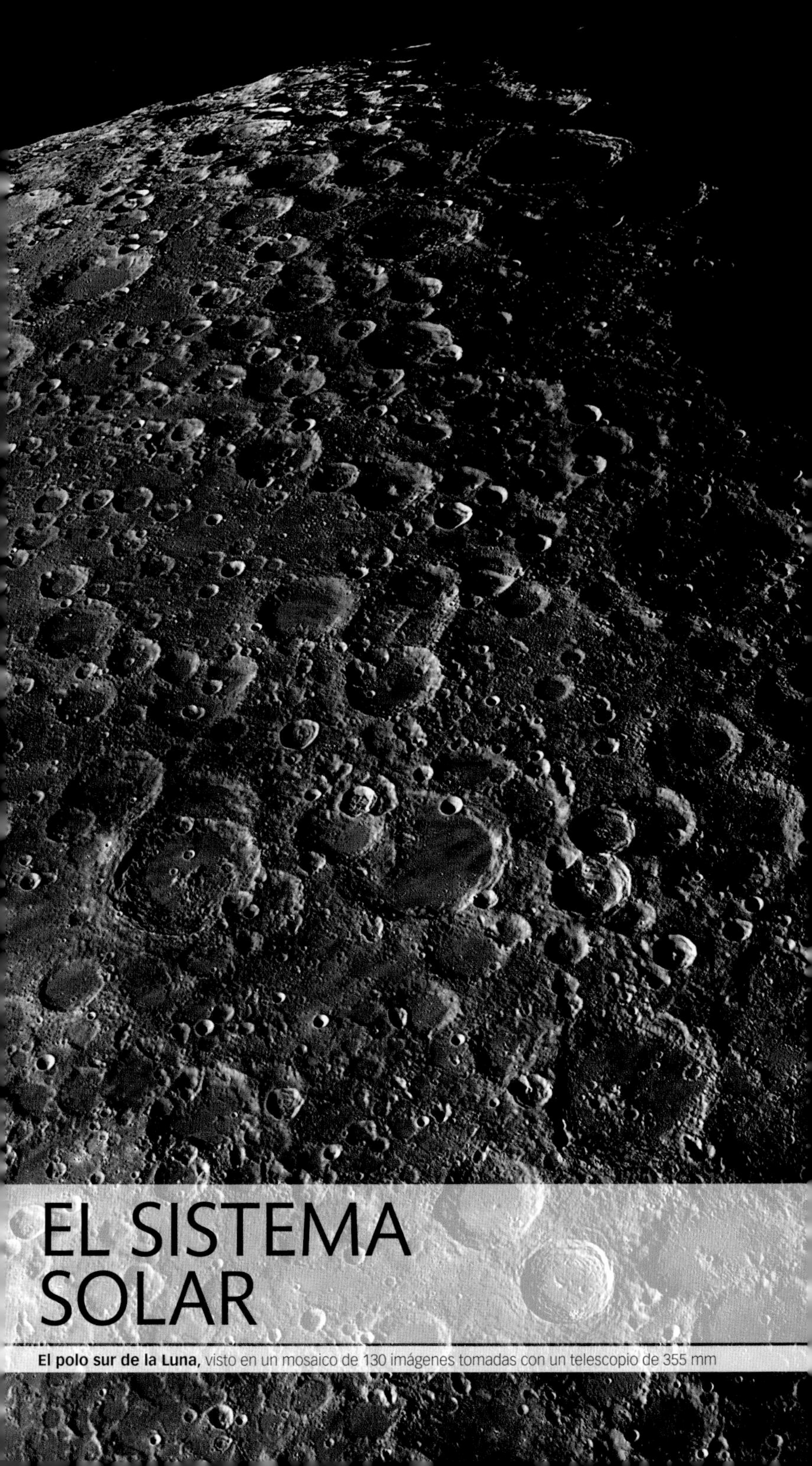

EL SISTEMA SOLAR

El polo sur de la Luna, visto en un mosaico de 130 imágenes tomadas con un telescopio de 355 mm

EL SOL Y LOS PLANETAS

Situado en la Vía Láctea, el sistema solar está formado por el Sol y los cuerpos que se hallan dentro de su influencia gravitacional. Entre los principales se encuentran los ocho planetas, pero también contiene otros objetos, tales como lunas, asteroides y cometas.

LA ESTRUCTURA DEL SISTEMA SOLAR

En el corazón del sistema solar se encuentra el Sol. Su gravedad mantiene a los planetas en órbita a su alrededor, y su calor y su luz permiten la vida en la Tierra. Los cuatro planetas interiores rocosos están cerca del Sol: Mercurio, Venus, Tierra y Marte. Fuera de la órbita de Marte se encuentra el Cinturón Principal de asteroides, con el planeta enano Ceres. Más allá se encuentran los planetas exteriores gigantes: Júpiter, Saturno, Urano y Neptuno. La influencia del Sol se extiende hasta el Cinturón de Kuiper (p. 107) y la Nube de Oort (p. 109), zonas de cuerpos helados a partir de los que se originan cometas. El Cinturón de Kuiper contiene a Plutón y otros planetas enanos (pp. 106-107).

Las órbitas de los planetas
Los planetas giran alrededor del Sol en la misma dirección y en aproximadamente el mismo plano (la eclíptica). Los planetas y sus órbitas no se muestran a escala en este diagrama.

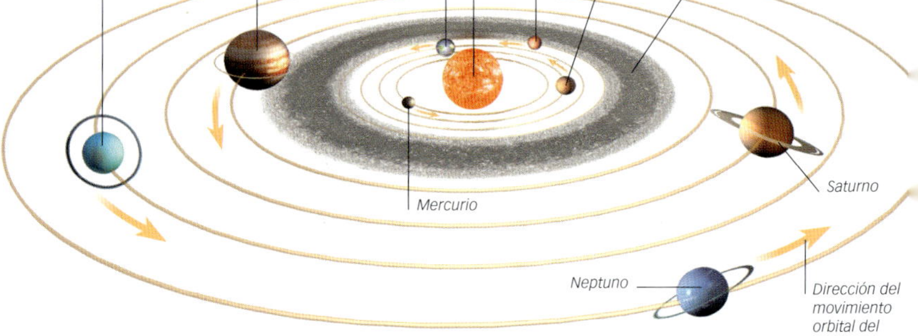

LA FORMACIÓN DEL SISTEMA SOLAR

Se cree que el sistema solar se originó hace unos 4.600 millones de años en forma de nube giratoria de gas y polvo. La gravedad hizo que la nube se contrajese, de modo que su región central se hizo más densa y caliente y acabó convirtiéndose en el Sol. En el disco giratorio (llamado disco protoplanetario), el gas y el polvo se fueron fusionando poco a poco para formar pequeños cuerpos llamados planetesimales. Estos colisionaron entre sí formando los planetas actuales. Los restos de la formación de los planetas son asteroides y cometas.

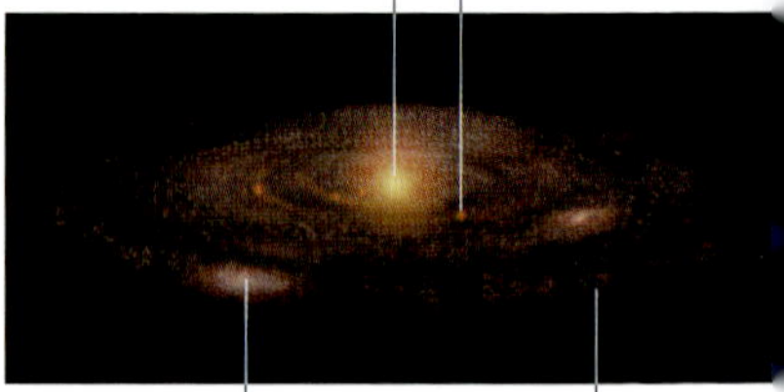

El nacimiento de los planetas
Los planetas rocosos se formaron por la acreción de planetesimales en la parte interior y más caliente del disco protoplanetario. En la región exterior, más fría, surgieron los planetas exteriores gigantes.

PLANETAS ROCOSOS INTERIORES

Cuatro planetas rocosos relativamente pequeños son los más cercanos al Sol: Mercurio, Venus, Tierra y Marte. Se cree que todos estos planetas poseen núcleos metálicos rodeados de mantos rocosos y tienen atmósfera, aunque las de Mercurio y Marte son mucho más ligeras que las de la Tierra y Venus. Solo la Tierra tiene agua líquida y Marte puede haber tenido un océano de agua líquida a simple vista.

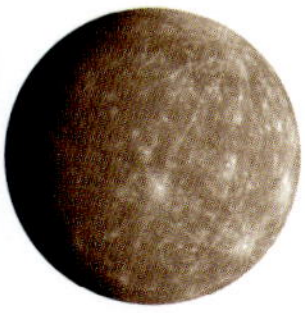

Mercurio
El planeta más cercano al Sol y el más pequeño del sistema solar. Tiene muchos cráteres y variaciones extremas de temperatura entre el día y la noche.

Venus
De tamaño similar a la Tierra, Venus está envuelto en nubes. Su superficie está modelada por el volcanismo y es más caliente que la de otro planeta: 464 °C.

Tierra
La Tierra, el mayor de los planetas rocosos, es única en el sistema solar en cuanto a abundancia de agua líquida, atmósfera rica en oxígeno y vida inteligente.

Marte
Marte es el planeta rocoso más exterior, a veces llamado el Planeta Rojo. Tiene la superficie llena de accidentes tectónicos, llanuras rocosas y lechos fluviales secos.

PLANETAS GIGANTES EXTERIORES

Más allá del Cinturón Principal de asteroides se encuentran los planetas gigantes: Júpiter, Saturno, Urano y Neptuno. Todos se componen de una enorme bolsa de gas (formada por hidrógeno y helio) con un núcleo interior rocoso. Los planetas gigantes son fríos porque están muy alejados del Sol. Júpiter y Saturno pueden verse a simple vista; Urano también, pero es muy tenue. Para ver Neptuno se requieren prismáticos o un telescopio.

Júpiter
Júpiter, el planeta más grande y pesado del sistema solar, tiene una atmósfera con un aspecto distintivo de bandas y sistemas meteorológicos como torbellinos.

Saturno
Es el segundo planeta más grande, pero el menos denso. Tiene una atmósfera superior amarillo pálido con bandas y está rodeado de sistema de anillos.

Urano
Urano, un planeta azul pálido unas cuatro veces más grande que la Tierra, está inclinado sobre su costado y su tenue sistema de anillos y las lunas lo rodean.

Neptuno
Neptuno, el planeta más alejado del Sol y el más pequeño de los planetas gigantes, tiene una atmósfera dinámica con vientos de más de 2.000 km/h.

ASTEROIDES Y COMETAS

Además de los ocho planetas y sus lunas, el sistema solar también contiene miles de otros objetos. Entre ellos se encuentran los asteroides, la mayoría de los cuales orbitan alrededor del Sol en el Cinturón Principal entre Marte y Júpiter. También hay otros grupos de asteroides, como los Troyanos, que acompañan a Júpiter en su órbita, y asteroides cercanos a la Tierra cuyas órbitas los acercan a nosotros. El sistema solar interior también es visitado por cometas (p. 108).

Cometa Hyakutake
Los cometas son pedazos de hielo y polvo que siguen órbitas curvas alrededor del Sol. En 1996, Hyakutake pasó cerca de la Tierra y pudo verse a simple vista.

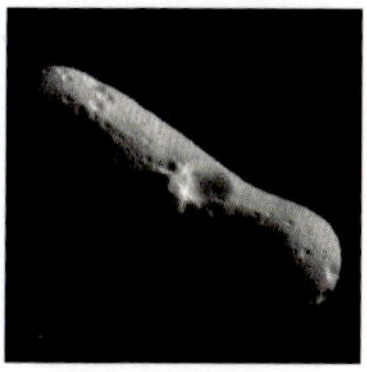

Asteroide Eros
Eros es uno de los asteroides más grandes cercanos a la Tierra, de unos 34 km de largo. En 2001, la sonda NEAR de la NASA aterrizó en su superficie.

Júpiter en el cielo nocturno
El objeto más brillante de esta fotografía del cielo nocturno es Júpiter. La mancha naranja situada debajo es Antares, una de las 20 estrellas más brillantes. A la izquierda se ve la Vía Láctea.

OBSERVAR LOS PLANETAS

El lugar y el momento en que un planeta es visible en el cielo dependen de su posición en el espacio en relación con la Tierra y el Sol. Los planetas pueden observarse solo cuando no están ocultos tras el Sol ni entre la Tierra y el Sol.

OBSERVAR A SIMPLE VISTA

Cuando no están oscurecidos por el resplandor del Sol, todos los planetas, excepto Neptuno, pueden verse a simple vista. Se clasifican en dos grupos: planetas inferiores y superiores. Los planetas inferiores tienen la órbita dentro de la de la Tierra. Mercurio y Venus son los dos planetas inferiores. Siempre están cerca del Sol en el cielo y son visibles en la puesta de sol o después en el cielo occidental, y al alba o antes en el cielo oriental. Venus es el objeto más brillante del cielo nocturno, exceptuando la Luna. Mercurio parece una estrella a la hora del crepúsculo o del amanecer. La órbita de los planetas superiores se encuentra más allá de la de la Tierra. Estos son Marte, Júpiter, Saturno, Urano y Neptuno. Cuando son observables pueden verse desde unas cuantas horas hasta toda la noche. Marte tiene un tono rojo y un brillo muy variable; Júpiter es más brillante que cualquier estrella; Saturno parece una estrella de moderada a brillante; y Urano apenas puede verse.

OBSERVAR CON PRISMÁTICOS Y TELESCOPIOS

A través de prismáticos, Marte y Saturno parecen puntos brillantes de luz, Júpiter se ve como un disco pequeño y son visibles las fases de Venus. Un telescopio pequeño desvela los casquetes polares de Marte, las cuatro lunas más grandes de Júpiter y los anillos de Saturno. Un telescopio grande muestra Mercurio, Urano y Neptuno como discos en lugar de como puntos de luz.

La Luna a través de prismáticos
Con unos prismáticos pueden verse accidentes topográficos individuales, como los cráteres más grandes y los oscuros mares de lava basáltica.

Júpiter con telescopio pequeño
A través de un telescopio pequeño, Júpiter aparece como un disco y pueden distinguirse algunas de sus cuatro lunas más grandes.

Saturno con telescopio grande
Con un telescopio grande de aficionado puede verse detalles en el espectacular sistema de anillos que rodea Saturno.

LOS PLANETAS SUPERIORES

Los planetas superiores parecen más brillantes cuando se encuentran en oposición, es decir, cuando están en el lado opuesto de la Tierra respecto al Sol y más cerca de la Tierra. A largo plazo, los planetas superiores suelen desplazarse de oeste a este. Pero cuando un planeta superior se acerca a la oposición, se detiene su movimiento hacia el este y durante un tiempo se mueve hacia atrás en el cielo (movimiento retrógrado).

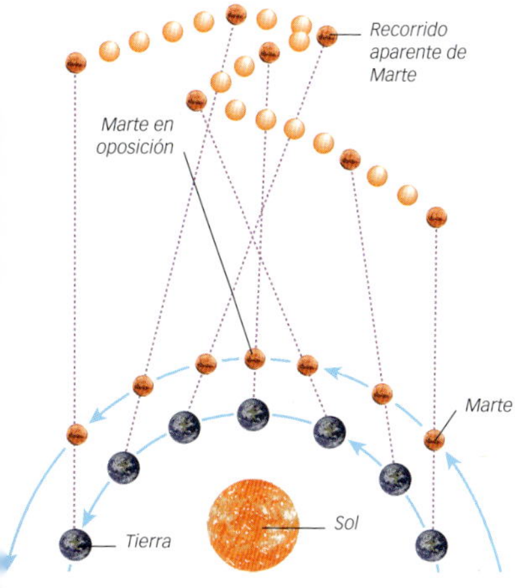

Movimiento retrógrado
Cuando Marte se acerca a la oposición, la Tierra le adelanta por el interior y, durante un par de meses, Marte parece ir marcha atrás por el cielo nocturno.

LOS PLANETAS INFERIORES

Cuando un planeta inferior se encuentra en el lado oculto del Sol respecto a la Tierra (conjunción superior), queda oculto por el Sol. Cuando está entre la Tierra y el Sol (conjunción inferior), el planeta queda oscurecido por el resplandor solar. Por ello, hay que observar los planetas inferiores en sus periodos de elongación: los dos puntos en sus órbitas en los que parecen más alejados del Sol vistos desde la Tierra. Mercurio solo puede verse al anochecer y al alba; Venus es visible hasta tres horas después del crepúsculo o antes del amanecer. Cuando son visibles, los planetas inferiores muestran fases, como la Luna.

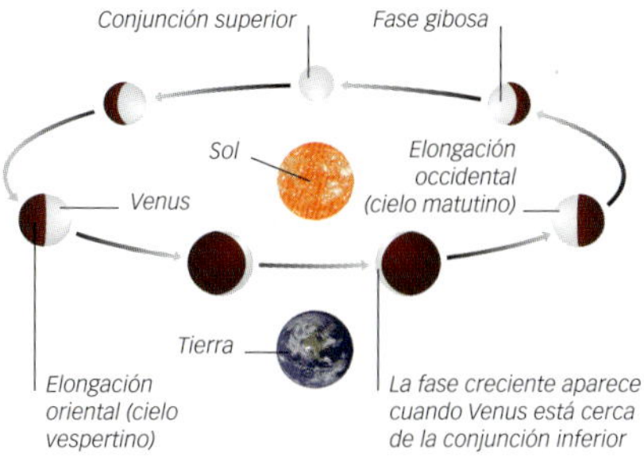

Las fases de los planetas inferiores
Los planetas inferiores (Venus aquí) aparecen como fases porque siempre están en el lado oculto del Sol cuando serían visibles los discos completos.

PERFIL

34 días terrestres (polar); 25 días terrestres (ecuatorial)

1,4 millones de km

–26,78

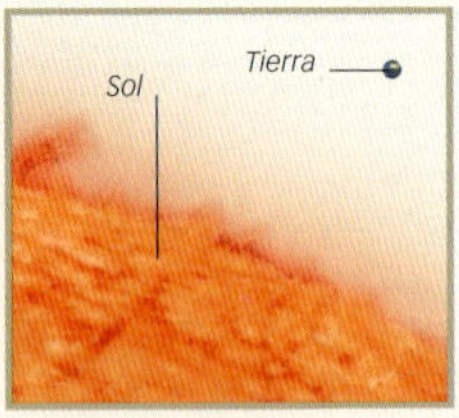

TAMAÑO RELATIVO

EL SOL

Nuestra estrella, el Sol, es una bola incandescente de plasma (gas ionizado) sumamente caliente con una masa 750 veces mayor que la de todos los planetas del sistema solar juntos. En su núcleo, que tiene una temperatura de 15,7 millones de °C, las reacciones de fusión nuclear producen helio a partir de hidrógeno y generan cantidades enormes de energía que sale del Sol en forma de calor, luz y otros tipos de radiación, como rayos X, radiación ultravioleta y ondas de radio. Además, el Sol emite un flujo continuo de partículas cargadas, el viento solar. La energía del Sol y la temperatura de su superficie se han mantenido constantes 4.600 millones de años, y seguirá 5.000 millones de años más. Entonces crecerá hasta convertirse en una estrella gigante roja y destruirá los planetas interiores.

SUPERFICIE VISIBLE E INTERIOR

La capa de la superficie solar visible, que tiene una temperatura de en torno a 5.300 °C, es la fotosfera. Debajo está la zona convectiva, en la que burbujas de gas caliente suben a la superficie, se enfrían y vuelven a hundirse, lo que hace que parezca que la superficie está en ebullición. La siguiente capa es la zona radiativa, donde se irradia la energía del núcleo a la zona convectiva. El núcleo representa un 2% del volumen del Sol, pero el 60% de su masa.

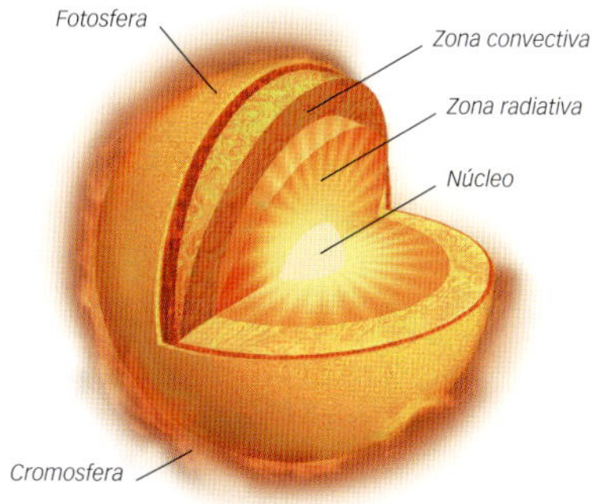

Las capas del Sol
El interior del Sol está formado por un núcleo, una zona radiativa y una zona convectiva. Los fotones (paquetes diminutos de energía) liberados en el núcleo tardan unos 100.000 años en llegar a la fotosfera.

EL VIENTO SOLAR

La corona del Sol está tan caliente que algunas de sus partículas tienen energía suficiente para escaparse de la gravedad del Sol y fluir al espacio. Este flujo de partículas, el viento solar, está formado principalmente por electrones y protones y cruza el espacio a más de 1,4 millones de km/h. Cuando el viento solar llega a la Tierra, algunas de las partículas colisionan con átomos en la atmósfera superior y causan las auroras (p. 118).

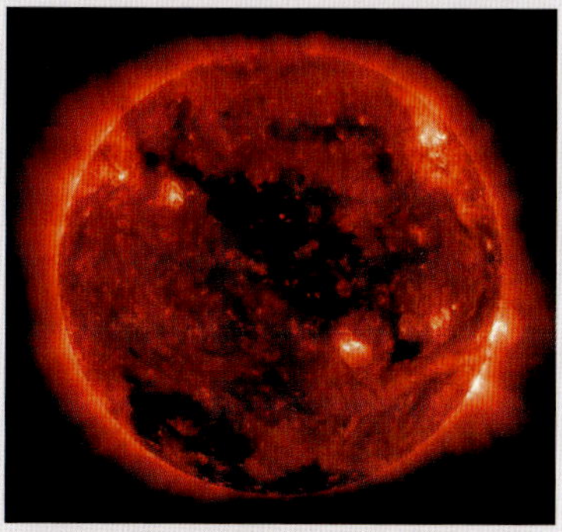

El origen del viento solar
En esta imagen ultravioleta del Sol, la gran zona oscura cerca del centro es un agujero en la corona (la capa más exterior de la atmósfera solar). Una parte sustancial del viento solar sale a través de estos agujeros coronales.

ATMÓSFERA

La atmósfera del Sol tiene tres capas. Justo por encima de la fotosfera brillante se encuentra la cromosfera, que tiene unos 2.000 km de profundidad. Cuando se asciende a través de la cromosfera, la temperatura va aumentando gradualmente, pero la densidad disminuye en un factor de 5 millones. A continuación se encuentra una capa fina e irregular llamada región de transición, en la que la temperatura sube de unos 20.000 °C a 1 millón de °C. La capa exterior es la corona, que es un millón de millones menos densa que la fotosfera y ocupa millones de kilómetros en el espacio.

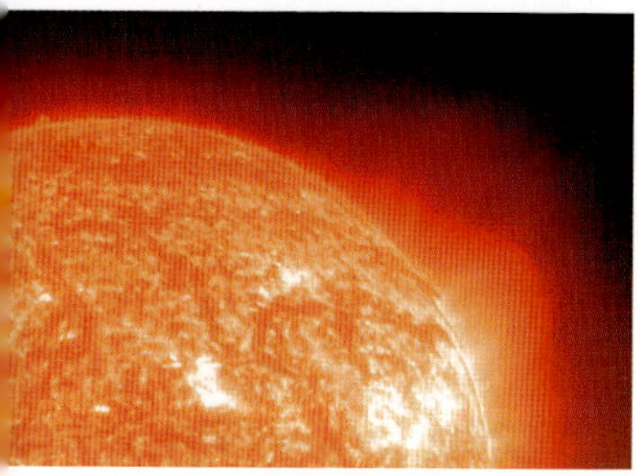

La cromosfera
La cromosfera del Sol es visible en esta imagen como la zona neblinosa de color rojo anaranjado situada sobre la fotosfera, de límites más definidos. La temperatura en su parte superior es de unos 20.000 °C.

La corona
En un eclipse solar total, como en esta imagen, la corona parece un halo alrededor del Sol. Se cree que es calentada por un proceso magnético y su temperatura oscila entre 1 y 2 millones de °C.

»

FENÓMENOS SOLARES

Las perturbaciones en el campo magnético del Sol –debido a que diferentes partes del Sol giran a velocidades distintas– resultan en diversos fenómenos en la superficie, como las manchas y las erupciones solares. La actividad en la superficie varía de un mínimo a un máximo a lo largo de un ciclo de 11 años.

MANCHAS SOLARES

Las manchas solares son zonas oscuras, relativamente frías, en la superficie del Sol. Suelen tener entre 1.500 y 50.000 km de ancho y aparecen individualmente o en grupos. La parte central, más oscura y más fría, de una mancha se llama umbra; la parte exterior, más pálida y caliente, es la penumbra. A lo largo de cada ciclo solar de 11 años, el número de manchas varía de ninguna hasta 100.

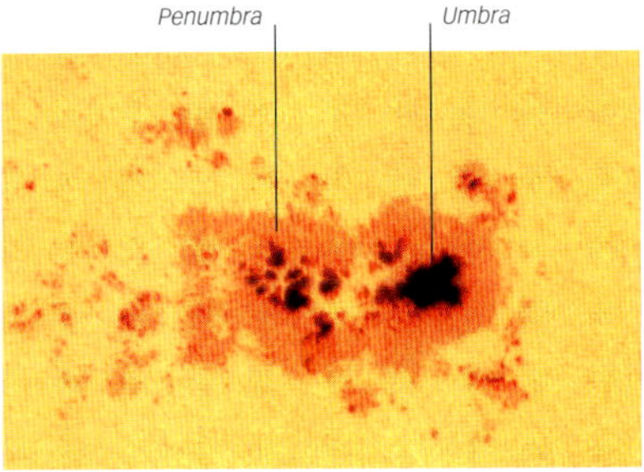

ERUPCIONES SOLARES

Las erupciones solares son explosiones violentas en la superficie del Sol, acompañadas de estallidos brillantes de luz y otros tipos de radiación. Su consecuencia es que se lanzan ingentes cantidades adicionales de partículas cargadas y radiación al espacio, causando perturbaciones en el viento solar (p. 67).

PROMINENCIAS

Una prominencia es un enorme lazo o nube brillante de plasma, de hasta varios cientos de miles de kilómetros de largo, que abarca desde la fotosfera hasta la corona (capa superior de la atmósfera solar).

No se comprende totalmente qué causa la formación de las prominencias, que duran en torno a un día, pero algunas pueden continuar durantes semanas o meses. Algunas se fragmentan y dan lugar a eyecciones de masa coronal.

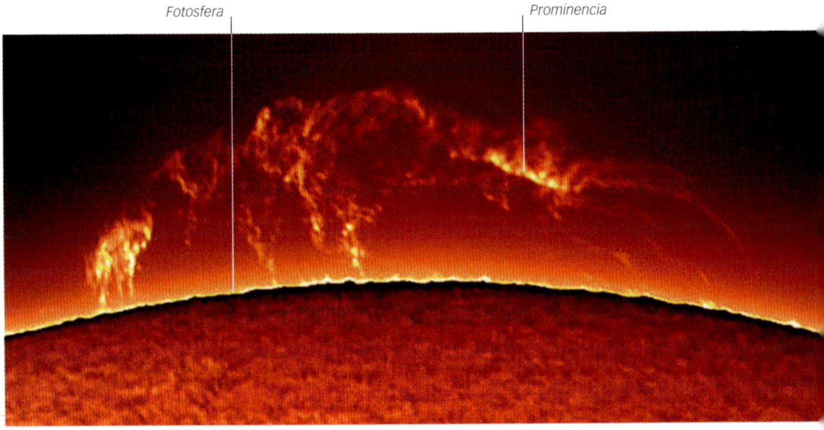

FILAMENTOS, FÁCULAS Y ESPÍCULAS

Cuando se ve una prominencia con el Sol de fondo en lugar del espacio, parece oscura en comparación con la fotosfera y se llama filamento solar. Otros rasgos observables en la superficie solar son las fáculas (regiones activas intensamente brillantes, a menudo asociadas a manchas solares) y las espículas, que son proyecciones gaseosas de corta vida, algunas de 3.000-10.000 km de largo, que salen disparadas hacia arriba desde la fotosfera. La granulación hace referencia al aspecto moteado de la fotosfera.

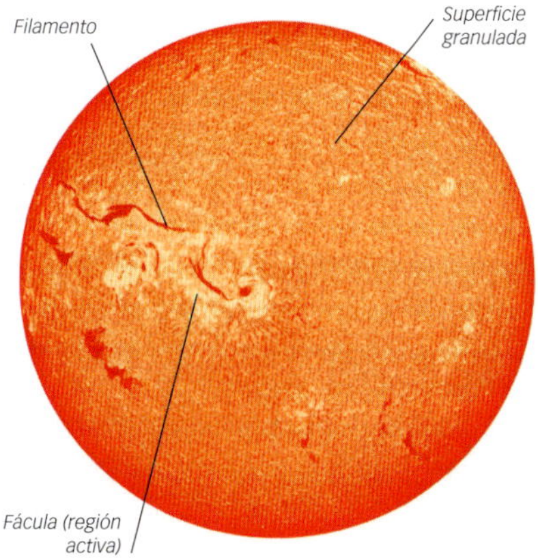

TERREMOTOS SOLARES

Algunas erupciones solares van seguidas de terremotos solares, una serie de ondas que se mueven por la fotosfera solar. Los científicos registraron un terremoto solar por primera vez en julio de 1996, después de una erupción visible en la secuencia de abajo en forma de mancha blanca con una "cola" a la izquierda. El terremoto es visible en la segunda y la tercera imagen en forma de ondas circulares en expansión. Parecen ondulaciones en un estanque, pero tenían 3 km de alto y alcanzaron una velocidad máxima de 400.000 km/h. En el transcurso de una hora, recorrieron unos 130.000 km –distancia igual a 10 veces el diámetro terrestre– antes de desvanecerse en el fondo.

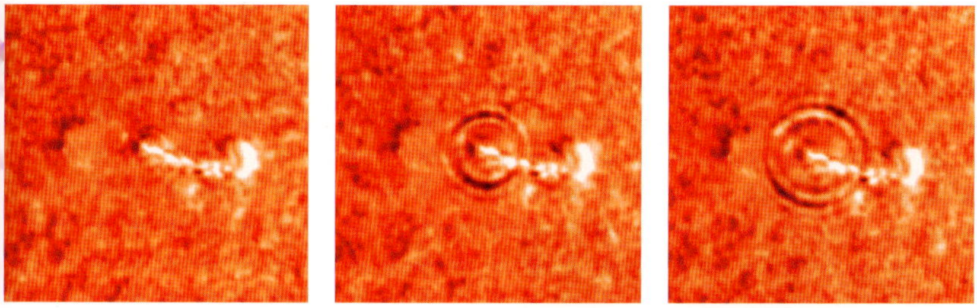

EYECCIONES DE MASA CORONAL

Las eyecciones de masa coronal (EMC) son enormes pedazos de plasma que se han desprendido del Sol y se dirigen hacia el espacio a velocidades de hasta 11 millones de km/h. Durante periodos de máximo solar, pueden ocurrir hasta tres EMC al día. Se originan en regiones activas de la superficie solar, tales como agrupaciones de manchas solares asociadas a erupciones. Al alcanzar la Tierra, pueden causar auroras muy intensas (p. 118) y tormentas geomagnéticas, con interrupción de las comunicaciones por radio y daños en las líneas eléctricas.

»

OBSERVAR EL SOL

El centro del sistema solar es un objeto de estudio fascinante, pero es fundamental tomar precauciones de seguridad estrictas. Nunca mire directamente al Sol a simple vista ni a través de un instrumento sin utilizar filtros especiales; la concentración de luz puede causar ceguera.

OBSERVAR EL SOL

Existen diversas opciones para observar el Sol de forma segura. En el pasado, los telescopios solares –piezas especializadas de equipo con filtros que permiten la visión directa del Sol– estaban reservados a los astrónomos profesionales, pero ahora están disponibles también para los aficionados. Estos instrumentos permiten observar fácilmente rasgos solares, tales como manchas y prominencias. También pueden observarse directamente con un telescopio normal o unos prismáticos equipados con filtros solares especiales. Sin equipo especial, la forma más segura de contemplar el Sol con un telescopio pequeño normal es proyectar la imagen solar a través del ocular sobre un trozo de cartulina blanca. Cuanto más lejos esté la cartulina del ocular, más grande será la imagen del Sol, pero también más débil.

Refractor con filtro solar adicional
Los filtros solares adicionales deben montarse en la parte anterior del tubo principal y del buscador de un telescopio normal de aficionado. Los filtros deben utilizarse con cuidado para evitar la luz incidente.

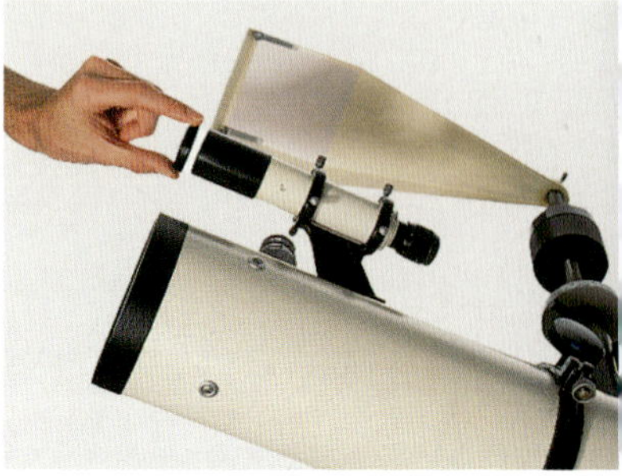

1 TAPE EL BUSCADOR
Nunca busque el Sol en el telescopio con los ojos. Para su seguridad, tape el buscador. Mantenga tapada también la parte anterior del tubo principal durante la mayor parte del tiempo.

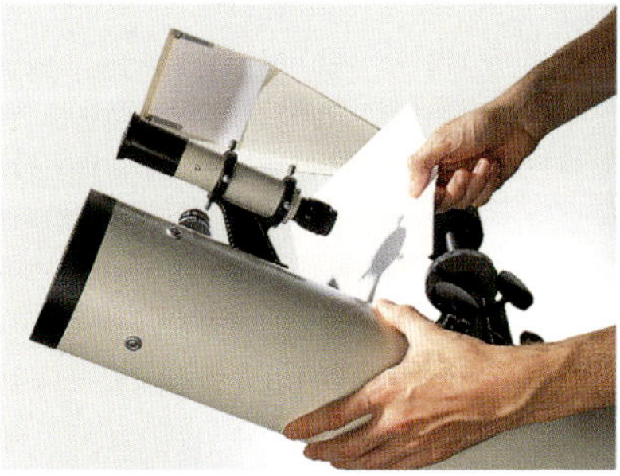

2 LOCALICE EL SOL
Para dirigir el telescopio al Sol, vaya moviéndolo hasta que encuentre una posición en la que el tubo principal o el buscador proyecten la sombra más corta sobre una cartulina.

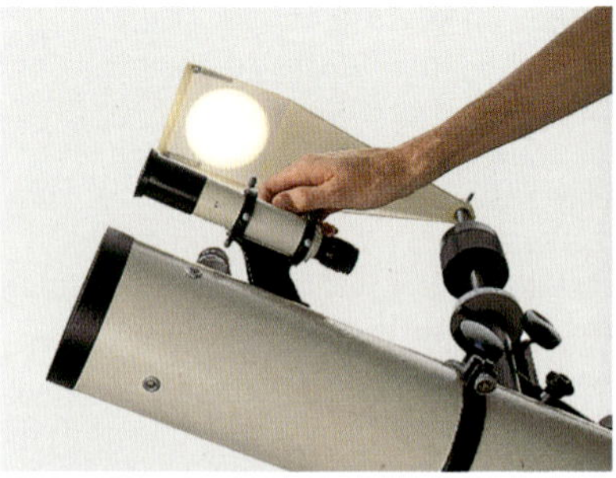

3 ENFOQUE LA IMAGEN
Retire la tapa del tubo principal y enfoque la imagen del Sol a través del ocular sobre una cartulina blanca. Ajuste la alineación y el enfoque para obtener una imagen nítida.

OBSERVATORIOS SOLARES

Hace unos 400 años que se utilizan telescopios para observar el Sol, pero se ven dificultados por factores como el tiempo y la atmósfera, que absorbe los rayos X y la mayoría de la radiación ultravioleta. Para contrarrestarlo, los observatorios solares se ubican a una gran altitud, donde la interferencia de la atmósfera es mínima, y los telescopios también están especializados de diferentes formas. Suelen estar dentro de torres blancas para minimizar las corrientes de aire caliente. A veces se utiliza un espejo en movimiento (heliostato) situado en lo alto de la torre para reflejar la radiación solar en las partes principales del telescopio, que se encuentran en una sala subterránea refrigerada. Los elementos ópticos principales y los recorridos de luz también pueden estar alojados en un vacío para minimizar los efectos de las turbulencias.

Observatorio del Teide
En este observatorio de Tenerife, se ha eliminado el aire del Telescopio de Torre al Vacío (la más alta) para limitar la distorsión de la imagen.

MISIONES ESPACIALES SOLARES

Debido a los problemas de estudiar el Sol desde la superficie terrestre, una gran parte de la investigación solar actual es llevada a cabo por naves espaciales. Por ejemplo, el Observatorio Solar y Heliosférico (SOHO, en sus siglas en inglés) se lanzó en órbita alrededor del Sol en 1995 para estudiar la estructura del Sol y el viento solar. Más recientemente se ha lanzado el Observatorio de Dinámica Solar (SDO, en sus siglas en inglés) en la órbita de la Tierra para estudiar la corona solar (la capa atmosférica exterior), el campo magnético, la actividad sísmica y las variaciones en su emisión de luz ultravioleta extrema.

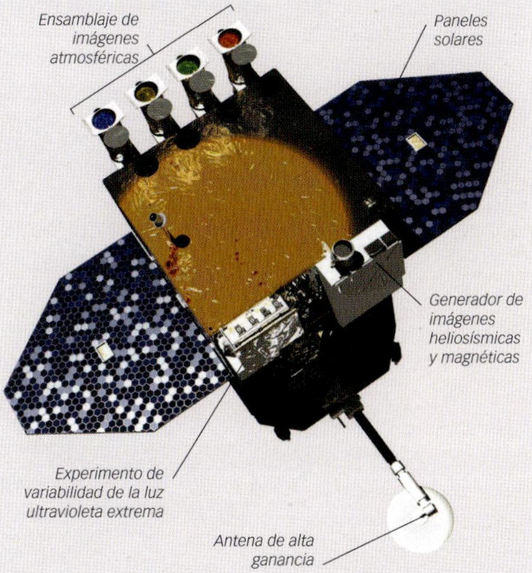

Observatorio de dinámica solar
Lanzado a principios de 2010, el SDO pesa en torno a 3.000 kg. Aunque estudia el Sol, permanecerá en la órbita de la Tierra durante toda su misión.

PERFIL

- 27,32 días terrestres
- 27,32 días terrestres
- 3.475 km
- –12,7

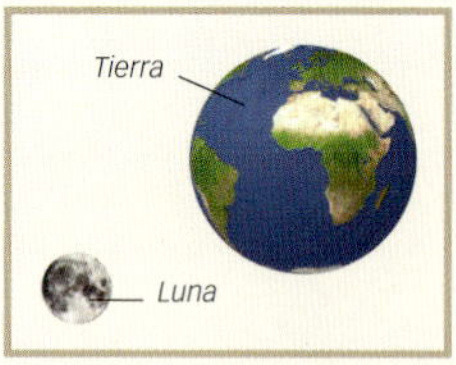

TAMAÑO RELATIVO

LA LUNA

Se cree que el satélite natural de la Tierra, la Luna, se formó hace unos 4.500 millones de años como resultado de una colisión entre la joven Tierra –que era más pequeña que la actual– y un objeto del tamaño de Marte. El impacto arrojó una enorme cantidad de restos de rocas que acabaron fusionándose para formar la Luna. Aunque solo tiene un 1,2% de la masa de la Tierra, es el quinto satélite planetario más grande del sistema solar. Su gravedad influye en los océanos terrestres y, cuando está llena, la Luna es el objeto más brillante de nuestro cielo después del Sol. No obstante, es demasiado pequeña para retener una atmósfera sustancial y hace tiempo que ha cesado toda actividad geológica en ella. Doce hombres han caminado sobre su superficie y han traído de vuelta a la Tierra más de 380 kg de rocas lunares.

ÓRBITA

La Luna tiene una órbita elíptica alrededor de la Tierra, de modo que la distancia entre ambas varía. En la posición más cercana a la Tierra (el perigeo), la Luna está un 10% más cerca que en su punto más lejano (el apogeo). El satélite tarda 27,32 días terrestres en girar sobre su eje y también en orbitar alrededor de la Tierra. Este fenómeno, conocido como rotación sincrónica, mantiene un lado de la Luna –la cara visible– siempre de cara a la Tierra, aunque una pequeña oscilación en la órbita lunar (llamada libración) permite ver un 18% de la cara oculta desde la Tierra.

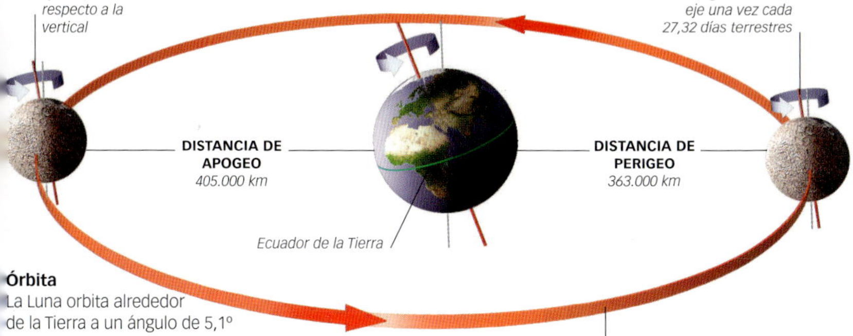

Órbita
La Luna orbita alrededor de la Tierra a un ángulo de 5,1° respecto al plano del ecuador terrestre. El eje de rotación de la Luna está inclinado 6,7° respecto a la vertical del plano de su propia órbita.

ESTRUCTURA Y ATMÓSFERA

La corteza lunar tiene unos 48 km de grosor en la cara visible y unos 74 km en la oculta. La parte superior del manto rocoso es sólida, pero las partes más inferiores están semifundidas. El núcleo está formado por una parte exterior de hierro fundido alrededor de una parte interior sólida y rica en hierro. La atmósfera lunar es muy delgada, con una masa total de solo unos 25.000 kg y, en parte debido a esto, la temperatura de la superficie varía mucho, desde –170 °C de noche hasta 125 °C de día. Su gravedad es una sexta parte de la de la Tierra y la atmósfera lunar se escapa constantemente, pero el viento solar y la liberación de gases de rocas lunares la vuelven a llenar.

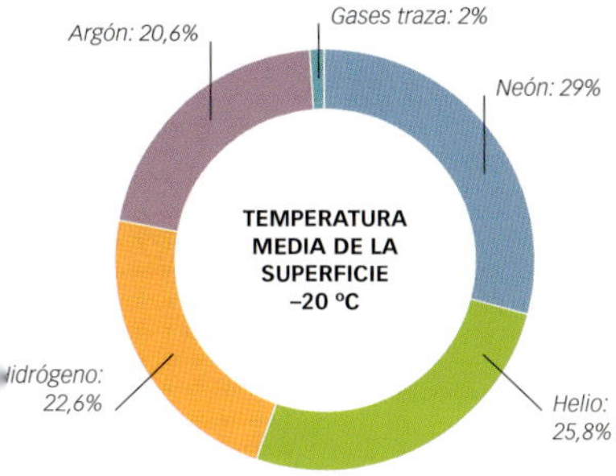

Atmósfera
El neón y el hidrógeno han sido depositados principalmente por el viento solar. El argón y el helio se derivan en primer lugar de procesos de descomposición radiactivos en rocas lunares.

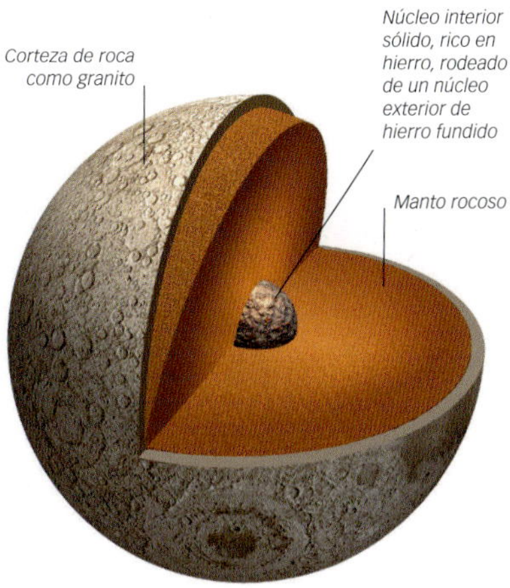

Estructura
La Luna tiene corteza, manto y núcleo, pero el núcleo es relativamente pequeño. La densidad media de la Luna es de un 60% de la de la Tierra, es decir, es similar a la densidad del manto terrestre.

»

LAS FASES LUNARES

La Luna carece de luz propia, pero la ilumina el Sol. A medida que orbita la Tierra, la parte iluminada de su cara visible va pasando por fases. El ciclo completo dura 29,5 días. Durante la primera mitad, la parte iluminada crece hasta que toda la cara visible está iluminada en luna llena, cuando la Luna se halla en el lado opuesto de la Tierra respecto al Sol. Durante la segunda mitad, la parte iluminada mengua hasta que la cara visible está oscura en luna nueva, cuando la Luna se halla entre la Tierra y el Sol.

LUNA CRECIENTE

CUARTO CRECIENTE

GIBOSA CRECIENTE

LUNA LLENA

GIBOSA MENGUANTE

CUARTO MENGUANTE

LUNA MENGUANTE

LUNA NUEVA

OBSERVAR LA LUNA

La Luna es un objeto de observación maravilloso. Unos prismáticos ya desvelan claramente sus llanuras oscuras y anchas, las cordilleras y los cráteres más grandes; con un telescopio pueden verse muchos más detalles. No obstante, observarla en luna llena puede ser decepcionante, ya que entonces la superficie lunar está iluminada uniformemente por el Sol y sus accidentes son poco claros. Es mejor observarla durante la semana antes o después de la luna nueva, cuando la luz del Sol llega a la superficie lunar oblicuamente, produciendo largas sombras y destacando nítidamente los accidentes del paisaje. Es interesante fijarse en el terminador, la línea que divide la región iluminada y la oscura. A lo largo de esta línea, la luz solar alcanza la superficie de la Luna en el ángulo más estrecho, desvelando así más detalles.

A simple vista
Sin ayudas ópticas pueden verse algunas zonas más claras y más oscuras de la superficie lunar, y puede ser posible discernir algunos cráteres.

Prismáticos
Se ve como un disco entero, pero la imagen es más grande. Pueden verse cráteres radiales grandes, como Tycho (en la parte inferior).

Telescopio pequeño
Solo es visible una parte del disco, pero se ven detalles en sus regiones claras (montañas) y sus mares oscuros (llanuras de lava).

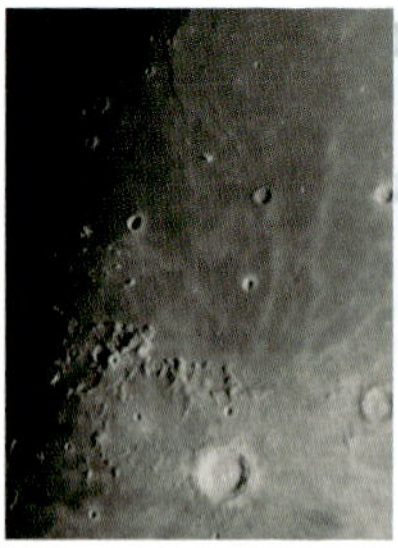

Telescopio grande
Ahora son visibles muchas cordilleras y cráteres. El cráter grande que se ve aquí es Copérnico. Encima está la cordillera llamada Montes Carpatus.

TRAZAR EL MAPA DE LA LUNA Y EXPLORARLA

Los primeros mapas registraban poco más que zonas claras y oscuras. Desde principios del s. XVII, el telescopio añadió detalles, pero el mayor progreso llegó con los vuelos espaciales. En 1959, la sonda soviética Luna 3 envió las primeras imágenes de la cara oculta de la Luna y en 1966-1967, los cinco orbitadores lunares de la NASA fotografiaron el 99% de la superficie lunar, preparando así el camino para las misiones tripuladas Apolo de 1969 a 1972. Desde la década de 1990, sondas de diversos países han continuado las investigaciones.

Luna 9
Esta sonda soviética realizó un aterrizaje suave en la Luna en 1966. Fue la primera nave que hacía un aterrizaje así en un objeto celeste. Envió imágenes a la Tierra durante tres días.

LA SONDA ESPACIAL LRO

La Lunar Reconnaissance Orbiter (LRO) es una sonda espacial robotizada de la NASA que comenzó a orbitar la Luna en junio de 2009. Sus objetivos son crear un mapa en 3D de la superficie lunar e investigar el medio ambiente lunar, incluidos los niveles de radiación, los potenciales recursos y posibles depósitos de hielo de agua en las regiones polares. La misión de la LRO se considera pionera para posibles aterrizajes tripulados de la NASA en el futuro.

La sonda LRO
La LRO orbita a unos 50 km sobre la Luna y lleva siete instrumentos a bordo para trazar el mapa de la superficie e investigar el medio ambiente lunar.

Primer aterrizaje tripulado en la Luna
El 21 de julio de 1969, Neil Armstrong salió del módulo lunar *Eagle* del Apolo 11 y fue la primera persona en pisar la Luna. Esta fotografía de aquella misión lo muestra delante del módulo lunar.

»

ACCIDENTES TOPOGRÁFICOS

La superficie lunar tiene las cicatrices de los impactos de asteroides y cometas, así como de actividad volcánica. Los griegos creían que las regiones oscuras eran agua, las cuales se bautizaron con términos tales como *mare* y *oceanus*. Ahora se sabe que son depresiones debidas a los impactos sufridos durante la existencia temprana de la Luna y que luego se rellenaron de ríos de lava oscura. Aparte de los mares y de las regiones montañosas, los accidentes más obvios son los cráteres radiales, formados cuando los objetos que impactaban expulsaban roca fundida.

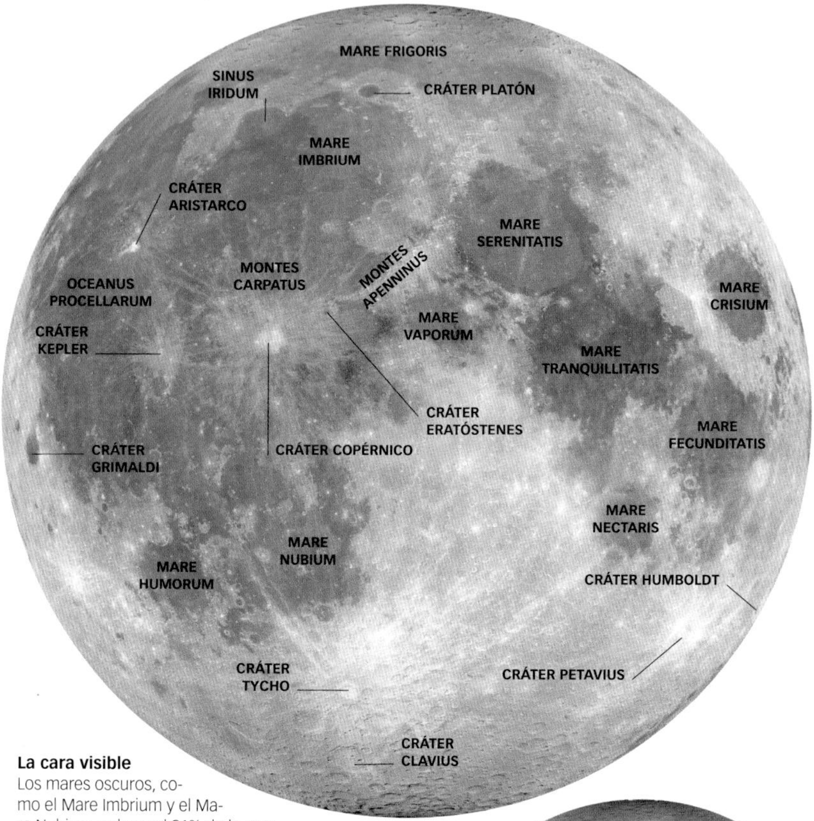

La cara visible
Los mares oscuros, como el Mare Imbrium y el Mare Nubium, cubren el 31% de la cara visible, que también destaca por contar con varios cráteres radiales de relevancia, como los cráteres Copérnico y Tycho. En total, se calcula que hay 300.000 cráteres de más de 1 km de ancho en la cara visible de la Luna.

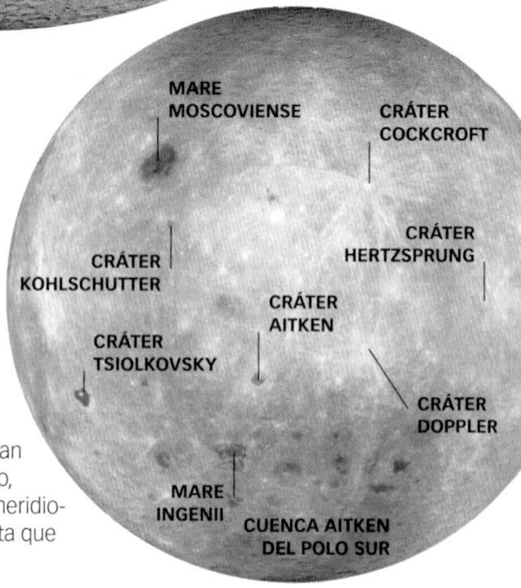

La cara oculta
La cara oculta presenta aún más cráteres que la visible, pero sus mares son pocos y pequeños. La cuenca Aitken del polo sur, una gran depresión causada por un impacto, ocupa gran parte del hemisferio meridional. La cara oculta es 5 km más alta que la cara visible por término medio.

LOS MARES LUNARES

os *maria* son grandes llanuras oscuras en la superficie lunar. La mayoría se ormó entre 3.000 y 3.500 millones de años atrás, cuando la lava basáltica de rupciones volcánicas fluyó en las cuencas someras formadas por impactos.

MARE CRISIUM

l Mare Crisium o Mar de las Crisis es asi circular, con un diámetro de unos 00 km, y ocupa una cuenca formada por n impacto que tuvo lugar en torno a .900 millones de años atrás. Su suelo es xtremadamente suave y varía en altura n menos de 90 m.

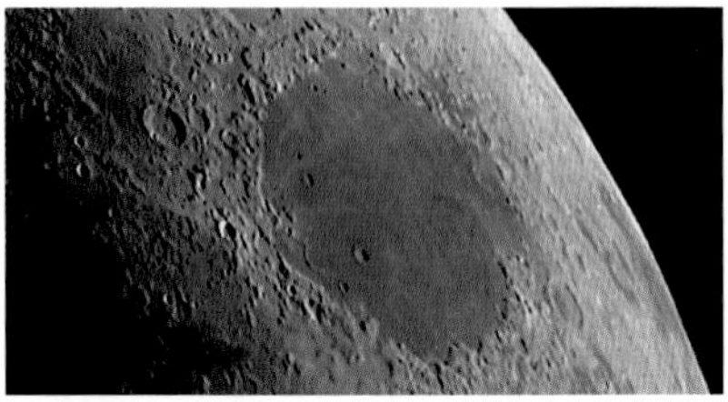

MARE IMBRIUM

El Mare Imbrium o Mar de las Lluvias es uno de los mares lunares más grandes, con un diámetro de 1.123 km. Está situado en la cuenca de impacto Imbrium, que se formó hace unos 3.850 millones de años. Está rodeado de cordilleras, como los Montes Carpatus y los Montes Apenninus al sur y al este, y los Montes Jura al noroeste. Estos se formaron por el impacto que creó la cuenca y se elevan hasta a 5,5 km de altura.

MARE TRANQUILLITATIS

El Mare Tranquillitatis o Mar de la Tranquilidad tiene un diámetro medio de 873 km. Es posible que la cuenca de impacto en la que se formó se creara hace 4.000 millones de años, aunque solo se llenó de lava hace unos 3.600 millones de años. En este mar se produjo el primer aterrizaje tripulado en la Luna: la misión del Apolo 11 de la NASA en 1969.

MARE SERENITATIS

El Mare Serenitatis o Mar de la Serenidad tiene unos 700 km de diámetro y se formó en una cuenca de impacto creada hace 3.900 millones de años. En 1972, los astronautas del Apolo 17 aterrizaron en el valle de Taurus-Littrow, en el margen sureste del Mar de la Serenidad, donde descubrieron una piedra expulsada de un cráter de impacto en dicho mar.

»

CRÁTERES DE IMPACTO

Señalan dónde impactaron en la Luna objetos. Después de un impacto, parte de la superficie lunar y parte del objeto (o todo) se fundían salpicando hacia fuera y después se solidificaban. Parte del material fundido puede fluir hacia atrás y después solidificarse formando un pico en el cráter.

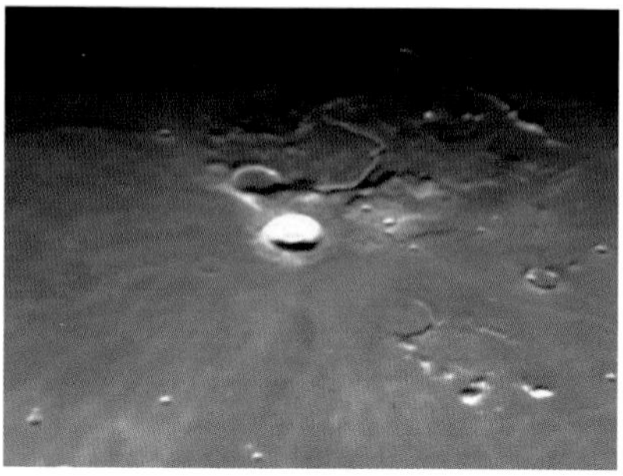

CRÁTER ARISTARCO

Aristarco, el cráter brillante del centro de esta imagen, es una de las formaciones grandes más brillantes de la superficie lunar. Es un cráter joven, de unos 450 millones de años, y tiene 40 km de diámetro. La pared tiene unas terrazas anidadas que fueron producidas por trozos concéntricos de roca en la pared que se deslizaban hacia abajo y hacían el cráter más ancho y menos profundo.

CRÁTER CLAVIUS

Clavius es un enorme cráter antiguo, de 225 km de diámetro, que está situado hacia el polo sur de la Luna. Se formó por un impacto hace unos 4.000 millones de años. Clavius tiene el borde bajo y salpicado de cráteres más pequeños. Cinco de estos forman una cadena curva de cráteres que describen un arco a través del suelo de Clavius.

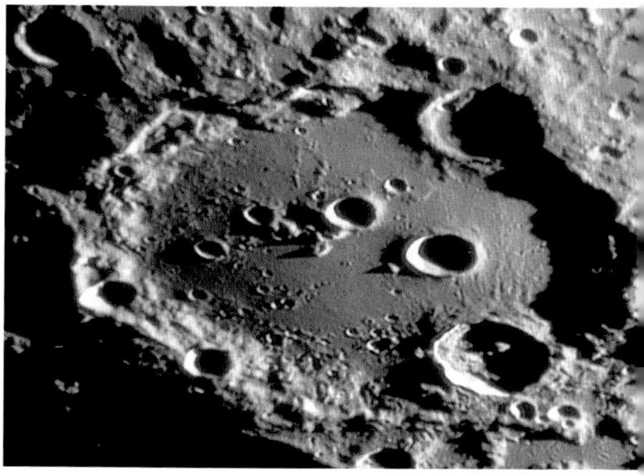

CRÁTER COPÉRNICO

Este prominente cráter radial tiene unos 107 km de ancho y unos 800 millones de años. Posee picos centrales altos y paredes aterrazadas masivas; el suelo del cráter se encuentra a 3,7 km por debajo del borde. Los alrededores de Copérnico están salpicados de cráteres secundarios formados por piedras expulsadas durante el impacto que lo formó. Los rayos del cráter se componen de finas partículas de roca gris claro.

CRÁTER ERATÓSTENES

Este cráter profundo está situado en el margen meridional del Mare Imbrium, en el extremo occidental de los Montes Apenninus y no lejos del cráter radial Copérnico, más prominente y grande. Tiene 58 km de diámetro y 3,6 km de profundidad, y se cree que se formó por un impacto producido hace unos 3.200 millones de años. Su borde circular está bien definido; tiene terrazas en la pared interior, el suelo irregular y picos montañosos centrales. Eratóstenes carece de rayos, pero lo atraviesan rayos de Copérnico.

CRÁTER HUMBOLDT

Este gran cráter antiguo, situado cerca del margen sureste de la cara visible de la Luna, tiene unos 190 km de diámetro y 3.800 millones de años. Posee un borde bajo y gastado, y picos centrales que forman una cordillera en su suelo relleno de lava. El suelo también está cruzado por fisuras o canales radiales y concéntricos, algunos de los cuales parecen tubos a través de los cuales fluyó la lava en el pasado.

CRÁTER TYCHO

Este prominente cráter joven se sitúa en las tierras altas meridionales. Tiene unos 102 km de diámetro, 4,8 km de profundidad y solo unos 100 millones de años. Tycho es uno de los cráteres más nítidamente definidos de la Luna. En el centro hay un pico montañoso que alcanza los 3 km de altura sobre una región interior rellenada. El cráter está rodeado de rayos distintivos que alcanzan hasta 1.500 km desde el borde del cráter.

»

OTROS ACCIDENTES TOPOGRÁFICOS

Además de los *maria* o mares y los cráteres de impacto, la Luna presenta otros accidentes topográficos tales como montes (montañas y cordilleras), crestas sinuosas –llamadas crestas arrugadas–, valles, rimas (ranuras estrechas o canales deprimidos en la superficie) y *rupes* (fallas).

MONTES CARPATUS

Esta cordillera se extiende a lo largo del margen suroeste del Mare Imbrium (en primer plano en la imagen) hasta el norte de Copérnico (el gran cráter cerca del horizonte). La cordillera ocupa más de 290 km y se formó hace unos 3.900 millones de años a consecuencia del impacto que creó la cuenca Imbrium.

MONTES APENNINUS

Los Apeninos forman un margen definido y curvado en el sureste de la cuenca de impacto Mare Imbrium. Empujada hacia arriba por la onda de choque del impacto de Imbrium, la cordillera se extiende unos 600 km. Mons Huygens es la montaña más alta de la Luna, con 5,5 km de altura, y forma parte de esta cordillera.

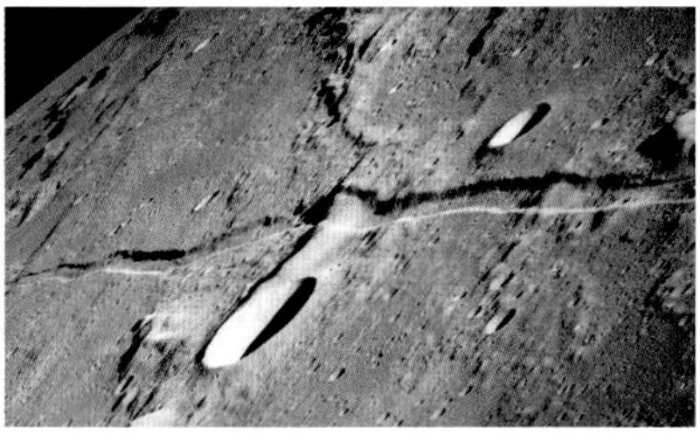

RIMA ARIADAEUS

Esta depresión lineal tiene más de 300 km de largo y discurre aproximadamente en dirección oeste desde el margen occidental del Mare Tranquillitatis. Se cree que se formó cuando se hundió una sección de corteza entre dos fallas paralelas. Es relativamente joven y tiene pocos cráteres u otros accidentes.

RIMA HADLEY

La rima Hadley es un valle ondulante cerca del extremo septentrional de los Montes Apenninus, con una media de 1,5 km de ancho y 400 m de profundidad. La misión del Apolo 15 aterrizó cerca. En esta imagen, un astronauta del Apolo 15 y el explorador lunar están en el borde de la rima.

ALLE DE SCHROTER

sta rima serpenteante atraviesa terreno levado, la meseta de Aristarco, al no- oeste del cráter Aristarco. El valle de chroter es la rima sinuosa más grande le la Luna, con unos 100 km de largo y km de profundidad, y se va estrechan- lo gradualmente de 10 km de ancho en n extremo hasta menos de 1 km en el tro extremo. Se cree que se formó por ava fundida –erupcionada de una chime- ea volcánica– que talló un canal en la uperficie lunar.

EL VALLE ALPINO

También llamado Vallis Alpes, el valle Alpino es una depresión fusiforme que se abre camino a través de una región de tierras altas conocida como Montes Alpes, situada en el margen noreste del Mare Imbrium. El valle tiene 166 km de largo y su anchura oscila entre 7 y 10 km. Por el medio del valle discurre una rima (canal) esbelta de unos 700 m de ancho y 120 m de profundidad. El valle se formó probablemente al hundirse un fragmento de corteza lunar entre fallas.

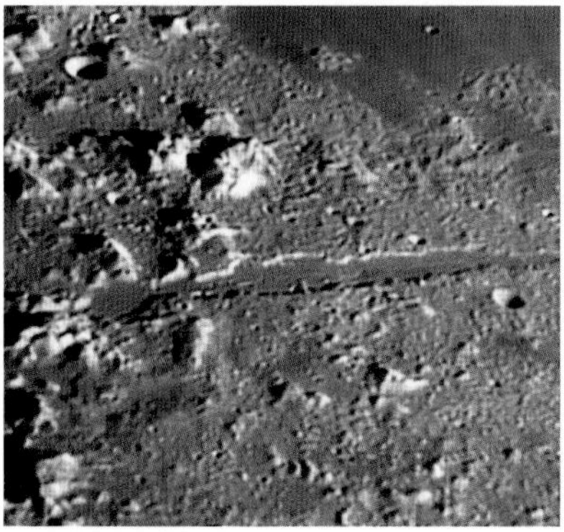

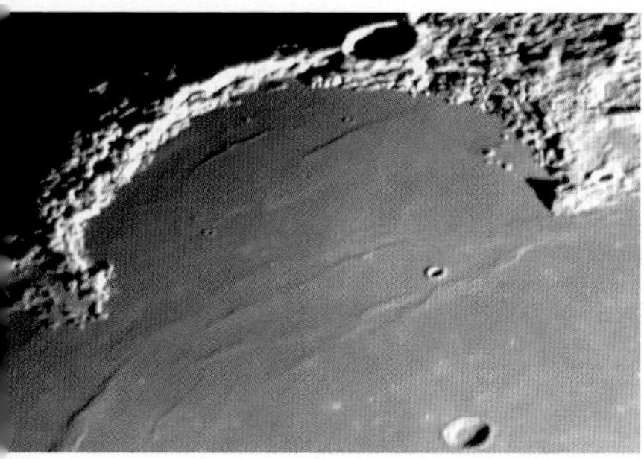

SINUS IRIDUM

La bahía de los Arcoíris o Sinus Iridum es una extensión semicircular del Mare Imbrium. Se trata de una llanura rellena de lava de unos 236 km de ancho, que está rodeada por la cordillera de los Montes Jura desde el noreste hasta el suroeste. En esta imagen, el cráter grande de la parte superior es Bianchini, y el cráter grande de la parte inferior es Helicon.

UPES RECTA

a Rupes Recta o Pared Recta la línea larga y oscura que apa- ece en el centro de esta foto- grafía) es una falla que cruza el Aare Nubium. Causada por el novimiento a lo largo de una fa- la en la corteza lunar, esta falla iene unos 125 km de largo, 40-300 m de alto y 2-3 km de ncho.

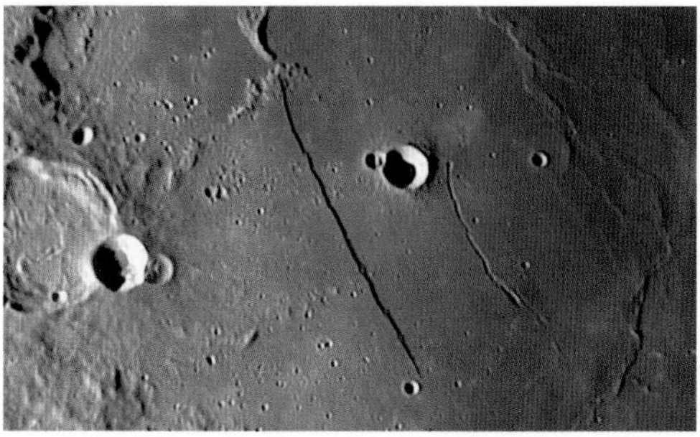

Eclipse del Sol
Esta fotografía de exposición múltiple muestra las fases de un eclipse solar total, incluida la totalidad (el punto central), cuando la Luna cubre por completo el Sol.

ECLIPSES

Un eclipse es la atenuación o el bloqueo temporales de la luz procedente de un determinado objeto celeste, ya sea porque entra en la sombra de otro cuerpo astronómico o porque otro objeto pasa entre él y el observador.

TIPOS DE ECLIPSES

El término "eclipse" suele utilizarse para describir un eclipse lunar, cuando la Luna entra en la sombra de la Tierra, o un eclipse solar, en el que la Luna oscurece parcialmente o por completo el disco del Sol visto desde la Tierra. Se producen eclipses de estos dos tipos varias veces al año. "Eclipse" también puede referirse a acontecimientos similares más allá del sistema Tierra-Luna: por ejemplo, una luna que entra en la sombra proyectada por su planeta anfitrión, o una de las estrellas de un sistema binario (p. 127) que oscurece a la otra. Las ocultaciones y los tránsitos son dos fenómenos relacionados con los eclipses. En una ocultación, un objeto en apariencia más grande tapa totalmente la luz de otro más lejano y de forma aparente más pequeño (por ejemplo, la Luna oculta una estrella). Un tránsito es lo opuesto: sucede cuando un objeto más pequeño cruza la cara de otro más grande y oscurece una pequeña parte de este como cuando Venus o Mercurio cruzan por delante de la cara del Sol.

:ÓMO SE PRODUCEN OS ECLIPSES LUNARES

os eclipses lunares se producen cuando ' Sol, la Tierra y la Luna se alinean, con la ierra en el centro, de modo que la Luna ruza la sombra de la Tierra. Existen tres pos de eclipses lunares: eclipses penumrales, en los que la Luna cruza la penumbra (sombra parcial) de la Tierra, lo que causa solo una leve atenuación de la luz; eclipses parciales, en los que parte de la Luna cruza la umbra (sombra completa) de la Tierra; y eclipses totales, en los que toda la Luna cruza la umbra. En un eclipse total, la Luna a menudo tiene un color rojo tenue debido a la luz roja del Sol.

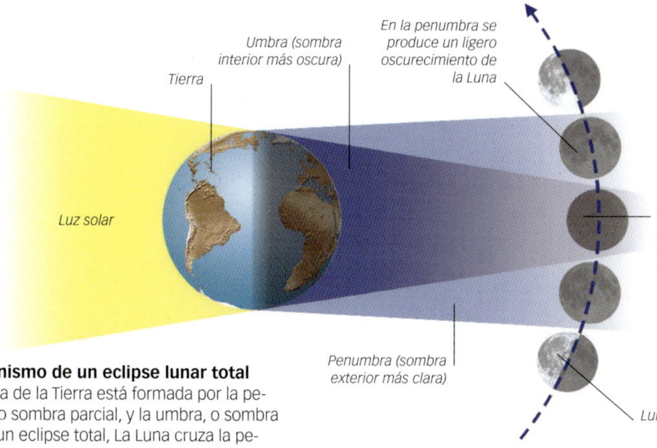

mecanismo de un eclipse lunar total
ı sombra de la Tierra está formada por la peımbra, o sombra parcial, y la umbra, o sombra ıtal. En un eclipse total, La Luna cruza la peımbra, la umbra y de nuevo la penumbra.

Luna llena
Los eclipses lunares se producen en luna llena. La ·imera señal de un eclipse es un ligero oscurecimien· de la Luna mientras entra en la penumbra.

2 La Luna entra en la sombra umbral
Una vez que un borde de la Luna ha entrado en la umbra de la Tierra, una región mucho más oscura empieza a atravesar la cara de la Luna.

3 La Luna aproximándose a la totalidad
La sombra umbral va cruzando lentamente la ıra de la Luna. Puede pasar más o menos una hora ıtes de que la sombra cubra la Luna por completo.

4 La Luna en totalidad
No llega nada de luz solar directa a la Luna, pero tiene un aspecto rojo porque la atmósfera terrestre refracta parte de la luz solar hacia la Luna.

»

CÓMO SE PRODUCEN LOS ECLIPSES SOLARES

Se producen cuando la Luna impide que la luz solar llegue a ciertas partes de la Tierra. El diámetro del Sol es 400 veces mayor que el de la Luna, pero también está 400 veces más lejos de la Tierra, por lo que los dos objetos parecen tener el mismo tamaño. Existen tres tipos de eclipse solar. En un eclipse parcial, los observadores situados en una ancha franja de la superficie terrestre ven el Sol parcialmente oculto durante un tiempo. D rante un eclipse total, los observadores s dos en una estrecha banda de la franja (llamada banda de totalidad) ven el Sol co pletamente oculto durante un breve tiem en el resto de la franja, solo es visible un eclipse parcial. En un eclipse anular, la Lu tapa todo el disco del Sol excepto un estr cho anillo; esto sucede cuando la Luna es más lejos de la Tierra y parece más pequ Los eclipses solares suceden dos o tres v al año; los eclipses totales cada 18 meses

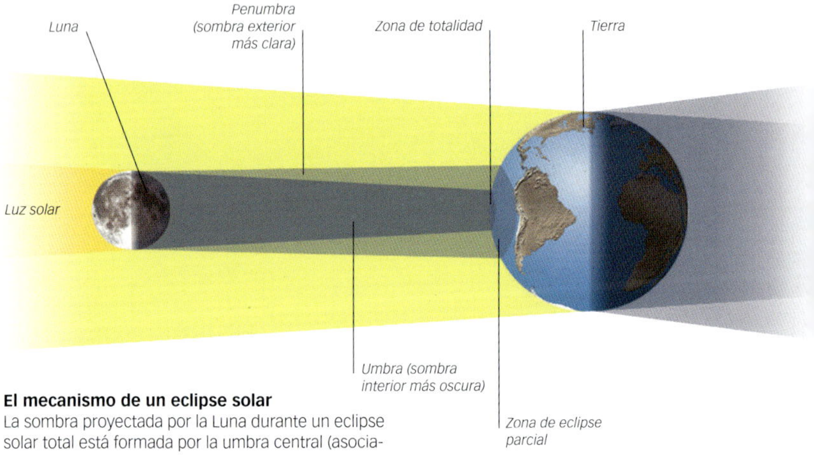

El mecanismo de un eclipse solar
La sombra proyectada por la Luna durante un eclipse solar total está formada por la umbra central (asociada a la zona de totalidad) y la penumbra (zona de eclipse parcial). A medida que la Tierra va rotando, la sombra va atravesando su superficie.

OBSERVAR ECLIPSES SOLARES

Nunca se debe mirar al Sol a simple vista ni a través de ningún instrumento (prismáticos, telescopio o cámara), ya que su intensa luz puede causar daños oculares. Durante un eclipse, solo es seguro observar el Sol directamente durante la totalidad. Si cualquier parte de la región brillante está descubierta, aunque solo sea un pequeño anillo, no debe mirarse. Para ver un eclipse de forma segura antes y después de la totalidad pueden utilizarse gafas especiales para eclipses o puede proyectarse una imagen del Sol a través de un pequeño orificio en un cartón sobre una superficie plana y de color claro. No deben utilizarse nunca unas gafas de sol normales.

Gafas para contemplar eclipses
Para ver un eclipse pueden utilizarse gafas con filtros solares especiales, pero primero debe comprobarse que no haya ningún agujero en los filtros.

Hojas como orificios
Los huecos entre las hojas de un árbol funcionan como orificios: cada diminuto hueco proyecta una imagen sobre el suelo, dando lugar a numerosas imágenes de un eclipse solar, tal como se ve en la imagen.

ENÓMENOS DE ECLIPSE SOLAR

urante un eclipse solar total, suele pasar n torno a una hora y media desde el punto n el que la Luna justo empieza a tapar el isco del Sol hasta el inicio de la totalidad, l periodo en el que el disco brillante del ol se halla totalmente oculto. La totalidad uele durar entre 1 y 3 minutos, pero pue- e llegar hasta 7 minutos y 30 segundos. urante este periodo, la ubicación de ob- ervación se oscurece y la imagen del Sol scurecido es espectacular cuando se pue- e ver la corona. Justo antes de la totalidad al final de esta, pueden contemplarse fe- ómenos como las perlas de Baily y el ani- o de diamantes. Un eclipse anular produce n anillo de luz en el cielo.

Corona
Durante la breve duración de la totalidad, la corona del Sol, una parte irregular y extremadamente caliente de su atmósfera, se vuelve visible.

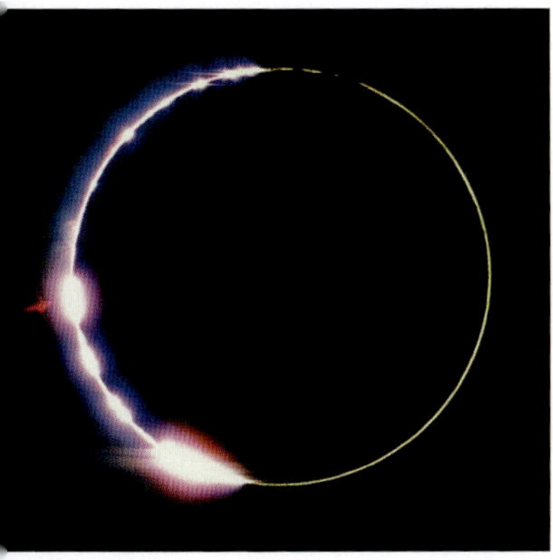

erlas de Baily
Isto antes de la totalidad y al final de esta, la su- erficie rugosa de la Luna permite el paso de pe- ueños puntos de luz solar: las perlas de Baily.

Efecto del anillo de diamantes
El efecto del anillo de diamantes se produce cuando pasa un único punto de luz, junto con un círculo de luz alrededor del borde de la Luna.

clipse solar parcial
n un eclipse parcial, o durante el periodo anterior posterior a la totalidad, la Luna oscurece una arte cada vez mayor o menor del disco del Sol.

Eclipse solar anular
En un eclipse anular, el disco de la Luna es demasiado pequeño para tapar el Sol. Esto sucede cuando la Luna está más alejada de la Tierra.

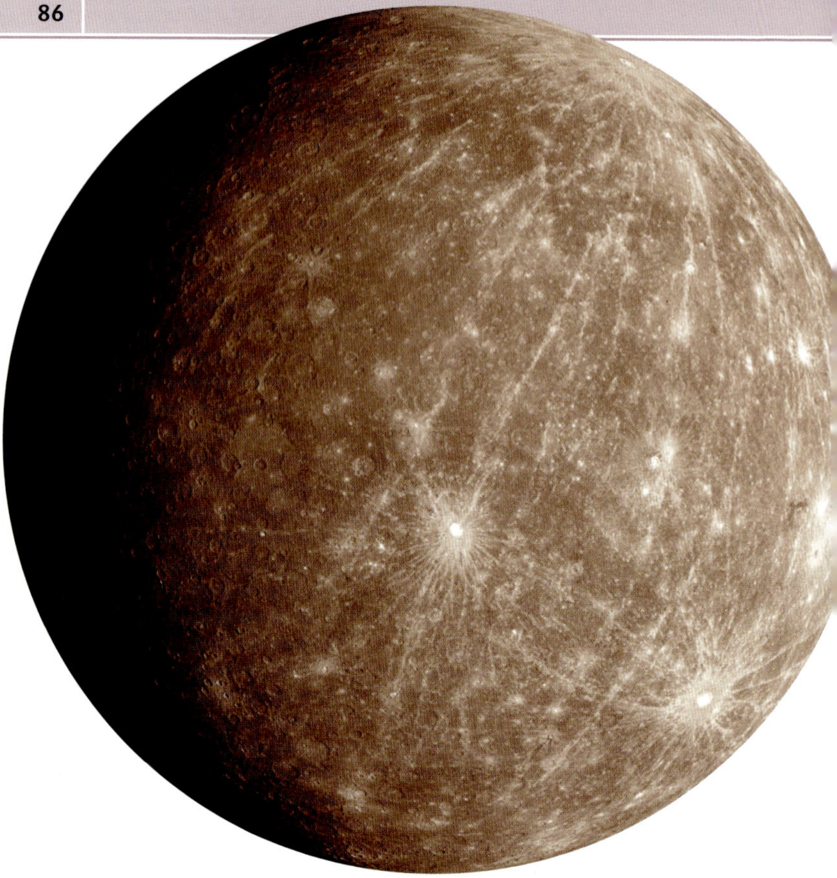

PERFIL

- 57,9 millones de km
- 88 días terrestres
- 58,7 días terrestres
- 4.879 km
- 0
- –1,9

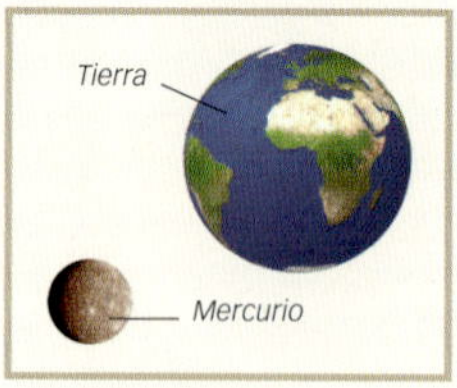

TAMAÑO RELATIVO

MERCURIO

Abrasado por el Sol y marcado por infinidad de impactos de asteroides, Mercurio es uno de los planetas más extremos del sistema solar. Con 4.879 km de diámetro, es también el más pequeño de los nueve planetas. De día, la temperatura de la superficie de Mercurio alcanza 430 °C, mientras que de noche cae hasta –180 °C, la mayor oscilación de todos los planetas. Su superficie presenta múltiples cráteres y uno de sus accidentes geológicos mejor conocidos es la cuenca Caloris, un cráter de unos 1.550 km de ancho que se formó cuando un gran asteroide se estrelló contra el planeta hace mucho tiempo. Otros accidentes topográficos destacables son volcanes extinguidos, vastas llanuras que se formaron al solidificarse antiguos ríos de lava y enormes acantilados de varios cientos de kilómetros de largo.

ÓRBITA, ESTRUCTURA Y ATMÓSFERA

Mercurio describe una órbita alrededor del Sol en menos tiempo que ningún otro planeta, tan solo 88 días terrestres. Su órbita también es la más excéntrica de todos los planetas: su distancia del Sol varía de solo 46,0 millones de kilómetros en el perihelio hasta 69,8 millones de kilómetros en el afelio. La composición interior de Mercurio es poco habitual. La notablemente alta densidad del planeta indica que posee un núcleo grande y rico en hierro, de unos 3.600 km de diámetro. La atmósfera de Mercurio es extremadamente delgada, con una masa total de solo unos 1.000 kg, y se compone de oxígeno (42%), sodio (29%), hidrógeno (22%), helio (6%) y gases traza (1%).

Estructura
Se cree que el núcleo de Mercurio está formado por hierro, rodeado de un manto rocoso de silicatos y de una corteza de silicatos marcada por los impactos de asteroides y volcanismo antiguo.

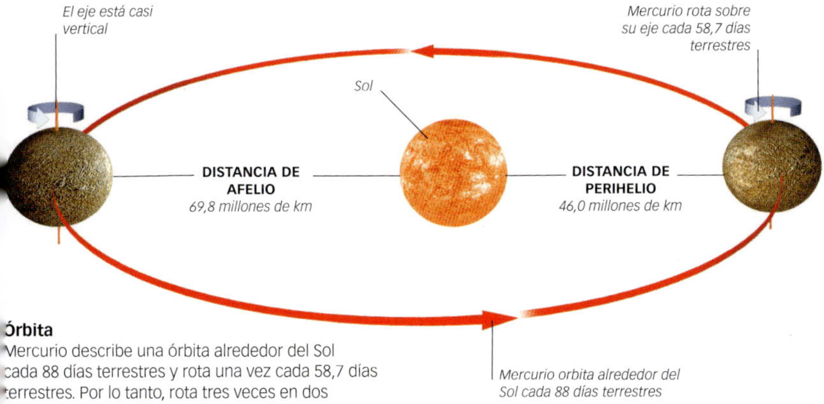

Órbita
Mercurio describe una órbita alrededor del Sol cada 88 días terrestres y rota una vez cada 58,7 días terrestres. Por lo tanto, rota tres veces en dos órbitas, lo que significa que hay 176 días terrestres entre una salida del Sol y la siguiente.

OBSERVAR MERCURIO

Mercurio es visible a simple vista y puede verse a baja altura en el cielo, poco antes del alba o justo después de la puesta de Sol. No obstante, debido a la rápida órbita de Mercurio, no permanece visible durante mucho tiempo. El mejor momento para observarlo es cuando se encuentra en la mayor separación del Sol en el cielo –su elongación máxima–, lo cual sucede seis o siete veces al año. Dado que Mercurio nunca está lejos del Sol, ni siquiera en su elongación máxima, hay que tener cuidado de no mirar al Sol sin querer.

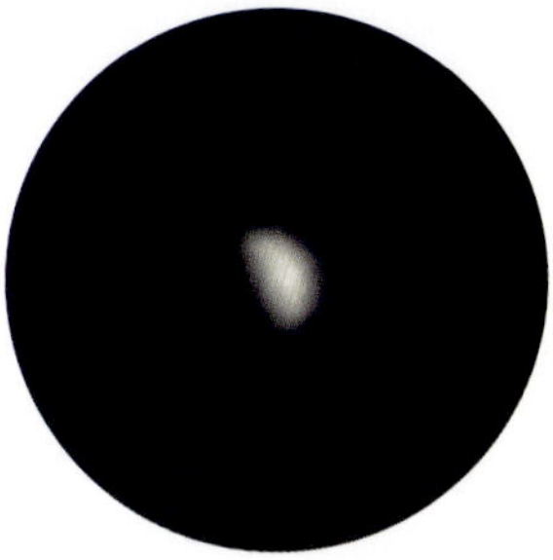

Mercurio a través de un telescopio
Debido a su cercanía al Sol, Mercurio es difícil de observar. A través de un telescopio grande aparece como un disco borroso que, al igual que todos los planetas interiores, muestra fases.

PERFIL

- 108,2 millones de km
- 224,7 días terrestres
- 243 días terrestres
- 12.104 km
- 0
- –4,7

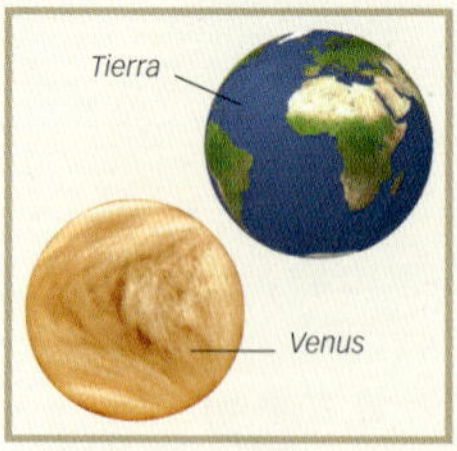

TAMAÑO RELATIVO

VENUS

Venus es el segundo planeta a partir del Sol y similar en tamaño y estructura a la Tierra. No obstante, siempre está cubierto por una gruesa capa de nubes continua que oculta un entorno hostil dominado por temperaturas y presiones extremas. En su superficie han aterrizado varias sondas no tripuladas que han transmitido imágenes que revelan un paisaje yermo modelado por vastos ríos de lava y enormes volcanes, algunos de más de 100 km de ancho. Se cree que el volcanismo que creó esta inhóspita superficie se produjo en una oleada de actividad global hace unos 500 millones de años, aunque todavía puede haber pequeñas regiones de actividad volcánica en Venus. Antaño se sugirió que Venus podría tener océanos bajo sus densas nubes, pero ahora se sabe que no hay agua líquida.

ÓRBITA, ESTRUCTURA Y ATMÓSFERA

Venus describe una órbita alrededor del Sol en 224,7 días terrestres y rota sobre su eje en 243 días terrestres, por lo que un día en Venus dura más que su año. Su eje rotacional está inclinado 177,4°, de modo que el polo norte se encuentra en la parte inferior del planeta. Parece que gira en dirección opuesta a la de los demás planetas (excepto Urano, cuyo eje de giro es casi horizontal). Estructuralmente, Venus se parece a la Tierra, con un núcleo interior metálico sólido, un núcleo exterior metálico fundido, un manto rocoso y una corteza sólida. La atmósfera es sumamente densa, lo que crea una presión de 92 atmósferas terrestres en la superficie. Sobre las regiones polares de Venus la atmósfera crea enormes torbellinos. Las densas nubes contienen ácido sulfúrico y crean un potente efecto invernadero que causa una temperatura superficial media de 464 °C.

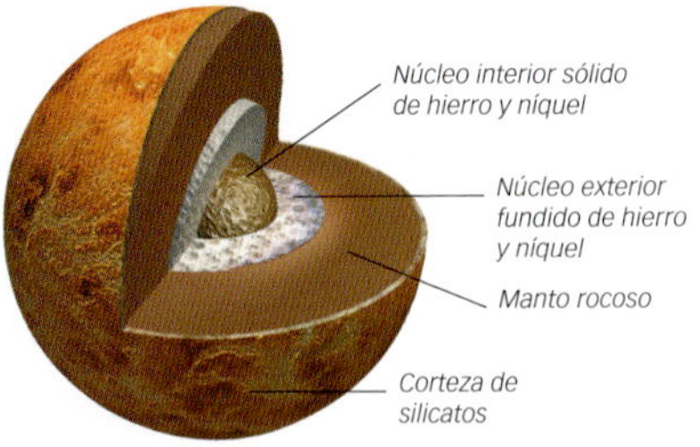

Estructura
Venus tiene un núcleo interior sólido de hierro y níquel, un núcleo exterior fundido de hierro y níquel, un manto rocoso y una corteza de silicatos.

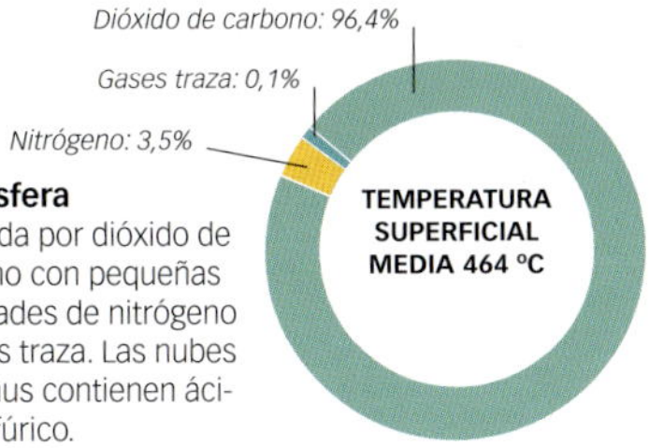

Atmósfera
Formada por dióxido de carbono con pequeñas cantidades de nitrógeno y gases traza. Las nubes de Venus contienen ácido sulfúrico.

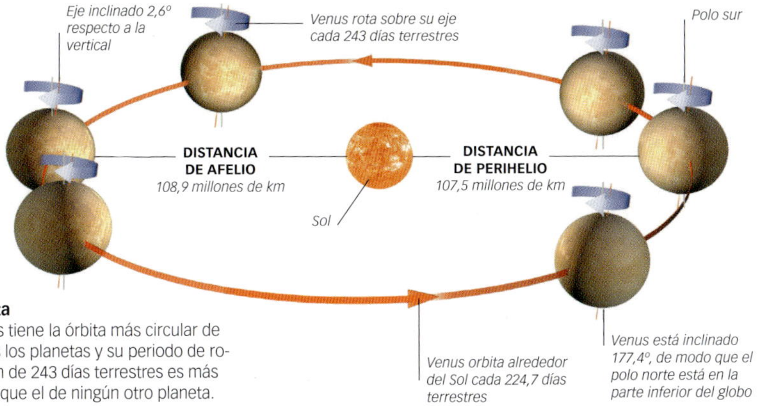

Órbita
Venus tiene la órbita más circular de todos los planetas y su periodo de rotación de 243 días terrestres es más largo que el de ningún otro planeta.

OBSERVAR VENUS

Venus es uno de los planetas más fáciles de observar gracias a su brillo; es más brillante que todos los demás objetos del espacio, excepto el Sol y la Luna. Es visible en ciertos momentos durante el año, antes del alba o después del anochecer. Aparece cerca del Sol en el cielo, por lo que solo debe buscarse cuando el Sol está por debajo del horizonte, preferiblemente en torno a la elongación máxima (p. 65). A través de prismáticos o un telescopio, Venus muestra fases.

Venus a través de un telescopio
Las fases de Venus son visibles a través del telescopio. Cuando se encuentra en la fase creciente, Venus está cerca de nosotros y parece más grande en el cielo.

PERFIL

- 227,9 millones de km
- 687 días terrestres
- 24,6 horas
- 6.792 km
- 2
- −2,9

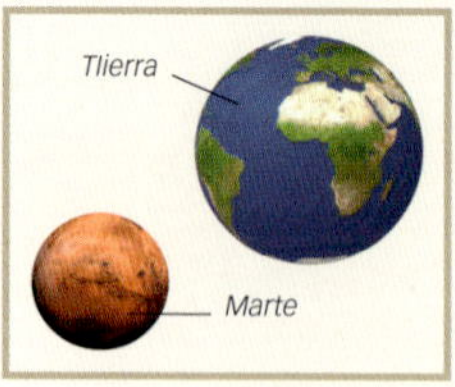

TAMAÑO RELATIVO

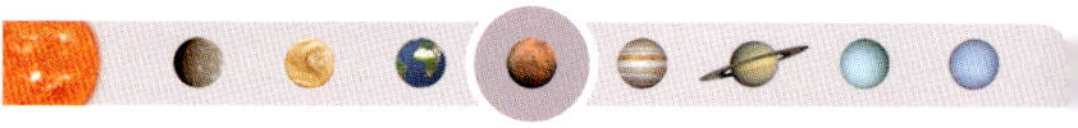

MARTE

Conocido como el Planeta Rojo debido a su color rojo óxido, Marte es el cuarto planeta a partir del Sc y el más exterior de los planetas rocosos. Describe una órbita a una distancia media de 227,9 millones de kilómetros del Sol. Es la mitad de grande que la Tierra y ahora es un planeta seco y estéril, con enor mes volcanes extinguidos, grandes sistemas de cañones y llanuras salpicadas de rocas. Extensas tormentas de polvo se van desplazando por el plane ta y las naves enviadas a explorar su superficie han detectado nubes y precipitaciones de nieve. Marte tiene estaciones y casquetes polares de hielo. En el pasado, puede que fuese muy diferente; las prueba aportadas por sondas espaciales en órbita y explora dores planetarios indican que hace miles de millone de años había agua líquida en su superficie.

ÓRBITA

Marte describe una órbita alrededor del Sol cada 687 días terrestres, de modo que un año en Marte dura casi el doble que un año en la Tierra. Dado que Marte orbita alrededor del Sol a una velocidad diferente que la Tierra, muestra el movimiento retrógrado: cuando se ve desde la Tierra, a veces parece que Marte invierte la dirección de su movimiento en el cielo nocturno (p. 65). El eje de rotación de Marte está inclinado, por lo que el planeta experimenta cambios estacionales. La órbita de Marte es altamente elíptica y el planeta recibe mucha más radiación solar en su punto más cercano al Sol que en el más alejado. Las temperaturas superficiales oscilan entre 20 °C y -125 °C.

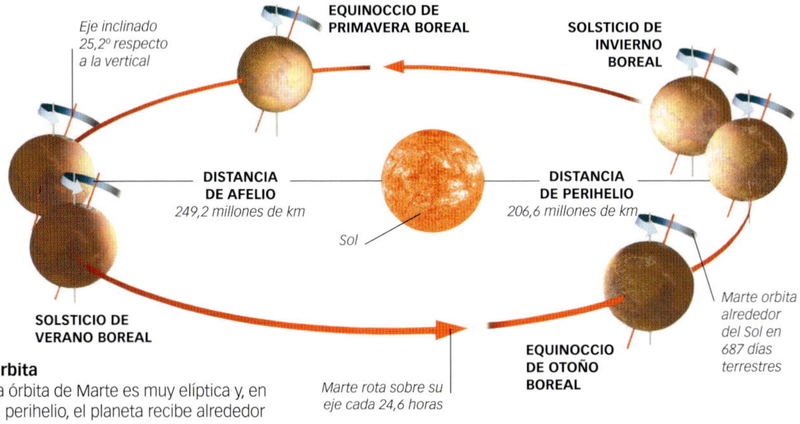

Órbita
La órbita de Marte es muy elíptica y, en el perihelio, el planeta recibe alrededor de un 45% más de radiación solar que en el afelio.

ESTRUCTURA Y ATMÓSFERA

La estructura de Marte es similar a la de la Tierra, con corteza, manto y núcleo diferenciables. Se cree que el núcleo metálico está parcialmente fundido. La atmósfera es delgadísima –la presión de la superficie es de una centésima parte la de la Tierra– y se compone principalmente de dióxido de carbono. Se ha demostrado que entre los gases traza se encuentra el metano, que pudo haberse originado a partir de actividad geológica o incluso de vida microbiana. Los vientos de la atmósfera causan tormentas de polvo.

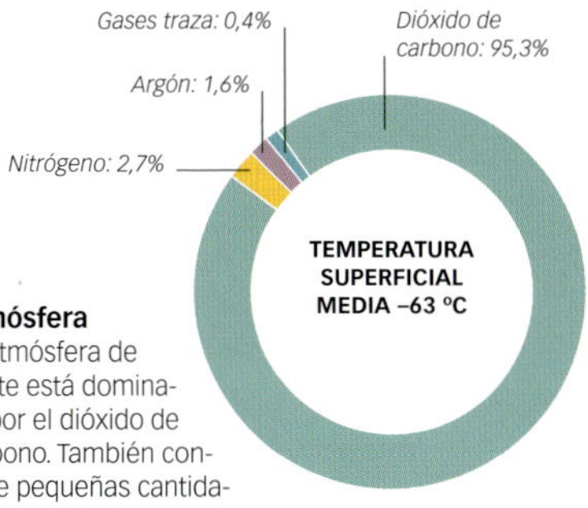

Atmósfera
La atmósfera de Marte está dominada por el dióxido de carbono. También contiene pequeñas cantidades de nitrógeno y argón, y diversos gases traza, entre ellos oxígeno y metano.

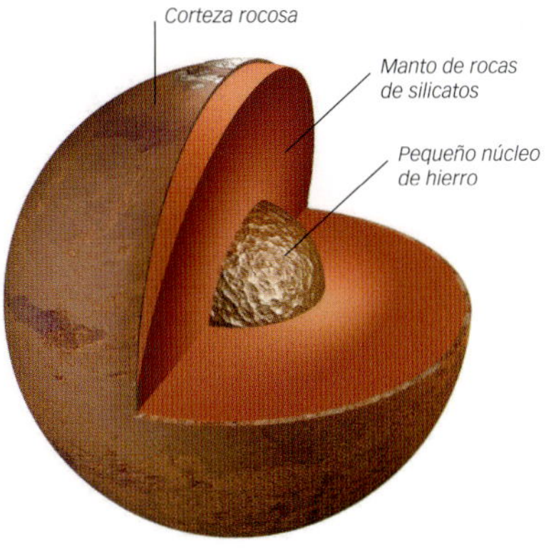

Estructura
Debajo de la delgada corteza rocosa de Marte se encuentra un manto de rocas de silicatos. Se cree que el planeta tiene un núcleo de hierro que puede estar parcialmente fundido, según los científicos.

»

ACCIDENTES TOPOGRÁFICOS

La superficie de Marte está marcada por volcanes, cráteres y simas. El hemisferio norte está formado por llanuras suaves, y el sur por tierras altas con cráteres. Los accidentes geográficos principales se concentran en una franja ancha alrededor del ecuador. El rasgo más sorprendente de Marte es el Valles Marineris, un sistema de cañones de más de 400 km de largo, pero el más famoso es el Monte Olympus, el volcán más grande del sistema solar. La superficie de Marte también está marcada por cráteres que aún se siguen formando se han tomado fotografías en órbita que revelan pequeños cráteres formados durante la última década. Se han detectado canales y barrancos, pero aún no está claro si se formaron por el flujo de agua o por desprendimientos de tierra secos.

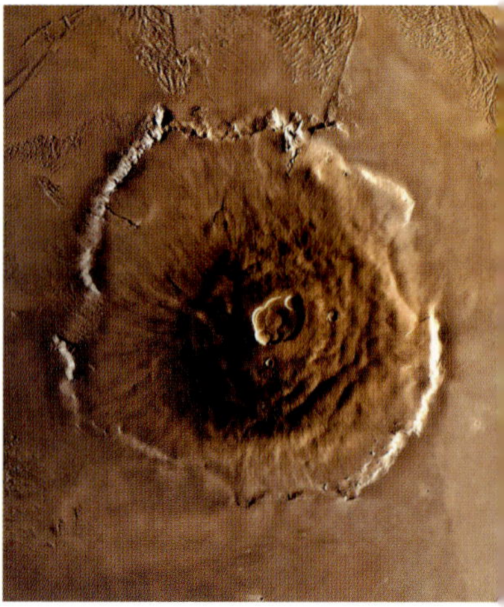

Monte Olympus
Este volcán extinguido es el más grande y el más alto del sistema solar: 624 km de diámetro y 25 km de alto. Es tan grande que puede verse en imágenes captadas con telescopios de aficionado grandes.

Cráter Bonneville
Esta fotografía tomada por el robot *Spirit* de la NASA muestra grandes rocas que podrían haber sido voladas de la superficie por el impacto que creó el cráter.

LAS LUNAS DE MARTE

Marte tiene dos pequeñas lunas con cráteres: Fobos y Deimos. Las dos tienen forma irregular y se parecen a asteroides; de hecho, muchos científicos creen que son asteroides captados por la gravedad de Marte. Fobos es la más grande, de unos 27 km de largo y 22 km de ancho. También es la que está más cerca de Marte; orbita a una distancia media de 9.378 km. Fobos describe una órbita de Marte cada 7 horas y 39 minutos. Deimos tiene unos 15 km de largo y 12 km de ancho, y orbita a una distancia media de 23.459 km de Marte; describe una órbita de Marte cada 30 horas y 18 minutos.

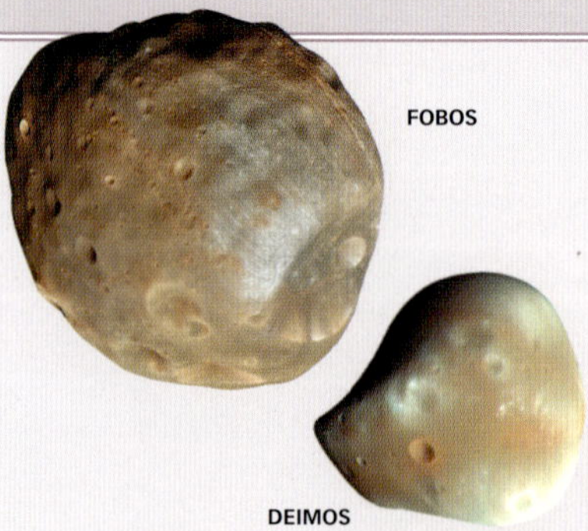

OBSERVAR MARTE

Marte es visible en el cielo pero suele parecer una estrella normal. Cada dos años y dos meses entra en oposición y entonces está cerca de la Tierra y tiene el aspecto más grande y brillante. Durante la oposición, Marte se convierte en uno de los objetos más brillantes del cielo nocturno y, a simple vista, parece un punto de luz brillante rojo anaranjado que se puede distinguir con facilidad. Cada 15 o 17 años, la órbita elíptica de Marte lo acerca especialmente a la Tierra, ofreciendo entonces la mejor vista del planeta. Pero incluso en esta posición más cercana a la Tierra, se necesita un telescopio para ver los detalles de la superficie; cuanto más grande el telescopio, más detalles serán visibles.

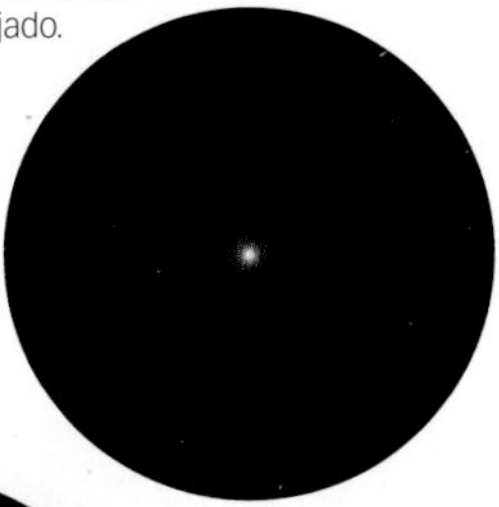

Con prismáticos
A través de los prismáticos, Marte suele parecer un punto de luz brillante rojo anaranjado. Sin embargo, con unos prismáticos potentes y buenas condiciones de visibilidad, puede ser posible ver un disco diminuto cuando está en oposición.

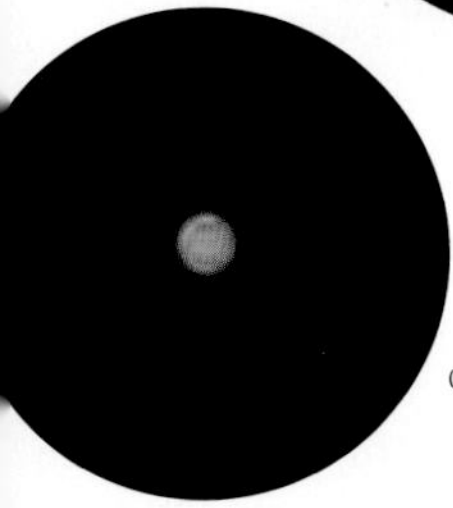

Con un telescopio pequeño
Si las condiciones de observación son buenas, pueden verse algunos de los accidentes topográficos más grandes, como los casquetes polares de hielo.

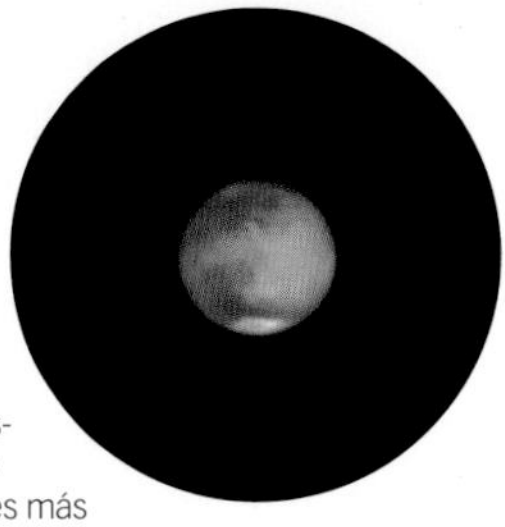

Con un telescopio grande
A través de un telescopio de aficionado grande serán visibles más detalles, entre otros algunos de los accidentes topográficos oscuros más grandes, como la enorme Syrtis Major Planum.

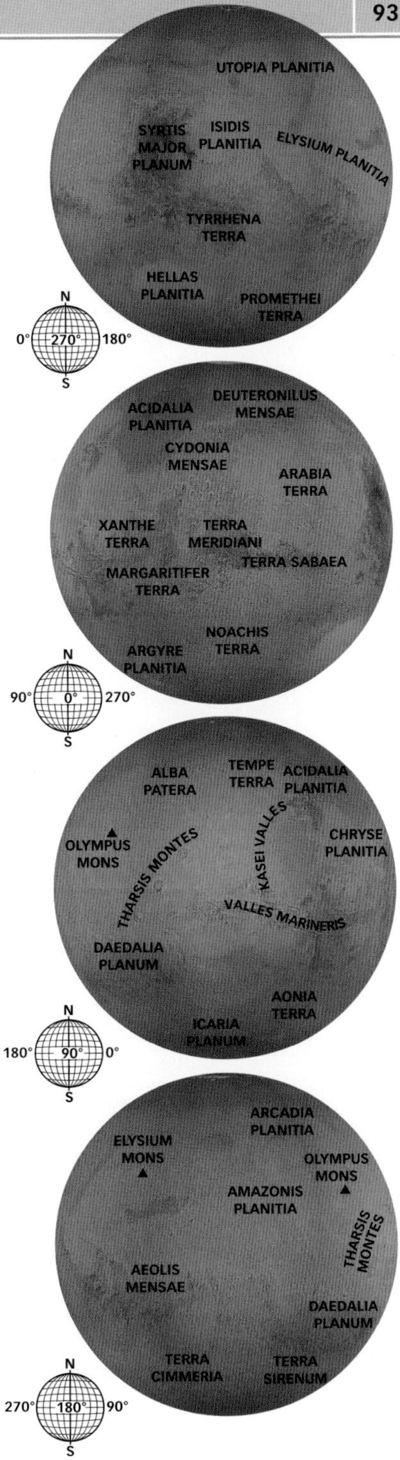

Mapas de Marte
Las cuatro vistas de Marte (arriba) muestran colectivamente la superficie completa de Marte con los nombres de algunos de los accidentes topográficos.

PERFIL

- 778,6 millones de km
- 11,86 años terrestres
- 9,93 horas
- 142.984 km
- 64
- –2,9

TAMAÑO RELATIVO

JÚPITER

Dentro del sistema solar, Júpiter es el segundo en tamaño y masa después del Sol. Su diámetro es 11 veces mayor que el de la Tierra y su masa, casi 2,5 veces mayor que la masa de los otros siete planetas del sistema solar juntos. Es el quinto planeta a partir del Sol y está a una distancia de este unas cinco veces mayor que la Tierra. Su globo tiene una característica atmósfera de cinturones que se ve afectada por tormentas y vientos de hasta 625 km/h, y su inmensa gravedad supone que ha captado una gran cantidad de lunas. Tiene un débil sistema de anillos y un potente campo magnético generado por corrientes eléctricas en una capa interna de hidrógeno metálico. Este campo es más fuerte que el de ningún otro planeta y domina un vasto volumen de espacio como burbujas a su alrededor.

ÓRBITA

úpiter tiene una órbita elíptica bastante xcéntrica: su distancia más cercana (peihelio) y la más alejada (afelio) se diferenian en 76,1 millones de km. El planeta ompleta cada órbita en poco menos de 2 años y rota una vez sobre su eje en nenos de 10 horas, lo que constituye el eriodo rotacional más corto de todos los planetas. Este rápido giro empuja hacia fuera la región ecuatorial de Júpiter, lo que hace que el planeta sea un 6,5% más ancho en el ecuador que en los polos. El eje de giro de Júpiter está inclinado solo 3,1° respecto a la vertical, lo que significa que el planeta no tiene estaciones porque ninguno de los hemisferios se inclina nunca hacia el Sol o en la dirección opuesta.

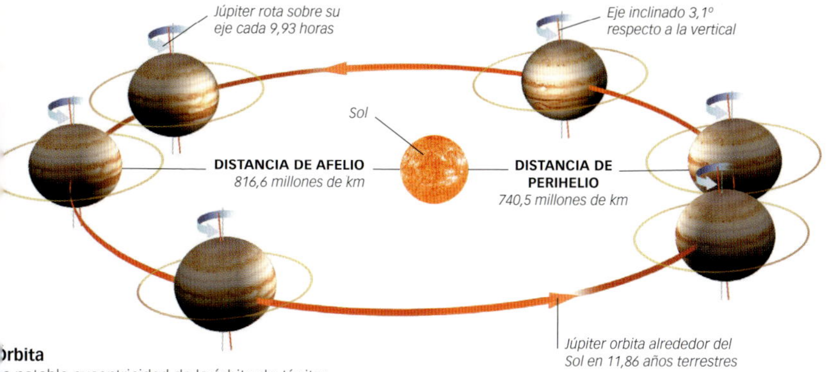

rbita
a notable excentricidad de la órbita de Júpiter a lugar a una gran diferencia entre su distania más cercana y más alejada del Sol.

STRUCTURA Y ATMÓSFERA

e cree que en el centro de Júpiter hay un úcleo denso con una masa varias veces nayor que la de la Tierra. El núcleo está odeado de una capa de hidrógeno metáco líquido que, a su vez, está rodeado de na capa de hidrógeno y helio líquidos. Se ree que esta capa se funde gradualmene con la atmósfera de hidrógeno y helio aseosos. La segregación de la atmósfera uperior en cinturones se debe a una combinación de factores: el calor del Sol y del interior del planeta, el giro del planeta, los movimientos atmosféricos a gran escala resultantes, y la condensación de compuestos de hidrógeno.

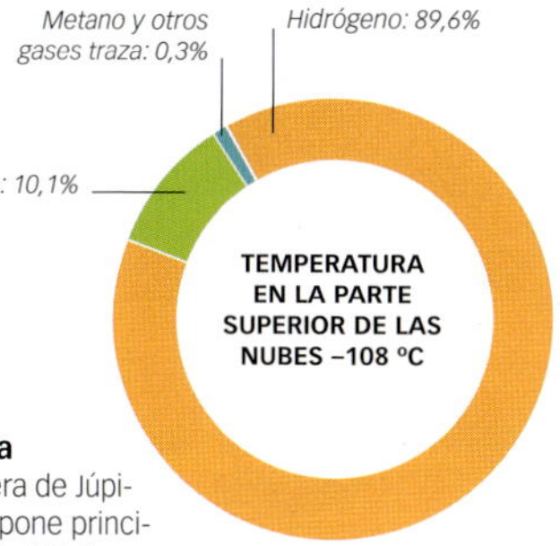

tmósfera
a atmósfera de Júpier se compone princialmente de hidrógeno y elio. Las capas superiores reciben su olor de cantidades traza de metano y tros compuestos de hidrógeno.

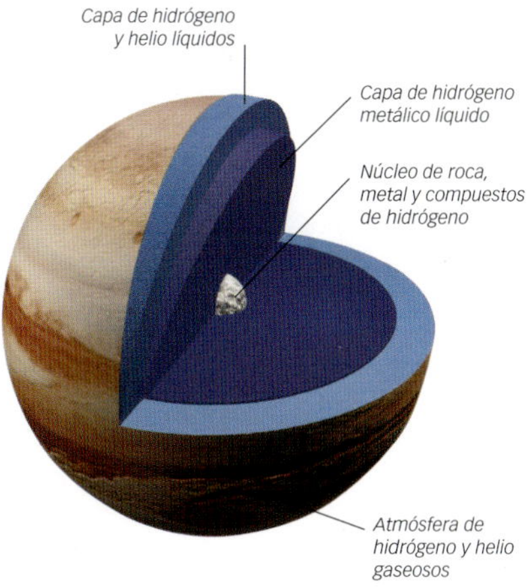

Estructura
Desde la superficie hacia abajo, la composición del interior de Júpiter va cambiando de gaseosa a líquida debido al aumento de la temperatura y la presión.

»

ANILLOS Y LUNAS

Júpiter está rodeado de un delgado y débil sistema de anillos en cuatro partes distintas. El anillo más brillante, llamado anillo principal, tiene en su interior una estructura poco densa, en forma de donut, llamada anillo halo, y en su exterior una estructura ancha y gruesa, de dos partes, llamada anillo Gossamer. Júpiter tiene como mínimo 64 lunas, más que ningún otro planeta del sistema solar. Las cuatro más grandes –Ganímedes, Calisto, Europa e Ío– se conocen como las lunas galileanas porque fueron descubiertas por Galileo Galilei en 1610. 47 lunas se han descubierto desde enero de 2000.

Ganímede
Ganímedes es la luna má grande del sistema solar tiene la superficie helad con zonas brillantes dis tintivas y otras oscura un poco más antigua Las regiones polare están cubiertas de hie lo (las zonas malva cla ro en esta imagen co los colores retocados

Calisto
La superficie de la segunda luna más grande de Júpiter está marcada por cráteres y estructuras multianillo creadas por el impacto de asteroides; las zonas brillantes son las marcas del impacto.

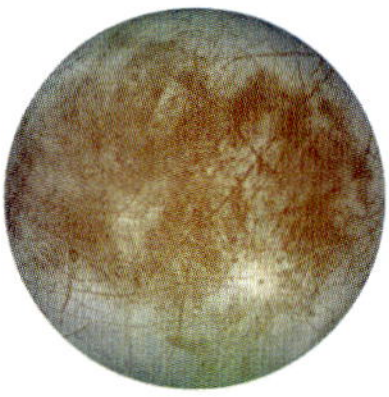

Europa
Europa tiene una corteza helada y suave que refleja bien la luz, por lo que es una de las lunas más brillantes del sistema solar. Debajo de la corteza hay un océano de agua.

Í
Ío es el cuerpo más act vo volcánicamente. E un mundo de chimenea volcánicas (los punto oscuros con los colore retocados), ríos de lava columnas de lava d gran altur

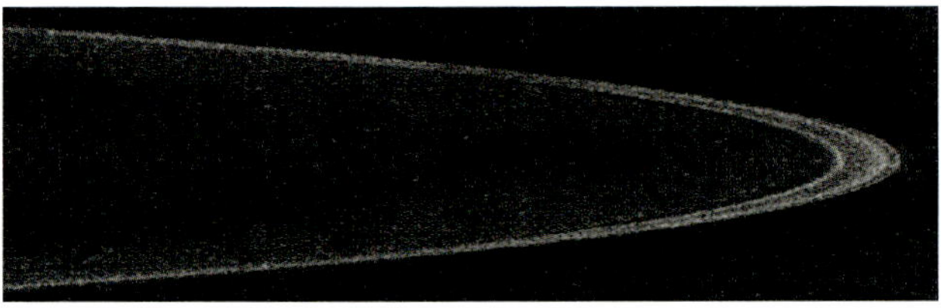

El anillo principal
El anillo más brillante de Júpiter, el principal, tiene unos 6.500 km de ancho pero menos de 30 km d grosor. Probablemente es polvo expulsado de las lunas Adrastea y Metis.

LA GRAN MANCHA ROJA

La atmósfera de Júpiter se ve afectada por colosales tormentas de forma oval provocadas por el calor interno del planeta y su rápida rotación. La tormenta más grande es la Gran Mancha Roja, un enorme sistema de altas presiones que rota en el sentido antihorario y que lleva como mínimo 350 años en activo.

Tormenta gigante
La Gran Mancha Roja es una formación tormentosa unas dos veces más grande que la Tierra.

OBSERVAR JÚPITER

Júpiter es fácil de localizar a simple vista porque, incluso cuando es más débil, es más brillante que Sirio, la estrella más brillante. Con su órbita solar de 12 años, Júpiter se mueve bastante despacio a través de la esfera celeste y atraviesa en torno a una constelación al año. Entra en oposición (proximidad máxima a la Tierra) cada 13 meses, que es cuando se muestra más brillante. Júpiter parece un disco visto a través de prismáticos; un telescopio pequeño revela alguna de las cuatro lunas más grandes o las cuatro. Con un telescopio más grande se observa la forma achatada del planeta, debido a su rápida rotación, y los cinturones de la superficie. Los cinturones oscuros, que contienen gas más caliente, se llaman bandas; los cinturones más claros, que contienen gas más frío, se llaman zonas. Siempre destacan dos franjas oscuras, una a cada lado del ecuador: las bandas ecuatoriales norte y sur.

Las bandas y las zonas de Júpiter
La parte superior de la atmósfera colorida de Júpiter forma su superficie visible. Los contornos de las bandas y las zonas –y los rasgos que se encuentran en su interior, como la Gran Mancha Roja– están siempre cambiando debido a enormes perturbaciones atmosféricas como remolinos.

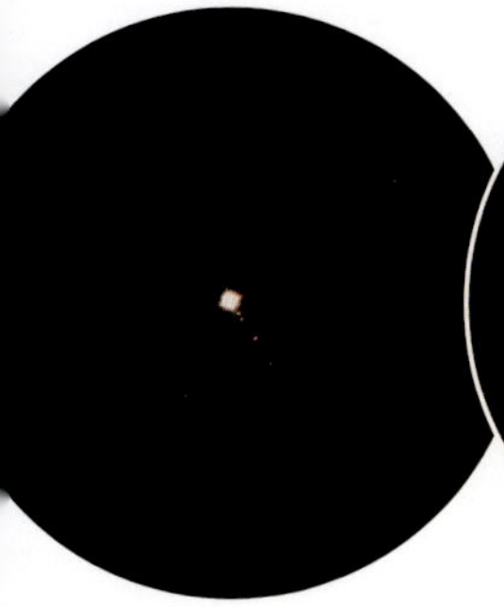

on prismáticos
través de prismáticos, Júpiter arece un disco brillante. Tal vez ueda distinguirse alguna de las uatro lunas más grandes (o las uatro, según su posición).

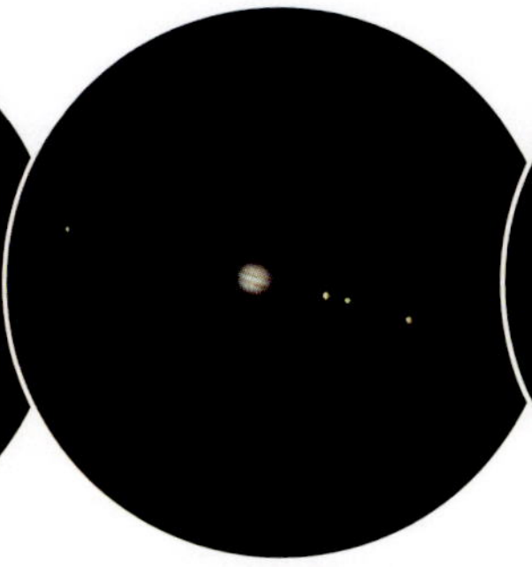

Con un telescopio pequeño
Con un telescopio pequeño, las lunas más grandes de Júpiter (las lunas galileanas) son claramente visibles. También se ve parte de los cinturones de la superficie.

Con un telescopio grande
Las bandas y las zonas de la superficie son visibles con cierto detalle. Debido a la rápida rotación de Júpiter, los rasgos de toda la superficie se ven en una sola noche.

PERFIL

- 1.430 millones de km
- 29,46 días terrestres
- 10,7 horas
- 120.536 km
- 62
- −0,3

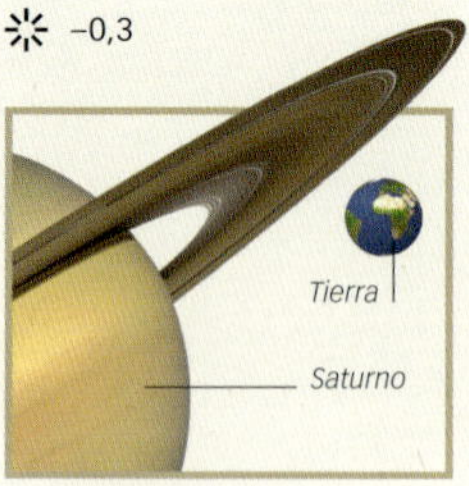

TAMAÑO RELATIVO

SATURNO

Famoso por sus impresionantes anillos, Saturno es el sexto planeta a partir del Sol y el segundo más grande del sistema solar (después de Júpiter), con un diámetro ecuatorial de 120.536 km. Está formado casi totalmente por los elementos más ligeros, hidrógeno y helio, por lo que es el planeta menos denso del sistema solar. En el cielo nocturno, Saturno puede localizarse fácilmente a simple vista, mientras que con un telescopio pueden verse los anillos e incluso algunas de sus múltiples lunas, también muy interesantes. Titán, por ejemplo, la luna más grande, tiene una atmósfera densa, lagos de metano y etano líquidos y tal vez incluso volcanes helados. Hoy en día se conocen muchos datos del sistema de Saturno, sobre todo gracias a la misión Cassini-Huygens, que llegó allí en 2004.

ÓRBITA

Saturno tarda 29,46 días terrestres en describir una órbita alrededor del Sol. Sin embargo, rota una vez sobre su eje cada 10,7 horas, de modo que un día ı Saturno es mucho más corto que en la erra. Además, la rápida rotación hace ıe su ecuador sobresalga, de modo que el planeta es en torno a un 10% más ancho en el ecuador que en los polos. Saturno tiene una marcada inclinación axial de 26,7º, lo que significa que existen diferencias estacionales a medida que se mueve alrededor del Sol. La inclinación axial también explica por qué cambia la vista de los anillos desde la Tierra a medida que Saturno orbita alrededor del Sol (p. 101).

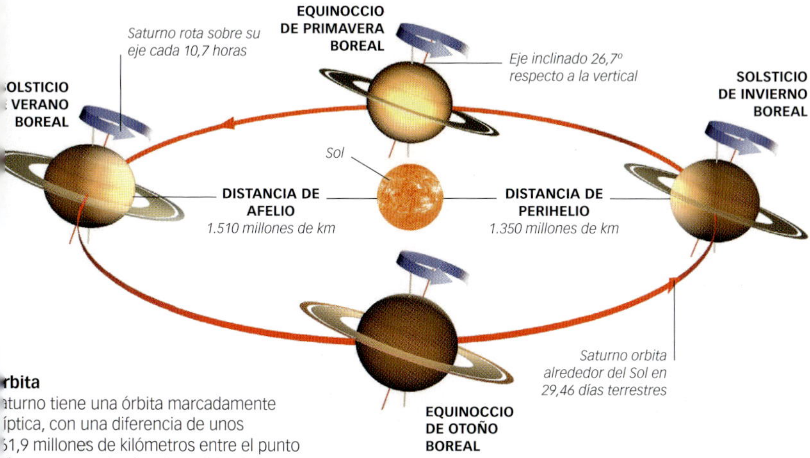

rbita
ıturno tiene una órbita marcadamente íptica, con una diferencia de unos 51,9 millones de kilómetros entre el punto ás cercano y el más lejano del Sol.

STRUCTURA Y ATMÓSFERA

a atmósfera de Saturno forma la superfie visible del planeta, con unas sutiles andas. Unos vientos violentos cruzan la tmósfera a velocidades de 1.800 km/h y veces también se forman enormes torıentas. La misión Cassini-Huygens incluo ha tomado imágenes que muestran áfagas de rayos a gran altura. La atmósera gaseosa exterior se va fundiendo con una capa más profunda, donde el hidrógeno y el helio son líquidos y, aún a mayor profundidad, son como metales. Es probable que en el centro haya un núcleo de rocas y hielo.

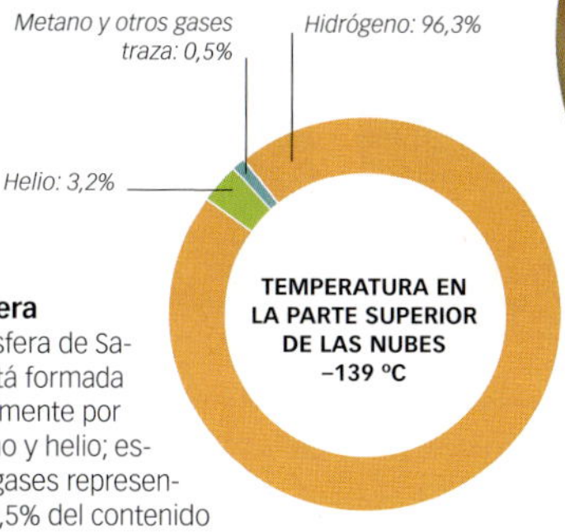

tmósfera
a atmósfera de Saırno está formada rincipalmente por drógeno y helio; es-s dos gases represenn el 99,5% del contenido e la atmósfera.

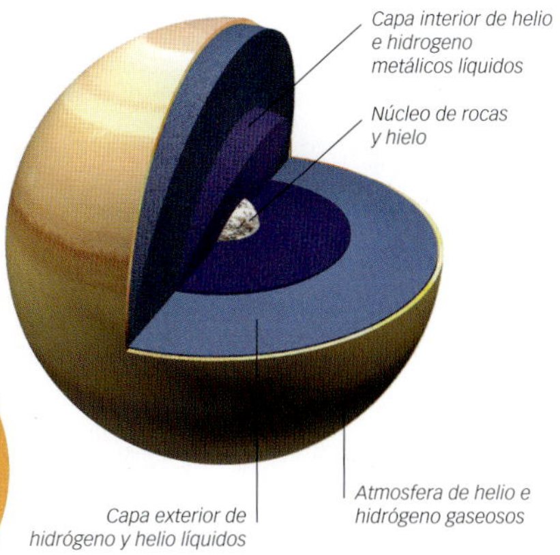

Estructura
La atmósfera gaseosa de Saturno envuelve capas de hidrógeno y helio, tanto en forma líquida como metálica líquida, alrededor de un núcleo de rocas y hielo.

»

» LUNAS

Saturno tiene 62 lunas de tamaños y a distancias muy diferentes. Mientras que algunas tienen tan solo unos pocos kilómetros de ancho, Titán tiene alrededor de 5.150 km de diámetro y es el segundo satélite más grande del sistema solar (después de Ganímedes de Júpiter). Algunas de las lunas de Saturno orbitan en su sistema de anillos, mientras que otras se er cuentran a una distancia enorme del planeta. La mayoría son pequeños mundos congelados, aunque unas cuantas so lugares activos y dinámicos. Así, Encéladc posee enormes fuentes de material helad que erupciona de su hemisferio sur.

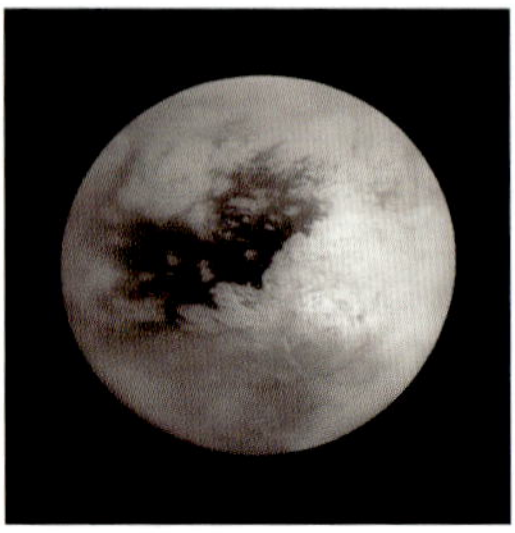

Titán
Titán es el satélite más grande y orbita a 1,22 millones de km de Saturno. Tiene una atmósfera densa, lagos de metano y etano líquidos y un sistema meteorológico.

Rea
El segundo satélite más grande, Rea, tiene 1.528 km de ancho y orbita a 527.000 km de Saturno. Excepcionalmente, se cree que tiene sus propios anillos.

Japeto
Japeto es el tercer satélite más grande. Tiene 1.471 km de ancho orbita a 3,56 millones de km de Saturno. Una de sus caras está cubierta de material oscuro.

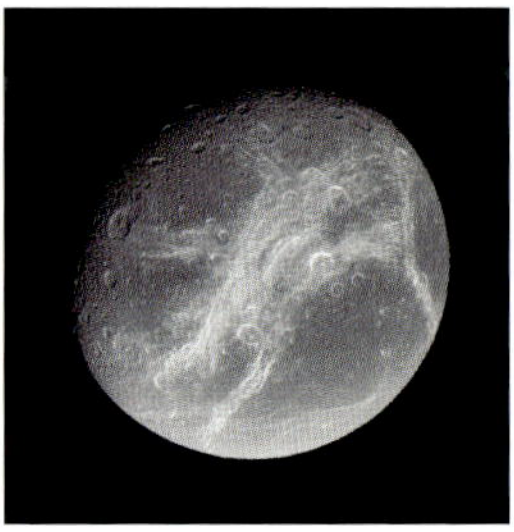

Dione
Dione es el cuarto satélite más grande. Tiene 1.123 km de ancho y orbita a 377.000 km de Saturno. En su superficie helada hay largos y profundos cañones.

Tetis
Tetis es el quinto satélite más grande. Tiene 1.066 km de ancho y orbita a 294.670 km de Saturno. Comparte su órbita con las lunas Telesto y Calipso.

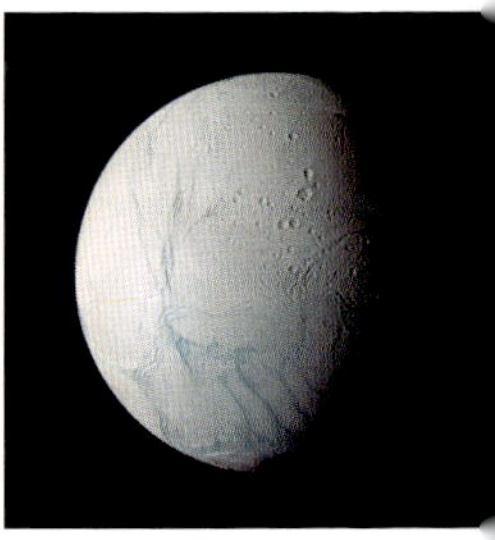

Encélado
Encélado es el sexto satélite más grande. Tiene 512 km de ancho y orbita a 238.020 km de Saturno. Cerca de su polo sur erupcionan chorros de hielo al espacio.

Mimas
Mimas es el séptimo satélite más grande. Tiene 396 km de ancho y orbita a 185.520 km de Saturno. Tiene un gran cráter, Herschel, de 140 km de ancho.

Hiperión
Este satélite orbita a 1,48 millones de km de Saturno y tiene unos 370 km de largo. Es uno de los cuerpos más grandes de forma irregular del sistema solar.

Febe
Febe es el satélite exterior de mayor tamaño de Saturno. Tiene alrededor de 230 km de diámetro y orbita a 12,95 millones de km de Saturno.

̣NILLOS

sistema de anillos de Saturno es el más rande de los que rodean a los planetas gantes exteriores. Los anillos están ırmados por fragmentos de hielo: desde iminutas partículas hasta rocas de hielo el tamaño de un coche. El anillo D es el ue está más cerca de Saturno; su borde ıterior está a 66.900 km del planeta. Los nillos principales –C, B y A– son los más ıciles de ver. Más allá están los débiles nillos F, G y E. En 2009, el telescopio es- acial Spitzer de la NASA encontró otro nillo difuso a 6 millones de km de Satur- o. En algunos puntos los anillos pueden ener tan solo 10 m de grosor.

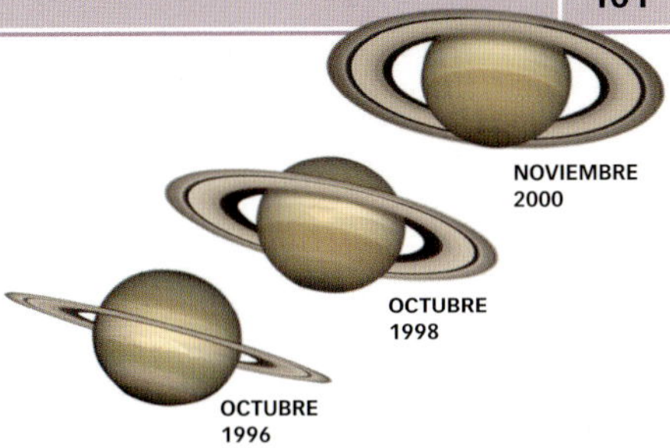

Vistas cambiantes de los anillos
El eje de rotación de Saturno está inclinado 26,7º, de modo que la vista del planeta desde la Tierra cambia a medida que Saturno orbita alrededor del Sol.

El sistema de anillos principal de Saturno
El sistema de anillos principal comprende los anillos C, B y A, que juntos se extienden desde 74.658 km hasta 136.780 km de Saturno.

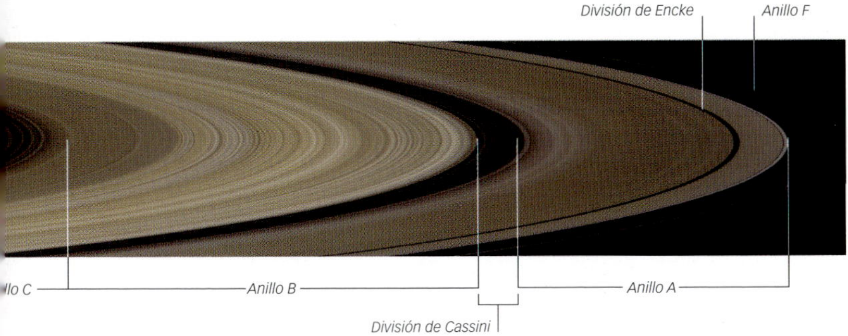

̣BSERVAR SATURNO

aturno es visible a simple vista durante nos 10 meses al año y parece una estre- a brillante y amarillenta. A través de un elescopio pequeño la vista del planeta es npresionante si las condiciones de ob- ervación son buenas. Se ve el disco y los anillos del planeta, así como su satélite mayor, Titán. Con telescopios más gran- des podrían verse detalles sutiles del páli- do disco del planeta y de su sistema de anillos. Saturno se ve mejor cuando está en oposición, lo que sucede anualmente, dos semanas más tarde cada año.

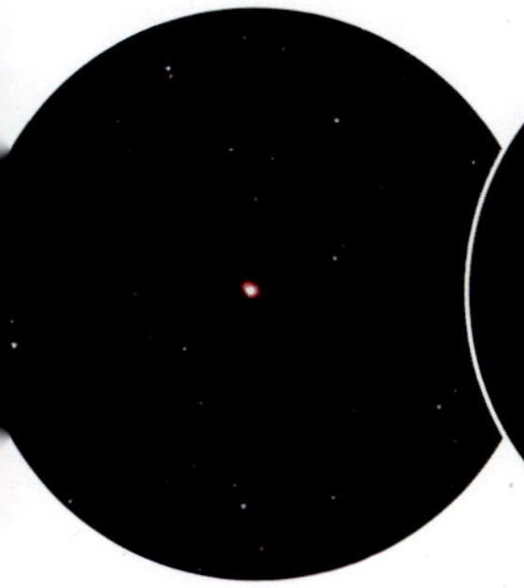

:on prismáticos
través de unos prismáticos, Sa- ırno parece un punto de luz bri- ante de color amarillento, pero no e ven los anillos ni las lunas.

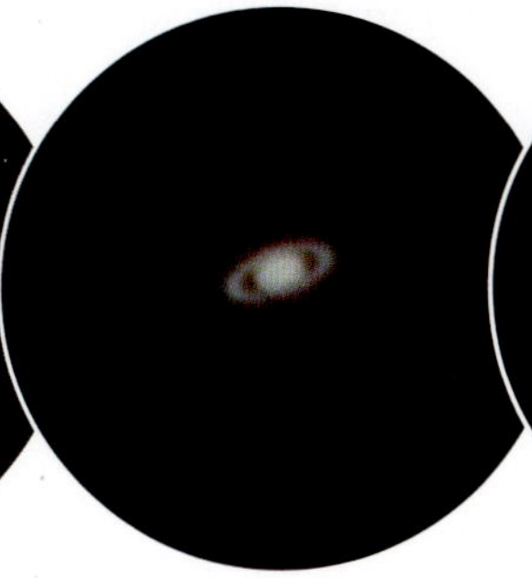

Con un telescopio pequeño
Puede verse el sistema de anillos de Saturno e incluso puede que sea posible distinguir el satélite más grande, Titán.

Con un telescopio grande
Se descubren detalles de la atmós- fera y del sistema de anillos de Sa- turno, y también se ven algunas de las lunas más claramente.

PERFIL

- 2.870 millones de km
- 84 días terrestres
- 17,2 horas
- 51.118 km
- 27
- 5,3

TAMAÑO RELATIVO

URANO

Urano es el tercer planeta más grande y se encuentra al doble de distancia del Sol que su vecino Saturno. Es de color azul pálido –debido al gas metano de su atmósfera– y carece de rasgos; tiene un escaso sistema de anillos y una extensa familia de lunas. Probablemente debido a una colisión con un cuerpo del tamaño de un planeta poco después de que Urano se formase, su eje de giro está inclinado 98º. En consecuencia, Urano se desplaza a lo largo de su trayectoria orbital sobre un lado, su rotación es retrógrada y desde la Tierra sus lunas y sus anillos parecen rodearlo de arriba abajo. Urano fue el primer planeta en ser descubierto con un telescopio –en 1871 por el astrónomo británico William Herschel–, pero se sabía muy poco sobre él antes de que la sonda Voyager 2 lo sobrevolara en 1986.

ÓRBITA, ESTRUCTURA Y ATMÓSFERA

Urano tarda 84 años en describir una órbita alrededor del Sol. Debido a la longitud de su órbita y a la extrema inclinación del planeta, sus regiones polares pasan periodos de 21 años apuntando hacia el Sol y, por tanto, siempre a la luz del día, o bien en dirección contraria y en completa oscuridad. Una gran parte de Urano es una capa líquida de agua, amoníaco y metano, que rodea un núcleo rocoso. Una atmósfera gaseosa envuelve la capa líquida.

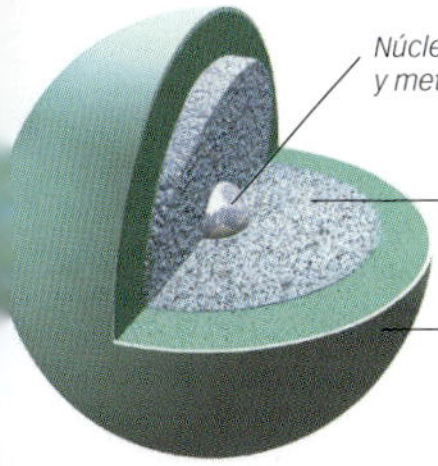

Estructura
La superficie visible de Urano es el límite exterior de su atmósfera, formada principalmente por hidrógeno. Debajo de la atmósfera hay una capa líquida y luego un pequeño núcleo de rocas y metal.

ANILLOS Y LUNAS

Urano tiene 13 anillos, muchos de ellos muy estrechos, que se extienden desde 38.000 hasta 98.000 km del planeta. Están formados por partículas oscuras de tamaños que varian desde unos pocos centímetros hasta varios metros de ancho, y algo de polvo. Urano tiene 27 lunas. Las cinco más grandes (Titania, Oberón, Umbriel, Ariel y Miranda) se descubrieron entre 1787 y 1948; las demás desde mediados de la década de 1980.

Titania
Esta imagen de la Voyager 2 muestra a Titania, la luna más grande de Urano con 1.578 km de diámetro.

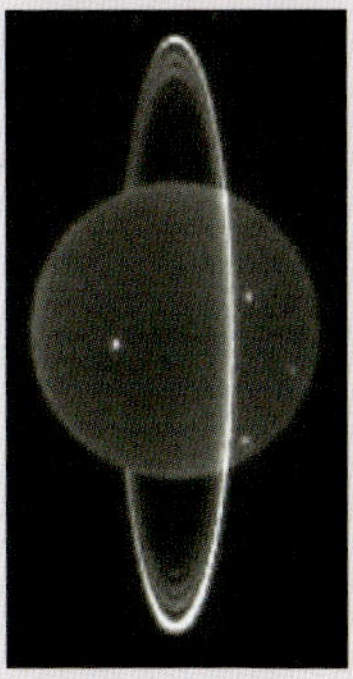

Los anillos de Urano
Esta imagen de infrarrojos, tomada por el Observatorio Keck (Hawái) en 2004, muestra los 11 anillos más interiores de los 13 de Urano; también se ven cuatro de los cinco satélites principales.

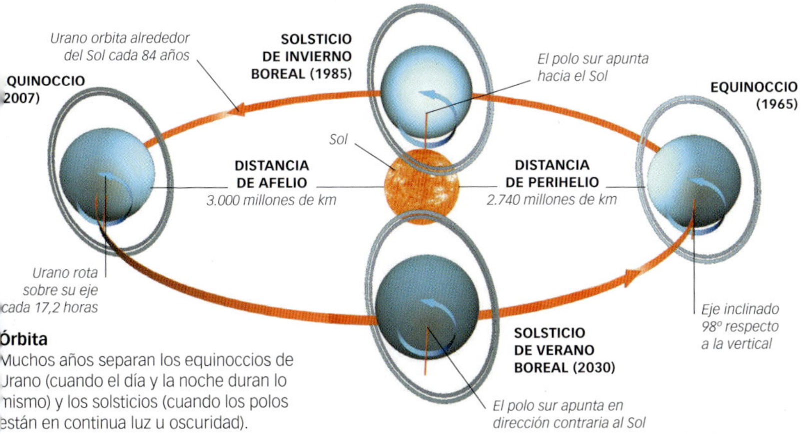

Órbita
Muchos años separan los equinoccios de Urano (cuando el día y la noche duran lo mismo) y los solsticios (cuando los polos están en continua luz u oscuridad).

OBSERVAR URANO

Urano puede distinguirse a simple vista, pero se necesita un telescopio para verlo como algo más que un punto de luz. Urano atraviesa lentamente la esfera celeste; necesita entre 5 y 10 años para cruzar cada constelación zodiacal. Desde 2010, ha estado en Piscis o cerca, donde permanecerá hasta 2019, cuando pasará a Aries.

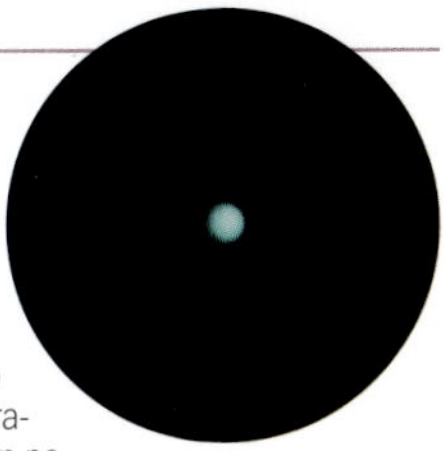

Urano a través de un telescopio
Incluso a través de un telescopio de aficionado de tamaño razonable, Urano aparece solo como un pequeño disco pálido. El planeta está tan lejos que de la cantidad de luz solar que recibe solo llega el 0,25% a la Tierra.

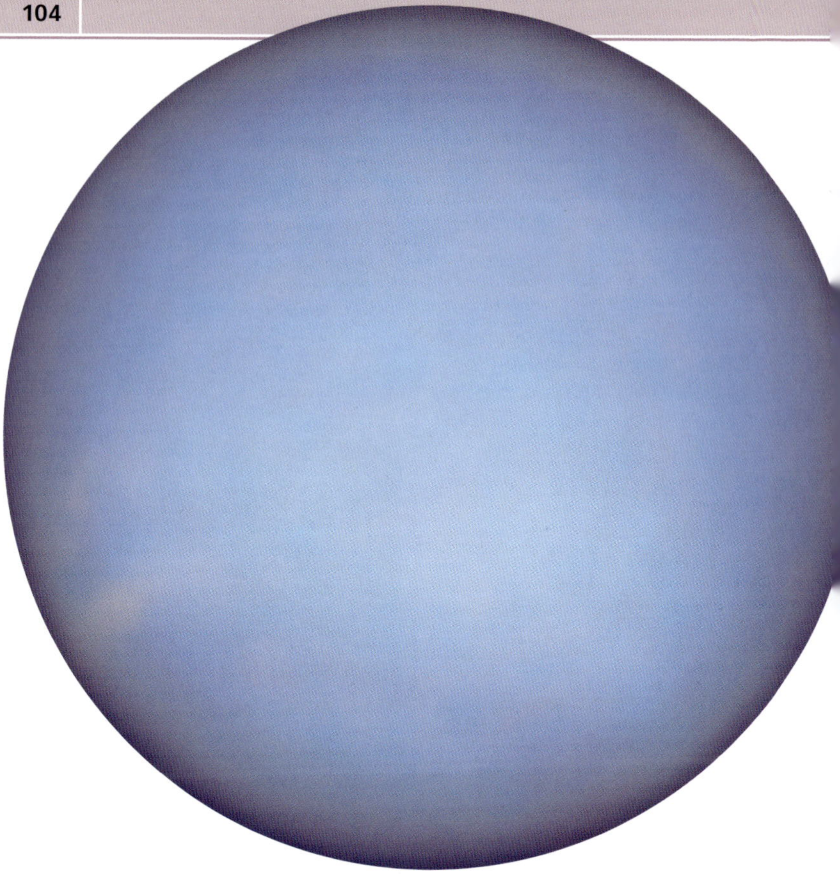

PERFIL

- 4.500 millones de km
- 163,7 días terrestres
- 16,1 horas
- 49.528 km
- 13
- 7,8

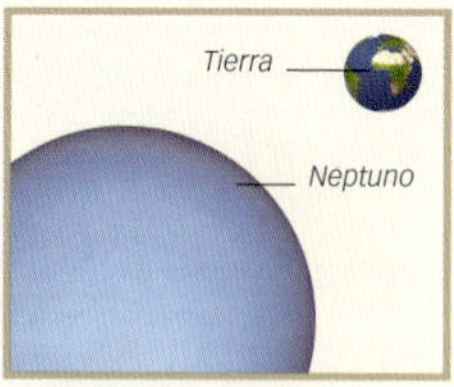

TAMAÑO RELATIVO

NEPTUNO

Neptuno es el planeta más pequeño y frío de los cuatro planetas gigantes exteriores. Solo una sonda espacial, la Voyager 2, ha investigado este lejano mundo. Cuando la sonda lo sobrevoló en 1989, proporcionó una vista en primer plano de Neptuno por primera vez, la cual reveló un globo azul intenso y translúcido, con tenues nubes blancas de metano congelado en su atmósfera y un sistema de anillos. Neptuno tiene 13 satélites; el más grande, Tritón, se descubrió en 1846 y el segundo, Nereida, en 1949. La Voyager 2 encontró seis lunas más y las otras cinco se descubrieron después del año 2000. Solo Tritón es de un tamaño sustancial –2.700 km de diámetro– y esferoide. Las demás lunas son pequeñas y de forma irregular; algunas orbitan en espacios dentro del sistema de anillos de Neptuno.

ÓRBITA, ESTRUCTURA Y ATMÓSFERA

Neptuno tarda 163,7 años en describir una órbita alrededor del Sol. Solo ha terminado un circuito desde que se descubrió en 1846. Es similar a Urano, con un núcleo de rocas y metal rodeado de una capa líquida de agua, amoníaco y metano. Encima hay una atmósfera dominada por el hidrógeno, afectada por vientos con velocidades superiores: hasta 2.000 km/h. Los límites entre sus capas no están definidos.

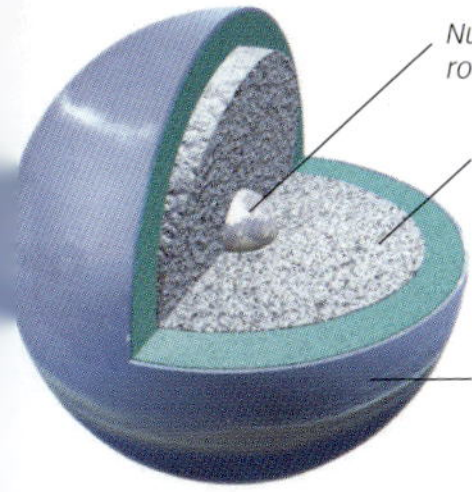

Estructura
La superficie visible de Neptuno es el límite exterior de su atmósfera. Debajo de esta hay una capa líquida que rodea un pequeño núcleo de rocas y metal.

LOS ANILLOS DE NEPTUNO

El sistema de anillos de Neptuno se extiende desde 41.000 hasta 64.000 km del planeta. Hay cinco anillos principales; desde el más exterior hasta el más interior son: Adams, Arago, Lassel, Le Verrier y Galle. Hay un sexto anillo muy débil dentro de Adams. Los anillos están formados por pequeñas partículas oscuras de composición desconocida y son tan débiles que su existencia no se confirmó hasta que la Voyager 2 sobrevoló el planeta en 1989.

Los anillos desde la Voyager 2
Los dos anillos brillantes de esta imagen son Adams, en el exterior, y Le Verrier, en el interior. Dentro de Le Verrier se encuentra el anillo Galle.

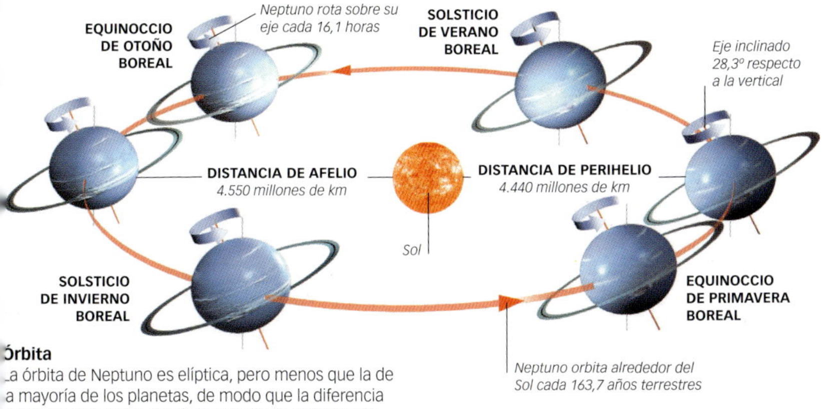

Órbita
La órbita de Neptuno es elíptica, pero menos que la de la mayoría de los planetas, de modo que la diferencia entre sus distancias de afelio y perihelio es pequeña.

OBSERVAR NEPTUNO

Con una magnitud aparente de 7,8, Neptuno puede observarse solo con prismáticos o un telescopio. A través de un telescopio pequeño aparece como un diminuto disco azul. Necesita muchos años para atravesar cada constelación zodiacal. Desde principios de 2011 está en Acuario, donde permanecerá hasta 2023.

Neptuno a través de un telescopio
El azul intenso de la atmósfera de Neptuno hace que destaque llamativamente sobre la oscuridad del espacio cuando se contempla a través de un telescopio. Con prismáticos, parece tan solo una estrella débil.

Plutón y sus lunas
El planeta enano Plutón (el disco central blanco) tiene cuatro lunas: Hidra (arriba izqda.), Caronte (abajo izqda.) Nix (abajo dcha.) y P4 (arriba dcha.). P4 se descubrió en 2011.

PLANETAS ENANOS Y CINTURÓN DE KUIPER

Más allá del planeta más lejano, Neptuno, se encuentra la fría y oscura región exterior del sistema solar. Numerosos cuerpos helados y pequeños pueblan esta región. También contiene varios objetos más grandes clasificados como planetas enanos, incluido Plutón.

MÁS ALLÁ DE NEPTUNO

La jungla planetaria que se encuentra fuera de la órbita de Neptuno es una de las regiones menos conocidas del sistema solar. No obstante, se sabe que más allá de Neptuno existe un enorme disco aplanado conocido como el cinturón de Kuiper, que contiene cuerpos pequeños, pero también algunos objetos más grandes, incluidos planetas enanos como Plutón, Haumea y Makemake. También podría ser el origen de algunos cometas que visitan el sistema solar interior. No obstante, la mayoría de los cometas se originan en la nube de Oort (p. 109), una enorme región esférica situada fuera del cinturón de Kuiper. En 2006, la NASA lanzó su sonda New Horizons a explorar la región más allá de Neptuno y, concretamente, a estudiar Plutón y otros objetos del cinturón de Kuiper. Esta pasó Júpiter en 2007 y se acercará a Plutón en 2015.

LOS PLANETAS ENANOS

Al igual que los ocho planetas principales del sistema solar, los astrónomos reconocen otros cinco objetos del sistema solar como planetas enanos. Entre ellos se encuentran el anterior planeta Plutón, que se reclasificó como planeta enano en 2006, en parte a consecuencia del descubrimiento de objetos de tamaño similar que orbitan más allá de Neptuno. Los planetas enanos más grandes son Plutón y Eris, con un diámetro aproximado de 2.300 km cada uno de ellos. Estos, junto con Haumea y Makemake (descubiertos en 2004 y 2005, respectivamente), orbitan más allá de Neptuno. Ceres, el otro planeta enano, orbita mucho más cerca del Sol, en el Cinturón Principal de asteroides.

Ceres
A diferencia de los demás planetas enanos, Ceres también es un asteroide y orbita alrededor del Sol en el Cinturón Principal, entre Marte y Júpiter. Con unos 960 km de ancho, Ceres es el objeto más grande de esta región.

La superficie de Plutón
Esta imagen de la superficie moteada de Plutón tomada por el telescopio espacial Hubble revela zonas oscuras, tal vez depósitos ricos en carbón derivados del metano.

EL CINTURÓN DE KUIPER

El cinturón de Kuiper es un disco enorme de cuerpos fríos, conocidos como objetos del cinturón de Kuiper (KBO, en sus siglas en inglés), que se encuentra más allá de la órbita de Neptuno. Se han encontrado unos 1.100 KBO –incluidos los planetas enanos Plutón, Haumea y Makemake– y se cree que podría haber cientos de miles. También se piensa que el cinturón de Kuiper es el origen de algunos cometas.

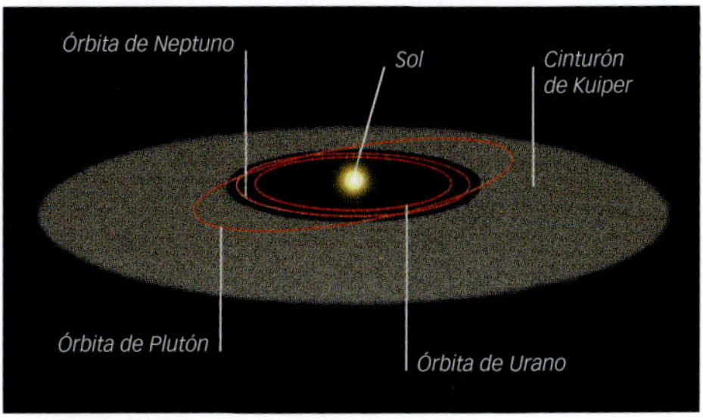

Ubicación del cinturón de Kuiper
Situado más allá de la órbita de Neptuno, el cinturón de Kuiper se extiende entre unos 6.000 y 12.000 millones de kilómetros de distancia del Sol.

EL DESCUBRIMIENTO DE PLUTÓN

Plutón fue descubierto en 1930 por el astrónomo norteamericano Clyde Tombaugh (1906-1997) en el Observatorio Lowell de Arizona. Había estado captando imágenes de pequeños fragmentos del cielo nocturno para ver si algo se movía sobre el fondo de estrellas. Finalmente localizó un punto de luz que parecía cambiar de posición entre fotogramas: Plutón.

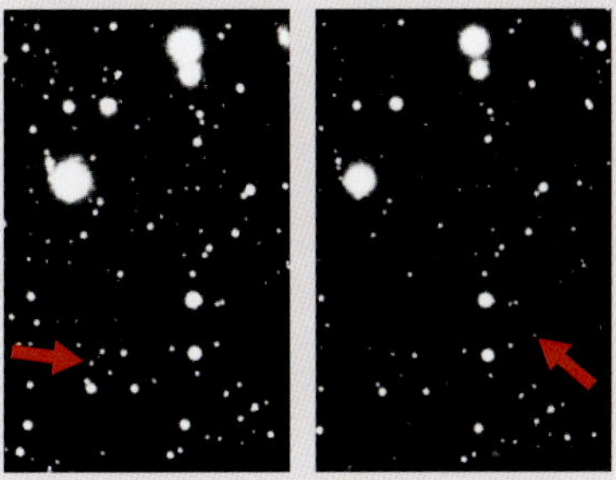

Estrella en movimiento
Estas dos imágenes fueron tomadas por Clyde Tombaugh en 1930. Cuando se compararon las imágenes, parecía que una "estrella" (indicada con las flechas rojas) cambiaba de posición. Era Plutón.

El cometa Hale-Bopp
Este gran cometa fue visible a simple vista durante 18 meses, y alcanzó su brillo máximo en abril de 1997. En esta fotografía pueden verse sus colas de polvo (blanco) y gas (azul).

COMETAS

Un cometa es un pedazo de hielo, partículas rocosas y polvo que orbita alrededor del Sol. Los cometas que se acercan lo suficiente al Sol desarrollan unas nubes brillantes de material alrededor de ellos mismos y algunos producen largas colas resplandecientes.

QUÉ SON LOS COMETAS

El núcleo de un cometa es un pedazo giratorio irregular de hielo sucio, de cientos de metros hasta decenas de kilómetros de ancho. La "suciedad" se compone de polvo y partículas rocosas. El hielo es agua, pero también contiene dióxido de carbono y otras sustancias. Mientras está en órbita más allá de Júpiter, el cometa es frío e inactivo. Si se mueve hacia el sistema solar interior, el calor del Sol hace que parte del hielo cercano a la superficie se sublime (paso de sólido a gas) liberando polvo, partículas de hielo y gas que se dispersan para formar una nube difusa y brillante alrededor del núcleo, llamada coma o cabellera. La coma alcanza su tamaño máximo cuando el cometa está más cerca del Sol. El viento y la radiación solares alejan el gas y las partículas de polvo de la coma y crean dos colas. Las partículas de polvo forman un anillo a lo largo de la órbita del cometa. Cuando la Tierra se cruza con uno de estos anillos mientras orbita alrededor del Sol, el polvo entra en la atmósfera y produce meteoros (pp. 112-113).

EL ORIGEN DE LOS COMETAS

Después de que se formasen los planetas, se eyectaron enormes cantidades de material más allá de las órbitas de los planetas gigantes exteriores y se convirtieron en cometas y otros objetos de hielo. Se cree que la mayoría de los cometas se originan en el cinturón de Kuiper (p. 107) o en la nube de Oort. Existe la teoría de que los cometas del cinturón de Kuiper son arrastrados a órbitas que los acercan al Sol periódicamente por el efecto de la gravedad de los planetas gigantes, mientras que los de la nube de Oort son empujados a la órbita solar por la gravedad de las estrellas que pasan.

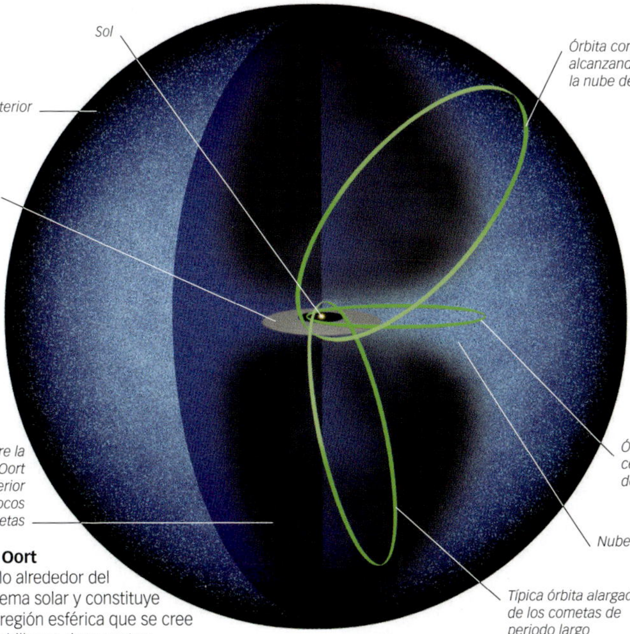

La nube de Oort
Forma un halo alrededor del resto del sistema solar y constituye una enorme región esférica que se cree que contiene billones de cometas.

ÓRBITAS Y COLAS COMETARIAS

Los cometas poseen órbitas elípticas alrededor del Sol. Cuando un cometa se acerca al Sol, desarrolla dos colas que crecen a medida que el cometa se acerca al Sol y disminuyen cuando se aleja. Algunos cometas reaparecen regularmente —si llegan más de una vez cada 200 años se llaman cometas de periodo corto, los demás, de periodo largo—, y unos pocos solo cruzan una vez el sistema solar interior. Se cree que el cinturón de Kuiper es el origen de algunos cometas de periodo corto y la nube de Oort el de los demás.

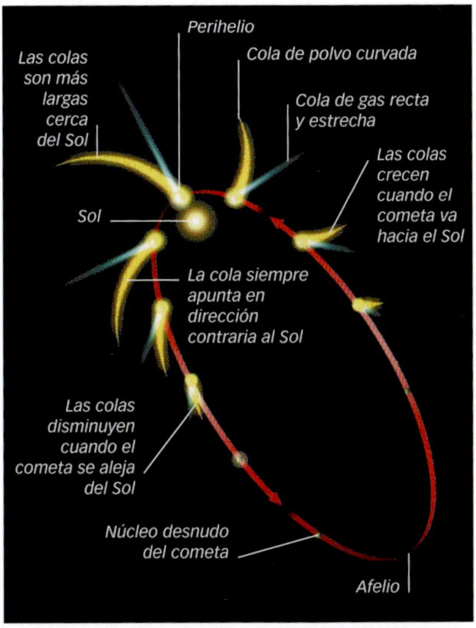

Las colas de los cometas
La cola de polvo de un cometa está formada por polvo expulsado de la coma por efecto de la radiación solar. La cola de gas se debe a la interacción del viento solar con el gas en la coma.

»

COMETAS DESTACADOS

Se cree que el sistema solar contiene billones de cometas, la mayoría de los cuales nunca pasan cerca del Sol. Los astrónomos han catalogado unos 480 cometas de periodo corto y más de 4.000 en total, pero solo unos pocos han sido visitados por naves espaciales o se han visto desde la Tierra.

HYAKUTAKE

Este cometa de periodo largo se descubrió en marzo de 1996, cuando pasó a tan solo 15 millones de kilómetros de la Tierra. En mayo de 1996, la sonda Ulysses detectó la cola de gas del Hyakutake a una distancia de 570 millones de kilómetros de su núcleo, la cola más larga jamás detectada. Fue el primer cometa que se observó que emitía rayos X.

EL COMETA HALLEY

En 1696, el astrónomo inglés Edmond Halley propuso que los cometas registrados en 1531, 1607 y 1682 eran en realidad el mismo que regresaba cada 75-76 años. Estaba en lo cierto, y el cometa pasó a llamarse cometa Halley. En su última aparición, en 1986, cinco sondas visitaron el cometa. De estas, Giotto tomó las primeras imágenes del núcleo de un cometa, que revelaron que el Halley tiene un diámetro medio de 11 km.

SHOEMAKER-LEVY 9

Este cometa se descubrió orbitando alrededor de Júpiter, y no del Sol, en 1993. Probablemente había sido captado por el planeta gigante unos 20 o 30 años antes. Aún más destacable es que estaba en 21 fragmentos (muchos de ellos pueden verse abajo) de hasta 2 km de diámetro, al haberse fragmentado en julio de 1992 cuando pasaba demasiado cerca de Júpiter. Los 21 fragmentos fueron chocando contra Júpiter en julio de 1994.

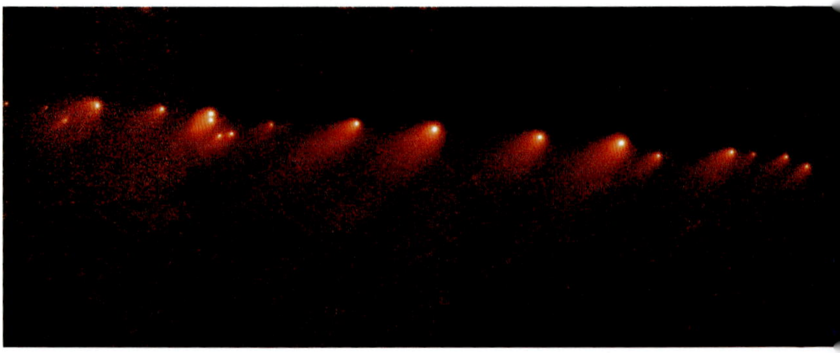

WILD 2

:l Wild 2 es un cometa de periodo corto ıue empezó a orbitar en el sistema solar nterior en septiembre de 1974, después le un cercano encuentro con Júpiter. Su úcleo tiene solo 5,5 km de largo. En nero de 1994, la sonda Stardust de la JASA captó polvo de su núcleo.

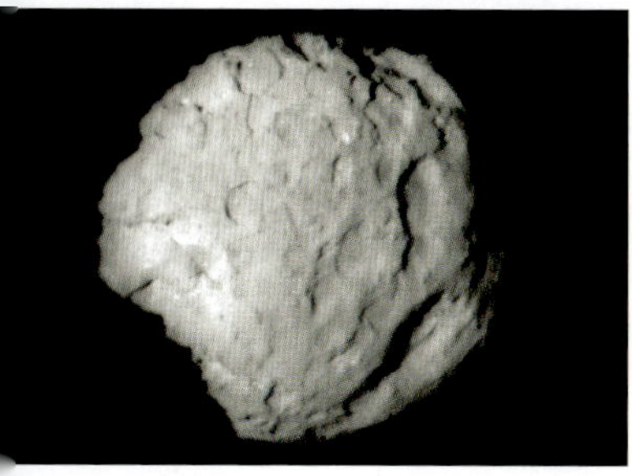

HOLMES

En octubre de 2007, este cometa de periodo corto se iluminó temporalmente con un factor de aprox. 500.000, lo que lo hizo visible a simple vista. Fue el estallido más intenso de un cometa jamás registrado. Brevemente, la coma del cometa fue más grande que el Sol.

MCNAUGHT

l McNaught es un ejemplo de cometa e aparición única: los que visitan el istema solar interior una única vez. A rincipios de 2007, se convirtió en el ometa más brillante desde 1965, fá-ilmente visible a simple vista, incluso plena luz del día durante unos días. mediados de enero de 2007 tam-ién había desarrollado una cola de olvo curvada muy larga.

HARTLEY 2

:ste cometa de periodo corto fue objeto le un sobrevuelo por la sonda Deep Im-act en noviembre de 2010. Obtuvo imá-enes del núcleo del cometa, que tiene orma de cacahuete y unos 2 km de lar-o. Se vio que el núcleo tiene chorros ue despiden hielo, polvo y rocas.

SWIFT-TUTTLE

El Swift-Tuttle es un cometa de periodo corto con una órbita que se cruza con la de la Tierra. El chorro de polvo que el cometa deja en su estela causa la lluvia de las Perseidas, que puede verse siempre en agosto. El núcleo del cometa es grande, de unos 27 km de diámetro.

La lluvia de las Leónidas
Los meteoros de las Leónidas son visibles en noviembre y parecen provenir de la constelación de Leo.

METEOROS

Popularmente conocidos como estrellas fugaces, los meteoros se encuentran entre los objetos más hermosos y emocionantes. Cada uno de estos breves rayos de luz señala la entrada de una partícula diminuta de residuos en nuestra atmósfera.

METEOROIDES, METEOROS Y METEORITOS

Dispersos a través del sistema solar se encuentran pequeños fragmentos de residuos procedentes de cometas o asteroides. Estas diminutas partículas son los meteoroides. A medida que la Tierra orbita alrededor del Sol, se cruza con algunos de estos meteoroides, que entran en la atmósfera y se calientan creando un rayo de luz en el cielo nocturno: un meteoro. La mayoría de los meteoroides tienen el tamaño de un grano de arena, pero entran en la atmósfera terrestre a una velocidad increíble: unos 72.000 km/h. Esta velocidad hace que el aire delante del meteoroide se comprima y se caliente. El meteoroide empieza a evaporarse y entonces vemos la estrella fugaz. Cuanto más grande el meteoroide, más brillante el meteoro. Los meteoros muy brillantes se denominan bólidos. Si el meteoroide es muy grande, puede que no se destruya por completo al cruzar la atmósfera y que llegue a la superficie terrestre; estos objetos son los meteoritos.

LUVIAS DE METEOROS

os meteoros pueden aparecer aislada y casionalmente en el cielo y en tal caso e denominan esporádicos. No obstante, xisten fechas predecibles en las que tieen lugar lluvias de meteoros. Estas sueden cuando la Tierra se cruza con esiduos dejados en la órbita de un comea o asteroide. Por jemplo, la lluvia de as Perseidas, en gosto, se debe al olvo del cometa Swift-Tuttle. Los meteoros de una lluvia parece que se originan todos en el mismo punto del cielo, denominado radiante, y la constelación en la que se encuentra el radiante da el nombre a la lluvia. Por ejemplo, la lluvia de las Oriónidas (visible en octubre) tiene el radiante en la constelación de Orión.

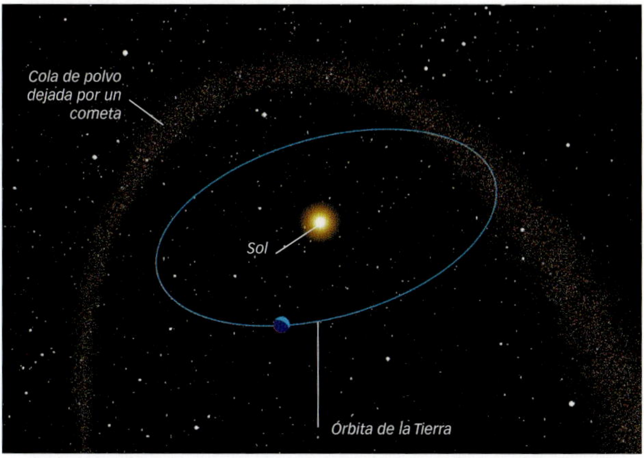

ola de polvo n el espacio
os cometas dejan colas e residuos de polvo a lo rgo de sus trayectorias rbitales alrededor del ol. Cuando la Tierra cruza una cola de polvo, las artículas entran en la atnósfera y se calientan, roduciendo así una lluvia e meteoros.

METEORITOS

Los meteoroides y los asteroides con una masa de más de 30 kg no se evaporan totalmente en la atmósfera terrestre. Los que chocan con el suelo se denominan meteoritos. Se clasifican en rocosos, sideritos (compuestos por una aleación de hierro y níquel) y litosideritos (formados por una mezcla de roca y aleación de hierro y níquel).

METEORITO LITOSIDERITO

METEORITO ROCOSO

METEORITO SIDERITO

OBSERVAR LLUVIAS DE METEOROS

Las lluvias de meteoros son fácilmente visibles a simple vista, y las fechas en las que aparecen son predecibles (véase p. 330). Para obtener la mejor vista de una lluvia, busque una ubicación lo más oscura posible y con un cielo ancho y sin obstáculos. La luz de la Luna o la polución lumínica reducirán el número de meteoros que pueda contemplar. Mire hacia la constelación radiante, pero evite mirar directamente al radiante; fíjese en los lados, donde los rayos de meteoros serán más largos.

Bólidos
Los meteoros extremadamente brillantes se denominan bólidos. El de la imagen se fotografió en California (EE.UU.) en 2009 y era tan grande que dejó tras de sí una breve estela resplandeciente en el cielo.

Ida y su luna
El asteroide Ida orbita en el Cinturón Principal y tiene unos 58 km de largo y un diminuto satélite, Dáctilo (a la derecha en la imagen), de 1,4 km de diámetro.

ASTEROIDES

Los asteroides, formados por roca y metal, son pequeños cuerpos que en casi todos los casos orbitan alrededor del Sol, dentro o cerca de la órbita de Júpiter. La mayoría están en una región denominada el Cinturón Principal, entre las órbitas de Marte y Júpiter.

QUÉ SON LOS ASTEROIDES

Los asteroides son restos de un proceso fracasado de formación planetaria que hubiera resultado en un planeta rocoso de un tamaño de en torno a cuatro veces el de la Tierra. Son objetos secos y polvorientos, demasiado pequeños para tener atmósfera. Excepto algunos de los más grandes (que son más o menos esféricos), los asteroides tienen formas irregulares. Los tamaños son muy variables, siendo mucho más numerosos los pequeños que los grandes. Por lo tanto, dentro del Cinturón Principal existen unas pocas docenas de diámetro medio superior a 200 km pero decenas de miles de más de 20 km de ancho y millones de más de 2 km de diámetro. Dado que los asteroides colisionan de vez en cuando y se fragmentan, su cantidad va aumentando paulatinamente, pero su tamaño medio disminuye. En 2006, el objeto más grande y masivo del Cinturón Principal, un cuerpo llamado Ceres, se clasificó también como planeta enano (pp. 106-107) y es el único objeto que es asteroide y planeta enano.

LAS ÓRBITAS DE LOS ASTEROIDES

Todos los asteroides orbitan alrededor del Sol en la misma dirección que los planetas. Los del Cinturón Principal tienen órbitas casi circulares. Sus periodos orbitales duran entre cuatro y cinco años. Fuera del Cinturón Principal hay otros grupos de asteroides con diversas órbitas. Los troyanos se desplazan en la misma órbita que Júpiter, a unos 60º delante o detrás del planeta gigante. Otros grupos, llamados los asteroides Amor, Apolo y Atón, tienen órbitas que suelen ser elípticas y, o bien cruzan la órbita terrestre, o bien pasan cerca de ella. Juntos, estos grupos se clasifican como asteroides cercanos a la Tierra. Algunos de ellos podrían impactar con nuestro planeta.

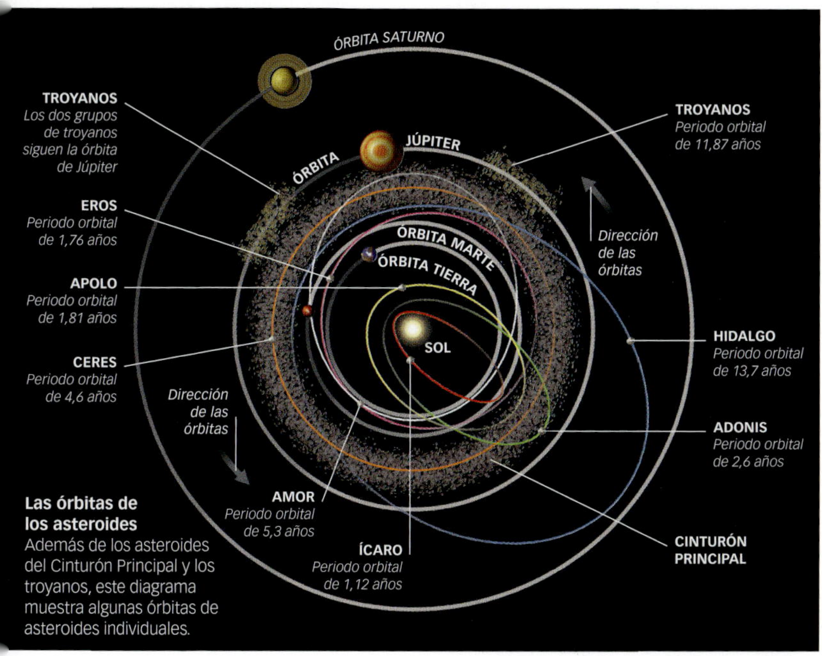

Las órbitas de los asteroides
Además de los asteroides del Cinturón Principal y los troyanos, este diagrama muestra algunas órbitas de asteroides individuales.

OBSERVAR ASTEROIDES

Vesta (p. 116) es el único asteroide visible a simple vista, pero unas cuantas docenas pueden verse con prismáticos o un telescopio pequeño cuando se encuentran en su momento de máximo brillo, por ejemplo, Ceres, Palas, Juno, Eros y Tutatis. Las trayectorias de los asteroides más brillantes durante periodos determinados pueden consultarse en publicaciones de astronomía y sitios de Internet o utilizando software de astronomía. Los asteroides parecen estrellas y para identificarlos suele ser necesario hacer observaciones y fotografías o dibujos de la parte relevante del cielo durante varias noches seguidas; así se identifican como un punto de luz que se desplaza, así se identifican.

Trayectoria de un asteroide
Para fotografiar asteroides, las estrellas de fondo deben mantenerse fijas. Entonces el asteroide forma una estela (la línea azul curvada) en la imagen a medida que se mueve en relación con el campo de estrellas.

»

ASTEROIDES DESTACADOS

VESTA

Situado en el Cinturón Principal, Vesta es el asteroide más brillante. Después de Ceres, es el segundo asteroide más masivo y el segundo más grande, con un diámetro medio de a 530 km. Se cree que tiene una estructura interna de capas, compuesta por corteza, manto y núcleo metálico. La mayor parte de su polo sur (mostrado en la imagen) está ocupada por una enorme depresión, de unos 460 km de ancho, causada por un antiguo impacto. En la Tierra han aterrizado fragmentos procedentes de este impacto.

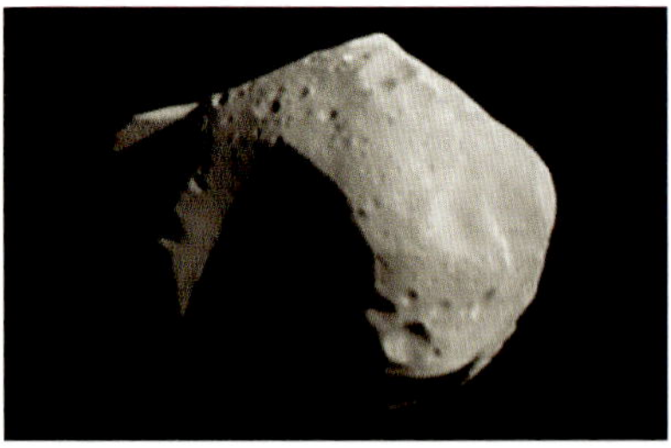

MATILDE

Matilde es un asteroide grande del Cinturón Principal, con un diámetro medio de unos 50 km. Su superficie es más oscura que la de la mayoría de los asteroides y su densidad media es mucho menor. Probablemente esté formado por fragmentos de roca poco compactados.

GASPRA

Gaspra tiene unos 18 km de ancho y orbita cerca del borde interior del Cinturón Principal. Su superficie es gris, mientras que algunos de los bordes de los cráteres recientemente descubiertos son azulados y algunas de las zonas bajas y más antiguas son rojizas.

EROS

Eros tiene unos 34 km de largo y forma de cacahuete. Es un asteroide cercano a la Tierra con una órbita inestable que cruza la órbita de Marte y se acerca a la de la Tierra. En el año 2000, fue el primer asteroide alrededor del cual orbitó una sonda espacial: la NEAR Shoemaker. Al año siguiente, la sonda realizó el primer aterrizaje de la historia en un asteroide.

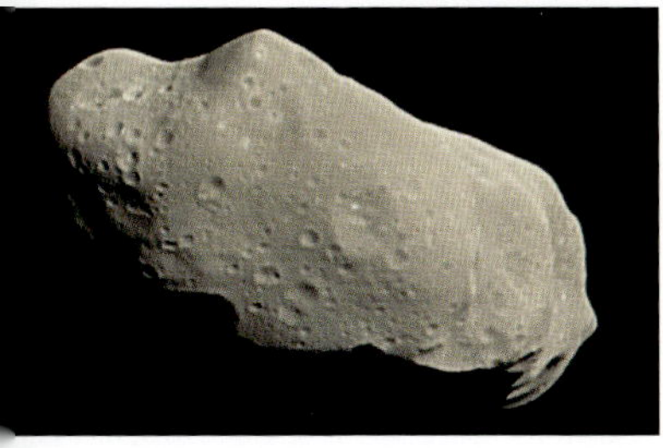

IDA

Ida tiene unos 58 km de largo y es un asteroide grande del Cinturón Principal. La sonda Galileo, en 1993, fotografió la mayor parte de la superficie de Ida, que está sembrada de cráteres, y también descubrió que posee una diminuta luna, Dáctilo, que fue el primer satélite confirmado de un asteroide.

LUTETIA

Lutetia es un asteroide grande del Cinturón Principal, con un diámetro medio de unos 100 km. La sonda Rosetta, que pasó a 3.162 km del asteroide en 2010, descubrió que tiene la superficie cubierta de un depósito excepcionalmente grueso de regolito (fragmentos de roca y polvo sueltos) de hasta 600 m de profundidad.

ITOKAWA

Este asteroide cercano a la Tierra tiene solo 630 m de largo y 250 m de ancho. Es el primero del que se ha recogido material y se ha traído a la Tierra. En 2005, la sonda Hyabusa aterrizó en Itokawa y recogió muestras de la superficie que envió a la Tierra en una cápsula que llegó en 2010. Itokawa tiene la superficie salpicada de rocas. Los científicos sospechan que está formado por fragmentos de roca que se han unido de forma poco compacta.

TUTATIS

Tutatis es un pequeño asteroide cercano a la Tierra de unos 4,5 km de largo que pasa por nuestro planeta cada cuatro años. En septiembre de 2004, se acercó a cuatro veces la distancia Tierra-Luna y en diciembre de 2012 volvió a acercarse aprox. unas 18 distancias lunares.

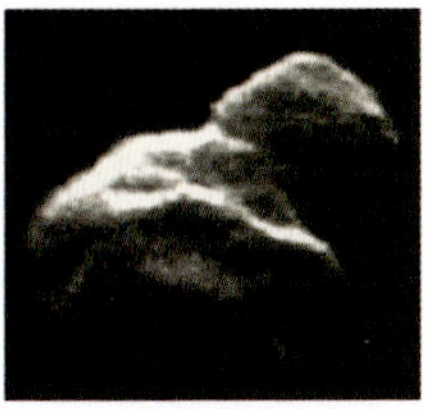

Aurora boreal
En esta imagen pueden verse bandas y cintas verdes, rojas y azules a diferentes altitudes. Los colores proceden de la luz emitida por distintos gases.

AURORAS

Una aurora es un despliegue colorista de luz en el cielo, causado por la colisión de partículas energéticas del Sol –el viento solar– con partículas de gas de la atmósfera terrestre. Las auroras se ven con mayor frecuencia en las regiones árticas y antárticas en invierno.

LAS AURORAS POLARES

Las auroras que se producen en el hemisferio norte reciben el nombre de auroras boreales y las del hemisferio sur, auroras australes. Las auroras se producen cuando son lanzadas hacia los polos geomagnéticos de la Tierra (v. p. sig.) partículas cargadas del Sol; suelen verse con mayor frecuencia en latitudes elevadas, a 10-20° de los polos. Los dos polos geomagnéticos se van moviendo con el tiempo, pero actualmente están al noroeste de Groenlandia y en la Antártida oriental. De vez en cuando, las auroras se ven más cerca del ecuador durante perturbaciones en el viento solar, por ejemplo, después de eyecciones de masa del Sol (p. 69). Cuando se produce una aurora, el espectáculo de luz puede alcanzar 300 km o más de alto en la atmósfera y puede durar horas. A menudo comienza con un arco verde suave a baja altura, cuyo brillo y tamaño van aumentando antes de que aparezcan rayos rojos, verdes, azules y violetas, que después forman cintas que se extienden por todo el cielo.

LA CAUSA DE LAS AURORAS

Las auroras aparecen cuando partículas cargadas del Sol, conocidas como viento solar (p. 67), son capturadas por el campo magnético de la Tierra. Las partículas son aceleradas en dirección a los polos geomagnéticos, donde colisionan con partículas de gas de la atmósfera. En consecuencia, las partículas de gas se excitan, es decir, su estado energético aumenta. Cuando retornan a su estado normal, emiten energía en forma de luz cuyo color depende de qué gas atmosférico se excite, la cantidad de energía implicada y la altitud de las partículas. A altitudes por debajo de unos 200 km, los átomos de oxígeno emiten luz verde; a mayores altitudes, roja.

El viento solar y la magnetosfera
El campo magnético de la Tierra forma una "manta" alrededor del planeta llamada magnetosfera, que desvía la mayoría de las partículas de viento solar, pero algunas son arrastradas hacia los polos geomagnéticos e interactúan con los gases atmosféricos formando las auroras.

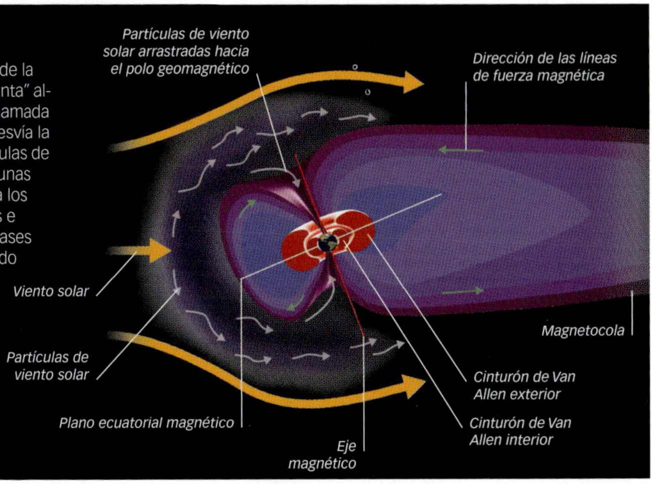

OBSERVAR LAS AURORAS

La aurora boreal se ve con mayor frecuencia al norte de 60ºN, normalmente solo entre los meses de septiembre y abril, ya que de mayo a agosto es siempre de día en gran parte de esta región. Raras veces, la aurora boreal es visible hasta 35ºN. El mejor periodo para contemplar la aurora austral va de marzo a octubre al sur de 60ºS, aunque también se ve a veces en, por ejemplo, la Isla Sur de Nueva Zelanda.

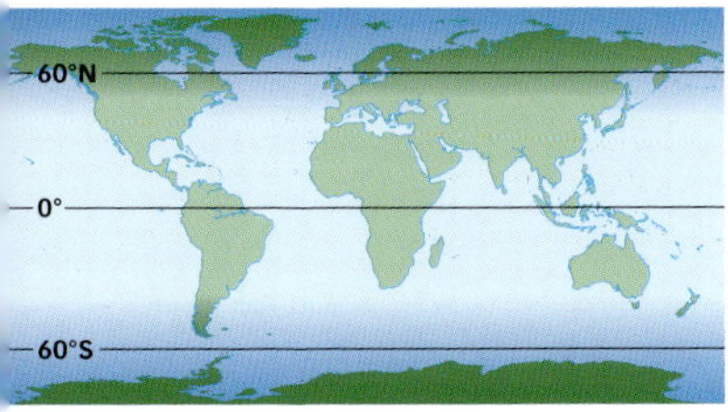

Dónde pueden verse auroras
Las auroras pueden verse al norte de 60ºN y al sur de 60ºS, en las zonas de color más oscuro, aunque a veces pueden ser visibles fuera de estas regiones.

AURORAS EN OTROS PLANETAS

Se han observado auroras en la mayoría de los demás planetas, incluidos Marte, Júpiter, Saturno, Urano y Neptuno. También se ha visto un fenómeno similar (el "resplandor nocturno") en Venus, pero, dado que el planeta carece de campo magnético detectable, se desconoce el mecanismo que lo causa.

Las auroras de Júpiter
Esta imagen óptica y de rayos X muestra las auroras polares de Júpiter (en violeta), que se deben a partículas de su luna Ío, no del Sol.

Parhelios
El término parhelio designa las manchas brillantes que aparecen a los dos lados del Sol. Se deben a que la luz es refractada por hielo de la atmósfera.

FENÓMENOS ATMOSFÉRICOS

Además de objetos astronómicos y auroras, pueden aparecer otras luces en el firmamento. Muchas se deben a que la luz solar llega a la Tierra de diversas formas indirectas, aunque algunas son producidas por objetos artificiales o fenómenos meteorológicos.

TIPOS DE LUCES EN EL CIELO

Es útil conocer fuentes inusuales de luz en el cielo para evitar posibles confusiones con objetos astronómicos. Las manchas fijas o los dibujos simétricos de luz, vistos de día o de noche, suelen ser halos de hielo o fenómenos relacionados causados por la refracción de la luz por cristales de hielo en la atmósfera. Las líneas plateadas de luz que brillan en el cielo tras la puesta de sol suelen ser nubes noctilucentes. Un resplandor de luz triangular cerca del horizonte muchas veces resulta ser un fenómeno no atmosférico llamado luz zodiacal. Otros fenómenos que pueden causar luces en movimiento y destellos en el cielo son las estrellas fugaces (p. 112), aeronaves, satélites, sondas en órbita y la Estación Espacial Internacional, mientras que los destellos de luz grandes suelen ser descargas eléctricas debidas a tormentas.

ALOS DE HIELO

os halos atmosféricos se deben a la resencia de cristales de hielo a gran al- ura en la atmósfera terrestre que refrac- an la luz. La luz del Sol o la Luna (es ecir, la luz solar reflejada por la Luna) uede causar dichos halos. La forma más habitual es un círculo de luz con un radio de 22° visible alrededor de la Luna o el Sol. También puede haber manchas de luz –denominadas parhelio en el caso del Sol y paraselene en el de la Luna–, arcos y círculos de luz que parecen atravesar directamente el Sol o la Luna.

alo de la Luna y paraselenes
sta foto tomada en el Canadá ártico muestra arios fenómenos de refracción, entre ellos un alo alrededor de la Luna y dos manchas de luz sto fuera del halo, los paraselenes.

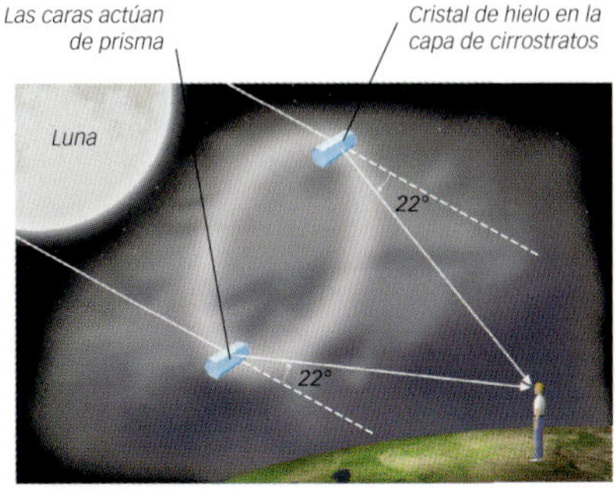

Formación del halo
Se forma un halo cuando los cristales de hielo de la atmósfera refractan la luz lunar o solar con un ángulo de 22° para el observador. Esto sucede si los rayos de luz atraviesan dos caras de un cristal de hielo.

UBES NOCTILUCENTES

as nubes situadas a altitudes muy ele- adas –de unos 80 km– pueden brillar de oche reflejando la luz solar mucho des- ués de la puesta de sol o antes de su alida. Estas nubes noctilucentes se ven on mayor frecuencia entre latitudes de 0° y 65° norte y sur, entre los meses de nayo y agosto en el hemisferio norte y ntre noviembre y febrero en el hemisfe- ia sur.

ubes brillantes de noche
as nubes noctilucentes son de color azul platea- o y suelen aparecer como vetas entretejidas. olo pueden verse cerca del horizonte sobre el ondo de un cielo parcialmente iluminado.

LUZ ZODIACAL

Es un débil resplandor que a veces puede verse en el cielo oriental antes del alba o en el occidental después de la puesta de sol. A veces puede contemplarse en noches oscuras otro fenómeno, la luz antisolar, que tiene forma de mancha en la esfera celeste justo enfrente de la posición del Sol en el cielo. Ambos fenómenos se deben a que la luz solar es reflejada por el polvo interplanetario.

Luz zodiacal
El mejor momento para ver la luz zodiacal es justo antes del alba en otoño, lejos de la polución. Forma un triángulo aproximado cerca del horizonte oriental.

Luz antisolar
Este débil resplandor circular, de 10° de ancho, se localiza a medianoche, en una zona sobre el horizonte austral (para observadores del hemisferio norte).

LAS ESTRELLAS Y MÁS ALLÁ

La nebulosa de Carina, una región en la que se forman nuevas estrellas y mueren viejas estrellas

¿QUÉ SON LAS ESTRELLAS?

Si mira hacia arriba en una noche oscura y despejada, lo primero qu verá es un cielo repleto de estrellas centelleantes. Cada una es una enorme esfera de gas que resplandece por las ingentes cantidades de energía que se liberan en las reacciones nucleares de su interior.

LA FORMACIÓN ESTELAR

Las estrellas se forman en el interior de enormes nubes de gas y polvo. Si una estrella cercana perturba estas nubes, o si la onda expansiva de una estrella que explota las atraviesa, pueden contraerse y desencadenar el proceso de formación estelar. Cuando una parte de una nube de gas empieza a contraerse, se forma una agrupación de material que va creciendo. Cuando es lo suficientemente masiva, la temperatura en su centro es tan elevada que los núcleos de hidrógeno se fusionan, dando comienzo a las reacciones nucleares que hacen que las estrellas brillen.

La nebulosa del Águila
Es una incubadora de estrellas. Las estrellas jóvenes y calientes situadas en el centro de la nebulosa hacen que resplandezca el gas circundante.

TAMAÑOS DE ESTRELLAS

Cuando se mira al cielo nocturno, todas las estrellas parecen diminutos puntos de luz, pero en realidad presentan una enorme gama de tamaños; parecen iguales debido a la inmensa distancia que las separa de nosotros. Nuestro Sol tiene un impresionante diámetro de 1,4 millones de kilómetros, pero es pequeño es comparación con otras estrellas. La estrella brillante Betelgeuse, que puede verse a simple vista en la constelación de Orión, es 800 veces más grande que el Sol.

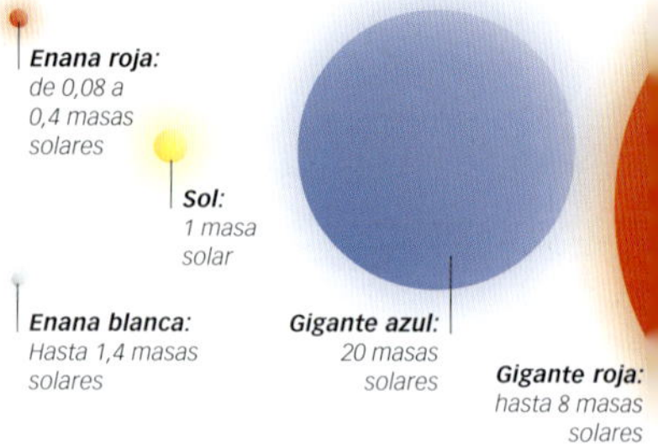

Masas estelares
Las estrellas menos masivas pueden contener solo una centésima parte de la masa de nuestro propio Sol, mientras que las más masivas pueden superar tranquilamente las 100 masas solares.

LAS VIDAS DE LAS ESTRELLAS

Una vez que una estrella ha emergido de su nube materna de gas y polvo, pasará la mayor parte de su vida convirtiendo hidrógeno en helio por fusión nuclear. Los astrónomos llaman a las estrellas en esta fase estrellas de "secuencia principal". Actualmente, nuestro Sol es una estrella de secuencia principal. Las estrellas de baja masa, como las enanas rojas, consumen su combustible de hidrógeno lentamente y tienen unas vidas larguísimas. Las estrellas de alta masa, como las enormes supergigantes, consumen su energía rápidamente y viven poco. Cuando una estrella ha convertido todo su hidrógeno en helio, entra en las fases finales.

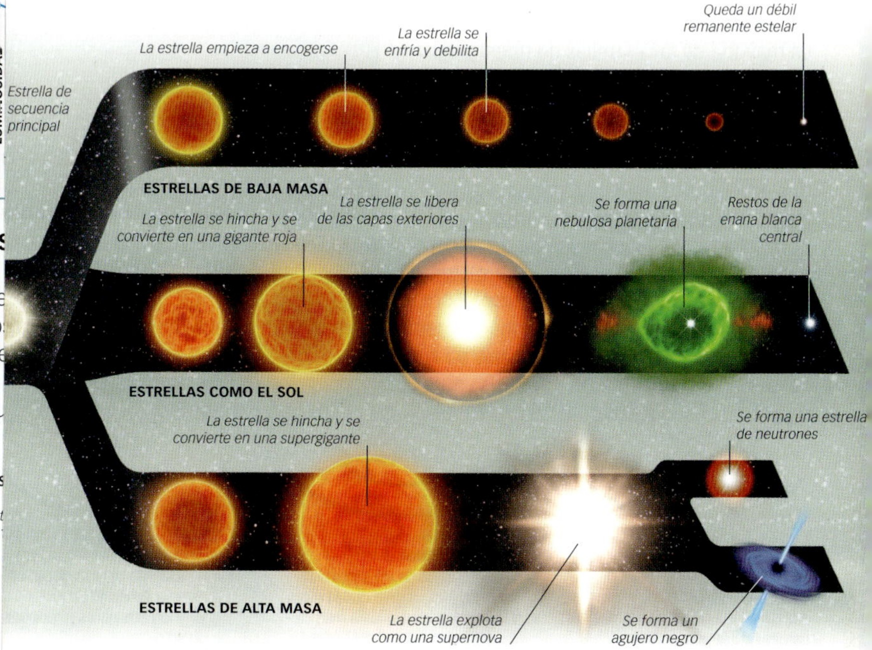

Muerte estelar
No todas las estrellas mueren del mismo modo. Su destino está unido a la masa que tienen cuando se quedan sin su combustible nuclear. Las estrellas más pequeñas tienden a debilitarse de forma relativamente lenta, mientras que las estrellas más masivas explotan violentamente como supernovas.

TIPOS ESPECTRALES

La luz de cada estrella contiene información sobre su composición. Esta información puede estudiarse examinando las "huellas" químicas del espectro de colores que conforman la luz de una estrella. Identificando estas huellas en la luz de diferentes estrellas, los astrónomos pueden clasificarlas en tipos. Algunos de estos "tipos espectrales" se recogen aquí.

CLASIFICACIÓN ESPECTRAL DE LAS ESTRELLAS

Tipo	Color	Temperatura media
O	Azul	45.000 °C
B	Blanco azulado	30.000 °C
A	Blanco	12.000 °C
F	Blanco amarillento	8.000 °C
G	Amarillo	6.500 °C
K	Naranja	5.000 °C
M	Rojo	3.500 °C

NEBULOSAS

En la mayoría de las galaxias, el espacio entre las estrellas está lleno de gas y polvo. Este material es más denso en algunos lugares que en otros, creando así enormes nubes de gas y polvo denominadas nebulosas, de las cuales existen diversos tipos.

NEBULOSAS DE EMISIÓN

Las estrellas nacen dentro de estas enormes nubes de gas y polvo. A menudo, las estrellas jóvenes y brillantes que se crean generan fuertes vientos estelares que forman burbujas y cavernas en la nebulosa. Al mismo tiempo, la radiación de estas estrellas excita el gas interestelar que las rodea. Cuando el gas se excita, empieza a emitir luz, creando lo que los astrónomos denominan nebulosa de emisión. Algunas nebulosas de emisión, como la Laguna y la de Orión, pueden verse con prismáticos. Un telescopio pequeño empezará a revelar sus bellas formas como remolinos, así como los cúmulos de estrellas recién nacidas que hacen que brillen.

La nebulosa de Orión
La enorme forma resplandeciente de M42, la nebulosa de Orión, es una de las nebulosas de emisión más espectaculares del cielo nocturno.

Las Pléyades
Este cúmulo de estrellas abierto es visible a simple vista. No obstante, la nebulosa de reflexión que le acompaña es difícil de ver.

NEBULOSAS DE REFLEXIÓN

No todas las nebulosas brillan porque tienen gas que resplandece en su interior. Algunas dispersan y reflejan la luz de estrellas cercanas de vuelta hacia Tierra. Estas nebulosas etéreas reciben el nombre de nebulosas de reflexión. El polvo de una nebulosa de reflexión es muy bueno dispersando longitudes de onda más azules de luz estelar, motivo por el que estas nebulosas suelen parecer azules en imágenes de larga exposición.

OBSERVAR NEBULOSAS CON UN TELESCOPIO

Algunas nebulosas brillantes pueden distinguirse como manchas neblinosas de luz a simple vista, mientras que otras requieren una atenta observación desde una ubicación de cielo oscuro y el uso de un telescopio. Pero la mayoría de los objetos celestes tienen un aspecto muy diferente a través de un ocular en comparación con las bellas imágenes de estas páginas. Los ojos no tienen la suficiente sensibilidad para ver los detalles y los colores que las cámaras captan.

Un esbozo celeste
Este bonito esbozo muestra el aspecto de las nubes resplandecientes de la nebulosa de Orión cuando se contemplan a través de un telescopio de aficionado grande.

EBULOSAS OSCURAS

uchas de las densas nubes hincha-
as de polvo y gas de nuestra galaxia
o emiten luz que podamos ver: son
s nebulosas oscuras. Aparecen
erfiladas sobre fondos brillantes,
les como campos de estrellas cente-
eantes (nebulosa Saco de Carbón) o
na nebulosa de emisión (nebulosa de
Cabeza de Caballo).

La nebulosa de la Cabeza de Caballo
La inconfundible nebulosa de la Cabeza de Caballo se ve aquí delante de una mancha resplandeciente de nebulosidad en la constelación de Orión.

a nebulosa Hélice
nebulosa Hélice en la constelación de Acuario muesa capas de material resplandeciente –de unos 2,5 años z de ancho– eyectados por una estrella moribunda.

NEBULOSAS PLANETARIAS

Cuando una estrella como el Sol empieza a acercarse al final de su vida, comienza a expulsar capas de material al espacio. Finalmente, eyecta su atmósfera al espacio, creando una hermosa nebulosa planetaria. En el interior de la nebulosa permanece un núcleo estelar caliente y energético, que hace que el material circundante brille. El término nebulosa planetaria es un poco engañoso; fue adoptado hace mucho tiempo por astrónomos que creían que estas nebulosas parecían los discos de planetas a través de sus primeros telescopios.

EMANENTES DE SUPERNOVA

os remanentes de supernova se forman
uando muere una estrella masiva, pro-
uciendo una explosión de supernova
spectacularmente violenta (p. 132). Es-
os eventos energéticos destruyen lo que
ueda de la estrella, lanzándolo al espa-
io a velocidades vertiginosas. Cuando la
xplosión choca violentamente contra el gas circundante, se forman enormes filamentos de material resplandeciente. Luego, el remanente de supernova se va expandiendo en el transcurso del tiempo y forma enormes filamentos de gas.

La nebulosa del Velo
Con un buen telescopio pueden distinguirse algunas de las manchas de gas más brillantes en el remanente de supernova conocido como nebulosa del Velo.

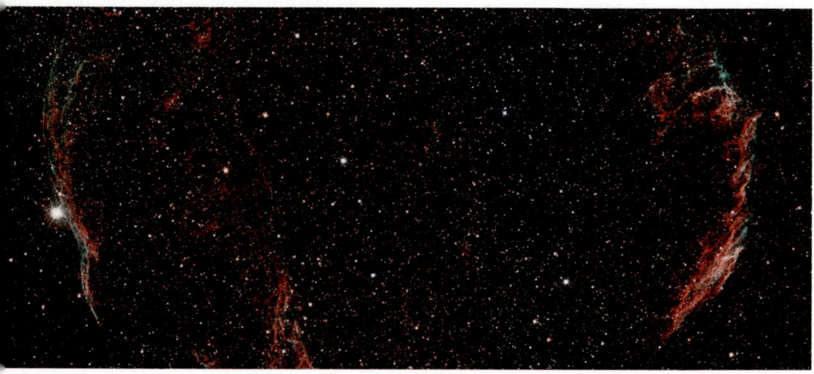

»

» NEBULOSAS PARA OBSERVAR

LA NEBULOSA DE ORIÓN

Situada en la constelación de Orión, el Cazador, la nebulosa de Orión (M42) es una de las más fáciles e interesantes de observar. Es una región de formación estelar situada a unos 1.350 años luz de distancia. En el centro tiene un cúmulo de estrellas jóvenes, conocido como el Trapecio, que hace que el gas de la nebulosa brille. Puede verse con prismáticos, pero lo mejor es utilizar un telescopio pequeño.

Remolinos de gas
El brillante centro de la nebulosa de Orión y los remolinos de gas que lo rodean pueden verse fácilmente con un telescopio pequeño.

LA NEBULOSA DE CARINA

Situada a 7.500 años luz, en la constelación de la Quilla, la nebulosa de Carina e un lugar espectacular de formación este lar. Las estrellas nacen en toda la extensión de esta enorme nube hinchada de gas y polvo y las estrellas jóvenes brillan tes que ya habitan en ella hacen que bri lle. Esta nebulosa se extiende 100 años luz en el espacio. En nuestro cielo nocturno aparece dentro de una región muy rica de la Vía Láctea.

Polvo oscuro
Unos caminos oscuros de polvo y gas cruzan los fragmentos más brillantes de la nebulosa de Carina en esta imagen de larga exposición.

LA NEBULOSA DEL CANGREJO

La nebulosa del Cangrejo (M1) es un remanente de supernova situado en la constelación de Tauro. La supernova que creó este esqueleto estelar tuvo lugar en el año 1054 y se cree que astrónomos de todo el mundo la observaron en aquel entonces. Para localizar la nebulosa del Cangrejo, encuentre primero el cúmulo estelar de las Híades, que señala la "cabeza" de Tauro. Luego siga el "asta" del toro desde Aldebarán hasta la estrella Zeta (ζ) Tauri. La nebulosa del Cangrejo está a solo un grado de Zeta Tauri.

Un cangrejo multicolor
La nebulosa del Cangrejo es un objetivo idóneo para telescopios grandes, que la mostrarán como una mancha elíptica de luz.

A NEBULOSA DE LA LAGUNA

a nebulosa de la Laguna (M8) es una egión de formación estelar a unos .000 años luz, en la constelación de Saitario. En su interior hay un cúmulo eselar abierto, el NGC 6530. La radiación de estrellas brillantes cercanas a la nebulosa hace que brille. Se ve con unos buenos prismáticos. Un telescopio pequeño la mostrará como un resplandor neblinoso enclavado en los campos de estrellas de la Vía Láctea.

ubes rosas
as imágenes de larga exposiión de la nebulosa de la Lagua muestran sus nubes de gas osa de bello resplandor y el rupo de estrellas centelleantes ue la acompañan.

Laguna de infrarrojos
Esta imagen de infrarrojos revela enormes espirales de polvo y gas en la nebulosa de la Laguna. Fue captada por el telescopio espacial de infrarrojos WISE de la NASA.

.A NEBULOSA ANULAR

unto a la nebulosa Dumbbell M27) en la constelación de la Zo-ra, la nebulosa Anular (M57) es na de las nebulosas planetarias nás espléndidas del hemisferio eleste norte. Este pequeño anillo e luz –a unos 2.300 años luz de istancia– son los restos de una strella similar a nuestro Sol. La ebulosa se encuentra en la conselación de la Lira, entre las estreas Gamma (γ) y Beta (β) Lyrae. Se bserva con un telescopio pequeo. El gas que forma la nebulosa iene aproximadamente un año ız de ancho.

Capas brillantes
Esta imagen descubre capas de gas de gran complejidad que rodean a la nebulosa Anular. A través de un telescopio la nebulosa parece un débil anillo de luz gris.

OBJETOS CELESTES EXÓTICOS

El Universo puede ser un lugar increíblemente violento y extremo. En ningún otro sitio se ve con más claridad que en los múltiples objetos exóticos que se pueden encontrar dispersos por el cosmos: desde explosiones estelares hasta agujeros negros.

SUPERNOVAS

Las muertes de las estrellas masivas son señaladas por potentes explosiones denominadas supernovas de tipo II. Cuando una estrella supergigante se queda sin combustible de hidrógeno, empieza a producir elementos más pesados en su núcleo. Al principio, el núcleo cada vez más masivo es sostenido por la presión interna, pero cuando se forma hierro, el núcleo ya no puede ser soportado y se desploma. Cuando el material circundante se derrumba, rebota contra el núcleo colapsado y crea una enorme onda de choque que se extiende a través de la estrella. La explosión resultante es sumamente violenta y libera cantidades ingentes de energía, incluida luz.

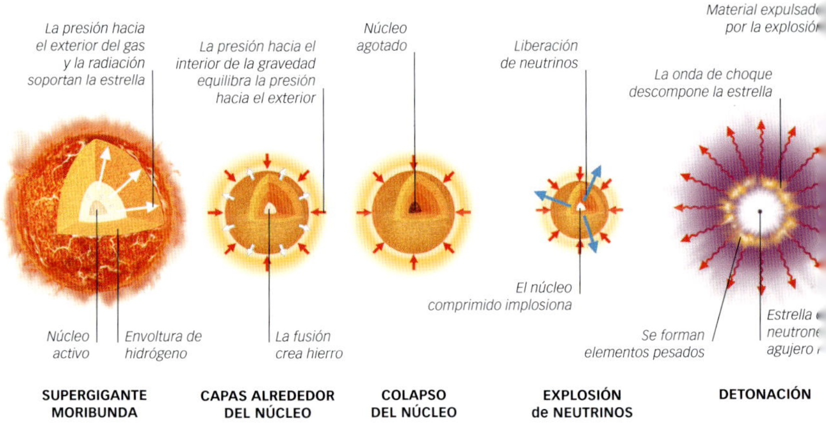

Formación de supernova
La formación de una supernova tiene lugar en varias fases al final de la vida de una estrella masiva. Estas enormes explosiones son las que enriquecen el espacio con los elementos pesados necesarios para crear gran parte del mundo diario que nos rodea.

LOCALIZACIÓN DE SUPERNOVAS

Los astrónomos buscan supernovas controlando constantemente galaxias lejanas en busca de señales de un nuevo punto de luz brillante. Muchas supernovas han sido descubiertas por astrónomos aficionados que realizaban búsquedas rutinarias. Las imágenes de la derecha muestra la iluminación causada por una supernova reciente, SN2011DH, en la galaxia del Torbellino (M51).

ANTES DE SN2011DH

DURANTE SN2011DH

EXPLOSIONES DE RAYOS GAMMA

Algunos de los objetos más lejanos observados por los telescopios espaciales modernos han sido eventos sumamente energéticos denominados explosiones de rayos gamma. Existen dos tipos: largas e instantáneas. Los astrónomos creen que las explosiones cortas se forman cuando colisionan dos estrellas de neutrones, o quizás incluso una estrella de neutrones y un agujero negro. Por otra parte, es probable que las explosiones de rayos gamma largas sean el resultado de la explosión catastrófica de una estrella.

Explosiones brillantes
La potente explosión de radiación de una explosión de rayos gama (mostrada aquí en un material gráfico) puede verse desde distancias enormes. Los telescopios espaciales, como el satélite Swift de la NASA, buscan señales de estos violentos fenómenos.

PÚLSARES Y ESTRELLAS DE NEUTRONES

Cuando el núcleo de una estrella masiva se colapsa en una explosión de supernova, los protones y los electrones se comprimen con tanta fuerza que forman una estrella de neutrones, de unas pocas decenas de kilómetros de ancho. Las estrellas de neutrones tienen campos magnéticos extremadamente fuertes y pueden convertirse en púlsares (abajo).

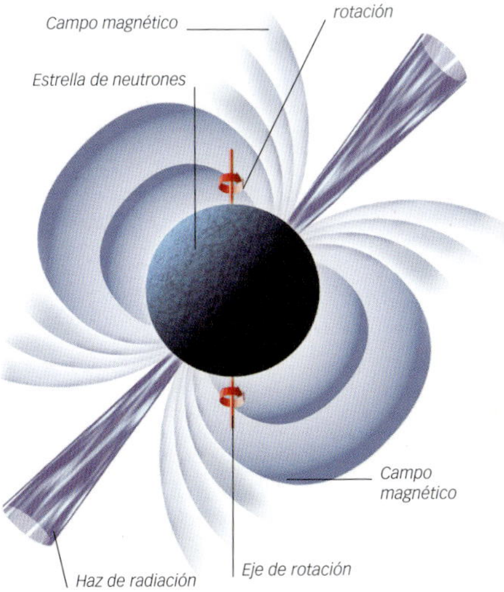

Púlsares
En el núcleo de un pulsar se encuentra una estrella de neutrones giratoria con un potente campo magnético. De sus polos magnéticos salen disparados haces de radiación; si van hacia la Tierra, pueden detectarse pulsos de radiación.

GALAXIAS ACTIVAS

En el centro de muchas galaxias existe un agujero negro supermasivo. En las galaxias activas, este agujero negro consume el material circundante y es rodeado por un enorme disco de gas y polvo que está muy caliente. Junto con chorros energéticos emitidos del agujero negro, esto significa que las galaxias activas emiten cantidades de radiación colosales.

Núcleo galáctico activo
La orientación de algunas galaxias activas es tal que podemos ver la región energética brillante que rodea al agujero negro, denominada núcleo galáctico activo. Este tipo de galaxia activa se llama quásar. Los quásares son muy lejanos y probablemente sean los centros de galaxias activas más viejas.

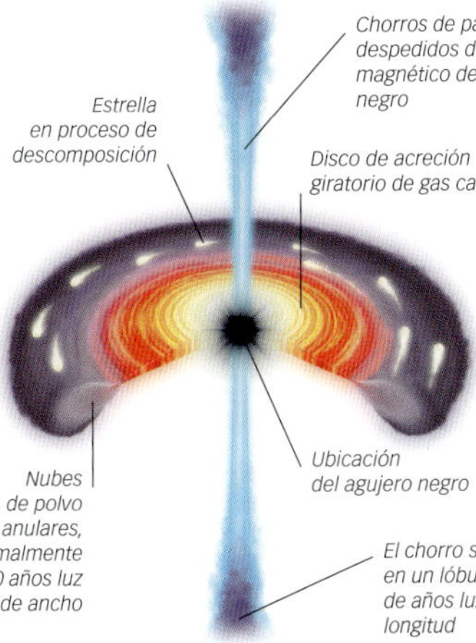

CÚMULOS ESTELARES

En toda la Vía Láctea pueden encontrarse cúmulos estelares de todas las formas y tamaños. Algunos, los cúmulos globulares, son bolas densas de miles de estrellas; otros, los cúmulos globulares abiertos, son agrupaciones de estrellas más dispersas.

CÚMULOS GLOBULARES

Los cúmulos globulares son enormes esferas de miles o incluso millones de estrellas. Se encuentran entre los objetos más antiguos de nuestra galaxia; algunos contienen estrellas de 12.000 años de edad. Se cree que existen unos 150 cúmulos globulares dispersos alrededor de disco de la Vía Láctea. Si fuera posible estar en un planeta dentro de un cúmulo globular, el cielo nocturno estaría repleto de la luz de miles de estrellas brillantes.

Omega Centauri
Este cúmulo globular alberga 10 millones de estrellas, por lo que es uno de los más espectaculares del cielo nocturno. Es lo bastante grande y brillante como para contemplarlo a simple vista, pero con un telescopio se verá más claramente. Algunos astrónomos creen que Omega Centauri son los restos de una galaxia enana.

CÚMULOS ABIERTOS

Los cúmulos abiertos son cúmulos dispersos formados en enormes nubes desdibujadas de gas y polvo. Cuando las estrellas se materializan a partir de una nebulosa de formación estelar, alejan el gas y el polvo circundantes, creando así un cúmulo abierto centelleante. Los cúmulos abiertos suelen encontrarse dentro del disco y los brazos espirales de nuestra galaxia, por lo que aparecen a menudo en nuestros cielos nocturnos sobre el fondo de ricos campos de estrellas de la Vía Láctea.

El cúmulo de la Mariposa
El bello cúmulo abierto M6, el cúmulo de la Mariposa, se sitúa en la constelación de Escorpio. Se compone de unas 80 estrellas y es una visión magnífica a través de prismáticos o de un telescopio pequeño.

BSERVAR CÚMULOS STELARES

os cúmulos estelares son objetos del elo profundo muy gratificantes de bservar en el cielo nocturno. Algu-os de los cúmulos más brillantes in-uso pueden verse a simple vista. on unos buenos prismáticos o un te-scopio pequeño se podrán localizar nuchos. A través del ocular de un te-scopio pequeño, los cúmulos abier-os, como el de la Colmena o las léyades, parecen diamantes cente-eantes dispersos sobre la oscuridad el espacio. Los cúmulos globulares arecen bolas difusas de estrellas.

Prismáticos
Muchos cúmulos globulares brillantes parecen pequeñas manchas redondas de luz cuando se ven a través de unos buenos prismáticos.

Telescopio pequeño
Lejos de la polución lumínica y con el cielo despejado, incluso un telescopio pequeño mostrará los cúmulos globulares más destacados como bolas neblinosas de luz.

Cúmulos a simple vista
Unos cuantos de los cúmulos abiertos más grandes y brillantes del cielo oscuro, como el M44 (en la imagen), pueden contemplarse a simple vista.

Telescopio grande
Vistos a través de un telescopio de aficionado grande, los cúmulos globulares pueden parecer esferas centelleantes, aparentemente tridimensionales, de muchas estrellas.

CÚMULOS DE LA VÍA LÁCTEA

Los cúmulos estelares abiertos suelen encontrarse en el disco y en los brazos espirales de la Vía Láctea, donde hay grandes cantidades del gas y el polvo necesarios para la formación estelar. Por otra parte, los cúmulos globulares ocupan la región alrededor del disco de la galaxia, la zona que los astrónomos denominan el halo galáctico.

Ubicaciones de los cúmulos
Alrededor del bulbo central de nuestra galaxia se encuentra el disco galáctico, donde suelen residir los cúmulos abiertos. Los cúmulos globulares normalmente se encuentran por encima y por debajo de este disco.

»

» CÚMULOS ESTELARES PARA OBSERVAR

M22

Es uno de los cúmulos globulares más bonitos que observar en el cielo, en parte debido a su ubicación. Se encuentra en la constelación de Sagitario, entre los ricos campos de estrellas de la Vía Láctea. M22 no es difícil de encontrar. Primero, trace una línea imaginaria entre las estrellas Sigma (σ) y Mi (μ) Sagitarii. M22 está a medio camino de esta línea.

Una bola de estrellas
M22 tiene una magnitud de aproximadamente 5, lo que significa que puede verse a simple vista. No obstante, es mucho más adecuado para la observación con telescopio.

EL CÚMULO DE LA COLMENA

También conocido como el Pesebre o M44, se trata de un cúmulo abierto en la constelación de Cáncer. Con una magnitud de 3,1, es un objetivo sencillo para localizar a simple vista desde una ubicación con el cielo oscuro. Parece una pequeña mancha débil de luz. Si utiliza prismáticos o un telescopio pequeño verá que es una agrupación dispersa de múltiples estrellas centelleantes.

Un enjambre estelar
El cúmulo de la Colmena puede distinguirse a simple vista desde una ubicación con el cielo oscuro, pero e especialmente bonito a través de prismáticos.

47 TUCANAE

El cúmulo globular 47 Tucanae es una de las joyas del hemisferio celeste sur. Tiene una magnitud de 4 y 200 años luz de ancho. Es fácil encontrar este cúmulo en el cielo nocturno, ya que está muy cerca de la Pequeña Nube de Magallanes. Para localizar el 47 Tucanae, imagine una línea entre las estrellas Zeta (ζ) Tucanae y Beta (β) Hydri. Encontrará el 47 Tucanae un poco después de la mitad de esta línea.

Un globo centelleante
Esta bella fotografía de larga exposición muestra el magnífico cúmulo globular 47 Tucanae en su integridad.

De cerca
Esta imagen revela la alta densidad de estrellas situadas en el núcleo del cúmulo globular 47 Tucanae.

AS PLÉYADES

ste famoso cúmulo abierto también se onoce como M45 o las Siete Hermanas. e encuentra a unos 440 años luz de distancia en la constelación de Tauro. Las strellas más brillantes de las Pléyades ueden verse fácilmente a simple vista, mientras que el propio cúmulo mide más de un grado de ancho en el cielo. Las imágenes de larga exposición de M45 revelan volutas de nebulosidad alrededor de varias de las estrellas brillantes del cúmulo; se trata de una nebulosa de reflexión no relacionada con las estrellas.

as Siete Hermanas
 veces se llama a las Pléyades las Siete Hermanas. o obstante, las fotografías de larga exposición nuestran que hay mucho más que siete estrellas.

Nube polvorienta
Esta imagen de infrarrojos del telescopio espacial Spitzer de la NASA muestra enormes volutas de polvo alrededor de las estrellas del cúmulo de las Pléyades.

MEGA CENTAURI

mega Centauri es realmente el cúmulo lobular más espléndido del cielo nocturo. Con una magnitud de 3,7, puede vere fácilmente a simple vista. Se sitúa en a constelación de Centauro y está fornado por unos 10 millones de estrellas. e calcula que el cúmulo está a unos 7.000 años luz del sistema solar y tiene n impresionante diámetro que alcanza os 150 años luz.

na esfera fulgurante
as numerosas estrellas del cúmulo globular Omega entauri son una vista increíble que contemplar a ravés de un telescopio de aficionado grande.

EL CÚMULO DOBLE

El cúmulo Doble es un interesante objeto del cielo profundo formado por dos cúmulos abiertos, catalogados como NGC 869 y NGC 884. Se halla en la constelación de Perseo, en una mancha brillante de la Vía Láctea que cruza esta región del cielo. Es visible a simple vista a medio camino entre las estrellas brillantes Mirfak (en Perseo) y Ruchbah (en Casiopea).

Gemelos centelleantes
El cúmulo Doble es un objetivo espléndido para un telescopio pequeño, que mostrará los dos cúmulos uno yaciendo junto al otro.

LA VÍA LÁCTEA

Aléjese de pueblos y ciudades y mire al cielo en una noche oscura y despejada, se hará visible el resplandor neblinoso de la Vía Láctea en el firmamento. En medio de un Universo de otras galaxias, esta galaxia es nuestro hogar en el espacio. La Vía Láctea contiene varios cientos de miles de millones de estrellas aparte del Sol, alrededor del cual orbitan los planetas de nuestro sistema solar.

La estructura de la Vía Láctea
Puede que nunca lleguemos a tener una vista de nuestra galaxia desde una distancia suficiente para ver su estructura global. Sin embargo, estudiando la distribución de las estrellas en la Vía Láctea, los astrónomos están empezando a trazar el mapa de su forma exacta. Este gráfico muestra nuestra comprensión actual de la geografía de la Vía Láctea.

UESTRA GALAXIA

ı Vía Láctea es el nombre que recibe la ılaxia en la que vivimos. Los astróno-os creen que contiene entre 200.000 y)0.000 millones de estrellas, una de las ıales es el Sol. La Vía Láctea es una ga-xia espiral con un par de amplios bra-)s que se extienden a partir de una ırra protuberante central de estrellas más viejas. La distancia desde un lado de la galaxia hasta el otro es de unos 100.000 años luz y el disco (que contiene los brazos espirales) mide unos 1.000 años luz de grosor. Los propios brazos espirales contienen nubes de gas donde nacen estrellas. Alrededor de la Vía Láctea se halla dispersa una multitud de cúmulos globulares.

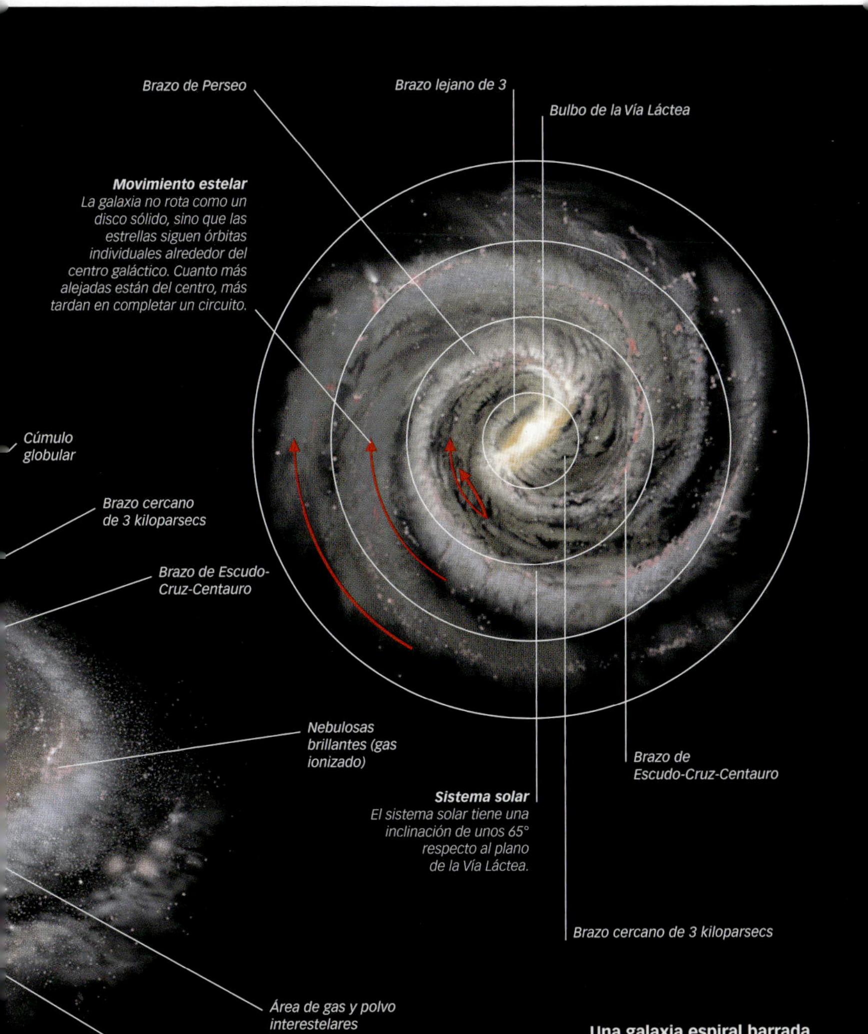

Una galaxia espiral barrada

Los astrónomos creían que el bulbo central de la Vía Láctea era circular. No obstante, pruebas recientes indican que se trata de una espiral barrada: los brazos de la espiral parecen salir de cualquiera de los extremos de una barra central de estrellas de unos 27.000 años luz de longitud. La barra ha permanecido oculta hasta ahora porque apunta hacia el sistema solar »

OBSERVAR LA VÍA LÁCTEA

Las mejores condiciones para observar la Vía Láctea se dan en una noche despejada y lejos de la polución lumínica de las ciudades. A simple vista se distingue como una larga franja de luz débil con numerosas manchas oscuras dispersas. La Vía Láctea constituye una visión espectacular que describe un arco en el cielo nocturno. Las regiones oscuras en su interior son enormes nubes de gas y polvo que se perfilan sobre la luz combinada de sus múltiples estrellas. Unos buenos prismáticos o un telescopio pequeño son ideales para recorrer los espectacularmente ricos campos de estrellas de la Vía Láctea y los numerosos objetos del cielo profundo que contienen.

La Vía Láctea desde la Tierra
Miramos a la Vía Láctea desde una perspectiva privilegiada en el interior de unos de sus brazos espirales. Lo que vemos de la Vía Láctea son su disco, los brazos espirales y el bulbo central.

La Grieta del Cisne
Esta nube de polvo y gas dentro de la Vía Láctea es visible desde zonas con el cielo oscuro, perfilada sobre los campos de estrellas del Cisne.

A BURBUJA LOCAL

sistema solar está en el interior de una gión de gas caliente denominada la urbuja Local, que está delimitada por as más denso y más frío. En esta región e encuentran otras muchas estrellas. Tiene unos 300 años luz de ancho, aunque la zona está relativamente vacía en comparación con otras áreas del espacio. La Burbuja Local se creó hace varios millones de años por la potente explosión de una supernova (p. 132).

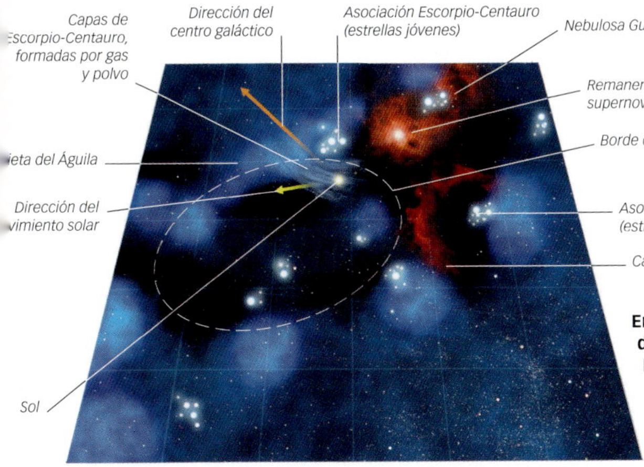

En el interior de la burbuja
La Burbuja Local contiene otras estrellas además del Sol. La nebulosa Gum y la asociación Orión están cerca.

LANETAS EXTRASOLARES

a familia de planetas que orbitan alrededor del Sol, incluida la Tierra, no son los nicos mundos que existen en la Vía Láctea. Desde principios de la década de 990, los astrónomos han descubierto muchos planetas extrasolares. Muchos e ellos son mundos gaseosos de gran amaño, aunque algunos son rocosos. e han encontrado más de 600 de estos nundos extraños y la cantidad aumenta racias a los estudios realizados por miiones como la del telescopio espacial epler.

La misión Kepler
El telescopio espacial Kepler estudia una franja específica de nuestra galaxia en busca de estrellas que muestren una ligera atenuación del brillo causada al pasar un planeta por delante de ellas.

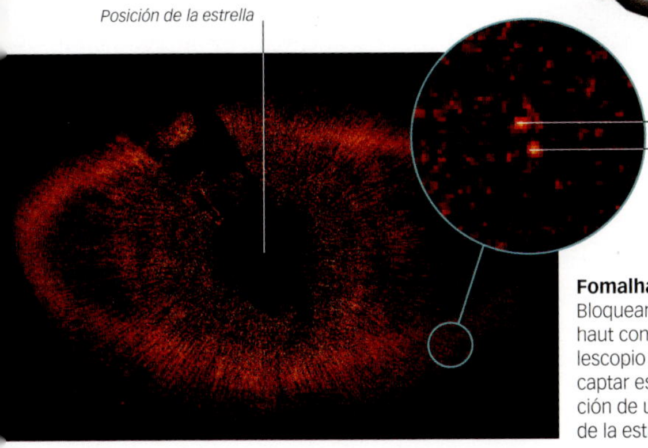

Fomalhaut b
Bloqueando la luz de la estrella Fomalhaut con una máscara especial, el telescopio espacial Hubble fue capaz de captar esta imagen del cambio de posición de un planeta que orbita alrededor de la estrella, entre 2004 y 2006.

GALAXIAS

Cuando miramos al cielo nocturno lo hacemos desde el interior de nuestra propia galaxia, la Vía Láctea, que es el hogar de varios cientos de miles de millones de estrellas. Existen innumerables galaxias dispersas por todo el Universo. Algunas se parecen a la nuestra, pero otras desafían incluso a la imaginación más audaz.

LA FORMACIÓN DE GALAXIAS

Las teorías actuales sugieren que las primeras galaxias que se formaron eran agrupaciones de estrellas irregulares y relativamente pequeñas. En el transcurso del tiempo, estas galaxias se fusionaron para crear otras más grandes, incluida la Vía Láctea. Otras colisiones y fusiones entre estas galaxias más grandes dieron lugar a algunas de las enormes galaxias elípticas que vemos por todo el espacio.

Galaxias tempranas
En esta imagen detallada del Hubble pueden verse diminutas "gotas" de luz. Son algunas de las primeras galaxias conocidas.

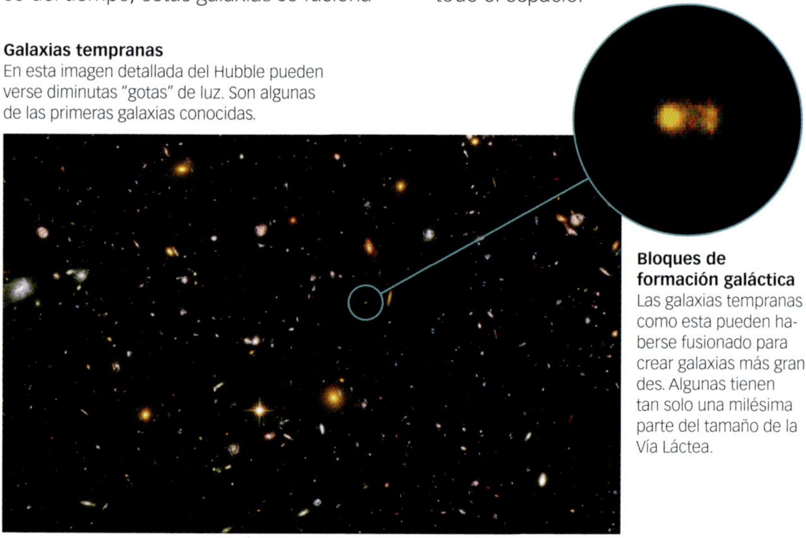

Bloques de formación galáctica
Las galaxias tempranas como esta pueden haberse fusionado para crear galaxias más grandes. Algunas tienen tan solo una milésima parte del tamaño de la Vía Láctea.

GALAXIAS ELÍPTICAS

Las galaxias elípticas no tienen brazos espirales y carecen en gran parte del gas y el polvo que se ve en otros tipos de galaxias. Suelen albergar estrellas viejas y, como indica su nombre, tienen una forma elíptica.

ESO 325-G004
Esta enorme galaxia elíptica parece una bola de luz difuminada. Lo que vemos es el brillo combinado de millones de estrellas a una distancia de más de 460 millones de años luz.

GALAXIAS LENTICULARES

Son aproximadamente esféricas, pero tie nen un disco de estrellas y gas alrededor del núcleo, formado por estrellas más vie jas. Poseen discos, como las galaxias espirales, pero carecen de brazos espirales o regiones de formación estelar.

NGC 5866
Esta vista lateral de NGC 5866 revela la forma clásica de una galaxia lenticular. Al igual que un disco claro de estrellas, la galaxia cuenta con una franja giratoria de polvo.

GALAXIAS EN COLISIÓN

Algunas galaxias se encuentran en proceso de mezclarse y a veces de fusionarse. Estas galaxias en colisión que están interactuando a menudo tienen extrañas formas, creadas cuando su gravedad las retuerce y las deforma. También pueden tener largas colas de estrellas expulsadas de la colisión.

Galaxias de Los Ratones
Aparentemente congeladas en el tiempo, estas dos galaxias se encuentran en proceso de fusión. Esta imagen detallada del Hubble muestra enormes franjas de estrellas alejadas por las interacciones gravitacionales entre las dos galaxias.

GALAXIAS IRREGULARES

Las galaxias que no tienen una forma clara (espiral, elíptica o lenticular) se denominan irregulares. A menudo tienen muchos cúmulos estelares y regiones de formación estelar. Por naturaleza, las galaxias irregulares aparecen en muchos tamaños y formas diferentes. Sus características inusuales son el resultado de interacciones con otras galaxias.

NGC 1427A
Esta galaxia irregular está repleta de regiones de formación estelar (mostradas en rojo). El nacimiento de nuevas estrellas es el resultado de la interacción de NGC 1427A con gas cercano y otras galaxias.

GALAXIAS ESPIRALES

De todos los tipos diferentes de galaxias, podría decirse que las espirales son las más reconocibles. Estos bellos remolinos celestes suelen estar compuestos por un bulbo central (o núcleo) de estrellas más viejas rodeado por un disco plano de estrellas, gas y polvo. Los brazos espirales están en el disco de las galaxias espirales. Contienen estrellas jóvenes brillantes y nebulosas de formación estelar. Se cree que la forma espiral está producida por una onda de densidad que se desplaza lentamente alrededor del disco de polvo y gas y desencadena el nacimiento de nuevas estrellas.

La galaxia del Molinete
Es un espectacular ejemplo de galaxia espiral situada a 25 millones de años luz. Es mucho más grande que la Vía Láctea.

»

GALAXIAS PARA OBSERVAR

LA GALAXIA DE ANDRÓMEDA

Andrómeda (M31) es la galaxia más fácil e impresionante de observar. Se cree que esta galaxia espiral es un poco más grande que la Vía Láctea y está situada a 2,5 millones de años luz, lo que significa que es uno de los objetos más distantes visibles a simple vista. Desde una ubicación con el cielo oscuro, la galaxia de Andrómeda es fácil de ver sin telescopio ni prismáticos. Un telescopio la mostrará como una elipse de luz acompañada de dos manchas de luz más pequeñas: las galaxias M110 y M32.

M31 y compañía
Esta imagen muestra la galaxia de Andrómeda con sus dos pequeñas galaxias satélite: M110 y M32.

Anillos de polvo
Esta vista poco habitual de los caminos de polvo (en rosa) en el interior de la galaxia de Andrómeda se hizo observando M31 a longitudes de onda infrarrojas.

LA GALAXIA DEL TORBELLINO

M51, más popularmente conocida como la galaxia del Torbellino, es una galaxia espiral situada a más de 23 millones de años luz en la constelación de los Perros de caza. Su magnitud es de 8,4, por lo que es un buen objetivo para telescopios pequeños. Se localiza a unos 3,5 grados de distancia de la estrella brillante Alkaid en la Osa Mayor. Posee una galaxia satélite, la NGC 5195 (a la izquierda).

Torbellino celeste
La galaxia del Torbellino yace de cara a nosotros, de modo que lo que vemos es su bulbo central y los brazos espirales desde arriba.

A GALAXIA DEL CIGARRO

32, la galaxia del Cigarro, es una galaxia spiral a 12 millones de años luz en la onstelación de la Osa Mayor. Con un lescopio pequeño, pueden verse M82 su satélite M81 en el mismo campo de sión. Para encontrarlas debe localizar asterismo del Gran Carro, en la Osa ayor. A continuación dibuje una línea esde la estrella Fi (φ) Ursae Majoris asta la estrella Ípsilon (υ) Ursae Majoris. prolonga esta línea en unos 10,5 grados, ncontrará estas dos galaxias.

arcillos titánicos
sta imagen muestra la distintiva forma de M82. mbién revela zarcillos de gas y polvo (rosa en sta imagen) que emanan de la galaxia.

LA GRAN NUBE DE MAGALLANES

La Gran Nube de Magallanes es la más grande de dos destacables galaxias irregulares, las Nubes de Magallanes, situadas cerca de la Vía Láctea. Su satélite es la Pequeña Nube de Magallanes. Son fáciles de localizar en el cielo nocturno, ya que son visibles a simple vista. La Gran Nube de Magallanes yace cerca del límite entre las constelaciones del Pez dorado y la Mesa, mientras que la Pequeña Nube de Magallanes se encuentra en el Tucán.

Nube de estrellas
A través de un telescopio grande, la nebulosa de la Tarántula (abajo en el centro) es visible dentro de la Gran Nube de Magallanes.

A GALAXIA DEL TRIÁNGULO

o lejos de la galaxia de Andrómeda se ncuentra M33 (la galaxia del Triángulo), n la constelación del Triángulo. Al igual ue su vecina, puede distinguirse a mple vista desde un lugar de obser- ación sin polución lumínica. Es una galaxia espiral situada a unos 2,8 millones de años luz; a través de un telescopio pequeño parece una mancha redonda de luz. La galaxia del Triángulo puede encontrarse justo a menos de dos tercios del camino entre las estrellas Hamal (en Aries) y Mirach (en Andrómeda).

Brazos giratorios y guarderías
Las fotografías de larga exposición revelan los brazos espirales de M33, así como numerosas regiones de formación estelar que brillan en rojo en su interior.

CÚMULOS DE GALAXIAS

Muchas galaxias forman parte de enormes grupos denominados cúmulos de galaxias. Nuestra galaxia, la Vía Láctea, forma parte de una pequeña agrupación llamada el Grupo Local. Los cúmulos de galaxias pueden formar, a su vez, grupos: los supercúmulos.

EL GRUPO LOCAL

Es una pequeña agrupación de unas 50 galaxias que incluye la Vía Láctea. Varias galaxias del Grupo Local pueden observarse con telescopios de aficionado. La de Andrómeda probablemente sea la más famosa del Grupo Local en e hemisferio norte. La Pequeña y la Gran Nube de Magallanes son dos galaxias d Grupo Local irregulares cercanas que s pueden discernir a simple vista desde e hemisferio sur.

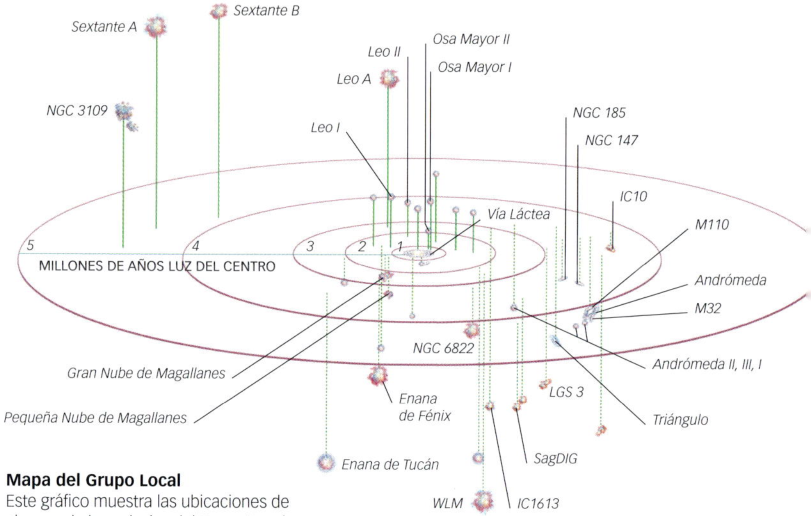

Mapa del Grupo Local
Este gráfico muestra las ubicaciones de algunas de las galaxias del Grupo Local. La Vía Láctea se ha trazado en el centro. El grupo está dominado por la Vía Láctea y la galaxia de Andrómeda.

OTROS CÚMULOS DE GALAXIAS

El Universo está repleto de cúmulos de galaxias que abarcan desde pequeños grupos de unas cuantas galaxias hasta enormes agrupaciones. Algunos se extienden a lo largo de una gran zona, mientras que otros son muy compactos. Uno de los cúmulos de galaxias grandes más cercanos a nosotros es el cúmulo de galaxias de Virgo (dcha.).

El cúmulo de galaxias de Virgo
Algunos miembros del cúmulo de galaxias de Virgo puede localizarse con un telescopio de aficionado, incluidas las galaxias M84, M86 y M87.

/IATERIA OSCURA

:s el mayor misterio de la astrofísica ıoderna. Nadie sabe qué es exacta- ıente, pero se ha detectado su presen- ia en todo el Universo. Su masa influye n la rotación de las galaxias como la uestra y su gravedad desempeña un papel en la unión de los cúmulos de galaxias enormes. Pero no emite radiación como la materia normal, por lo que no puede "verse". Una de las formas en que los astrónomos han podido localizarla es estudiando cómo su gravedad dobla la luz que viaja a través del espacio.

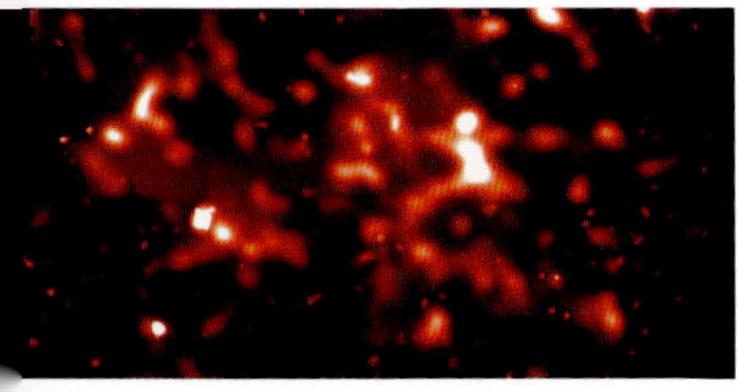

ıateria visible
ıbservando la radiación de estrellas, galaxias gases, los astrónomos pueden formar una nagen de la ubicación de la materia visible rdinaria (mostrada en rojo).

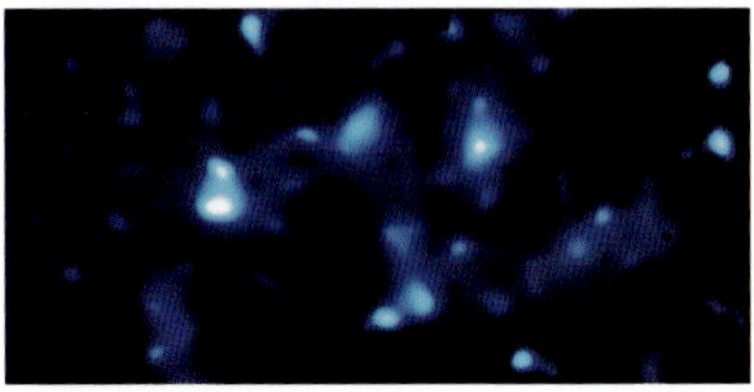

Materia oscura
Los astrónomos trazan un mapa de la distribución de la materia oscura oculta (en azul, en la misma área que la imagen de la izquierda) estudiando cómo se desvía la luz que recorre distancias enormes.

:STRUCTURAS A GRAN ESCALA

/Iidiendo las distancias a galaxias y :úmulos de galaxias lejanos, los ıstrónomos han podido componer ıapas del Universo cercano. Para ello uvieron que estudiar enormes franjas lel espacio con potentes telescopios. .os resultados muestran una :spectacular red cósmica le galaxias y cúmulos de ;alaxias, con enormes ilamentos de galaxias ue se tejen alrededor le áreas de espacio 'acío.

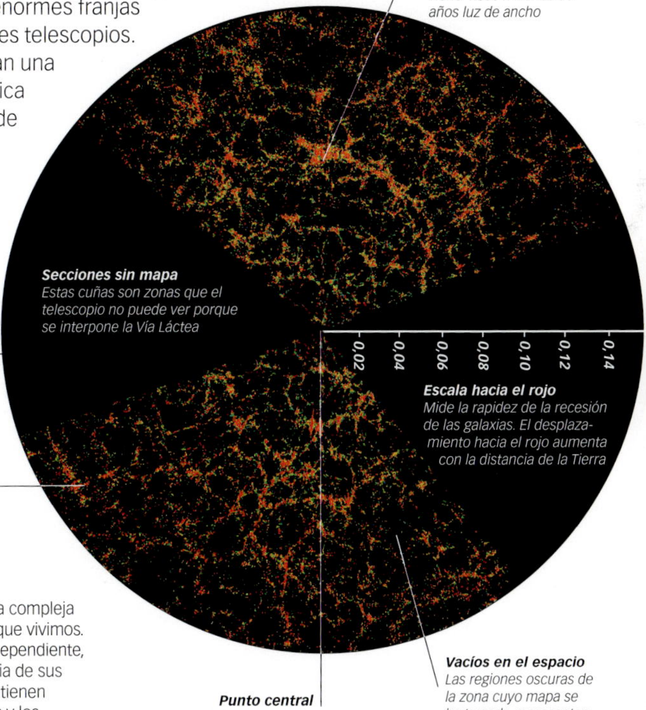

Gran Muralla Sloan
Hipercúmulo de galaxias gigante, es la estructura más grande del Universo. Tiene 1.000 millones de años luz de ancho

Secciones sin mapa
Estas cuñas son zonas que el telescopio no puede ver porque se interpone la Vía Láctea

Borde del mapa de reconocimiento
Se encuentra a unos 2.000 millones de años luz de la Vía Láctea

Escala hacia el rojo
Mide la rapidez de la recesión de las galaxias. El desplazamiento hacia el rojo aumenta con la distancia de la Tierra

Estructuras filamentosas
Formadas por cadenas de cúmulos de galaxias cuyo mapa solo se ha trazado parcialmente

Jna red de galaxias
:ste mapa cósmico muestra la compleja :structura del Universo en el que vivimos. :ada punto es una galaxia independiente, :odificada según la edad media de sus :strellas. Los puntos rojos contienen :strellas más viejas, los azules y los /erdes, las estrellas más jóvenes.

Punto central
En el centro del mapa se halla la Tierra y la Vía Láctea

Vacíos en el espacio
Las regiones oscuras de la zona cuyo mapa se ha trazado representan zonas vacías del espacio

COMPRENDER EL UNIVERSO

Desde que los humanos miraron por primera vez hacia el cielo nocturno, hemos intentado comprender el vasto Universo en el que vivimos. Hoy en día, los telescopios modernos y las sondas espaciale nos permiten examinar y explicar cómo funciona el cosmos.

RADIACIÓN DEL BIG BANG

El Universo que vemos a nuestro alrededor empezó hace 13.700 millones de años con una vorágine de energía: el Big Bang. No sabemos qué había antes (si es que había algo), ni siquiera qué lo desencadenó, pero podemos buscar pistas que apuntan a su existencia. Una prueba crucial del Big Bang es la radiación de fondo de microondas (CMB, en sus siglas en inglés), una radiación que es visible en todo el cielo y que surca el espacio desde el inicio del Universo.

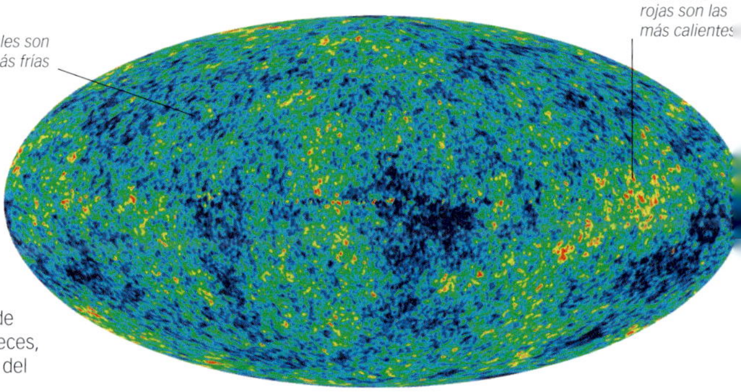

La CMB
Este mapa muestra la intensidad de la radiación de fondo en todo el cielo. Las variaciones de color indican diferencias de temperatura mínimas. El patrón coincide con el de un gas caliente que se expande miles de millones de veces, como predice la teoría del Big Bang.

ESTUDIOS DESDE LA DISTANCIA

Los astrónomos estudian un objeto celeste examinando la radiación (espectro) que emite. Por ejemplo, las estrellas emiten muchas longitudes de onda. Cuando la luz atraviesa sus atmósferas, determinados productos químicos absorben unas longitudes de onda concretas. Esto crea líneas oscuras en sus espectros: las líneas de absorción. A la inversa, las líneas de emisión brillantes en un espectro se crean cuando ciertos productos químicos emiten unas longitudes de onda de luz concretas.

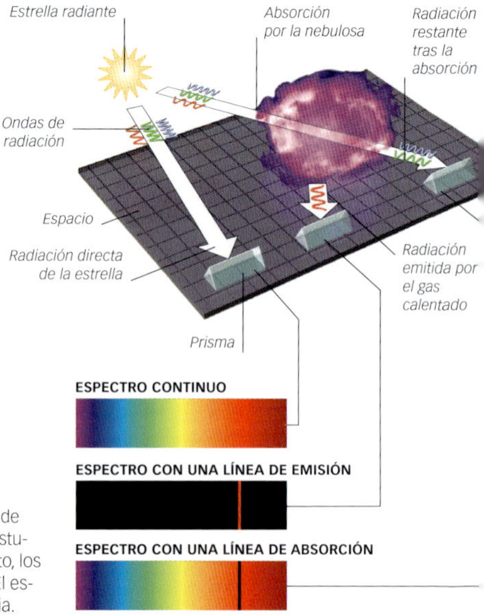

Las huellas dactilares de la luz
La luz tiene la clave para examinar una diversidad de objetos celestes a ingentes distancias cósmicas. Estudiando las diversas líneas del espectro de un objeto, los astrónomos pueden reconstruir su composición. El estudio de los espectros se denomina espectroscopia.

꞉ADIACIÓN REVELADORA

ꞁuestros ojos solo ven una pequeña par-
ɘ del espectro electromagnético: la "luz
ꞁsible". Los astrónomos estudian el Uni-
ɘrso a diversas longitudes de onda para
ɔrmar una imagen de los procesos que
ntervienen en el cosmos y para observar
ɘnómenos que podrían ser invisibles a
tras longitudes de onda.

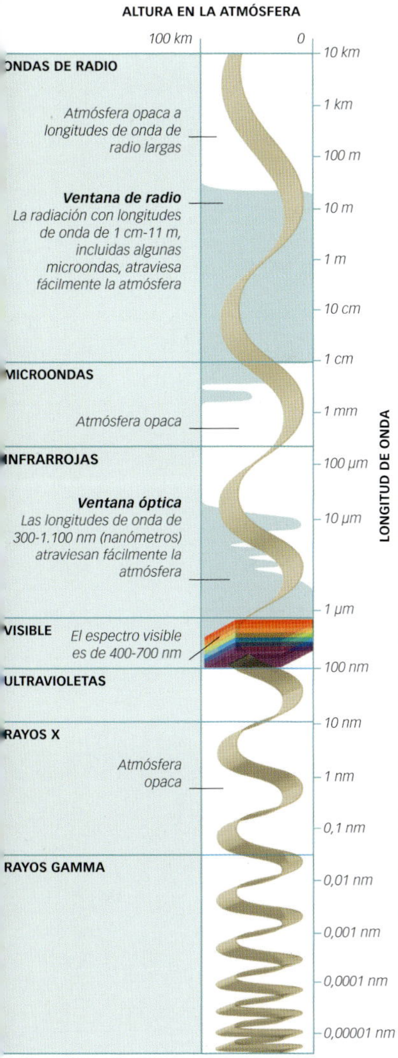

꞉l espectro electromagnético
꞉ste gráfico muestra las longitudes de onda de radia-
꞉ión que componen el espectro electromagnético.
꞉os astrónomos utilizan satélites y telescopios espa-
꞉iales en órbita para estudiar las longitudes de onda
ꞁue no pueden verse desde la superficie terrestre.

LA FORMACIÓN DE ESTRUCTURA EN EL UNIVERSO

Si mira atentamente la vista de la radiación de fondo de microondas de la página anterior, observará que no es completamente uniforme, existen unas pequeñas irregularidades. Los astrónomos creen que estas leves irregularidades en la distribución del material, presentes en el momento en que se formó la radiación de fondo, fueron las semillas de las inmensas estructuras galácticas que vemos hoy en día. Las simulaciones por ordenador modernas han permitido a los cosmólogos estudiar cómo podrían haberse formado estas estructuras.

Estructuras emergentes
Estas imágenes de una simulación por ordenador muestran partes del Universo en diferentes etapas de su vida, acabando en el momento actual.

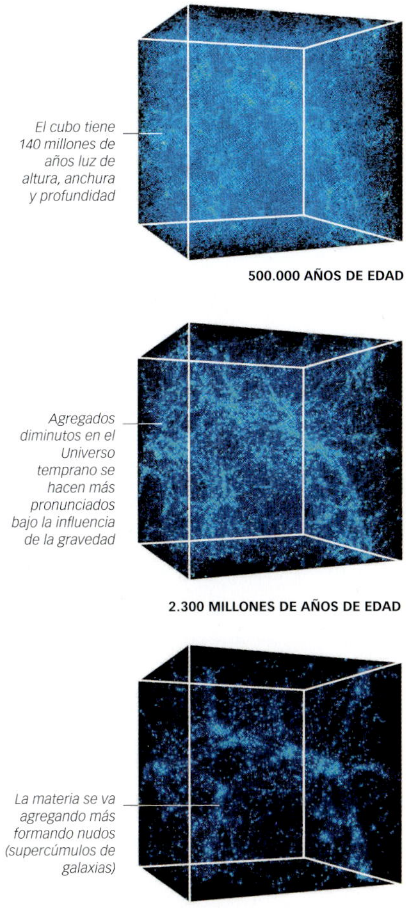

GUÍA MENSUAL DEL CIELO

Los meteoros de las Leónidas, que aparecen en la constelación de Leo a mediados de noviembre

ENERO

La constelación de Orión, el Cazador, domina los cielos nocturnos tanto del hemisferio norte como del sur durante este mes. La figura del cazador, con una maza alzada en una mano y la piel de león en la otra, es fácil de localizar, y su espada está marcada por la famosa nebulosa de Orión. Sus dos perros de caza, el Can Mayor y el Can Menor, están cerca, señalados por estrellas brillantes.

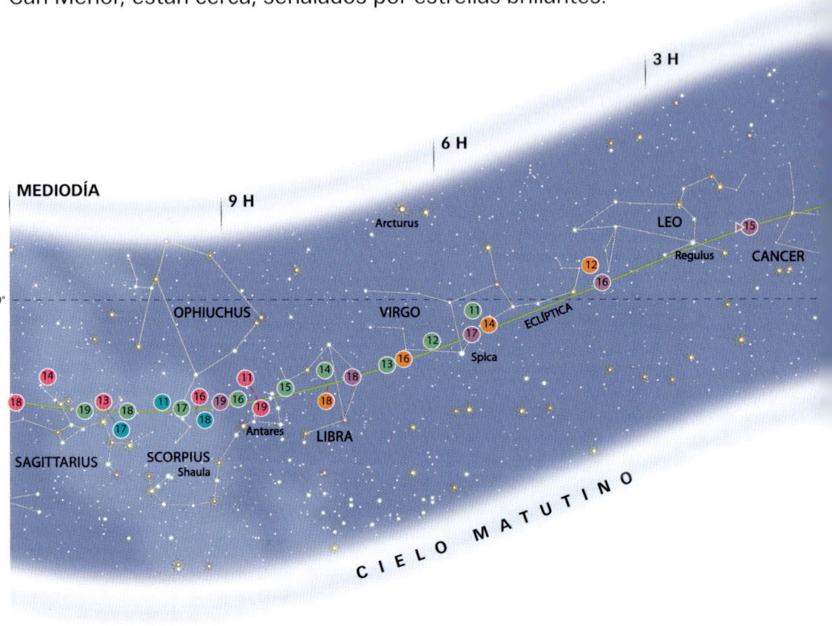

LATITUDES SEPTENTRIONALES

Orión se yergue orgulloso sobre el horizonte con sus perros a la izquierda de los pies. Los perros se localizan mediante sus estrellas brillantes: Sirio en el Can Mayor y Proción en el Can Menor. A cada lado de la cabeza de Orión, mal definida, se encuentran Géminis y Tauro.

Géminis se identifica por las dos estrellas brillantes Cástor y Pólux en un extremo, mientras que la cabeza de Tauro embiste en dirección a la piel de león de la mano de Orión. El cúmulo estelar de las Híades, fácilmente visible a simple vista, marca la cara del toro, y la estrella brillante Aldebarán marca el ojo. Aldebarán es una gigante roja visible a simple vista.

En el cenit y dentro del trayecto de la Vía Láctea se encuentra la constelación del Cochero, localizada mediante su estrella brillante, Capella. Desde aquí, la Vía Láctea entra en Casiopea, cuyas estrellas trazan una "W" o una "M" fácilmente reconocible, dependiendo de si están por encima o por debajo del polo norte celeste. Casiopea y las otras constelaciones circumpolares se encuentran sobre el horizonte norte. Casiopea se halla a la izquierda de la estrella Polar; a la derecha de esta se sitúan la Osa Mayor y la Osa Menor.

LLUVIAS DE METEOROS

La lluvia de las Cuadrántidas tiene lugar durante la primera semana de enero. Los meteoros suelen ser débiles e irradian de un punto en el Boyero, cerca de donde la constelación limita con la cola de la Osa Mayor. El máximo, de aprox. 100 meteoros por hora, se ve el 3 y 4 de enero.

CLAVE DE LOS PLANETAS

Mercurio · Marte · Saturno · Neptuno

Venus · Júpiter · Urano

Localizar los planetas
El mapa de abajo muestra las posiciones de los planetas en enero de 2011 a 2019. Los planetas se representan con topos de colores (v. clave izqda.), y el número dentro del topo indica el año. El topo indica la posición de los planetas (excepto Mercurio) el 15 de enero. Mercurio solo se muestra cuando está en su máxima elongación.

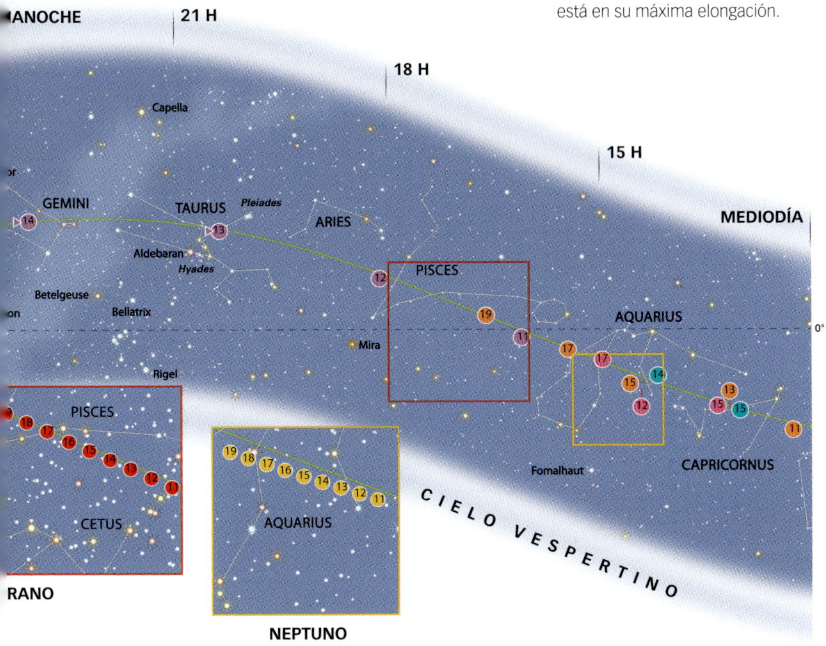

ATITUDES MERIDIONALES

)rión se encuentra alto en el cielo, con la abeza apuntando hacia el norte. Las tres strellas del cinturón (las Tres Marías) esán en el cenit, junto con la cadena de esrellas y nebulosas, incluida la de Orión, ue marcan su espada.

El Cochero y su luminaria, Capella, se allan entre Orión y el horizonte norte. 'roción, la estrella brillante del Can Menor, está al este de Betelgeuse, la estrella aranja del hombro del cazador. Al este le los pies de Orión está Sirio, la luminaria que señala la cabeza del perro más grane de Orión. Al sur de Sirio está M41, un úmulo visible a simple vista. Al noroeste debajo de Orión está Tauro; en la parte nferior derecha de Orión está Géminis, narcada por las luminarias Cástor y Pólux erca del horizonte.

Si se mira al sur, la vista está llena de contrastes. A la izquierda, la Vía Láctea sube desde el horizonte sureste hacia Sirio, cruzando los ricos campos de estrellas de Centauro, la Cruz del Sur y la Quilla. En el suroeste solo una estrella brillante destaca: es Achernar, en la punta sur de la constelación de Erídano.

Messier 41
M41 es un cúmulo abierto en la constelación del Can Mayor. Contiene unas 100 estrellas y se cree que tiene una edad de entre 190 y 240 millones de años.

»

ENERO

LATITUDES SEPTENTRIONALES

MIRANDO AL NORTE

HORAS DE OBSERVACIÓN

Fecha	Hora estándar	Horario de verano
15 diciembre	Medianoche	1 h
1 enero	23 h	Medianoche
15 enero	22 h	23 h
1 febrero	21 h	22 h
15 febrero	20 h	21 h

PUNTOS DE REFERENCIA

Horizontes 60°N 40°N 20°N **Cenits** 60°N 40°N 20°N **Eclíptica**

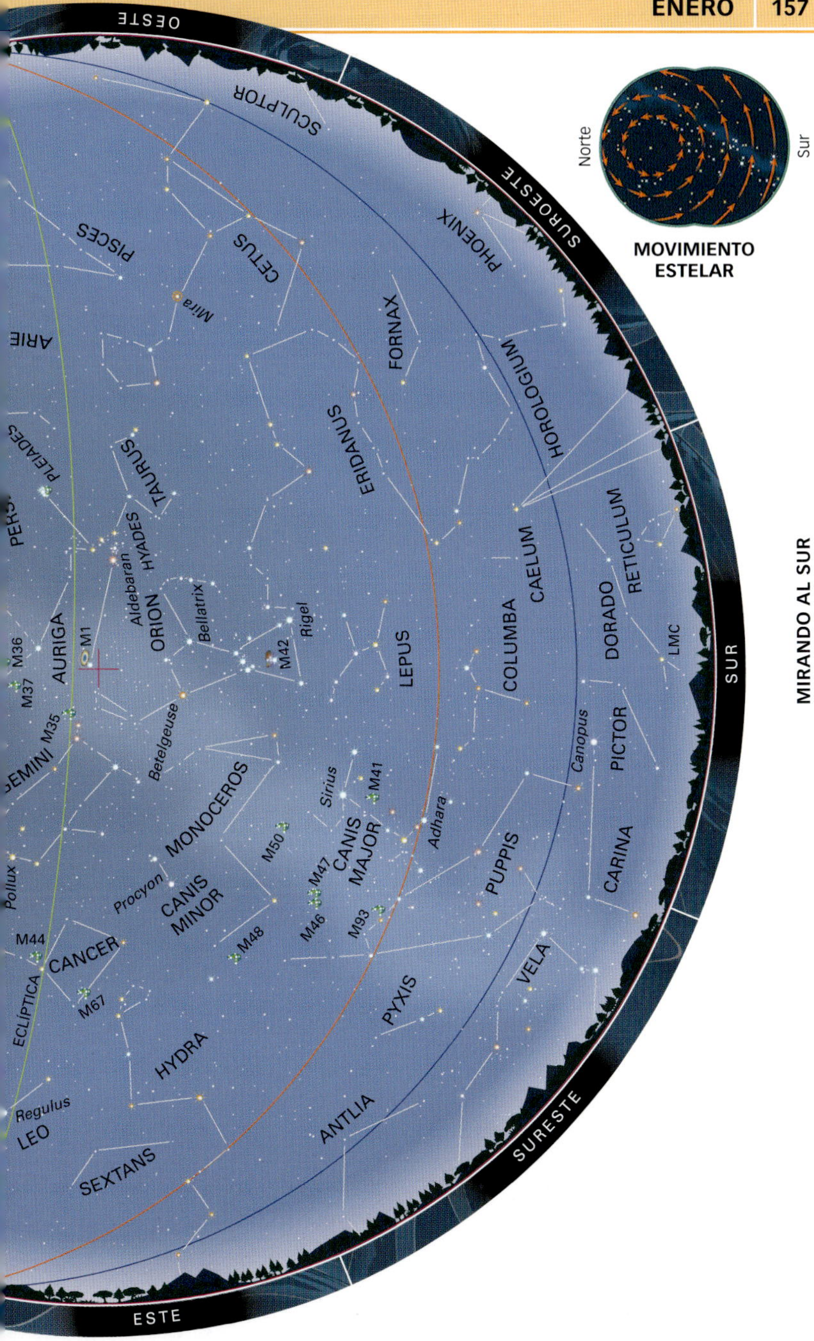

MAGNITUDES ESTELARES

–1 · 0 · 1 · 2 · 3 · 4 · 5 · Estrella variable

OBJETOS DEL CIELO PROFUNDO

Galaxia · Cúmulo globular · Cúmulo abierto · Nebulosa difusa · Nebulosa planetaria

ENERO

LATITUDES MERIDIONALES

MIRANDO AL NORTE

HORAS DE OBSERVACIÓN

Fecha	Hora estándar	Horario de verano
15 diciembre	Medianoche	1 h
1 enero	23 h	Medianoche
15 enero	22 h	23 h
1 febrero	21 h	22 h
15 febrero	20 h	21 h

PUNTOS DE REFERENCIA

Horizontes 0° 20°S 40°S **Cenits** 0° 20°S 40°S **Eclíptica**

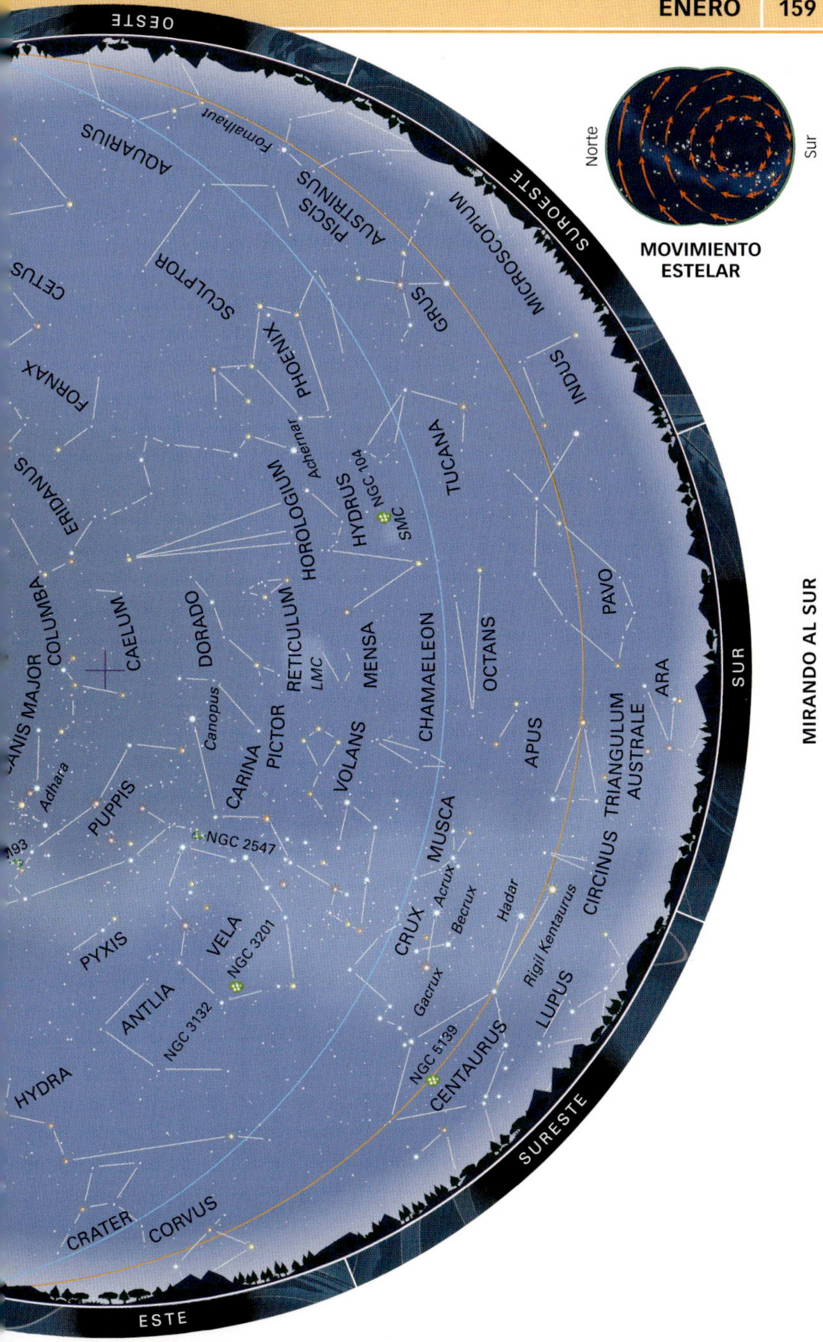

MOVIMIENTO ESTELAR

MIRANDO AL SUR

MAGNITUDES ESTELARES

–1 · 0 · 1 · 2 · 3 · 4 · 5 · Estrella variable

OBJETOS DEL CIELO PROFUNDO

Galaxia · Cúmulo globular · Cúmulo abierto · Nebulosa difusa · Nebulosa planetaria

FEBRERO

Un triángulo de estrellas brillantes y un par de gemelos celestes brillan altos en el cielo de febrero. El triángulo se compone de estrellas de tres constelaciones diferentes: Betelgeuse en Orión, Sirio en el Can Mayor y Proción en el Can Menor. Los gemelos Cástor y Pólux están representados por las estrellas brillantes homónimas en la constelación de Géminis.

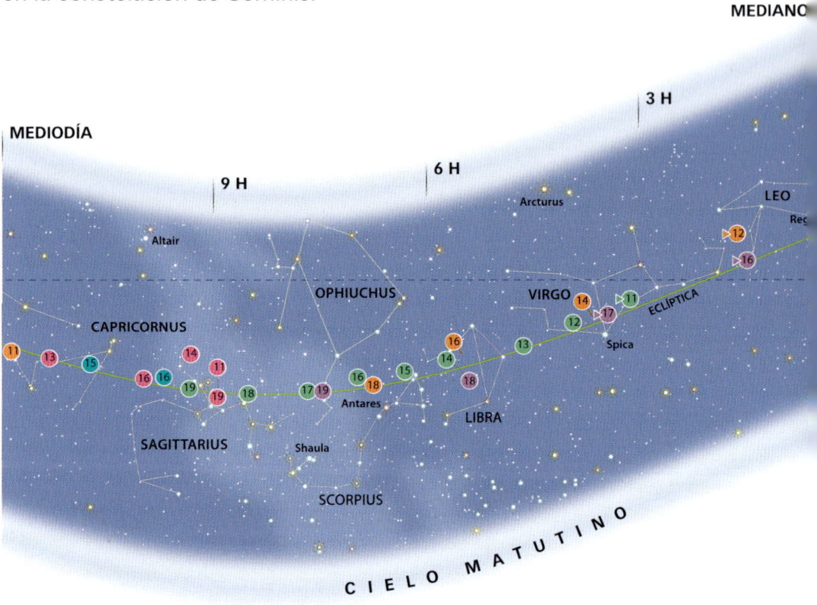

LATITUDES SEPTENTRIONALES

El triángulo de estrellas formado por Sirio, Proción y Betelgeuse se conoce como el Triángulo de Invierno. Sirio y Proción son fáciles de localizar en el sur, ya que son la primera y la octava estrella más brillantes del cielo nocturno, respectivamente. Sirio es la que está más cerca del horizonte meridional; Proción está por encima, a la izquierda de Sirio. Betelgeuse está en Orión, por encima y a la derecha de Sirio. Más allá de Orión, y en el cielo suroeste, está Tauro, el Toro. La forma distintiva de Leo empieza a ser visible en el sureste y Géminis ya casi está en el cenit. Las cabezas de los gemelos, Cástor y Pólux, apuntan hacia Leo; los pies apuntan hacia Tauro.

Capella, la luminaria del Cochero, cabalga alta en el cielo occidental. Debajo está Perseo, el héroe mitológico que rescató a la princesa Andrómeda de un monstruo marino. La figura encadenada de Andrómeda yace entre Perseo y el horizonte. Su madre, Casiopea, está a la derecha, en el noroeste. La Osa Mayor y la Osa Menor se encuentran en el noreste.

El Triángulo de Invierno
Sirio (abajo) en el Can Mayor forma el Triángulo de Invierno junto con Proción en el Can Menor (arriba a la izqda.) y Betelgeuse en Orión (arriba a la dcha.).

CLAVE DE LOS PLANETAS

Mercurio · Marte · Saturno · Neptuno
Venus · Júpiter · Urano

Localizar los planetas
El mapa de abajo muestra las posiciones de los planetas en febrero de 2011 a 2019. Los planetas se representan con topos de colores (v. clave izqda.), y el número dentro del topo indica el año. El topo indica la posición de los planetas (excepto Mercurio) el 15 de febrero. Mercurio solo se muestra cuando está en su máxima elongación.

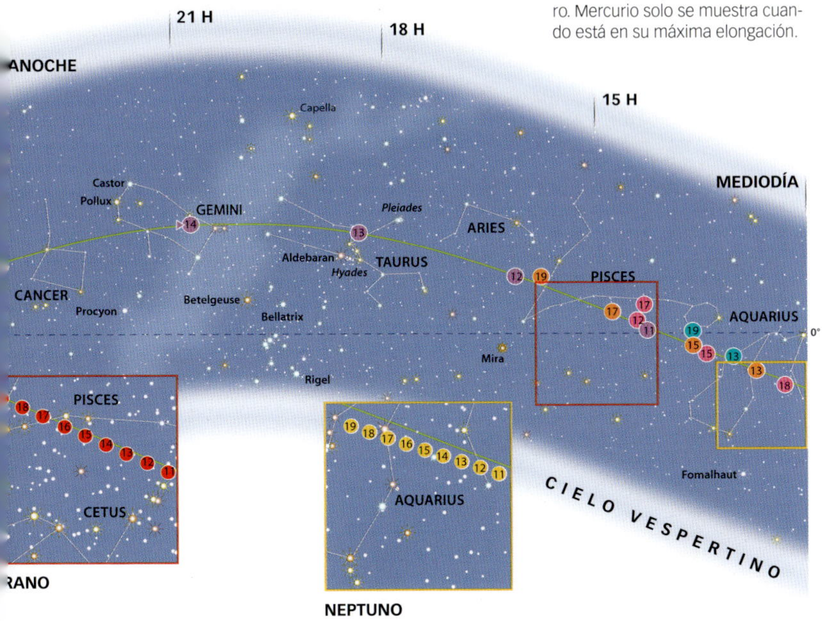

ATITUDES MERIDIONALES

trayecto de la Vía Láctea se extiende a lo ncho del hemisferio sur este mes, ocuando desde el horizonte sureste hasta el oroeste. Empezando por la parte más ercana al horizonte sur, se hallan las onstelaciones siguientes: Centauro y la ruz del Sur; la Quilla, la Vela y la Popa (los es elementos de la nave celeste Argos); y Can Mayor, situado en el cenit. Sirio en Can Mayor y Canopo en la Quilla son las os estrellas más brillantes y se ven altas n el cielo durante este mes.

El Triángulo de Invierno, que se forma unir Betelgeuse, rojo anaranjado, con as estrellas blancas Sirio y Proción, pueen verse elevadas sobre el horizonte nooeste. Sirio es la estrella más alta; debajo stán Betelgeuse y Proción, a su izquierda derecha respectivamente. Dentro de este triángulo yace la constelación del Unicornio, una forma de "W" grande y tenue de estrellas que también se encuentra en el camino de la Vía Láctea.

Las estrellas Cástor y Pólux, que marcan las cabezas de los gemelos, se ven al norte. Con una magnitud de 1,2, Pólux es la más brillante de las dos, pero Cástor (de magnitud 1,6) es sea más interesante: un telescopio pequeño la muestra como una pareja de estrellas, los elementos más brillantes de un complejo sistema de estrellas múltiples. Hacia el este, a la derecha de Géminis, está Cáncer y la figura de Leo cabeza abajo. La cabeza del león, que parece un signo de interrogación al revés si se mira desde esta dirección, apunta hacia Géminis; la cola y las ancas apuntan hacia el horizonte oriental.

»

FEBRERO

LATITUDES SEPTENTRIONALES

MIRANDO AL NORTE

HORAS DE OBSERVACIÓN

Fecha	Hora estándar	Horario de verano
15 enero	Medianoche	1 h
1 febrero	23 h	Medianoche
15 febrero	22 h	23 h
1 marzo	21 h	22 h
15 marzo	20 h	21 h

PUNTOS DE REFERENCIA

Horizontes 60°N 40°N 20°N **Cenits** 60°N 40°N 20°N **Eclíptica**

MOVIMIENTO ESTELAR

MIRANDO AL SUR

MAGNITUDES ESTELARES

−1 0 1 2 3 4 5 Estrella variable

OBJETOS DEL CIELO PROFUNDO

Galaxia Cúmulo globular Cúmulo abierto Nebulosa difusa Nebulosa planetaria

»

FEBRERO
LATITUDES MERIDIONALES

MIRANDO AL NORTE

HORARIOS DE OBSERVACIÓN

Fecha	Horario estándar	Horario de verano
15 enero	Medianoche	1 h
1 febrero	23 h	Medianoche
15 febrero	22 h	23 h
1 marzo	21 h	22 h
15 marzo	20 h	21 h

PUNTOS DE REFERENCIA

Horizontes	0°	20°S	40°S	Cenits	0°	20°S	40°S	Eclíptica

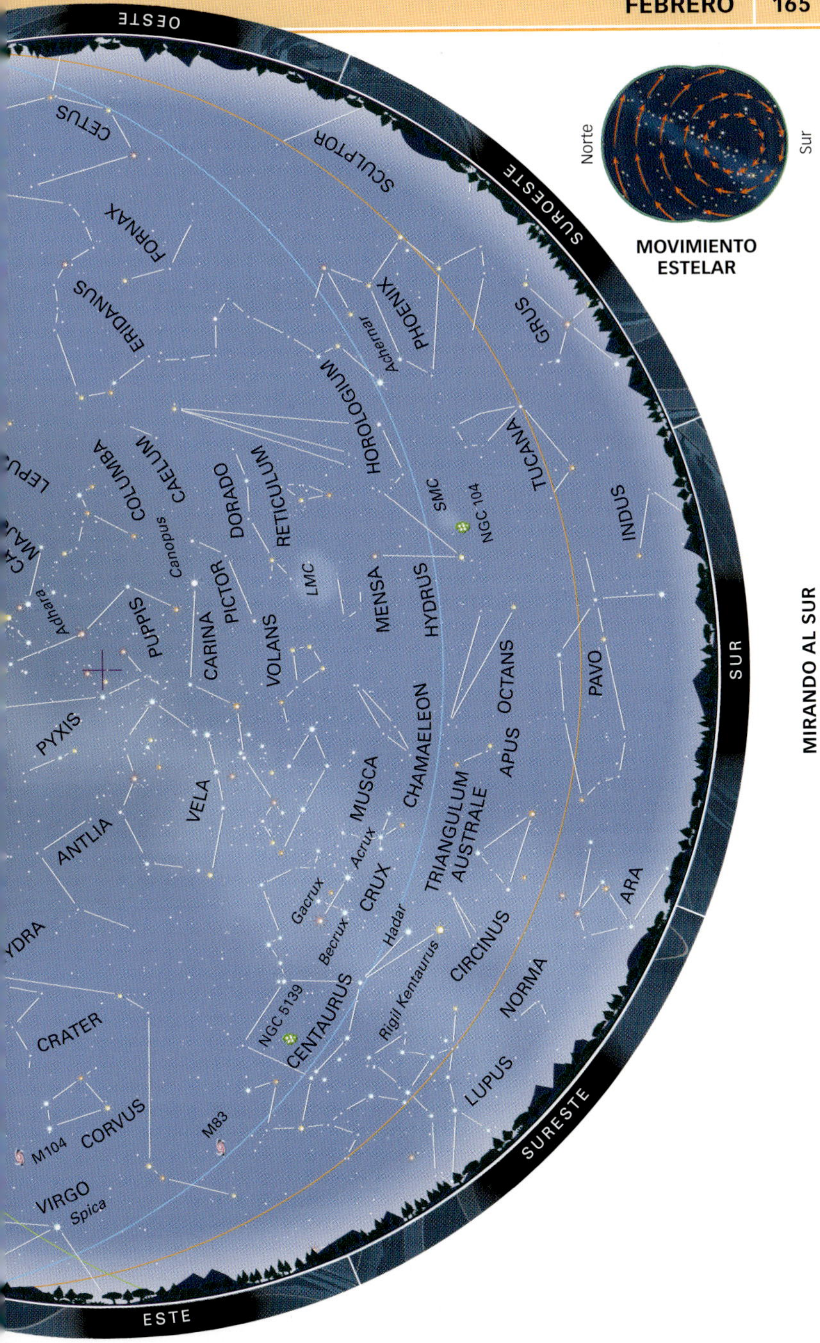

MOVIMIENTO ESTELAR

MIRANDO AL SUR

MAGNITUDES ESTELARES

–1 · 0 · 1 · 2 · 3 · 4 · 5 · Estrella variable

OBJETOS DEL CIELO PROFUNDO

Galaxia · Cúmulo globular · Cúmulo abierto · Nebulosa difusa · Nebulosa planetaria

MARZO

Leo y Virgo ocupan el lugar de Orión y Géminis cuando los cielos cambiantes anuncian el principio de la primavera boreal y del otoño austral. El día 20 del mes, o a veces el 21, el Sol cruza el ecuador celeste a medida que se desplaza del cielo meridional al septentrional. Brevemente, el día y la noche duran lo mismo antes de que las noches del hemisferio norte se hagan más cortas y las noches del sur, más largas.

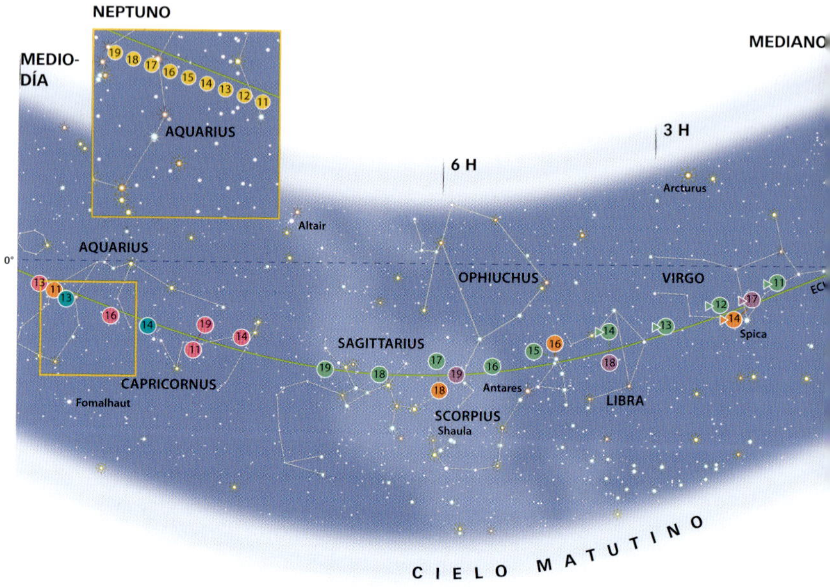

LATITUDES SEPTENTRIONALES

En el sur y alta en el cielo se encuentra la constelación de Leo. Sus estrellas unidas mediante una línea se parecen a un león agazapado, y la curva de la cabeza y la forma del cuerpo son fáciles de identificar. La luminaria de Leo, Régulo, es de color blanco azulado y tiene una magnitud de 1,4; marca el principio de una pata anterior estirada. Con prismáticos se ve una estrella satélite blanca más tenue. Debajo del cuerpo del león hay cinco galaxias, visibles con prismáticos si las condiciones de observación son buenas.

Leo mira hacia el oeste, donde está la tenue constelación de Cáncer, a la que siguen las constelaciones de Orión y su séquito, que ahora desaparecen de la vista poco después de la puesta de sol. A la izquierda (este) de Leo, la constelación de Virgo sale sobre el horizonte oriental, aunque todavía puede localizarse fácilmente gracias a la estrella brillante Spica, de la cual se dice que representa una espiga de trigo en la mano de la muchacha.

La Osa Mayor está alta en el cielo sobre el horizonte septentrional. La caja del Gran Carro se abre "hacia abajo" en dirección a la estrella Polar. Entre las estrellas cercanas a la cabeza de la osa se encuentra M81, una de las galaxias más fáciles de localizar con prismáticos. Más o menos a un ancho de luna se encuentra la galaxia espiral M82, más pequeña y débil, que se puede distinguir fácilmente con un telescopio pequeño. Casiopea, enfrente de la estrella Polar, yace casi directamente entre el polo norte celeste y el horizonte, formando una "W".

calizar los planetas
mapa de abajo muestra las posiones de los planetas en marzo 2011 a 2019. Los planetas se presentan con topos de colores clave dcha), y el número dentro l topo indica el año. El topo indila posición de los planetas xcepto Mercurio) el 15 de marzo. ercurio solo se muestra cuando tá en su máxima elongación.

CLAVE DE LOS PLANETAS

Mercurio · Marte · Saturno · Neptuno
Venus · Júpiter · Urano

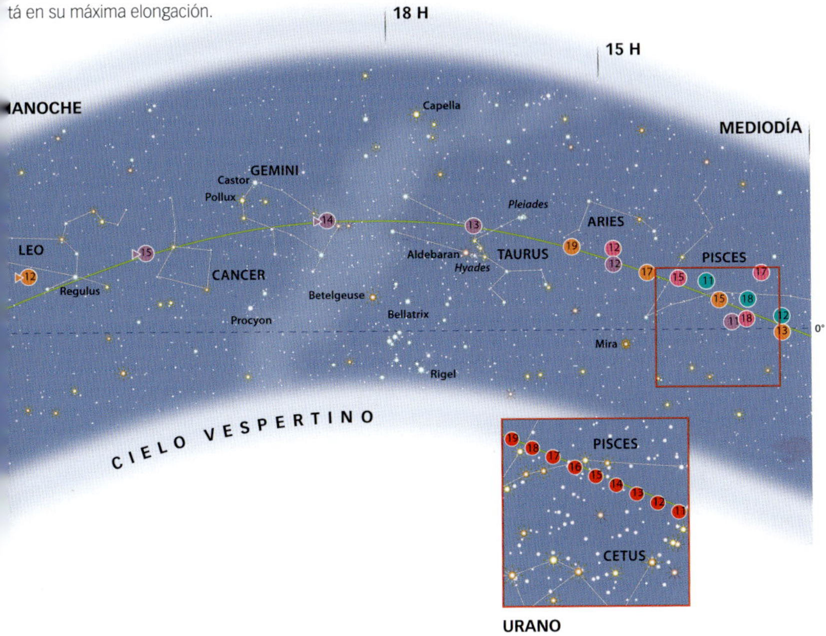

LATITUDES MERIDIONALES

ste mes, cuando se mira al sur la vista está repleta de estrellas brillantes. Al sur están las constelaciones de la Quilla y la Vela. La supergigante blanca Canopo marca la punta occidental de la Quilla; con una magnitud de –0,62, solo Sirio brilla más. Sirio está encima y al oeste de Canopo.

El cielo sureste está dominado por las dos luminarias Alfa (α) y Beta (β) Centauri, que apuntan hacia la diminuta Cruz del Sur. Más hacia el este, las primeras constelaciones de invierno australes están saliendo sobre el horizonte oriental. Virgo va en primer lugar, seguida de Escorpio.

Justo al norte está Leo. Sus estrellas trazan la figura de un león agazapado que los observadores del hemisferio sur ven cabeza abajo. Aparentemente el león descansa de espaldas, con la cabeza hacia el oeste.

A cada lado de Régulo, la luminaria de Leo, y casi equidistantes, hay dos estrellas: Proción en el Can Menor al oeste y Spica en Virgo al este. Más cerca del horizonte oriental se encuentra la gigante roja Arturo en la constelación del Boyero. En el lado opuesto del cielo, Orión desaparece por el horizonte occidental.

La Hoz
La cabeza y el pecho del león forman un asterismo llamado la Hoz. En el hemisferio austral, donde el león aparece boca abajo, el mango de la hoz apunta hacia arriba.

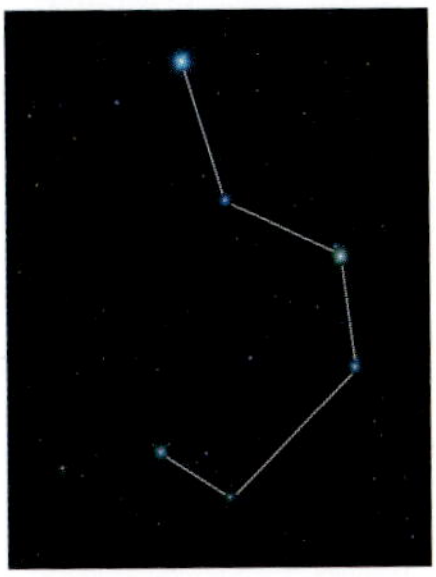

»

MARZO
LATITUDES SEPTENTRIONALES

MIRANDO AL NORTE

HORAS DE OBSERVACIÓN

Fecha	Hora estándar	Horario de verano
15 febrero	Medianoche	1 h
1 marzo	23 h	Medianoche
15 marzo	22 h	23 h
1 abril	21 h	22 h
15 abril	20 h	21 h

PUNTOS DE REFERENCIA

Horizontes 60°N | 40°N | 20°N **Cenits** 60°N 40°N 20°N **Eclíptica**

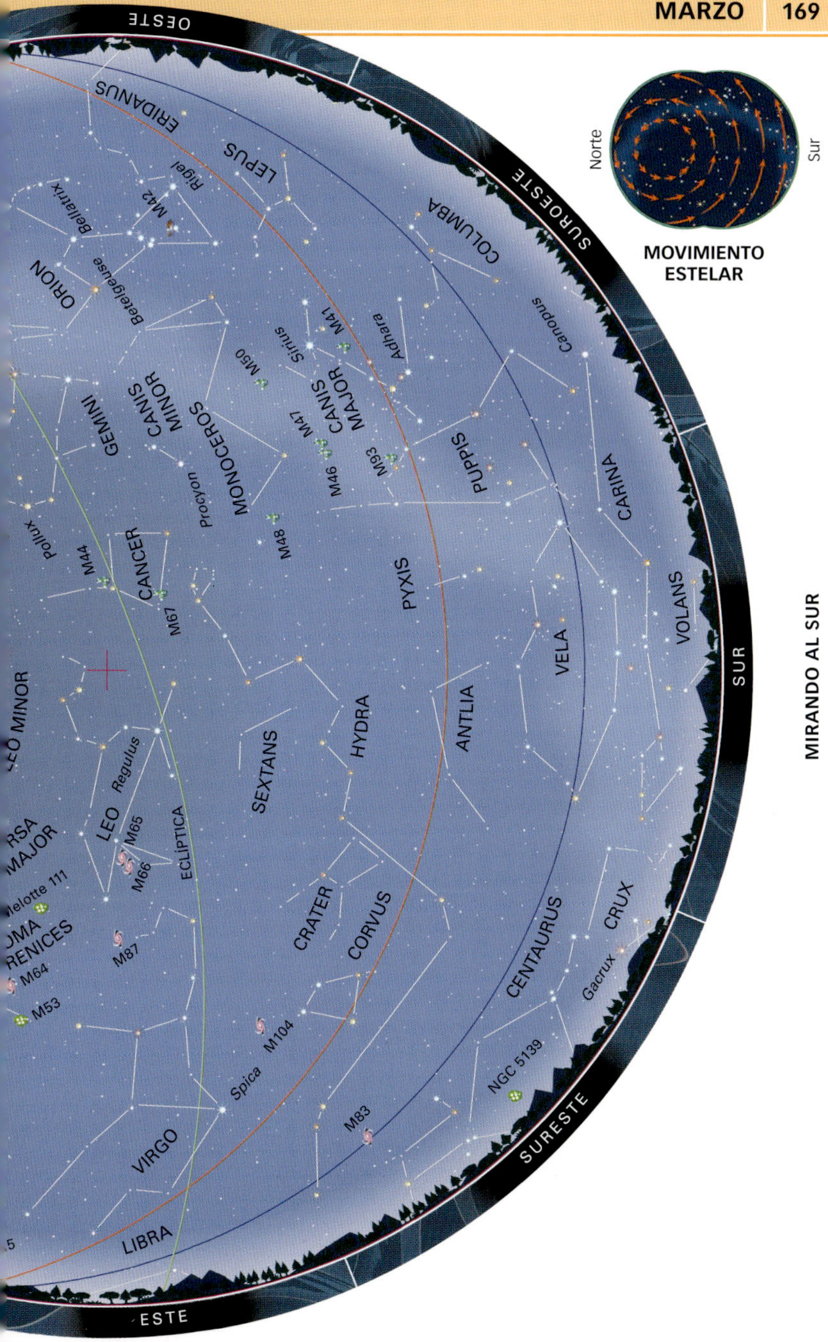

MIRANDO AL SUR

MOVIMIENTO ESTELAR

MAGNITUDES ESTELARES

–1 0 1 2 3 4 5 Estrella variable

OBJETOS DEL CIELO PROFUNDO

Galaxia Cúmulo globular Cúmulo abierto Nebulosa difusa Nebulosa planetaria

MARZO

LATITUDES MERIDIONALES

HORARIO DE OBSERVACIÓN

Fecha	Hora estándar	Horario de verano
15 febrero	Medianoche	1 h
1 marzo	23 h	Medianoche
15 marzo	22 h	23 h
1 abril	21 h	22 h
15 abril	20 h	21 h

PUNTOS DE REFERENCIA

Horizontes 0° 20°S 40°S **Cenits** 0° 20°S 40°S **Eclíptica**

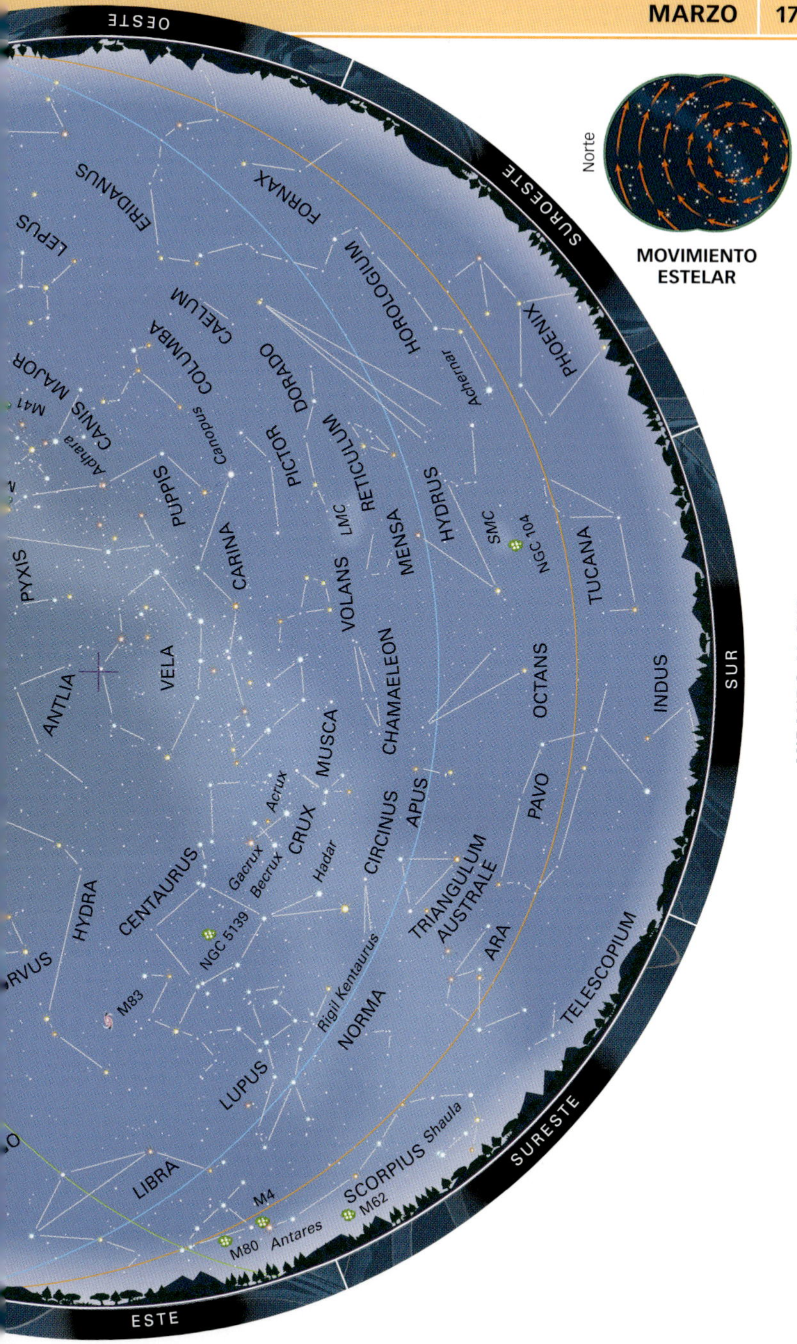

MOVIMIENTO ESTELAR

MIRANDO AL SUR

MAGNITUDES ESTELARES

−1 · 0 · 1 · 2 · 3 · 4 · 5 · Estrella variable

OBJETOS DEL CIELO PROFUNDO

Galaxia · Cúmulo globular · Cúmulo abierto · Nebulosa difusa · Nebulosa planetaria

ABRIL

Leo permanece alto en el cielo este mes, pero empieza a dejar espacio a otra constelación zodiacal, Virgo. Entretanto, otra figura mítica, el Boyero, hace notar su presencia. La tercera constelación más grande, la Osa Mayor, también está casi en el cenit para los observadores del hemisferio boreal, mientras que en el hemisferio austral la Cruz del Sur ocupa una posición destacada.

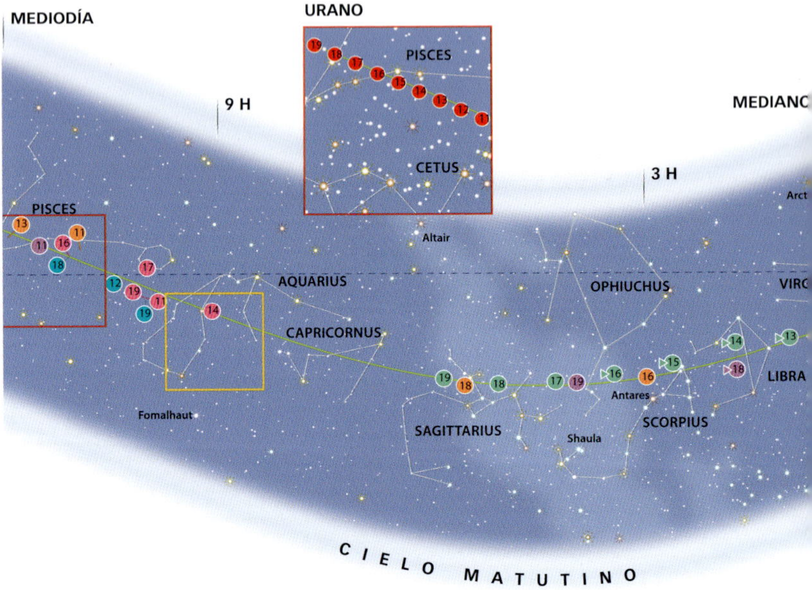

LATITUDES SEPTENTRIONALES

Leo está alto en el cielo suroeste y es fácil identificar su distintiva forma. El león mira hacia las cabezas de los Gemelos, marcados por las luminarias Cástor y Pólux. El cielo por encima y por debajo de estas constelaciones, en cambio, está relativamente baldío. La larga figura de Hidra o Gran Serpiente de Agua asciende entre Leo y el horizonte sur; a pesar de ser la constelación más grande, apenas destaca. A la derecha, Virgo sigue a Leo en el cielo, con su luminaria Spica brillando en el sureste. Por encima y al este se encuentra Arturo, que, con una magnitud de 0,05, es la cuarta estrella más brillante de todo el firmamento.

Mirando al norte, la Osa Mayor está justo encima de la estrella Polar, y casi en el cenit. Siete estrellas que forman la cola y las ancas de la osa dibujan el Gran Carro, uno de los asterismos más familiares del cielo septentrional.

Casiopea yace debajo de la estrella Polar y cerca del horizonte. Al noroeste se encuentra la estrella blanquiamarilla Capella, la más brillante y la más visible, con diferencia, del Cochero, y la sexta más brillante del firmamento con una magnitud de 0,08. Al este, Vega en la Lira anuncia la llegada de la primera de las constelaciones de verano.

LLUVIAS DE METEOROS

Lira es la anfitriona de las Líridas, lluvia que alcanza su máximo el 21 o 22 de abr[il]. Puede verse alrededor de una docena de meteoros cada hora que irradian desde u[n] punto cercano a la estrella Vega.

ɔcalizar los planetas
 mapa de abajo muestra las posi-
ɔones de los planetas en abril de
Ɔ11 a 2019. Los planetas se re-
ɛsentan con topos de colores
. clave dcha.), y el número dentro
ɛl topo indica el año. El topo indi-
a la posición de los planetas
xcepto Mercurio) el 15 de abril.
ercurio solo se muestra cuando
stá en su máxima elongación.

CLAVE DE LOS PLANETAS

- Mercurio
- Venus
- Marte
- Júpiter
- Saturno
- Urano
- Neptuno

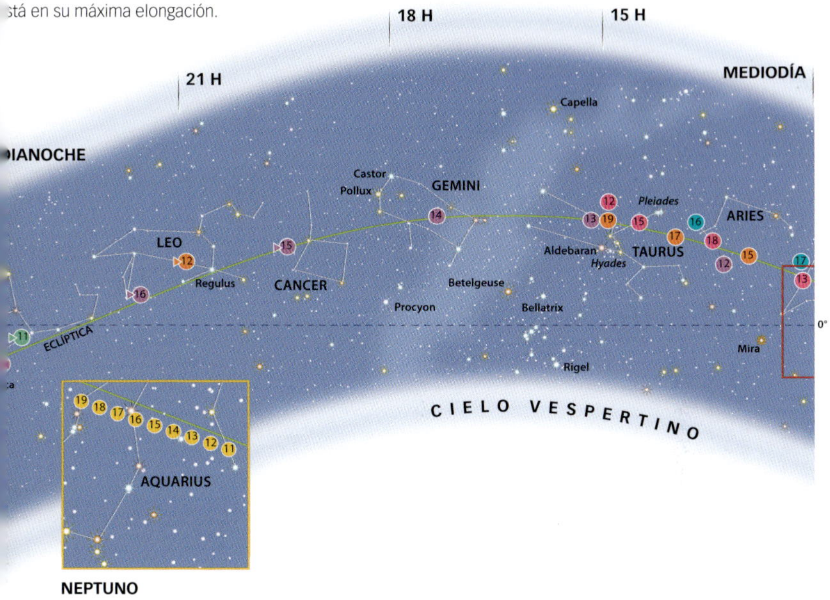

.ATITUDES MERIDIONALES

.a Vía Láctea es una vista espectacular ɜn el firmamento austral. Se extiende des- de el horizonte occidental y asciende por ɪl cielo al sur antes de descender hacia el ɜste. Pasa por Sirio e incorpora a la Quilla, a Cruz del Sur, Centauro y la cola de Es- ɔorpio. La Cruz del Sur yace casi justo al ɜur, mientras que el cielo que hay sobre ɜlla está cubierto por Hidra.

Acrux, la estrella más brillante de la Ɔruz del Sur, marca la base de esta. Beta (β) Crucis señala el brazo izquierdo de la ɔonstelación, y el centelleante cúmulo del oyero se encuentra entre esta estrella y a nebulosa oscura Saco de Carbón.

Mirando al norte, Leo aún está bien si- uado pero va hacia el horizonte occiden- al. A la derecha de su luminaria Régulo ɜe encuentran cinco galaxias que son visi- bles con prismáticos en cielos oscuros. Las estrellas brillantes de Spica en Virgo y Arturo en el Boyero brillan en el cielo no- reste. Proción todavía es visible en el cielo noreste, pero Géminis se está hundiendo por debajo del horizonte.

La nebulosa Carina
Esta enorme nebulosa en la Vía Láctea austral es visible a simple vista. Contiene cúmulos estelares recién nacidos y la estrella variable Eta Carinae.

»

ABRIL

LATITUDES SEPTENTRIONALES

MIRANDO AL NORTE

HORAS DE OBSERVACIÓN

Fecha	Hora estándar	Horario de verano
15 marzo	Medianoche	1 h
1 abril	23 h	Medianoche
15 abril	22 h	23 h
1 mayo	21 h	22 h
15 mayo	20 h	21 h

PUNTOS DE REFERENCIA

Horizontes 60°N | 40°N | 20°N **Cenits** 60°N | 40°N | 20°N **Eclíptica**

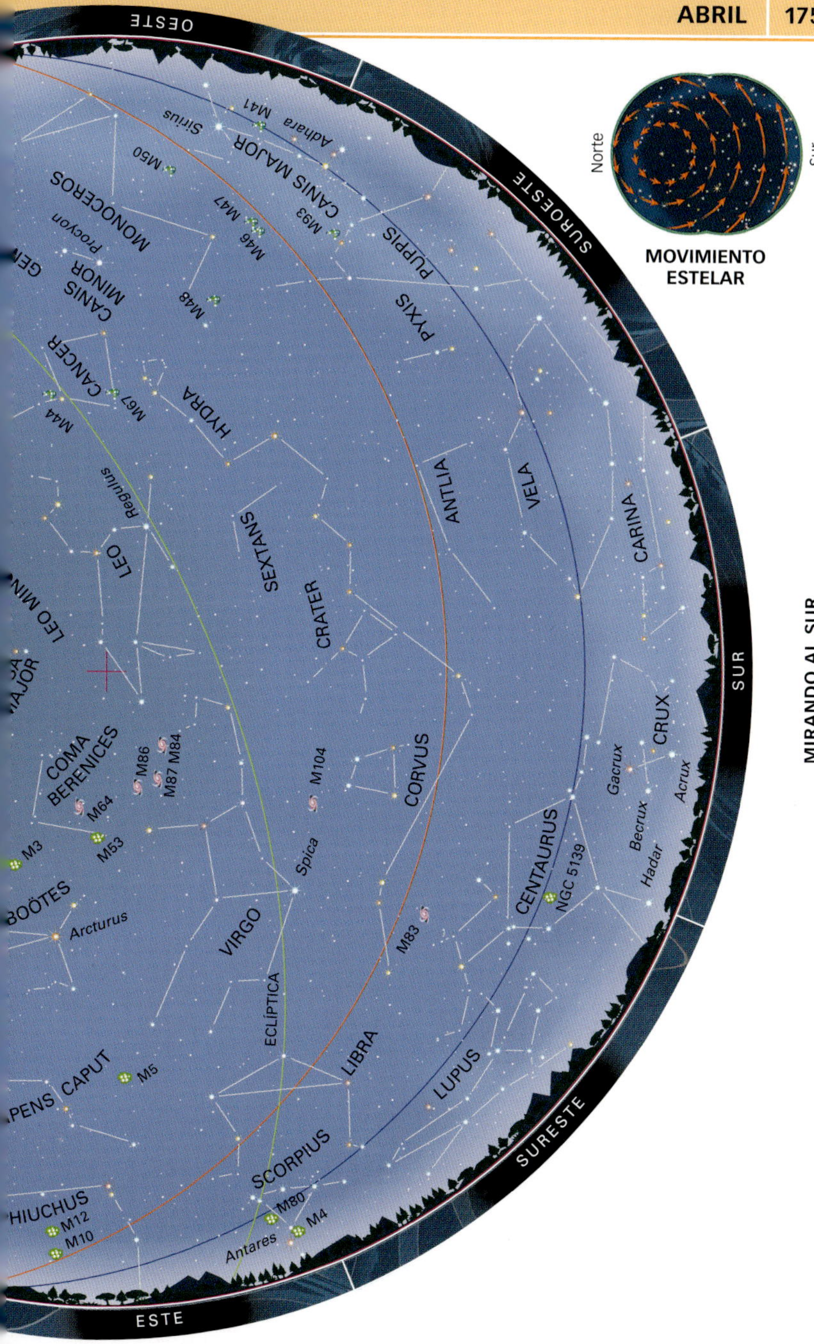

MOVIMIENTO ESTELAR

MIRANDO AL SUR

MAGNITUDES ESTELARES

−1	0	1	2	3	4	5	Estrella variable

OBJETOS DEL CIELO PROFUNDO

Galaxia	Cúmulo globular	Cúmulo abierto	Nebulosa difusa	Nebulosa planetaria

ABRIL

LATITUDES MERIDIONALES

MIRANDO AL NORTE

HORAS DE OBSERVACIÓN

FECHA	Hora estándar	Horario de verano
15 marzo	Medianoche	1 h
1 abril	23 h	Medianoche
15 abril	22 h	23 h
1 mayo	21 h	22 h
15 mayo	20 h	21 h

PUNTOS DE REFERENCIA

Horizontes	0°	20°S	40°S	Cenits	0°	20°S	40°S	Eclíptica

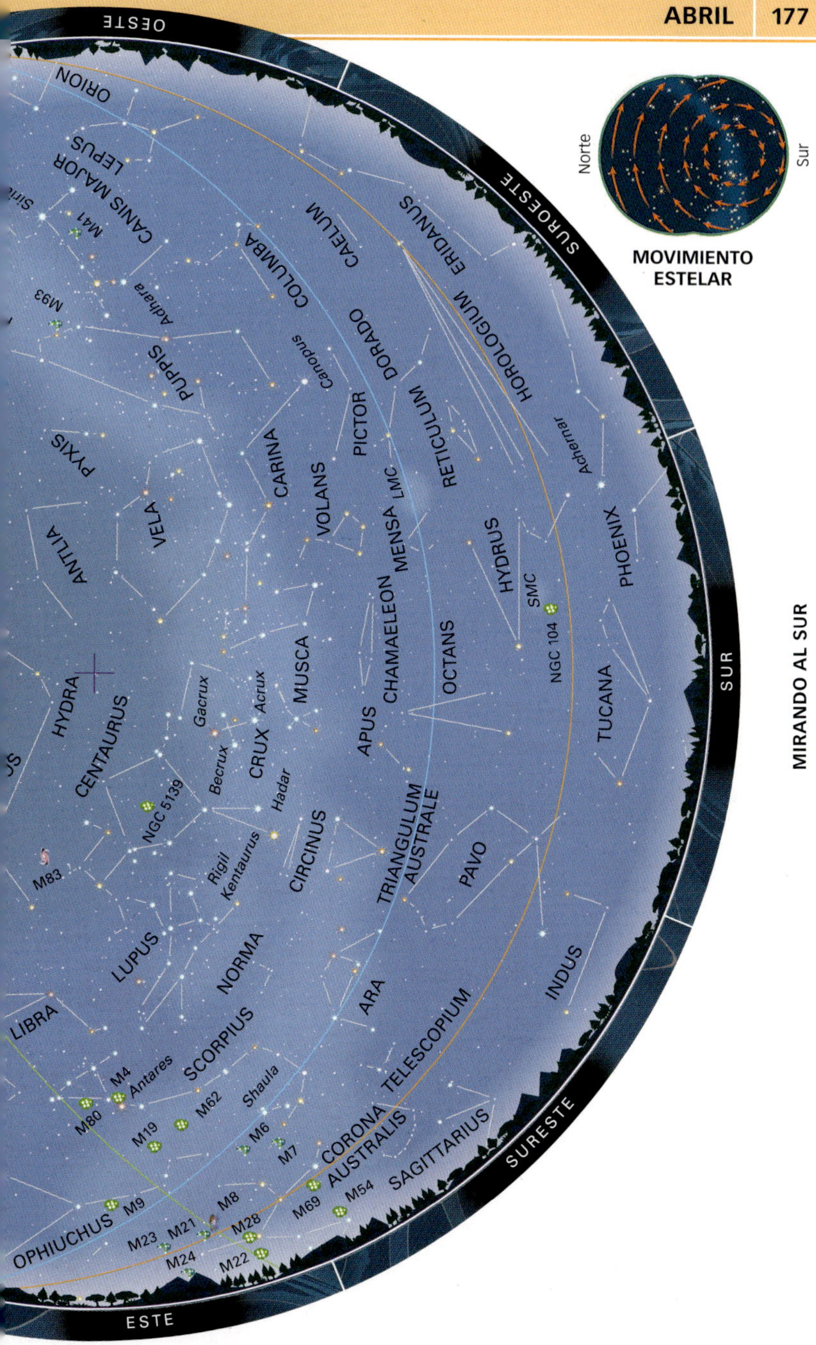

MIRANDO AL SUR

MAGNITUDES ESTELARES

–1 0 1 2 3 4 5 Estrella variable

OBJETOS DEL CIELO PROFUNDO

Galaxia · Cúmulo globular · Cúmulo abierto · Nebulosa difusa · Nebulosa planetaria

MAYO

El Boyero y Virgo son figuras destacadas tanto en el hemisferio norte como en el sur en mayo. Los observadores al sur del ecuador también tienen una vista espectacular de la Cruz del Sur y de Centauro, que ahora se encuentran en su punto más alto sobre el horizonte. En el hemisferio norte, los días van creciendo y la Osa Mayor ocupa una posición elevada y orgullosa en el firmamento septentrional.

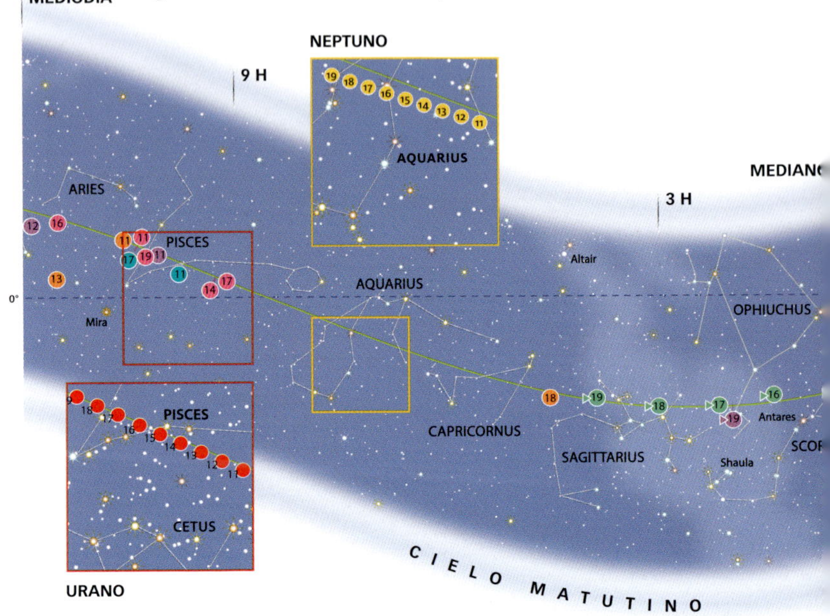

LATITUDES SEPTENTRIONALES

La estrella brillante Spica y su constelación, Virgo, se encuentran directamente al sur en los cielos vespertinos. Por encima de ellas está la gigante roja Arturo en el Boyero. La constelación Ofiuco se sitúa al sureste, mientras que la cabeza y el cuerpo de Leo aún son visibles en el suroeste y se van hundiendo bajo el horizonte a medida que la noche avanza.

Antares, una estrella roja que marca el corazón de Escorpio, aparece excepcionalmente en el cielo boreal para los observadores al sur de 50°N. Durante el verano se encuentra cerca del horizonte.

La Osa Mayor se encuentra alta en el cielo al norte. El Gran Carro está colocado de modo que el extremo de la vara está al norte y la caja se inclina hacia el oeste. Dubhe y Merak, las dos estrellas más brillantes de la Osa Mayor, forman el latera del carro más alejado de la vara. Se conc cen como los "punteros", ya que señalan la dirección hacia la estrella Polar, que marca la posición del polo norte celeste.

Las estrellas de verano Vega (en la Lira) y Deneb (en el Cisne) ascienden en el cielo nc reste mientras las últimas estrellas del invie no, Cástor y Pólux (en Géminis), se ponen e el noroeste. Lira es pequeña, pero destaca gracias a su luminaria Vega. También alberg la nebulosa Anular (M57), una nebulosa planetaria visible en forma de disco neblinoso través de un telescopio pequeño.

LLUVIAS DE METEOROS

A principios de mes, los observadores situados en latitudes septentrionales bajas verán la lluvia de las Eta Acuáridas.

calizar los planetas
mapa de abajo muestra las posiciones de los planetas en mayo de 11 a 2019. Los planetas se representan con topos de colores clave dcha.), y el número dentro del topo indica el año. El topo dica la posición de los planetas xcepto Mercurio) el 15 de mayo. ercurio solo se muestra cuando tá en su máxima elongación.

CLAVE DE LOS PLANETAS

Mercurio · Marte · Saturno · Neptuno
Venus · úpiter · Urano

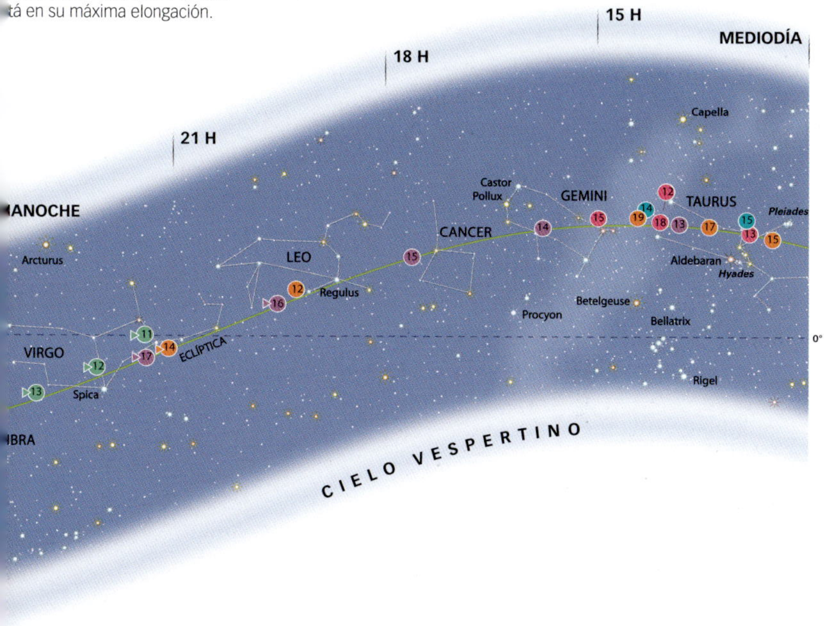

ATITUDES MERIDIONALES

os estrellas brillantes, Spica (en Virgo) y rturo (en el Boyero), ocupan el centro uando se mira al sur. Arturo es la más aja y Spica está casi en el cenit. Al noeste se halla Leo, que pronto dejará aso a las constelaciones de invierno.

nteros australes
s estrellas Alfa y Beta Centauri (las estrellas illantes blanca y azul abajo a la izquierda) foran una línea que apunta hacia la Cruz del Sur.

Ofiuco (el que sostiene la serpiente) está en el cielo oriental, con la constelación de la Serpiente enroscada a su alrededor. La cabeza, Serpens Caput, se encuentra entre Ofiuco y el Boyero; la cola, Serpens Cauda, está cerca del horizonte oriental.

Centauro y la Cruz del Sur están altos en el cielo al sur. Las dos luminarias de Centauro, Alfa (α) y Beta (β) Centauri, brillan sobre la Vía Láctea y apuntan hacia la cabeza de la Cruz del Sur. Mayo también ofrece la primera vista de Escorpio en el cielo sureste.

LLUVIAS DE METEOROS

La lluvia de las Eta Acuáridas alcanza su máximo en la primera semana de mayo, cuando pueden verse unos 35 meteoros cada hora que irradian desde Acuario.

»

MAYO

LATITUDES SEPTENTRIONALES

MIRANDO AL NORTE

HORAS DE OBSERVACIÓN

Fecha	Hora estándar	Horario de verano
15 abril	Medianoche	1 h
1 mayo	23 h	Medianoche
15 mayo	22 h	23 h
1 junio	21 h	22 h
15 junio	20 h	21 h

PUNTOS DE REFERENCIA

Horizontes 60°N 40°N 20°N **Cenits** 60°N 40°N 20°N **Eclíptica**

MIRANDO AL SUR

MOVIMIENTO ESTELAR

MAGNITUDES ESTELARES

–1 · 0 · 1 · 2 · 3 · 4 · 5 · Estrella variable

OBJETOS DEL CIELO PROFUNDO

Galaxia · Cúmulo globular · Cúmulo abierto · Nebulosa difusa · Nebulosa planetaria

»

MAYO
LATITUDES MERIDIONALES

MIRANDO AL NORTE

HORAS DE OBSERVACIÓN

Fecha	Horario estándar	Horario de verano
15 abrill	Medianoche	1 h
1 mayo	23 h	Medianoche
15 mayo	22h	23 h
1 junio	21 h	22 h
15 junio	20 h	21 h

PUNTOS DE REFERENCIA

Horizontes 0° 20°S 40°S **Cenits** 0° 20°S 40°S **Eclíptica**

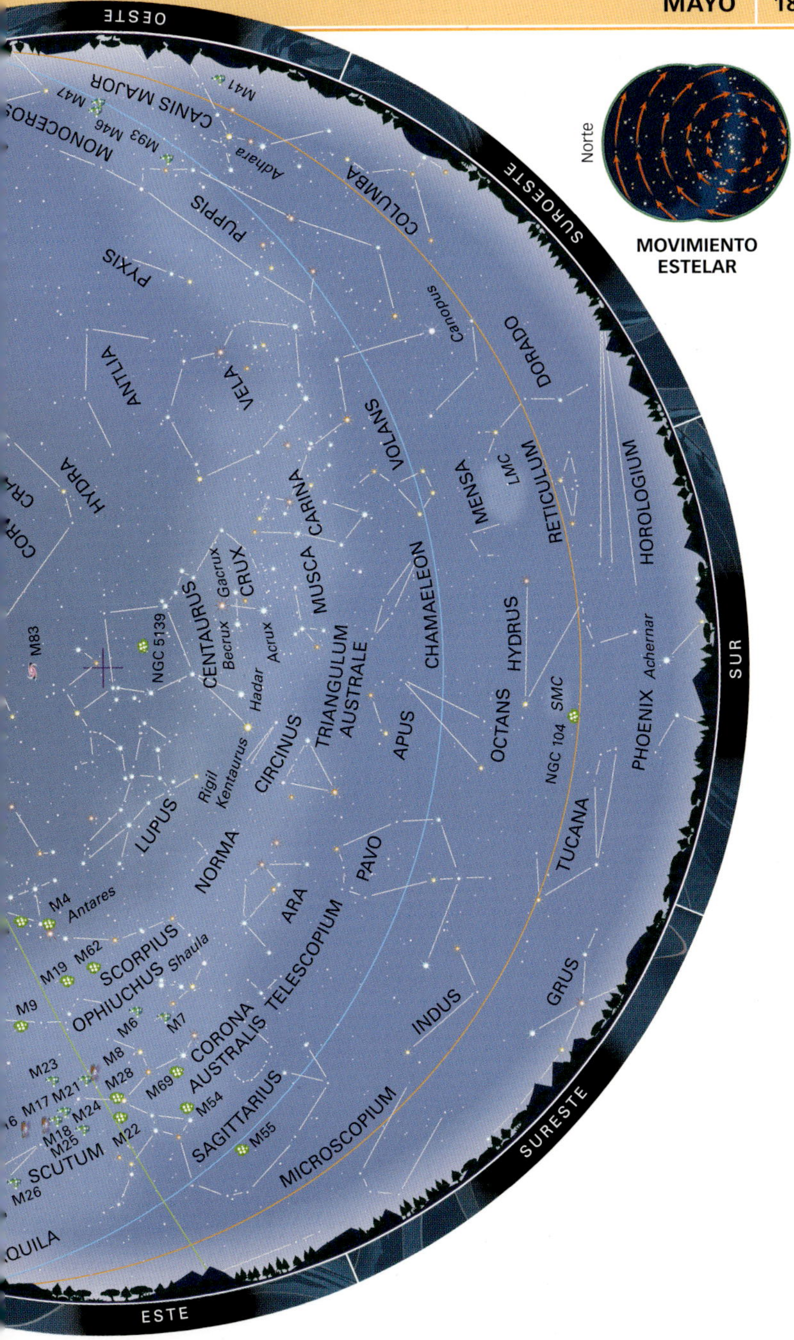

MOVIMIENTO ESTELAR

MIRANDO AL SUR

MAGNITUDES ESTELARES

–1 · 0 · 1 · 2 · 3 · 4 · 5 · Estrella variable

OBJETOS DEL CIELO

Galaxia · Cúmulo globular · Cúmulo abierto · Nebulosa difusa · Nebulosa planetaria

JUNIO

El héroe mítico Hércules entra en el cielo de junio para unirse al Boyero y a Ofiuco. Hacia finales de mes, en el hemisferio boreal se viven las noches más cortas, y en el hemisferio austral, las más largas. Esto se debe a que el 21 o el 22 de junio, el Sol se encuentra en su punto más alejado al norte del ecuador celeste: el solsticio de verano boreal.

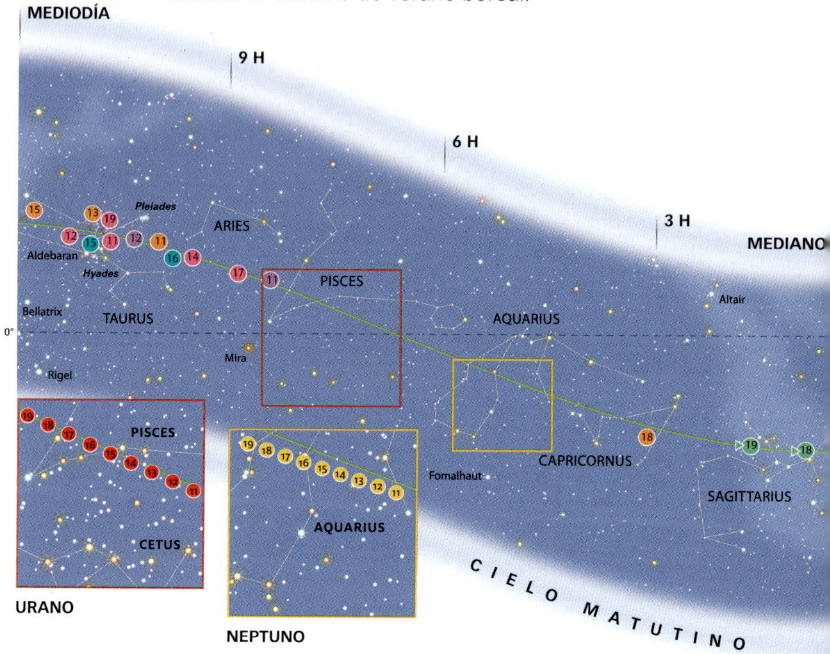

LATITUDES SEPTENTRIONALES

Mirando al Sur, Hércules y el Boyero se encuentran altos en el cielo. La estrella roja brillante Arturo facilita la localización del Boyero. Hércules se encuentra localizando a Vega un poco al este. Vega está en la Lira y es la quinta estrella más brillante de todas, solo superada por Arturo en junio. A la derecha de Vega está el cuerpo de Hércules. Su torso bajo son cuatro estrellas unidas que forman un cuadrilátero deformado denominado Trapecio de Hércules. Sus piernas apuntan hacia arriba y la cabeza se hunde en dirección al horizonte. El cúmulo estelar globular M13 puede discernirse a simple vista entre dos estrellas del Trapecio de Hércules.

A medida que avanza la noche, el frente de Escorpio, marcado por la supergigante roja Antares, sale en el sureste. Entretanto, en el este, pueden verse las tres luminarias del asterismo denominado el Triángulo de Verano. La más brillante y elevada de ellas es Vega; las otras dos son Deneb (en el Cisne) y Altair (en el Águila), que están más cerca del horizonte. Mirando al norte la Osa Menor se extiende encima de la Polar, que marca la punta de la cola de la osa.

Las estrellas de la Osa Menor no se parecen a un oso; de hecho, tienen forma de sartén. Pero su forma recuerda a la del asterismo del Gran Carro en la Osa Mayor, por lo que reciben el nombre de Pequeño Carro. La vara del carro es la cola curvada de la osa; la caja del carro es el tronco. La osa está casi completamente rodeada del sinuoso cuerpo del Dragón.

ocalizar los planetas
mapa de abajo muestra las posiones de los planetas en junio de 011 a 2019. Los planetas se reesentan con topos de colores clave dcha.), y el número dentro el topo indica el año. El topo dica la posición de los planetas xcepto Mercurio) el 15 de junio. lercurio solo se muestra cuando stá en su máxima elongación.

CLAVE DE LOS PLANETAS

Mercurio · Marte · Saturno · Neptuno
Venus · Júpiter · Urano

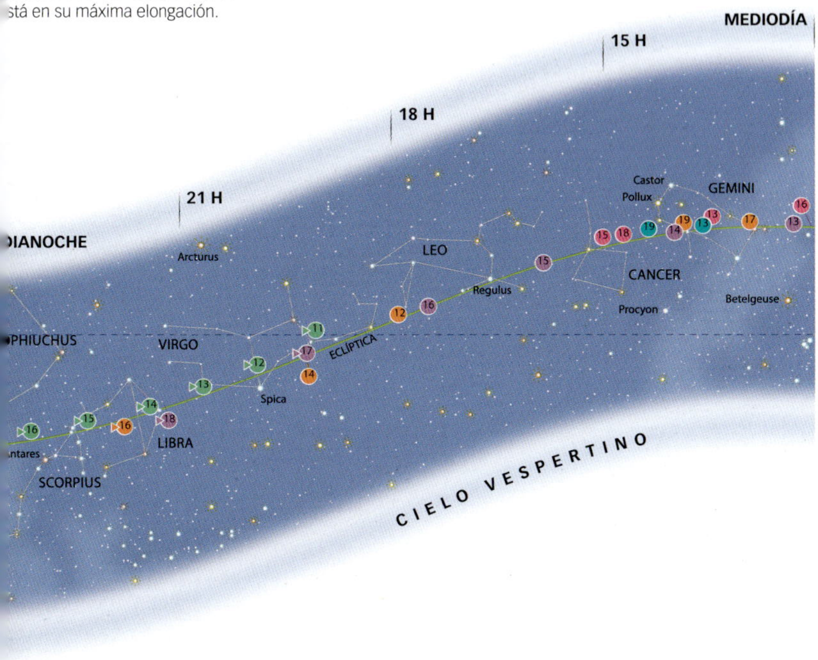

LATITUDES MERIDIONALES

Boyero y Hércules yacen a cada lado del norte. Se encuentran localizando las estrellas brillantes Arturo (en el Boyero) y Vega (en la Lira); esta asoma sobre el horizonte noreste. A la izquierda, el Boyero está boca abajo, y a la derecha Hércules está erguido, con un brazo estirado sobre Vega. La parte baja de su torso son las cuatro estrellas del llamado Trapecio de Hércules o Piedra Angular. El cúmulo M13 se encuentra entre dos de estas estrellas.

El Águila y su luminaria Altair están en el noreste. En el cenit puede verse Escorpio, con su cola curvada y el corazón marcado por la supergigante roja Antares.

Escorpio y Sagitario yacen en la dirección del centro de nuestra galaxia y los cruzan ricas nubes de estrellas. La Vía Láctea avanza hacia el suroeste. El cúmulo globular Omega (ω) Centauri está bien situado, al igual que la nebulosa oscura Saco de Carbón y el cúmulo abierto del Joyero (NGC 4755), ambos en la Cruz del Sur.

El escorpión
La estrella roja Antares marca Escorpio. El cuerpo de la constelación desciende curvándose a través de la Vía Láctea hasta los cúmulos estelares M6 y M7.

»

JUNIO

LATITUDES SEPTENTRIONALES

MIRANDO AL NORTE

HORAS DE OBSERVACIÓN

Fecha	Hora estándar	Horario de verano
15 mayo	Medianoche	1 h
1 junio	23 h	Medianoche
15 junio	22 h	23 h
1 julio	21 h	22 h
15 julio	20 h	21 h

PUNTOS DE REFERENCIA

Horizontes 60°N | 40°N | 20°N **Cenits** 60°N | 40°N | 20°N **Eclíptica**

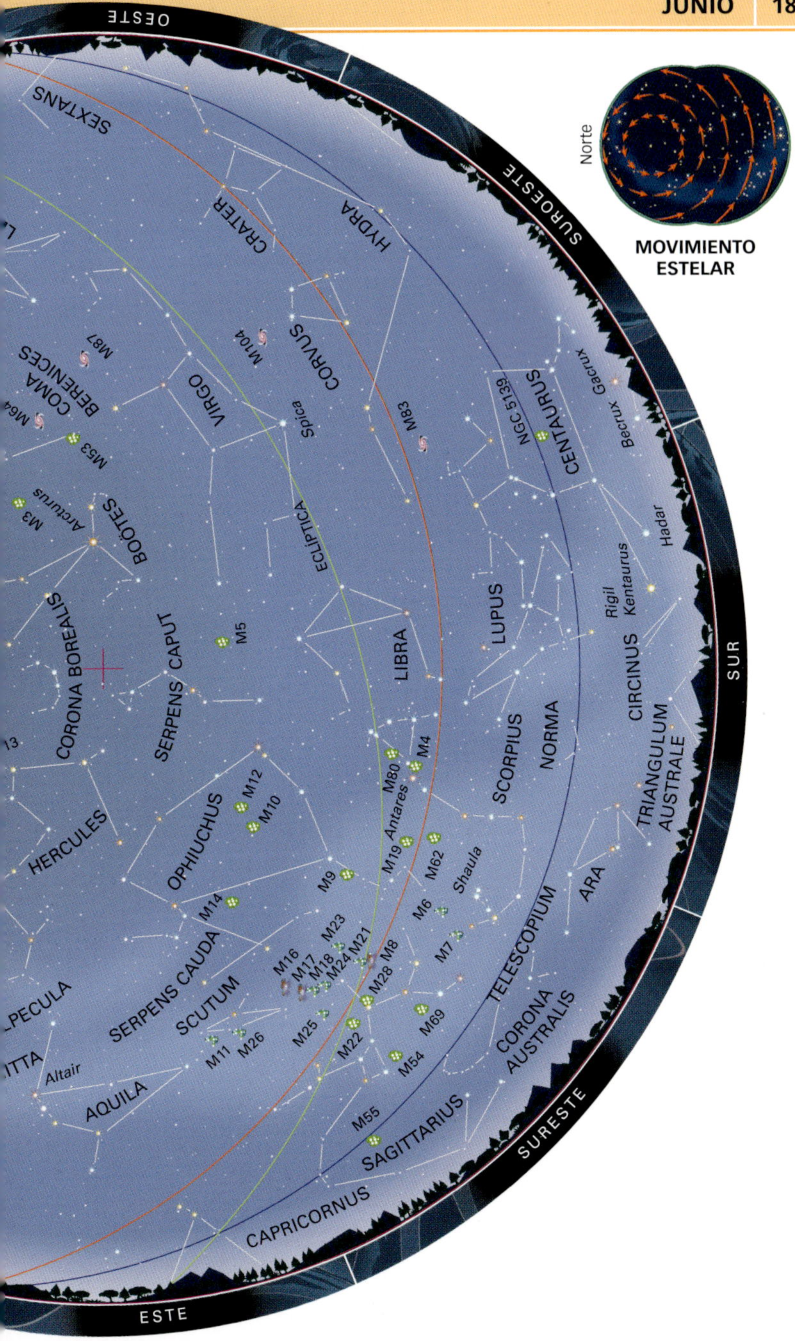

MIRANDO AL SUR

MAGNITUDES ESTELARES

−1 · 0 · 1 · 2 · 3 · 4 · 5 · Estrella variable

OBJETOS DEL CIELO PROFUNDO

Galaxia · Cúmulo globular · Cúmulo abierto · Nebulosa difusa · Nebulosa planetaria

JUNIO
LATITUDES MERIDIONALES

MIRANDO AL NORTE

HORAS DE OBSERVACIÓN

Fecha	Hora estándar	Horario de verano
15 mayo	Medianoche	1 h
1 junio	23 h	Medianoche
15 junio	22 h	23 h
1 julio	21 h	22 h
15 julio	20 h	21 h

PUNTO DE REFERENCIA

Horizontes 0° | 20°S | 40°S **Cenits** 0° | 20°S | 40°S **Eclíptica**

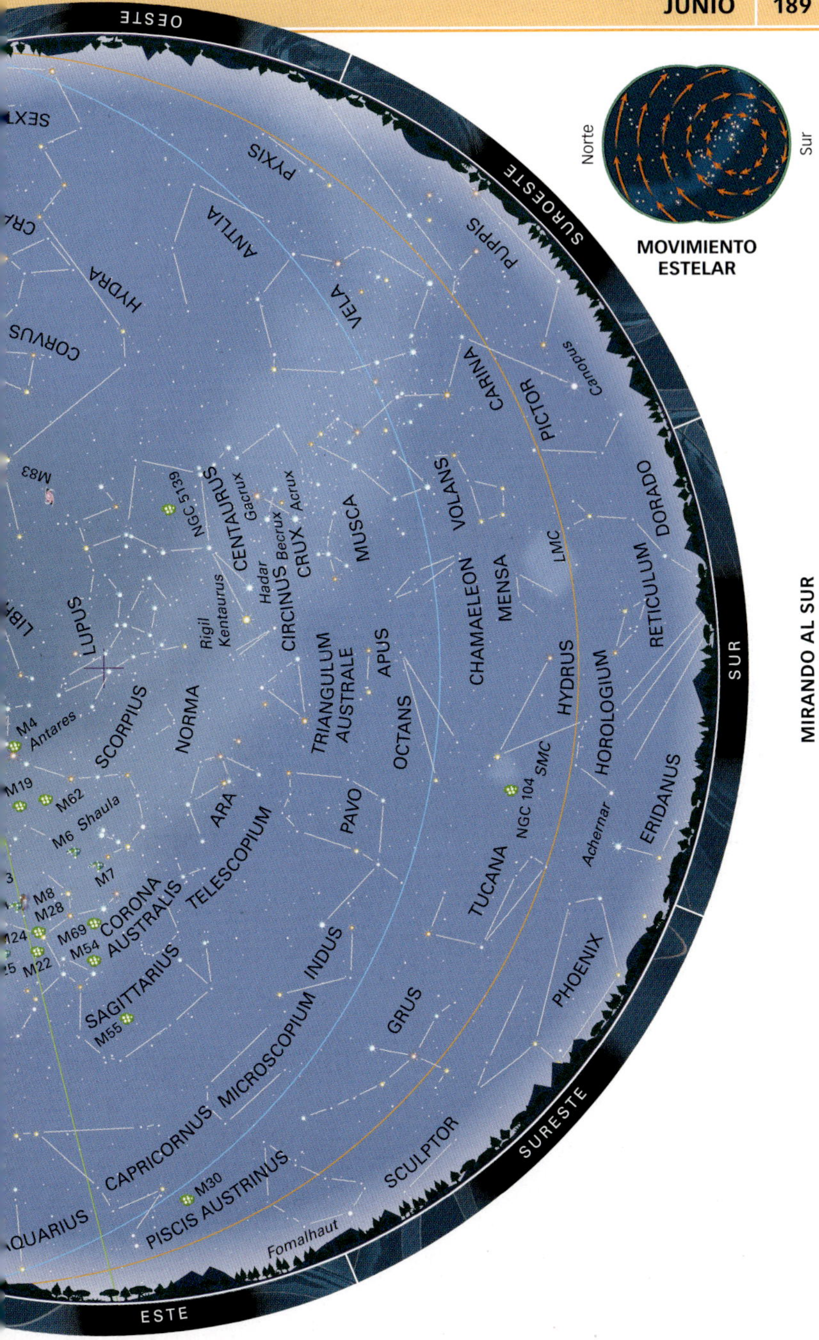

MOVIMIENTO ESTELAR

MIRANDO AL SUR

MAGNITUDES ESTELARES

−1 0 1 2 3 4 5 Estrella variable

OBJETOS DEL CIELO PROFUNDO

Galaxia · Cúmulo globular · Cúmulo abierto · Nebulosa difusa · Nebulosa planetaria

JULIO

Hércules y Ofiuco permanecen como protagonistas del cielo, mientras que el Águila ha empezado a ser visible. Los observadores australes pueden disfrutar de la Vía Láctea, cuyo centro se sitúa casi en el cenit. El Cisne está alto en el cielo para los observadores boreales, al igual que la estrella brillante Vega.

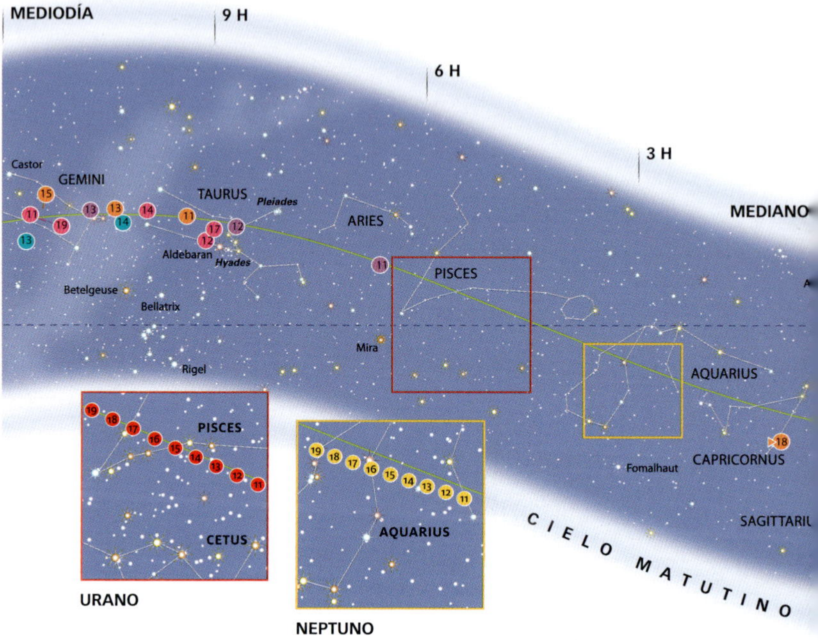

LATITUDES SEPTENTRIONALES

Mirando al norte, la Osa Menor se eleva desde la estrella Polar, con el Dragón a su alrededor. La Osa Mayor está a la izquierda de la Polar; a la derecha, el rey Cefeo y su reina, Casiopea.

El Triángulo de Verano
Deneb, Vega y Altair forman el Triángulo de Verano. Deneb (izqda.) es la más tenue; Vega (arriba), la más brillante, y Altair (dcha.), la situada más al sur.

Arturo (en el Boyero), al oeste, y Vega (en la Lira), casi en el cenit, son las estrellas más brillantes de julio. Les sigue Altair en el sureste, marcando el cuello del Águila. La Vía Láctea cruza el Águila para llegar al Cisne, alto en el este. Una línea de estrellas forma el cuerpo y una línea que cruza marca las alas. A esta forma de cruz se debe su otro nombre, la Cruz del Norte. La estrella más brillante, la supergigante Deneb, marca su cola.

La Corona Boreal, una de las constelaciones más pequeñas, está elevada en el suroeste y la flanquean Hércules y el Boyero. Ofiuco está bien situado al sur, con Hércules encima. Los observadores al sur de unos 45ºN verán las constelaciones de Sagitario y Escorpio en su mejor momento sobre los horizontes australes.

·calizar los planetas
 mapa de abajo muestra las posi-
›ones de los planetas en julio de
)11 a 2019. Los planetas se re-
'esentan con topos de colores
 clave dcha.), y el número dentro
el topo indica el año. El topo
dica la posición de los planetas
xcepto Mercurio) el 15 de julio.
'ercurio solo se muestra cuando
stá en su máxima elongación.

CLAVE DE LOS PLANETAS

Mercurio	Marte	Saturno	Neptuno
Venus	Júpiter	Urano	

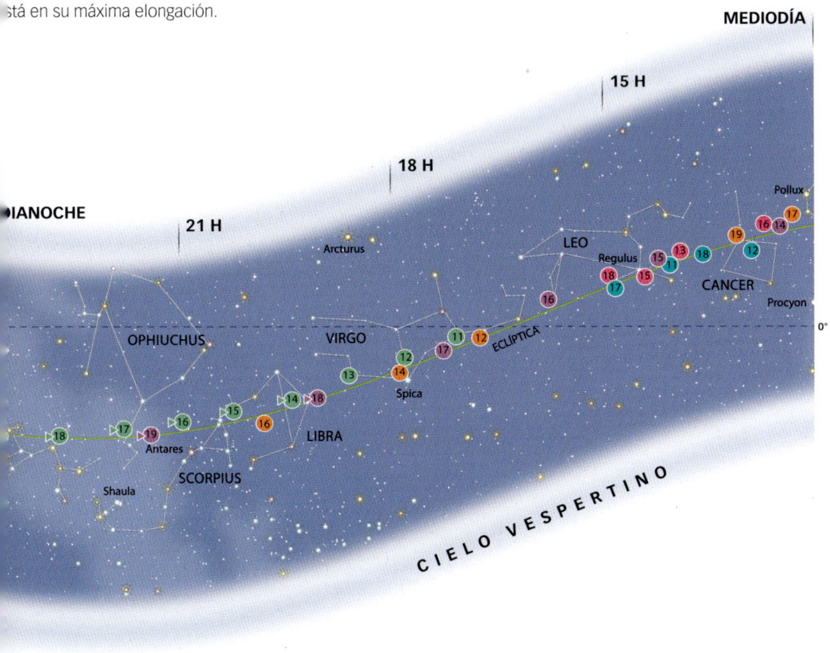

ATITUDES MERIDIONALES

'ara los observadores australes, Escorpio
' Sagitario están casi en el cenit. La cola
lel escorpión está al sur, y los cúmulos
ıbiertos M6 y M7 se encuentran en una
›osición ideal para observarlos. La super-
;igante roja Antares es la estrella más bri-
:ante de Escorpio y una de las estrellas
nás grandes visible a simple vista.

Sagitario se encuentra en la dirección
lel centro de nuestra galaxia. Contiene
ıumerosos objetos del cielo profundo, in-
:luido el destacado campo de estrellas
V124 y la nebulosa de la Laguna (M8), am-
›os visibles a simple vista. M22, el tercer
:úmulo globular más brillante, también
ɜstá en Sagitario; es fácil de localizar con
›rismáticos. Un grupo de ocho estrellas en
el tramo norte de Sagitario forman el aste-
'ismo de la Tetera, pero es difícil de identificar en esta parte del cielo repleta de estrellas. Es más fácil ver el arco de estrellas situado junto a las patas delanteras de Sagitario: es la Corona Austral, una de las constelaciones más pequeñas de todas.

Mirando al norte, Ofiuco está alto en el cielo; debajo yace Hércules. Vega, en la Lira, está cerca del horizonte. Con la Lira limita el Cisne, una constelación del hemisferio boreal. Los observadores al norte de unos 30ºS pueden ver la figura completa del Cisne volador, con el Águila sobre él en el cielo noreste.

LLUVIAS DE METEOROS

La lluvia de las Delta Acuáridas alcanza su máximo en torno al 29 de julio. Cada hora irradian hasta 20 meteoros más bien débiles desde la mitad sur de Acuario.

»

JULIO

LATITUDES SEPTENTRIONALES

MIRANDO AL NORTE

HORAS DE OBSERVACIÓN

Fecha	Hora estándar	Horario de verano
15 junio	Medianoche	1 h
1 julio	23 h	Medianoche
15 julio	22 h	23 h
1 agosto	21 h	22 h
15 julio	20 h	21 h

PUNTOS DE REFERENCIA

Horizontes 60°N 40°N 20°N **Cenits** 60°N 40°N 20°N **Eclíptica**

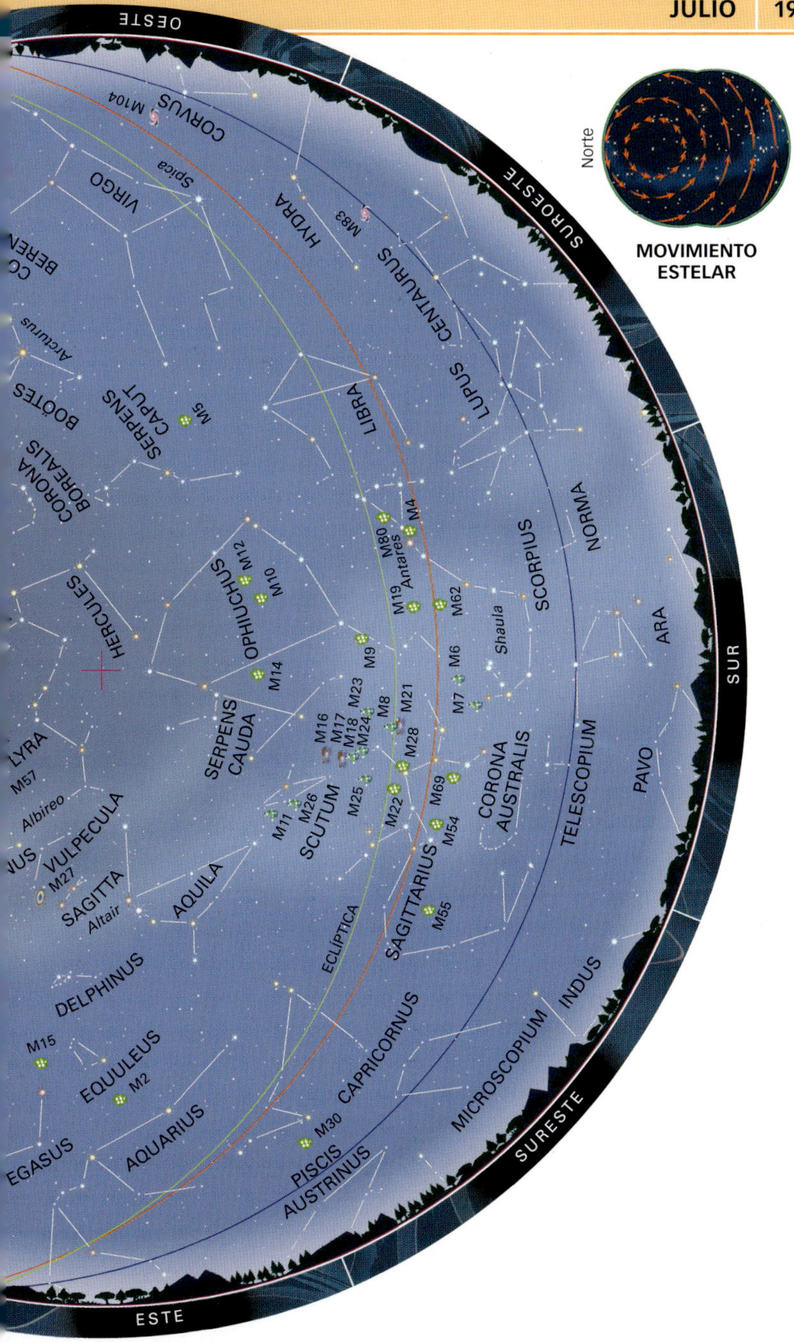

MOVIMIENTO ESTELAR

MIRANDO AL SUR

MAGNITUDES ESTELARES

−1 0 1 2 3 4 5 Estrella variable

OBJETOS DEL CIELO PROFUNDO

Galaxia Cúmulo globular Cúmulo abierto Nebulosa difusa Nebulosa planetaria

»

JULIO
LATITUDES MERIDIONALES

MIRANDO AL NORTE

HORAS DE OBSERVACIÓN

Fecha	Hora estándar	Horario de verano
15 junio	Medianoche	1 h
1 julio	23 h	Medianoche
15 julio	22 h	23 h
1 agosto	21 h	22 h
15 agosto	20 h	21 h

PUNTOS DE REFERENCIA

Horizontes 0° 20°S 40°S **Cenits** 0° 20°S 40°S **Eclíptica**

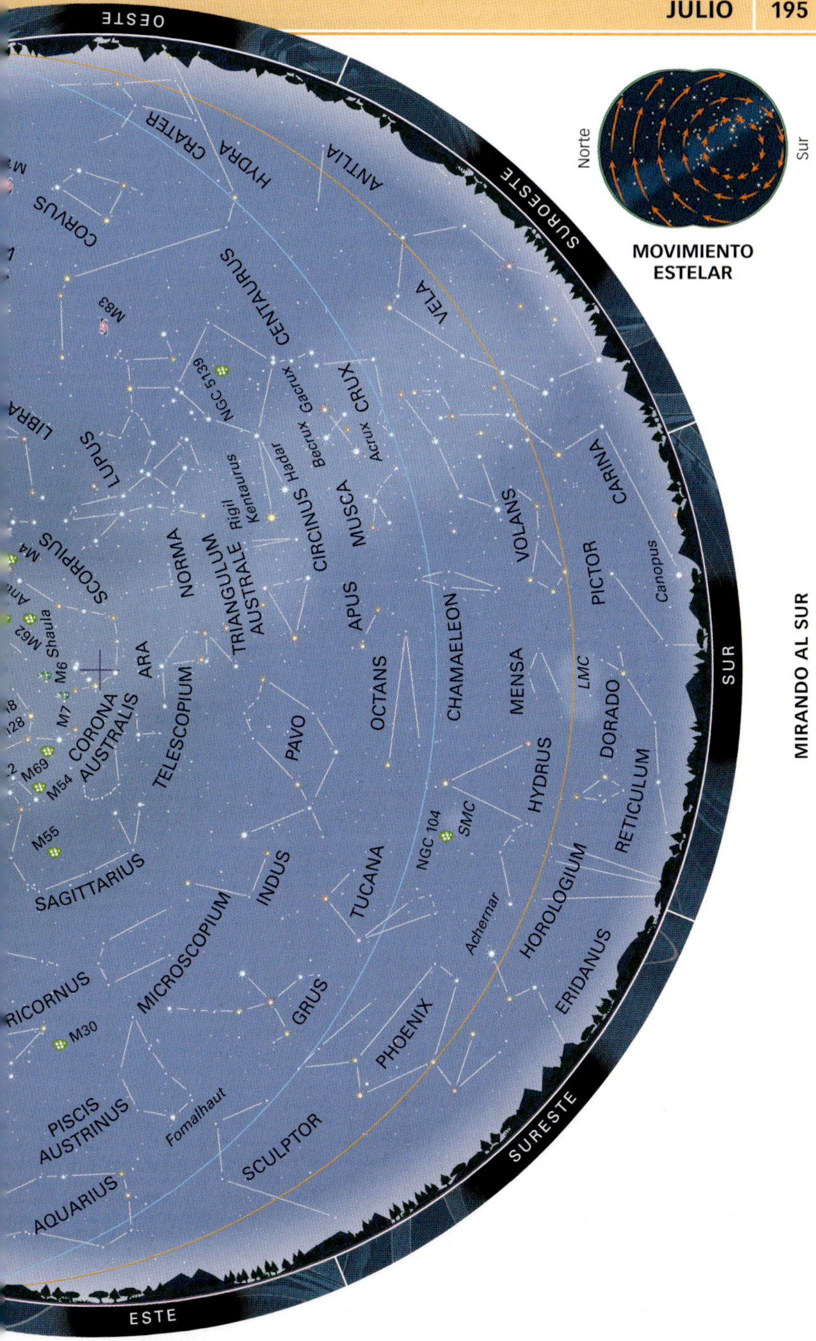

MOVIMIENTO ESTELAR

MIRANDO AL SUR

MAGNITUDES ESTELARES

–1 0 1 2 3 4 5 Estrella variable

OBJETOS DEL CIELO PROFUNDO

Galaxia Cúmulo globular Cúmulo abierto Nebulosa difusa Nebulosa planetaria

AGOSTO

Este mes, los observadores boreales pueden echar un vistazo en dirección al centro de la galaxia y disfrutar de la lluvia de las Perseidas. Sagitario permanece en una buena posición para los observadores australes, quienes también pueden observar la nebulosa Dumbbell y la nebulosa Anular.

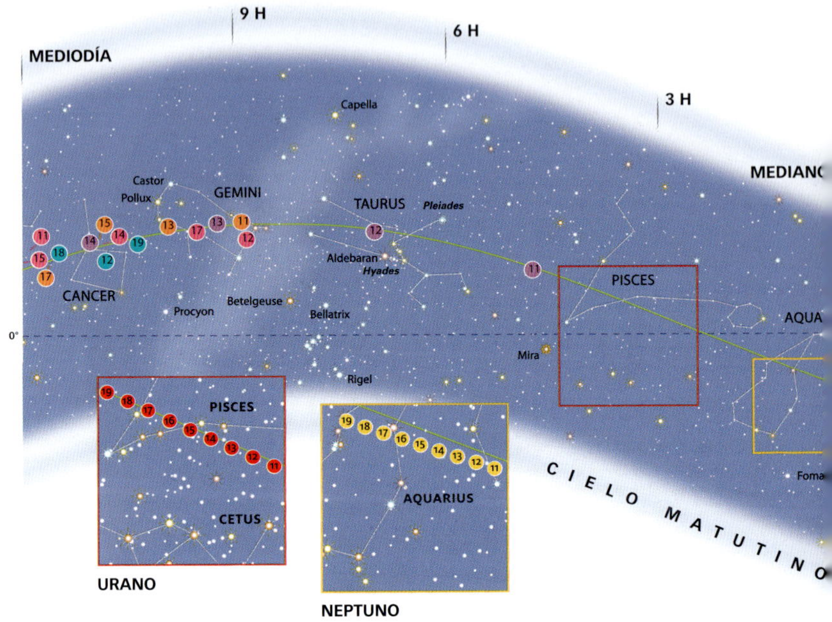

LATITUDES SEPTENTRIONALES

Las estrellas del Triángulo de Verano se encuentran en el cenit. La estrella blanquiazul Vega, en la Lira, es la primera del triángulo en aparecer. A su este se encuentra el Cisne, que contiene la segunda estrella, la supergigante blanquiazul Deneb. La tercera, Altair en el Águila, está al sur.

Sagitario, el Arquero, es un centauro, un animal mítico con la cabeza y el torso de un hombre y las patas y el cuerpo de un caballo. Su mitad humana se encuentra justo por encima del horizonte austral, mientras que sus patas solo son visibles a los observadores al sur de unos 40°N. Sagitario marca el centro de la galaxia. Aquí la Vía Láctea ofrece su mayor densidad y brillo, pero se requiere un horizonte oscuro para revelar el camino repleto de estrellas. Puede ser más fácil discernir este camino mirando hacia arriba desde el ho rizonte, aunque sea menos brillante en este punto. La Vía Láctea cruza el Águila pasa por el cenit entrando en el Cisne y después sigue hasta Casiopea en el cielo noreste. Cuando llega al Cisne, aparece una división oscura a lo largo de la Vía Láctea. Se trata de la Grieta del Cisne, ur nube opaca de polvo que bloquea gran parte de la luz de la Vía Láctea.

LLUVIAS DE METEOROS

La lluvia de las Perseidas alcanza su máxi mo el 12 de agosto. Se ve hasta 80 meteo ros cada hora irradiando desde Perseo. Aunque Perseo no aparece por el horizon te oriental antes de medianoche, pueden verse algunos meteoros antes de esa hor procedentes de su dirección general.

calizar los planetas
mapa de abajo muestra las posiciones de los planetas en agosto 2011 a 2019. Los planetas se presentan con topos de colores clave dcha.), y el número dentro del topo indica el año. El topo dica la posición de los planetas xcepto Mercurio) el 15 de agosto. ercurio solo se muestra cuando tá en su máxima elongación.

CLAVE DE LOS PLANETAS

- Mercurio
- Venus
- Marte
- Júpiter
- Saturno
- Urano
- Neptuno

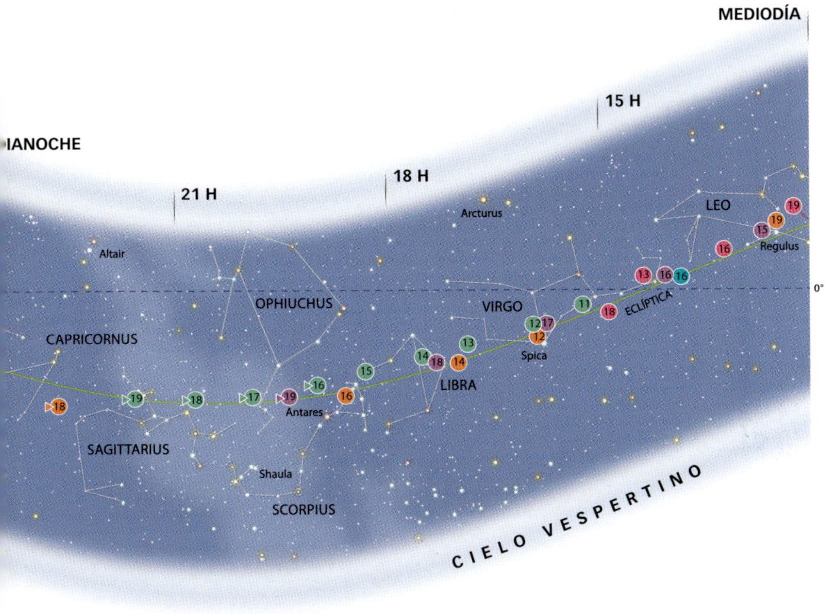

ATITUDES MERIDIONALES

as tres luminarias del Triángulo de Verano dominan el cielo al norte. La constelaión de la Zorra, entre el Águila y el Cisne, ontiene la nebulosa Dumbbell (M27), una ebulosa planetaria que puede verse con rismáticos. Otra nebulosa planetaria, la ebulosa Anular (M57) en la Lira, puede erse a través de un telescopio pequeño. Al sureste, la constelación del Tucán contiene el cúmulo globular 47 Tucanae y la Pequeña Nube de Magallanes.

Los campos de estrellas de Sagitario odavía están altos en el cenit; desde quí, el camino de la galaxia atraviesa Escorpio en dirección suroeste y luego cruza el Lobo hasta la Cruz del Sur y el horizonte meridional. Alfa (α) y Beta (β) Centauri están bajas en el horizonte suroeste y marcan las patas delanteras de Centauro. Alfa Centauri, también denominada Rigil Kentaurus, es la tercera estrella más brillante del cielo y una de las más cercanas. Beta Centauri, o Hadar, es la undécima más brillante.

La nebulosa de la Laguna
La brillante nebulosa de la Laguna, región de formación estelar, es uno de los numerosos objetos del cielo profundo que hay en Sagitario.

»

» AGOSTO

LATITUDES SEPTENTRIONALES

MIRANDO AL NORTE

HORAS DE OBSERVACIÓN

Fecha	Hora estándar	Horario de verano
15 julio	Medianoche	1 h
1 agosto	23 h	Medianoche
15 agosto	22 h	23 h
1 septiembre	21 h	22 h
15 septiembre	20 h	21 h

PUNTOS DE REFERENCIA

Horizontes 60°N | 40°N | 20°N — **Cenits** 60°N | 40°N | 20°N — **Eclíptica**

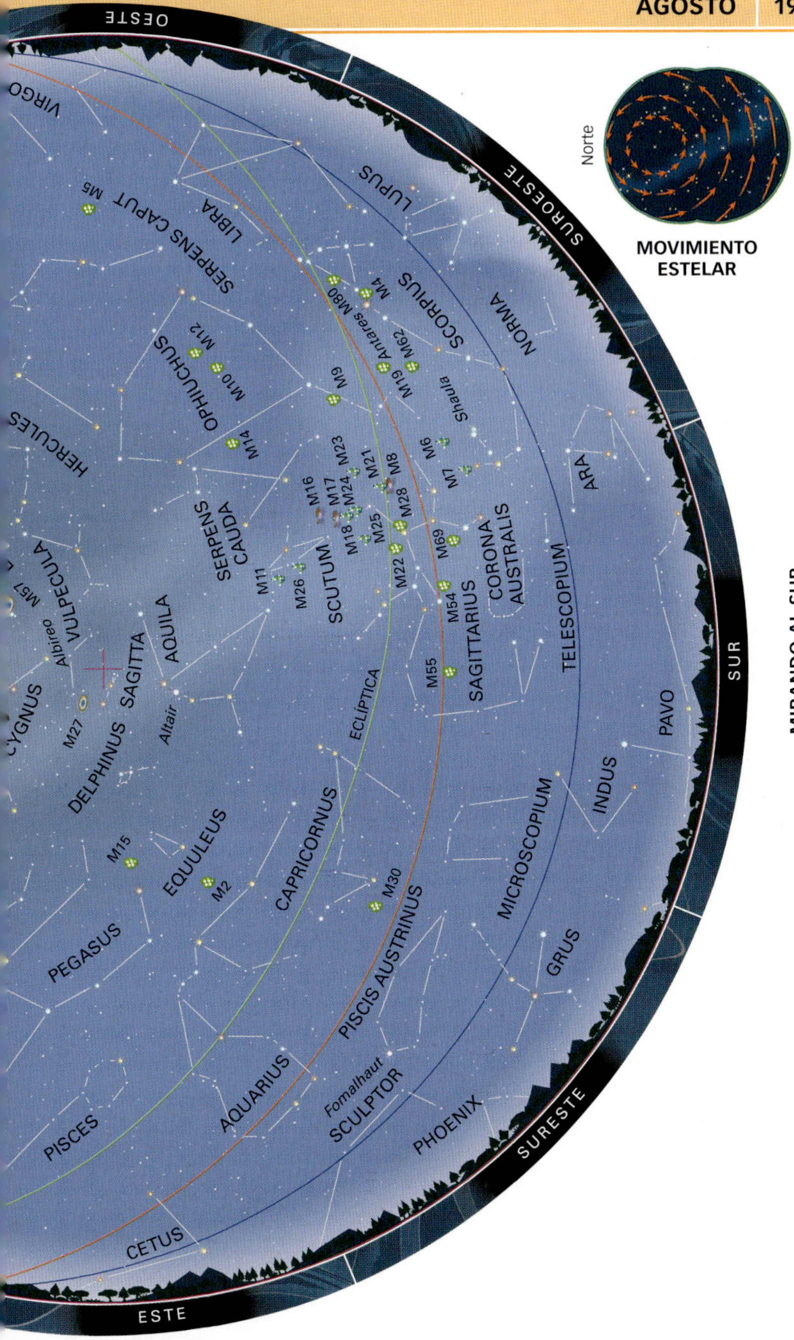

MOVIMIENTO ESTELAR

MIRANDO AL SUR

MAGNITUDES ESTELARES

−1 · 0 · 1 · 2 · 3 · 4 · 5 · Estrella variable

OBJETOS DEL CIELO PROFUNDO

Galaxia · Cúmulo globular · Cúmulo abierto · Nebulosa difusa · Nebulosa planetaria

»

AGOSTO

LATITUDES MERIDIONALES

MIRANDO AL NORTE

HORAS DE OBSERVACIÓN

Fecha	Hora estándar	Horario de verano
15 julio	Medianoche	1 h
1 agosto	23 h	Medianoche
15 agosto	22 h	23 h
1 septiembre	21 h	22 h
15 septiembre	20 h	21 h

PUNTOS DE REFERENCIA

Horizontes 0° | 20°S | 40°S **Cenits** 0° | 20°S | 40°S **Eclíptica**

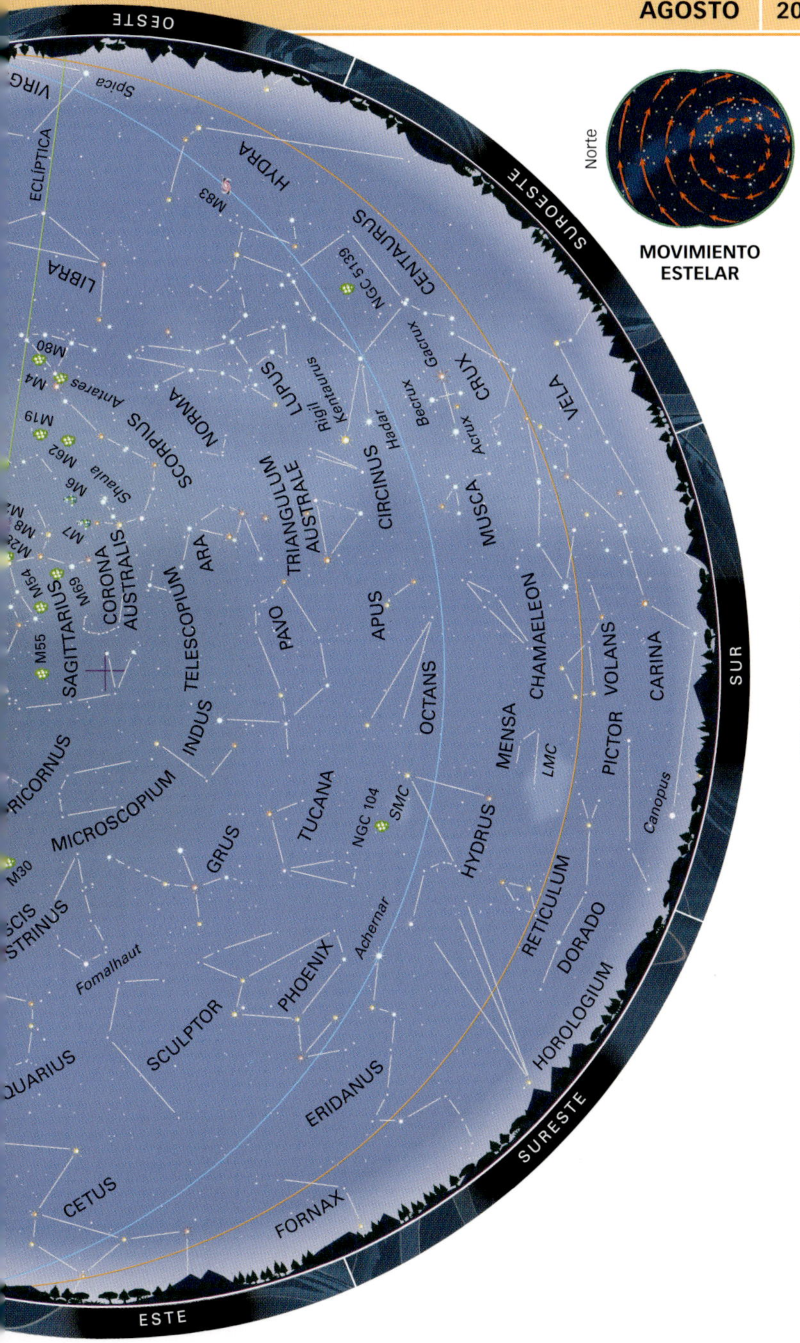

MOVIMIENTO ESTELAR

MIRANDO AL SUR

MAGNITUDES ESTELARES

−1 · 0 · 1 · 2 · 3 · 4 · 5 · Estrella variable

OBJETOS DEL CIELO PROFUNDO

Galaxia · Cúmulo globular · Cúmulo abierto · Nebulosa difusa · Nebulosa planetaria

SEPTIEMBRE

Las estrellas del otoño boreal y de la primavera austral han tomado sus posiciones, con Capricornio y Acuario como protagonistas centrales. El 23 de este mes, o a veces el 22, el Sol avanza de la mitad norte a la mitad sur de la esfera celeste. Cuando cruza el ecuador celeste, el día y la noche duran lo mismo.

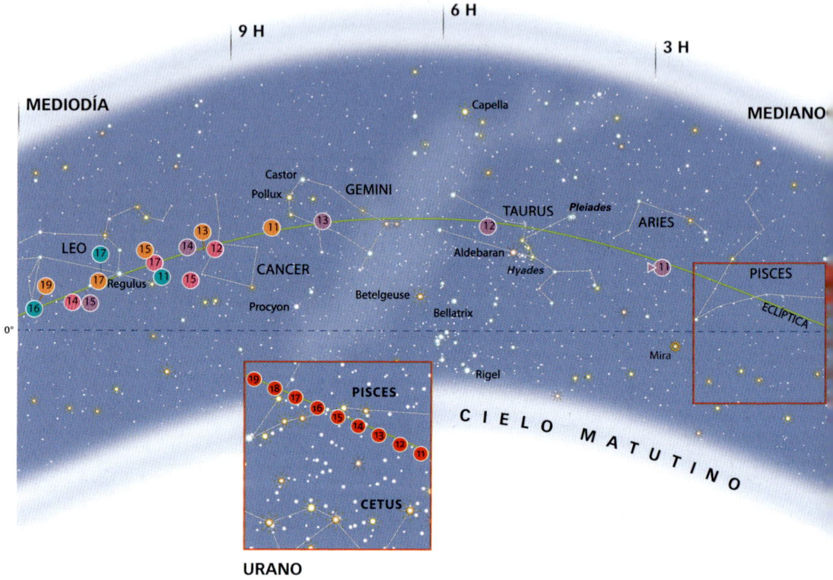

LATITUDES SEPTENTRIONALES

Las constelaciones zodiacales de Capricornio y Acuario están a cada lado del sur. Para los observadores situados en latitudes norte elevadas, septiembre es el mejor momento para ver Capricornio, que es la constelación más pequeña del zodiaco y una de las más tenues. La estrella más brillante de Capricornio, Alfa (α), llamada Algedi, es una doble. Una vista aguda o unos prismáticos muestran una gigante de magnitud 3,6 y, seis veces más lejos, una supergigante de magnitud 4,3.

El Cisne permanece alto en el cenit, donde se le une Pegaso, que está ascendiendo. Las estrellas del Triángulo de Verano –Deneb (en el Cisne), Vega (en la Lira) y Altair (en el Águila)– permanecen visibles en el oeste, pero la presencia de Pegaso en el este anuncia la llegada del otoño.

Cerca de Deneb se encuentra la nebulosa de Norteamérica NGC 7000, grande y difusa, pero de forma distintiva; puede verse con prismáticos en cielos oscuros.

Mirando al norte, la Osa Mayor yace bajo la estrella Polar, mientras que las constelaciones de Cefeo y Casiopea están encima. Cefeo no destaca, pero vale la pena localizarlo por Delta (δ) Cephei, en la cabeza del rey. Esta estrella es el prototipo de las variables cefeidas, una clase de estrellas supergigantes amarillas cuyo brillo varía a medida que cambian de tamaño. Cuando la estrella pulsa, su brillo cambia en un ciclo de cinco días.

Al norte solo pueden verse dos estrellas brillantes. Capella (en el Cochero) está cerca del horizonte noreste. Más brillante y alta en el cielo, al oeste, está Vega.

CLAVE DE LOS PLANETAS

Mercurio	Marte	Saturno	Neptuno
Venus	Júpiter	Urano	

Localizar los planetas
El mapa de abajo muestra las posiciones de los planetas en septiembre de 2011 a 2019. Los planetas se representan con topos de colores (v. clave izqda.), y el número dentro del topo indica el año. El topo indica la posición de los planetas (excepto Mercurio) el 15 de septiembre. Mercurio solo se muestra cuando está en su máxima elongación.

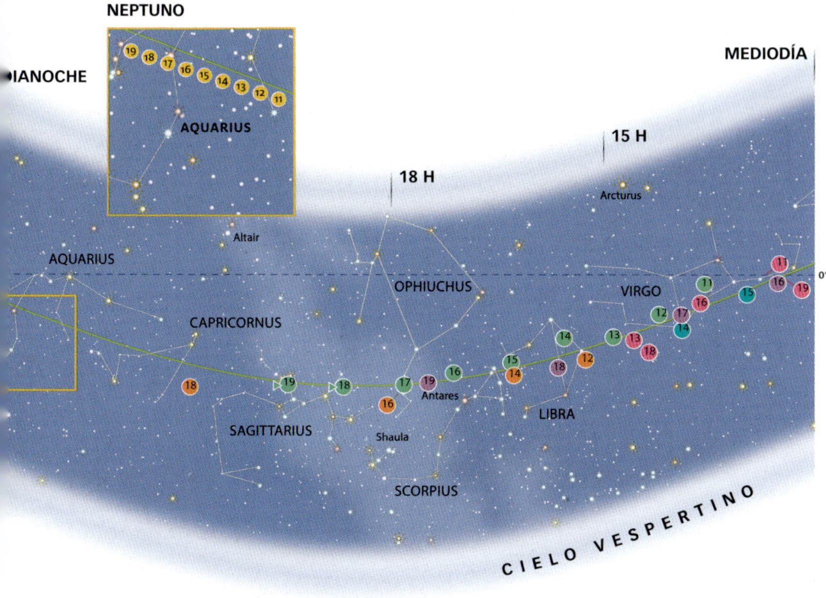

ATITUDES MERIDIONALES

Capricornio y Acuario se encuentran altos en el cenit. Ninguno de los dos posee estrellas especialmente brillantes, pero Acuario tiene objetos dignos de mención, entre ellos M2, un cúmulo globular visible con prismáticos, y la nebulosa de la Hélice (NGC 7293). Se cree que es la nebulosa planetaria más cercana a la Tierra; aparece grande pero difusa en el cielo, ocupando un tercio de la anchura aparente de la Luna. Se encuentra cerca la luminaria Fomalhaut en el Pez Austral.

Septiembre ofrece la última oportunidad de ver el Triángulo de Verano en el noroeste antes de que se oculten bajo el horizonte Vega y, después, Deneb. El camino de la Vía Láctea puede verse en el cielo occidental. Sagitario permanece alto; debajo está Escorpio. Centauro y la Cruz del Sur son los más bajos: se ocultan por debajo del horizonte suroeste.

La estrella blanquiazul Achernar está en el sureste. Con una magnitud de 0,45, marca el final del río mitológico Erídano. A su derecha, el Tucán alberga el cúmulo globular 47 Tucanae (NGC 104) y la Pequeña Nube de Magallanes.

Objetos del cielo profundo en el Tucán
La Pequeña Nube de Magallanes y el cúmulo globular 47 Tucanae parecen estar a la misma distancia de nosotros. En realidad, la galaxia (abajo) está a 210.000 años luz de distancia y 47 Tucanae (arriba) está a solo 13.400 años luz.

»

SEPTIEMBRE

LATITUDES SEPTENTRIONALES

MIRANDO ALNORTE

HORAS DE OBSERVACIÓN

Fecha	Hora estándar	Horario de verano
15 agosto	Medianoche	1 h
1 septiembre	23 h	Medianoche
15 septiembre	22 h	23 h
1 octubre	21 h	22 h
15 octubre	20 h	21 h

PUNTOS DE REFERENCIA

Horizontes | 60°N | 40°N | 20°N   Cenits 60°N 40°N 20°N   Eclíptica

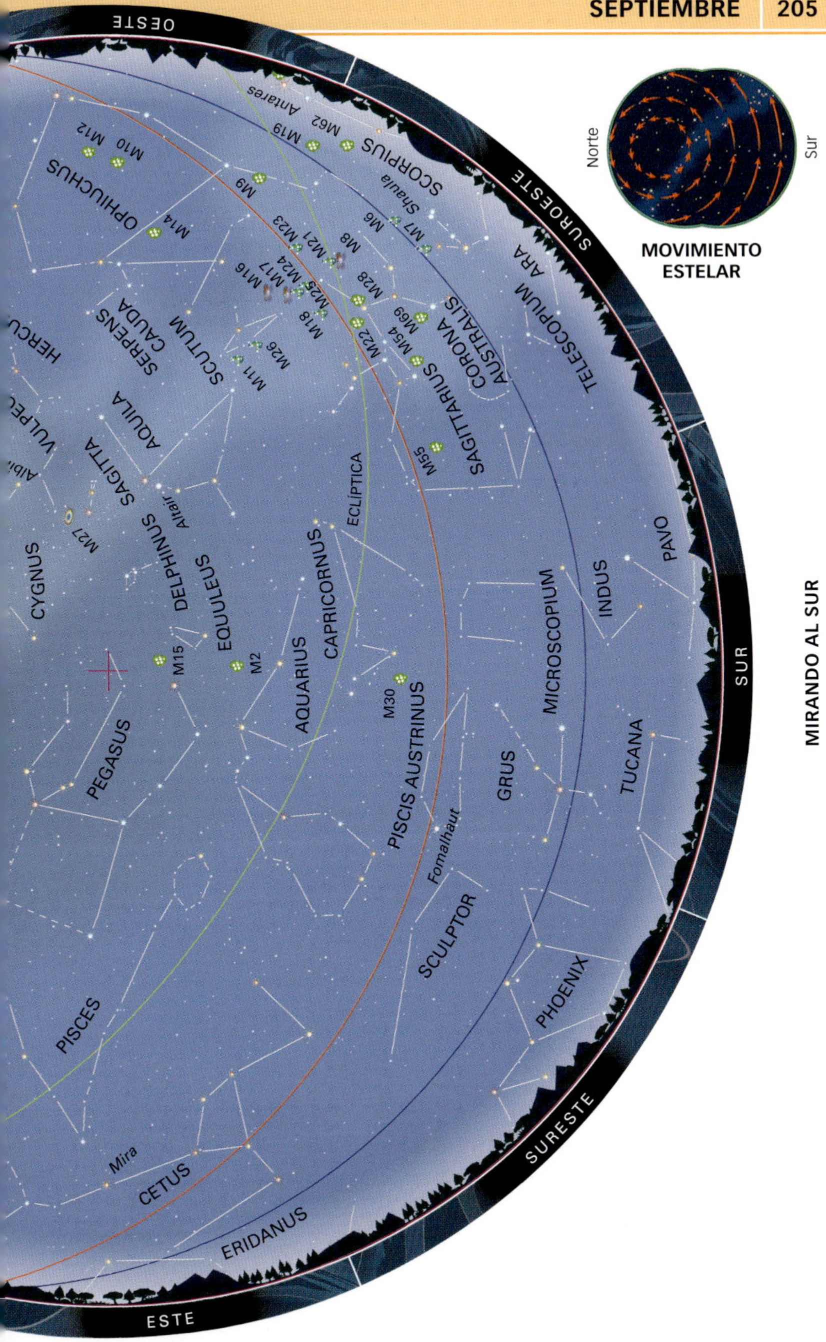

MOVIMIENTO ESTELAR

MIRANDO AL SUR

MAGNITUDES ESTELARES

−1 · 0 · 1 · 2 · 3 · 4 · 5 · Estrella variable

OBJETOS DEL CIELO PROFUNDO

Galaxia · Cúmulo globular · Cúmulo abierto · Nebulosa difusa · Nebulosa planetaria

»

SEPTIEMBRE

LATITUDES MERIDIONALES

MIRANDO AL NIRTE

HORAS DE OBSERVACIÓN

Fecha	Hora estándar	Horario de verano
15 agosto	Medianoche	1 h
1 septiembre	23 h	Medianoche
15 septiembre	22 h	23 h
1 octubre	21 h	22 h
15 octubre	20 h	21 h

PUNTOS DE REFERENCIA

Horizontes 0° 20°S 40°S **Cenits** 0° 20°S 40°S **Eclíptica**

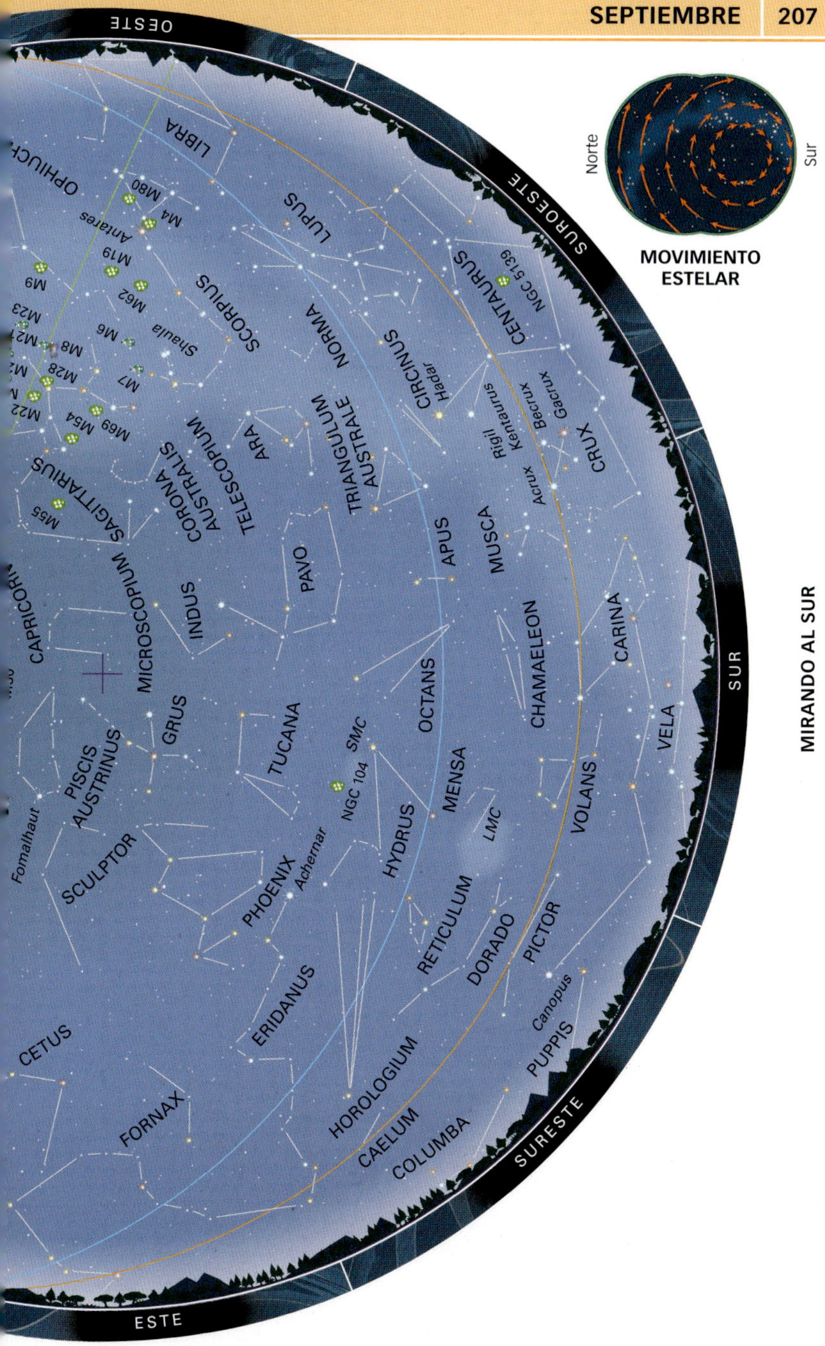

MOVIMIENTO ESTELAR

MIRANDO AL SUR

MAGNITUDES ESTELARES

−1 · 0 · 1 · 2 · 3 · 4 · 5 · Estrella variable

OBJETOS DEL CIELO PROFUNDO

Galaxia · Cúmulo globular · Cúmulo abierto · Nebulosa difusa · Nebulosa planetaria

OCTUBRE

La galaxia de Andrómeda es visible ahora para todos los observadores, al igual que el Gran Cuadrado de Pegaso, un asterismo formado por las estrellas más brillantes de las constelaciones de Pegaso y Andrómeda. Los observadores australes pueden ver la Gran Nube y la Pequeña Nube de Magallanes, mientras que Casiopea se halla en una buena posición desde las latitudes septentrionales.

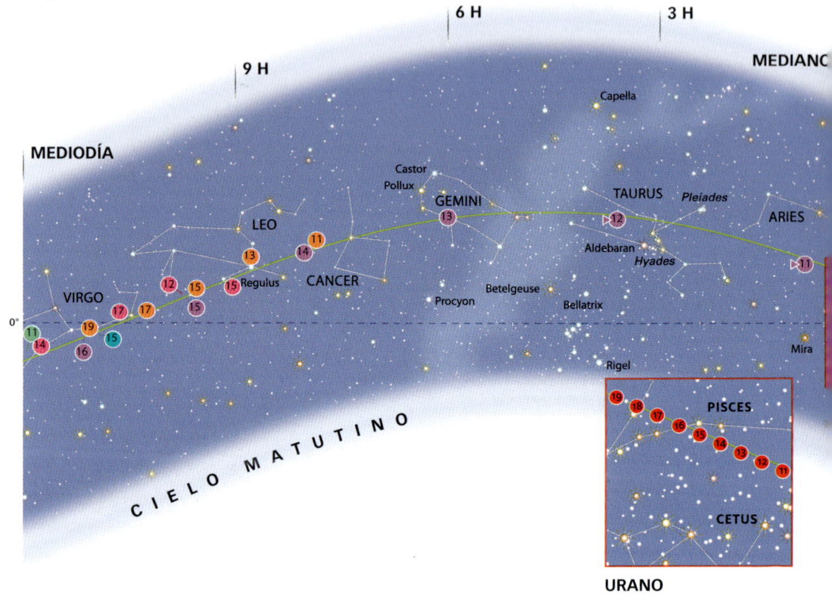

LATITUDES SEPTENTRIONALES

Pegaso y Andrómeda están a cada lado del sur. El Caballo Alado y la Princesa están unidos por el Gran Cuadrado de Pegaso, formado por tres estrellas de Pegaso y una de Andrómeda, que define la parte superior del Caballo Alado mitológico.

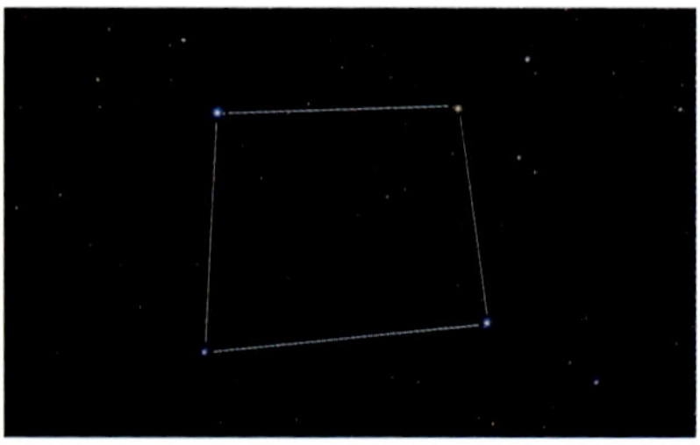

El Gran Cuadrado de Pegaso
La parte superior del cuerpo de Pegaso está formada por un asterismo: el Gran Cuadrado. La cabeza está debajo y las patas delanteras, a la derecha.

Cerca de la nariz del caballo está M15, un cúmulo globular visible a simple vista.

Andrómeda alberga la galaxia de Andrómeda (M31), el miembro más grande del cúmulo de galaxias del Grupo Local. Su parte central puede verse a simple vista, pero para discernir los brazos espirales se requiere un telescopio grande.

Mirando al norte, Vega (en la Lira), la estrella Polar y Capella (en el Cochero) dibujan una línea a lo ancho del cielo, mientras la Vía Láctea está en el cenit. Cefeo y Casiopea yacen sobre la estrella Polar.

LLUVIAS DE METEOROS

La lluvia de las Oriónidas alcanza su máximo el 20 de octubre, con unos 25 meteoros rápidos cada hora. El mejor momento para contemplarla es después de medianoche.

CLAVE DE LOS PLANETAS

Mercurio · Marte · Saturno · Neptuno
Venus · Júpiter · Urano

Localizar los planetas
El mapa de abajo muestra las posiciones de los planetas en octubre de 2011 a 2019. Los planetas se representan con topos de colores (v. clave izqda.), y el número dentro del topo indica el año. El topo indica la posición de los planetas (excepto Mercurio) el 15 de octubre. Mercurio solo se muestra cuando está en su máxima elongación.

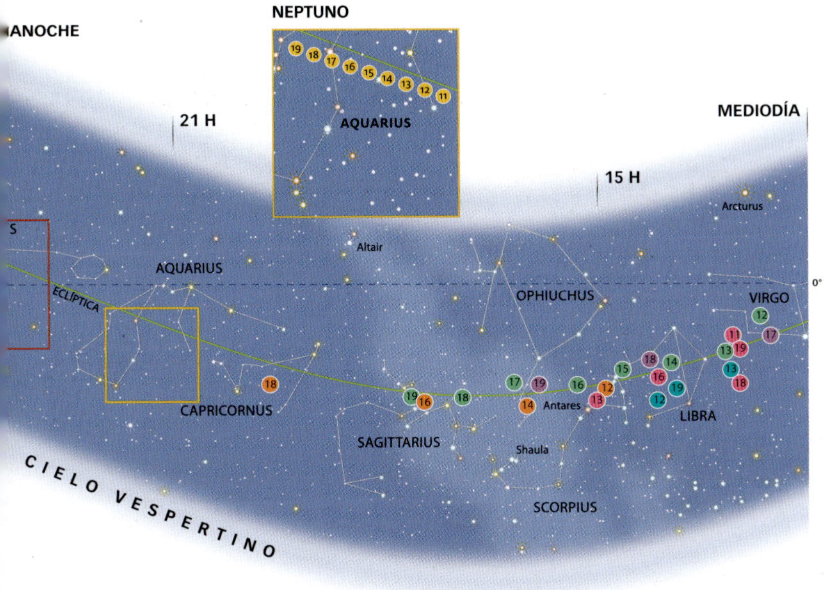

ATITUDES MERIDIONALES

lirando al norte, el Gran Cuadrado de Peaso está en el centro. Tiene tres estrellas e Pegaso, el Caballo Alado (a la izquiera), y una de Andrómeda, la Princesa (a la erecha). El caballo vuela hacia el oeste. a cabeza está definida por una línea de strellas; dos líneas dibujan sus patas deanteras.

Andrómeda está más baja en el cielo y la derecha de Pegaso. Alferatz, su estrea más brillante, marca la cabeza de la rincesa y es la cuarta estrella del Gran uadrado. La galaxia de Andrómeda M31) está en la rodilla izquierda. Esta gaaxia espiral –similar a la Vía Láctea pero nás grande y a 2,5 millones de años luz e distancia– parece un óvalo alargado. us brazos espirales y dos galaxias satélie, M32 y M110, pueden verse con un telescopio grande. Un telescopio pequeño mostrará NGC 7662, la nebulosa planetaria de la Bola de Nieve Azul, cerca de la mano derecha de Andrómeda.

La luminaria Fomalhaut en el Pez Austral está casi en el cenit. Altair, Vega y Deneb se están poniendo en el noroeste y las constelaciones de verano Tauro y Orión comienzan a aparecer en el este. Solo una estrella brillante, Achernar, está alta sobre el horizonte al sur, y cuatro tenues constelaciones que representan aves –el Fénix, la Grulla, el Tucán y el Pavo Real– están en el centro. El Tucán está bien situado para observar tanto la Pequeña Nube de Magallanes como el cúmulo globular 47 Tucanae, mientras que, cerca del horizonte sureste, se encuentra el Pez Dorado, que alberga la Gran Nube de Magallanes.

»

OCTUBRE
LATITUDES SEPTENTRIONALES

MIRANDO AL NORTE

HORAS DE OBSERVACIÓN		
Fecha	**Hora estándar**	**Horario de verano**
15 septiembre	Medianoche	1 h
1 octubre	23 h	Medianoche
15 octubre	22 h	23 h
1 noviembre	21 h	22 h
15 noviembre	20 h	21 h

PUNTOS DE REFERENCIA

Horizontes 60°N 40°N 20°N **Cenits** 60°N 40°N 20°N **Eclíptica**

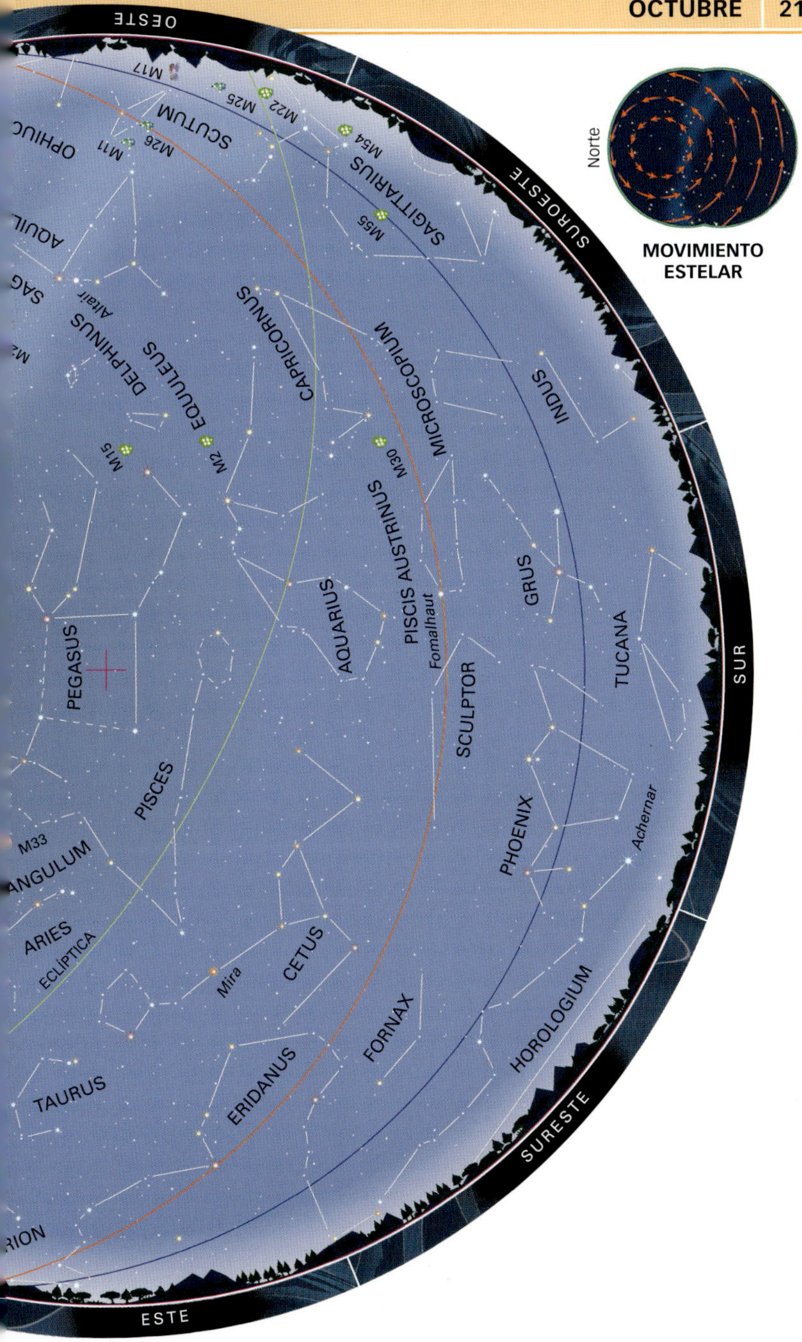

MOVIMIENTO ESTELAR

MIRANDO AL SUR

MAGNITUDES ESTELARES

–1 · 0 · 1 · 2 · 3 · 4 · 5 · Estrella variable

OBJETOS DEL CIELO PROFUNDO

Galaxia · Cúmulo globular · Cúmulo abierto · Nebulosa difusa · Nebulosa planetaria

OCTUBRE
LATITUDES MERIDIONALES

MIRANDO AL NORTE

HORAS DE OBSERVACIÓN

Fecha	Horario estándar	Horario de verano
15 septiembre	Medianoche	1 h
1 octubre	23 h	Medianoche
15 octubre	22 h	23 h
1 noviembre	21 h	22 h
15 noviembre	20 h	21 h

PUNTOS DE REFERENCIA

Horizontes 0° 20°S 40°S Cenits 0° 20°S 40°S Eclíptica

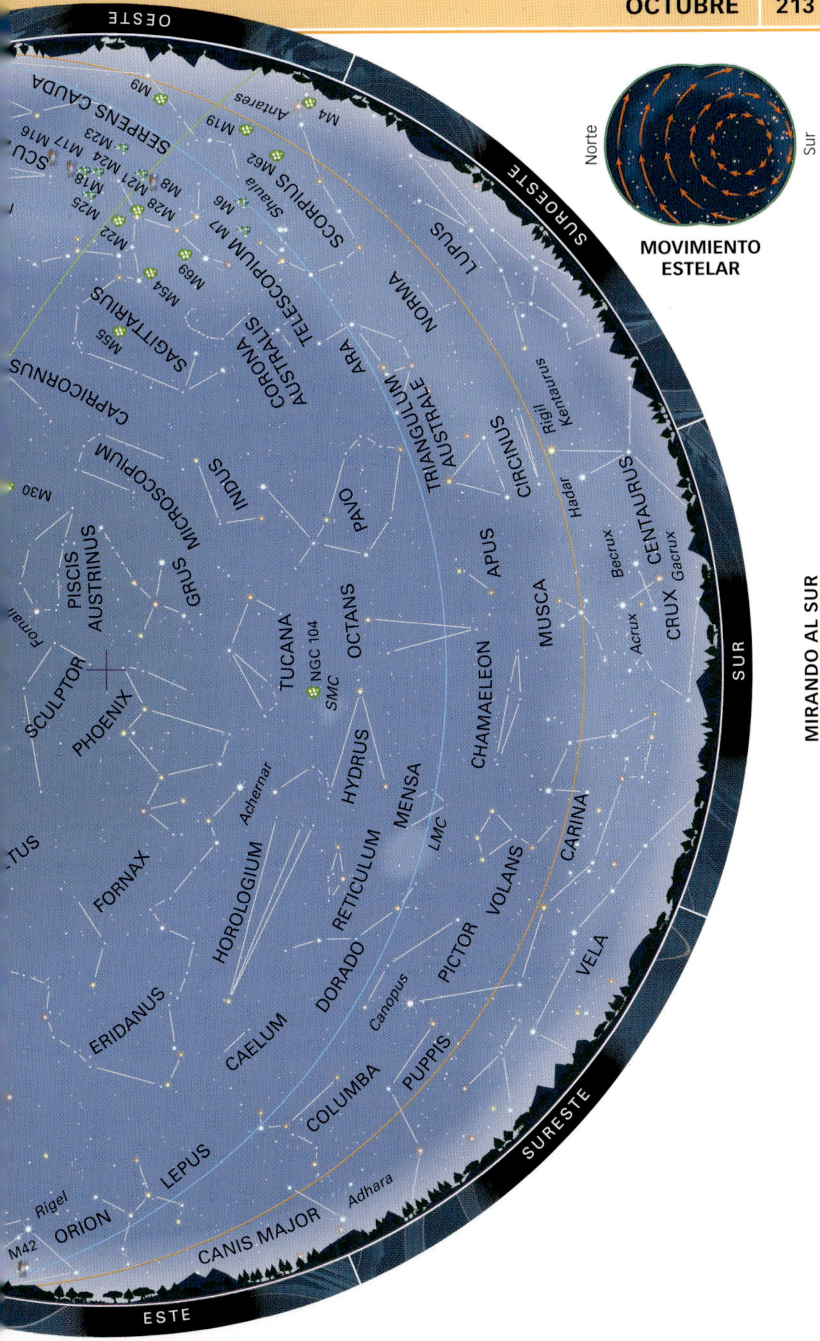

MOVIMIENTO ESTELAR

MIRANDO AL SUR

MAGNITUDES ESTELARES

–1 · 0 · 1 · 2 · 3 · 4 · 5 · Estrella variable

OBJETOS DEL CIELO PROFUNDO

Galaxia · Cúmulo globular · Cúmulo abierto · Nebulosa difusa · Nebulosa planetaria

NOVIEMBRE

Dos célebres estrellas variables, Mira en la Ballena y Algol en Perseo, ocupan ahora una posición destacada en el cielo tanto para los observadores boreales como para los australes. En las latitudes norte, la Vía Láctea describe un arco en el cenit, mientras que cuatro aves anuncian la llegada de las estrellas de verano en el sur.

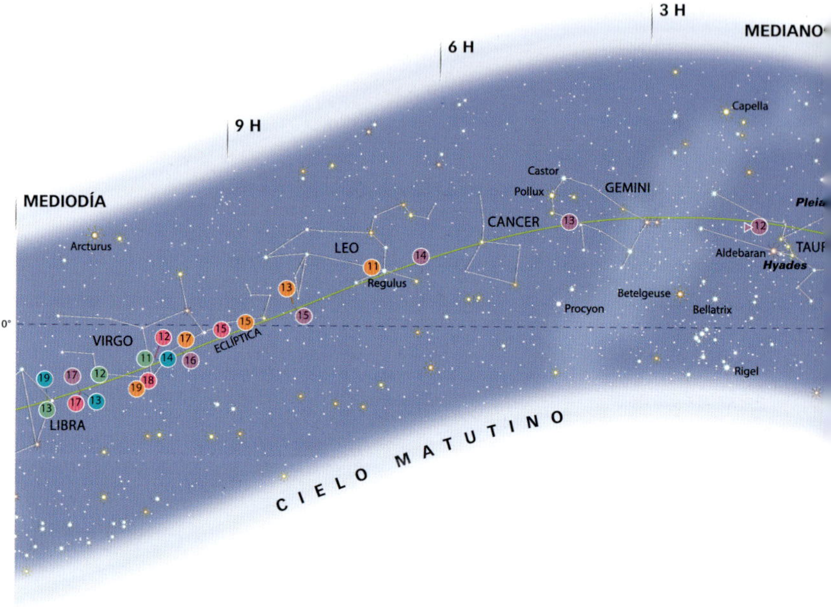

LATITUDES SEPTENTRIONALES

Perseo y Andrómeda están ahora altos en el cenit, con los padres de Andrómeda, Cefeo y Casiopea, hacia el norte. Andrómeda está bien situada para observar la galaxia de Andrómeda. Algol en Perseo es una binaria eclipsante: un pareja de estrellas que giran una alrededor de la otra y demasiado cercanas como para verlas separadas, incluso con un telescopio potente.

La Ballena está al sur; la gigante roja Mira en el cuello es una estrella variable cuyo brillo varía en un ciclo de 11 meses. Piscis se encuentra sobre la Ballena; a su derecha está el Gran Cuadrado de Pegaso. El Triángulo de Verano de Altair, Vega y Deneb está bajo en el noroeste y las constelaciones de invierno Tauro, Géminis y Orión están saliendo por el sureste.

LLUVIAS DE METEOROS

La de las Táuridas alcanza su máximo en la primera semana de noviembre; la de las Leónidas el 17 de noviembre.

Las Leónidas
La lluvia de las Leónidas irradia desde Leo. Al igual que las Táuridas en Tauro, suelen verse unos 10 meteoros cada hora.

CLAVE DE LOS PLANETAS

- Mercurio
- Venus
- Marte
- Júpiter
- Saturno
- Urano
- Neptuno

Localizar los planetas
El mapa de abajo muestra las posiciones de los planetas en noviembre de 2011 a 2019. Los planetas se representan con topos de colores (v. clave izqda.), y el número dentro del topo indica el año. El topo indica la posición de los planetas (excepto Mercurio) el 15 de noviembre. Mercurio solo se muestra cuando está en su máxima elongación.

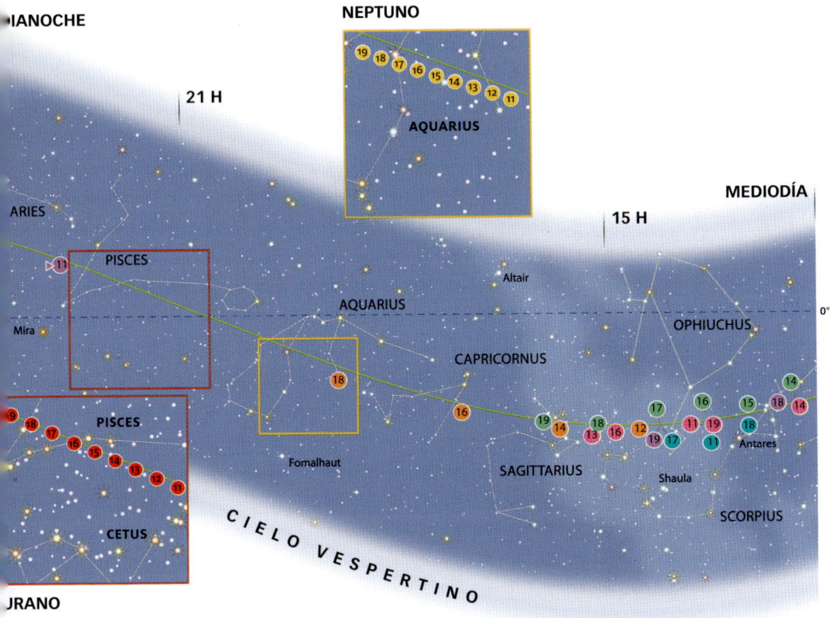

LATITUDES MERIDIONALES

La Ballena se encuentra en el cenit, luciendo su estrella variable Mira, una gigante roja cuyo brillo cambia entre las magnitudes 3 y 10 en un ciclo de 11 meses.

Piscis y Aries están a cada lado del norte. Piscis, que representa a dos peces unidos, es una constelación tenue. Su estrella más brillante, Alfa (α), marca el nudo que une a los peces; con un telescopio puede verse que son dos estrellas. Debajo de Piscis y al noreste están Pegaso y Andrómeda, con la galaxia de Andrómeda todavía bastante alta.

Noviembre ofrece la oportunidad de ver a Andrómeda y Perseo juntos. Perseo, que mató al monstruo marino de la Ballena, evitando así que devorase a Andrómeda, está cerca del horizonte en el noreste. La binaria eclipsante Beta (β) Persei o Algol desciende de una magnitud de 2,1 a 3,4 durante 10 horas de cada 69, un cambio que se ve a simple vista.

Achernar en Erídano ocupa el centro del cielo al sur. Al oeste está Fomalhaut en el Pez del Sur, el padre de los dos peces de Piscis, y el receptor del agua que vierte de la jarra de Acuario a la derecha. El Fénix, la Grulla, el Tucán y el Pavo Real se encuentran al suroeste. La Pequeña Nube de Magallanes está en el Tucán, y a su izquierda está la Gran Nube de Magallanes en el Pez Dorado.

Canopo, la supergigante blanca en la Quilla, se encuentra al sureste, con la aún más brillante Sirio (en el Can Mayor) saliendo más allá en el este. La presencia de Tauro, Orión y el Can Mayor sobre el horizonte indica que se acerca el verano.

»

NOVIEMBRE

LATITUDES SEPTENTRIONALES

MIRANDO AL NORTE

HORAS DE OBSERVACIÓN

Fecha	Hora estándar	Daylight-saving time
15 octubre	Medianoche	1 h
1 noviembre	23 h	Medianoche
15 noviembre	22 h	23 h
1 diciembre	21 h	22 h
15 diciembre	20 h	21 h

PUNTOS DE REFERENCIA

Horizontes 60°N 40°N 20°N **Cenits** 60°N 40°N 20°N **Eclíptica**

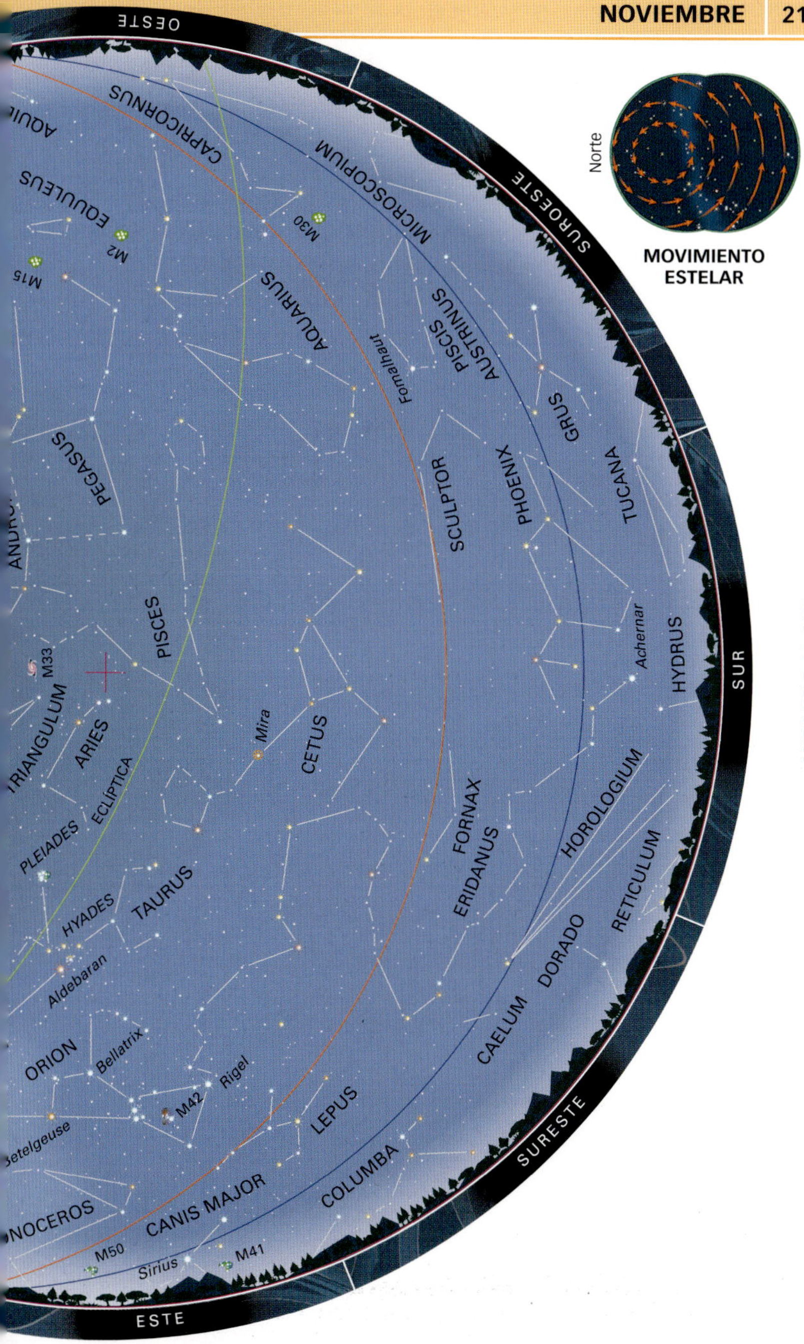

MOVIMIENTO ESTELAR

MIRANDO AL SUR

MAGNITUDES ESTELARES

–1 · 0 · 1 · 2 · 3 · 4 · 5 · Estrella variable

OBJETOS DEL CIELO PROFUNDO

Galaxia · Cúmulo globular · Cúmulo abierto · Nebulosa difusa · Nebulosa planetaria

»

NOVIEMBRE

LATITUDES MERIDIONALES

MIRANDO AL NORTE

HORAS DE OBSERVACIÓN

Fecha	Hora Estándar	Horario de verano
15 octubre	Medianoche	1 h
1 noviembre	23 h	Medianoche
15 noviembre	22 h	23 h
1 diciembre	21 h	22 h
15 diciembre	20 h	21 h

PUNTOS DE REFERENCIA

Horizontes 0° 20°S 40°S **Cenits** 0° 20°S 40°S **Eclíptica**

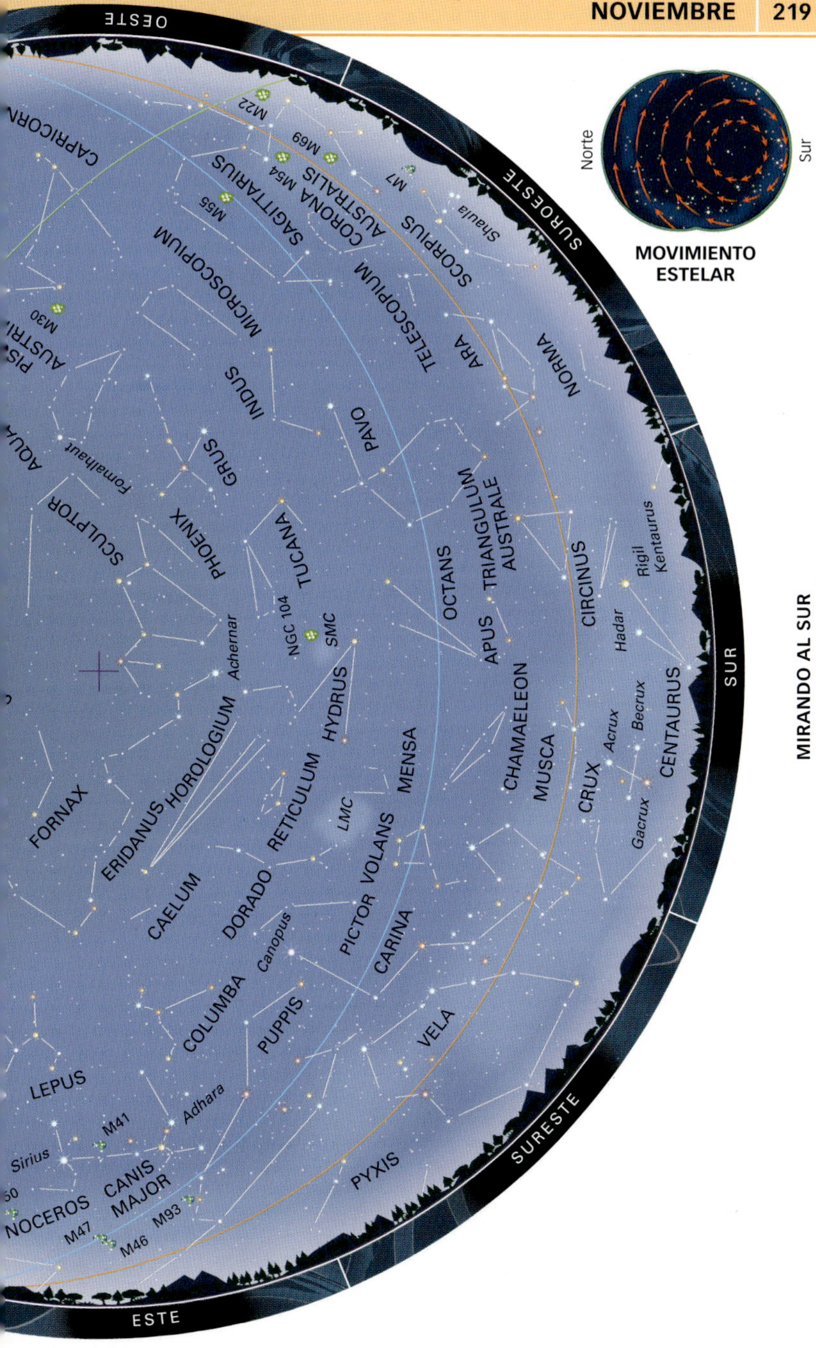

MIRANDO AL SUR

MOVIMIENTO ESTELAR

MAGNITUDES ESTELARES

−1 · 0 · 1 · 2 · 3 · 4 · 5 · Estrella variable

OBJETOS DEL CIELO PROFUNDO

Galaxia · Cúmulo globular · Cúmulo abierto · Nebulosa difusa · Nebulosa planetaria

DICIEMBRE

Tauro y Orión vuelven al centro del cielo a medida que el año se acerca a su fin. El Sol se encuentra en el punto más alejado al sur del ecuador celeste en torno al 21 o 22 de diciembre. En el hemisferio norte, es el solsticio de invierno, cuando las noches son más largas. En el hemisferio sur, es el solsticio de verano, cuando las noches son más cortas.

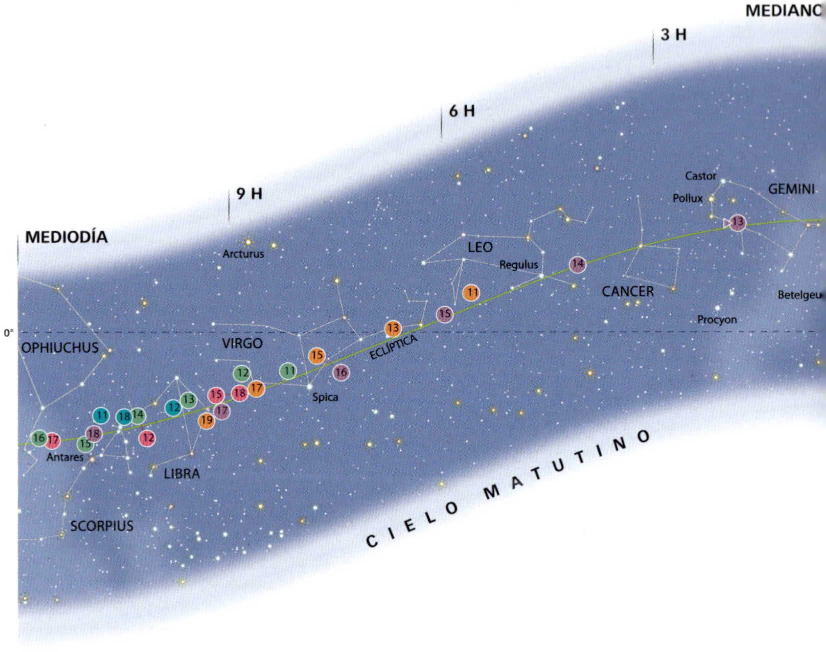

LATITUDES SEPTENTRIONALES

Tauro va delante y está casi al sur, mientras que Orión se sitúa en el sureste y Géminis en el cielo oriental. Son visibles dos estrellas muy brillantes: la amarilla Capella, en el Cochero, está casi en el cenit, y la brillante blanca Sirio –la más brillante de todas– está cerca del horizonte sureste. Las constelaciones de agua, Piscis y la Ballena, se hunden en dirección al horizonte occidental. Las estrellas de Tauro representan la cabeza y los hombros de un toro, con el cúmulo abierto de las Híades, en forma de V, marcando la cara y la gigante roja brillante Aldebarán, el ojo. Un segundo cúmulo, el de las Pléyades (M45), marca el lomo del toro.

Al norte, las Osas Mayor y Menor están debajo de la Polar; Andrómeda y Perseo permanecen en el cenit. La luz en la mano de Perseo es el cúmulo Doble.

Cúmulo Doble
El cúmulo Doble es un par de cúmulos estelares abiertos en Perseo: NGC 884 (izqda.) y NGC 869 (dcha.). Cada uno contiene cientos de estrellas.

LLUVIAS DE METEOROS

La lluvia de las Gemínidas alcanza su máximo el 13 de diciembre, cuando pueden verse hasta 100 meteoros cada hora

CLAVE DE LOS PLANETAS

Mercurio	Marte	Saturno	Neptuno
Venus	Júpiter	Urano	

Localizar los planetas
El mapa de abajo muestra las posiciones de los planetas en diciembre de 2011 a 2019. Los planetas se representan con topos de colores (v. clave izqda.), y el número dentro del topo indica el año. El topo indica la posición de los planetas (excepto Mercurio) el 15 de diciembre. Mercurio solo se muestra cuando está en su máxima elongación.

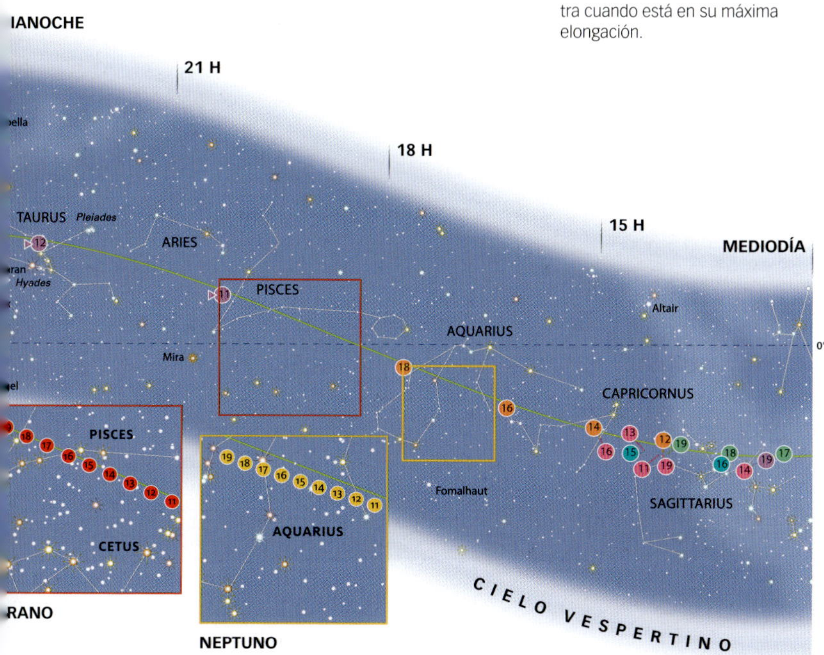

ATITUDES MERIDIONALES

cuario, Piscis y Pegaso se desplazan hacia el horizonte occidental a medida que las estrellas de verano salen por el este. a figura invertida de Orión, el Cazador, nuncia que el verano casi está aquí. Está anqueado por Tauro en su parte izquiera inferior y por el Can Mayor a la derecha. Debajo está la constelación de éminis. Cástor y Pólux, las dos estrellas rillantes que marcan sus cabezas, están erca del horizonte noreste.

Tauro es la parte anterior de un toro que e ve de cara al este. Tiene los hombros y cabeza cerca del horizonte y las patas elanteras apuntan hacia arriba. El cúmulo bierto de las Pléyades (M45) marca el ombro del toro. Seis e incluso siete de sus strellas pueden discernirse a simple vista, que explica el nombre alternativo del cúmulo, las Siete Hermanas. Con ayudas ópticas pueden verse muchas más. La cara del toro está formada por un segundo cúmulo en forma de V, las Híades, en el cual pueden verse a simple vista más de una docena de estrellas, así como la gigante roja Aldebarán, no relacionada con el cúmulo.

El camino sinuoso de Erídano puede seguirse desde la luminaria de Orión, Rigel, por el cenit hacia el horizonte sur, deteniéndose en Achernar a la derecha del sur. La brillante blanca Canopo (en la Quilla) se encuentra a la izquierda de Achernar. Entre ambas están la Gran Nube y la Pequeña Nube de Magallanes.

Sirio, en el Can Mayor, brilla alta en el este, formando uno de los vértices de un triángulo con Betelgeuse en Orión y Proción en el Can Menor.

»

DICIEMBRE

LATITUDES SEPTENTRIONALES

MIRANDO AL NORTE

HORAS DE OBSERVACIÓN		
Fecha	**Hora estándar**	**Horario de verano**
15 noviembre	Medianoche	1 h
1 diciembre	23 h	Medianoche
15 diciembre	22 h	23 h
1 enero	21 h	22 h
15 enero	20 h	21 h

PUNTOS DE REFERENCIA

Horizontes 60°N | 40°N | 20°N **Cenits** 60°N 40°N 20°N **Eclíptica**

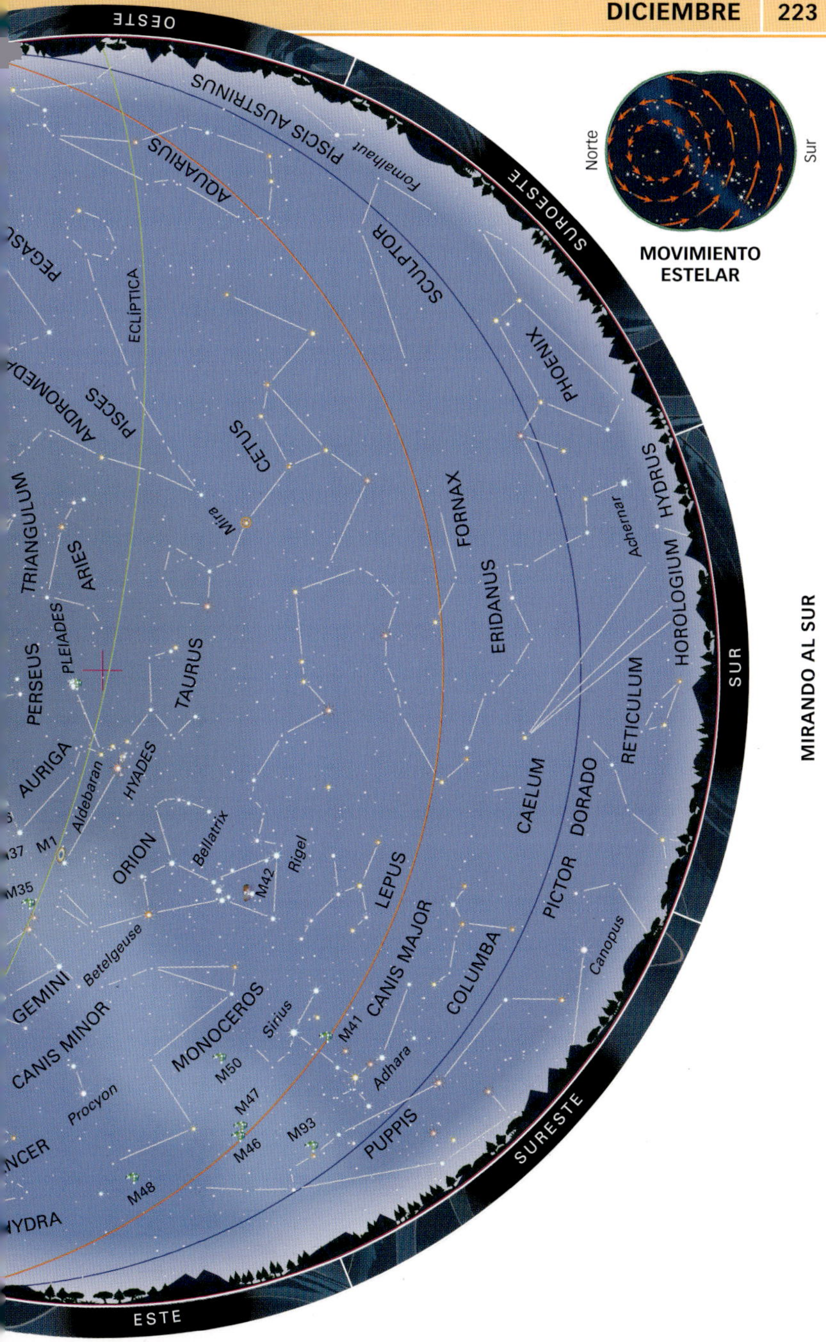

MOVIMIENTO ESTELAR

MIRANDO AL SUR

MAGNITUDES ESTELARES

–1 · 0 · 1 · 2 · 3 · 4 · 5 · Estrella variable

OBJETOS DEL CIELO PROFUNDO

Galaxia · Cúmulo abierto · Cúmulo globular · Nebulosa difusa · Nebulosa planetaria

DICIEMBRE
LATITUDES MERIDIONALES

MIRANDO AL NORTE

HORAS DE OBSERVACIÓN

Fecha	Hora estándar	Horario de verano
15 noviembre	Medianoche	1 h
1 diciembre	23 h	Medianoche
15 diciembre	22 h	23 h
1 enero	21 h	22 h
15 enero	20 h	21 h

PUNTOS DE REFERENCIA

Horizontes 0° | 20°S | 40°S **Cenits** 0° 20°S 40°S **Eclíptica**

MIRANDO AL SUR

MAGNITUDES ESTELARES

−1 · 0 · 1 · 2 · 3 · 4 · 5 · Estrella variable

OBJETOS DEL CIELO PROFUNDO

Galaxia · Cúmulo globular · Cúmulo abierto · Nebulosa difusa · Nebulosa planetaria

LAS CONSTELACIONES

El cielo en Portugal, con la constelación Tauro en el centro de la fotografía y Marte abajo a la izquierda.

CÓMO ES ESTA SECCIÓN

Esta sección contiene los perfiles de las 88 constelaciones reconocidas internacionalmente. Están ordenadas por la posición de las constelaciones en el cielo, empezando por las que están en el polo norte celeste o cerca de este y acabando por las del polo sur.

Perfiles de las constelaciones
El mapa de la constelación muestra todas las estrellas con un brillo superior a la magnitud 6,5, con rótulos para las estrellas superiores a la magnitud 5. También una selección de los objetos del cielo profundo. El texto describe el origen de la constelación, explica cómo localizarla y recoge los principales objetos de interés.

No visible

Parcialmente visible

Visible

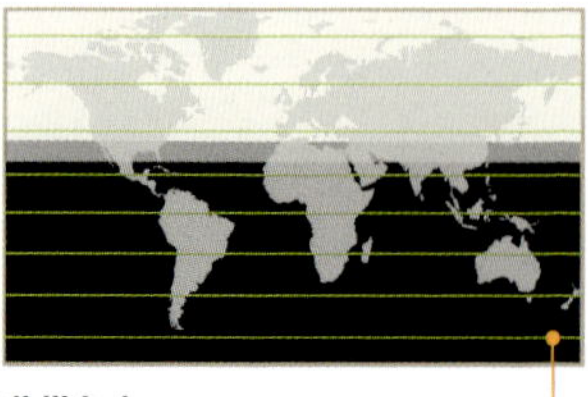

Visibilidad
Un mapamundi muestra las latitudes en las que la constelación es visible, parcialmente visible o no visible.

Estrellas numeradas en orden de ascensión recta (p. 17)

Nombre de la constelación

Horas de ascensión recta

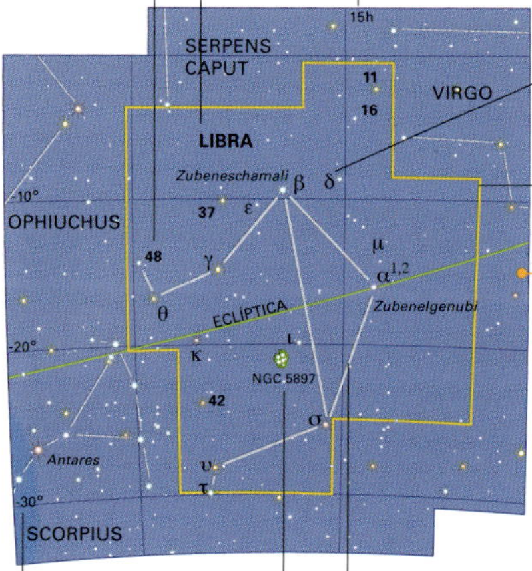

Las estrellas más brillantes se identifican con letras griegas

Límite de la constelación

Datos de la constelación (v. clave en la p. 5)

Dibujo del objeto o personaje representado por la constelación

Caso posesivo y abreviación estándar del nombre de la constelación

Estrellas y objetos del cielo profundo de la constelación

Grados de declinación (p. 17)

Objeto del cielo profundo

Las líneas de unión entre las estrellas forman el dibujo de la constelación

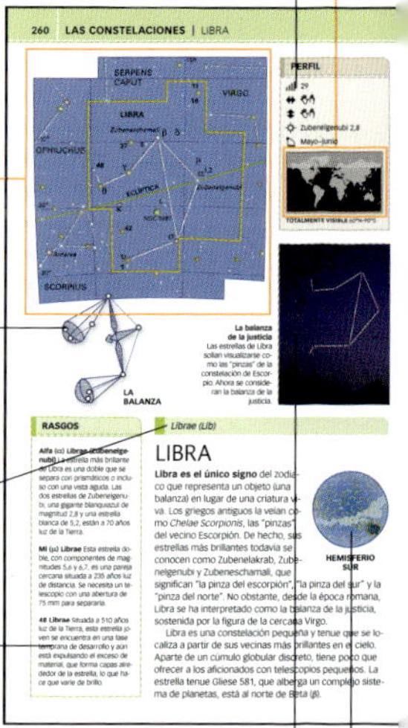

Fotografías
Algunas entradas incluyen una fotografía de la constelación. Se han añadido líneas para unir las estrellas que forman el dibujo de la constelación. Otras fotografías muestran objetos del cielo profundo.

Localizador
Muestra la posición de la constelación en la esfera celeste y su posición en relación con la Vía Láctea.

EL ALFABETO GRIEGO

Algunas estrellas se identifican con letras griegas. La estrella más brillante de una constelación se denomina Alfa; la segunda Beta, y así sucesivamente (v. p. 24).

α *Alfa*	η *Eta*	ν *Ni*	τ *Tau*
β *Beta*	θ *Theta*	ξ *Xi*	υ *Ípsilon*
γ *Gamma*	ι *Iota*	ο *Ómicron*	φ *Fi*
δ *Delta*	κ *Kappa*	π *Pi*	χ *Ji*
ε *Épsilon*	λ *Lambda*	ρ *Ro*	ψ *Psi*
ζ *Zeta*	μ *Mi*	σ *Sigma*	ω *Omega*

MAGNITUDES ESTELARES

-1,5–0 · 0–0,9 · 1,0–1,9 · 2,0–2,9 · 3,0–3,9 · 4,0–4,9 · 5,0–5,9 · 6,0–6,9

OBJETOS DEL CIELO PROFUNDO

Galaxia · Cúmulo globular · Cúmulo abierto · Nebulosa difusa · Nebulosa planetaria o remanente de supernova · Agujero negro o binaria de rayos X

PERFIL

56

Polaris (α) 2,0

Mayo–julio

TOTALMENTE VISIBLE 90°N-0°N

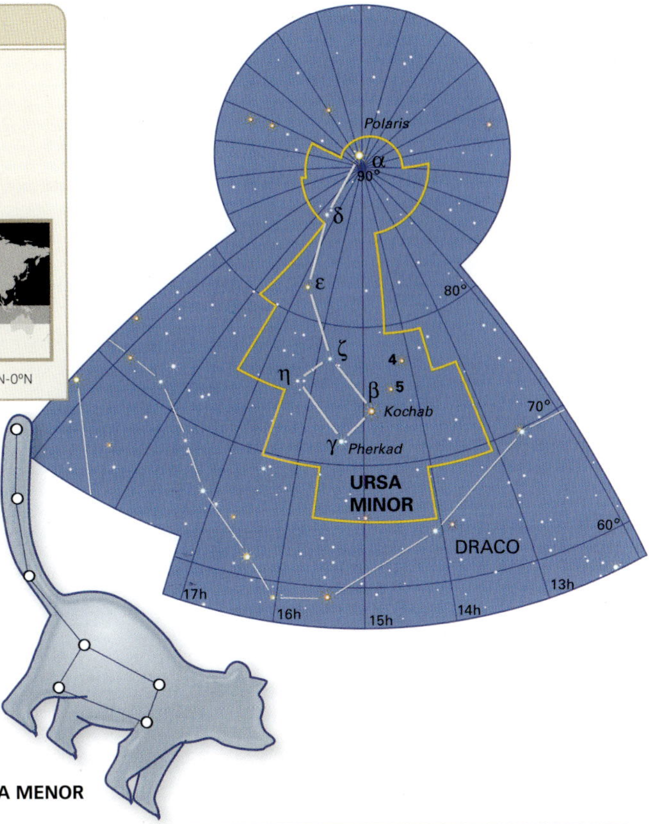

LA OSA MENOR

RASGOS

Alfa (α) Ursae Minoris (Polaris) La estrella Polar es una supergigante amarilla de magnitud 2,0, situada a unos 430 años luz de distancia, a medio grado del polo norte celeste. Antes se clasificaba como variable cefeida, pero en las últimas décadas sus variaciones se han extinguido.

Beta (β) Ursae Minoris (Kochab) La segunda estrella más brillante de la Osa Menor es una gigante roja a unos 100 años luz de distancia.

Ursae Minoris (UMi)

URSA MINOR

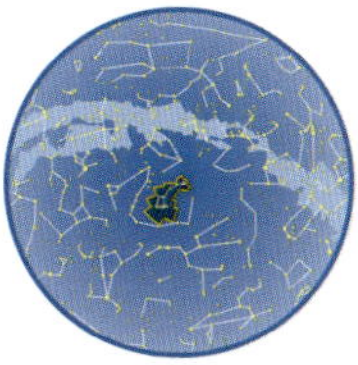

HEMISFERIO NORTE

Esta constelación es un rasgo constante del cielo septentrional que nunca sale o se pone. Gira alrededor del polo norte celeste cada 24 horas. Con una forma que imita el asterismo del Gran Carro de la Osa Mayor (pp. 238-239), más grande y brillante, la Osa Menor también se conoce como el Pequeño Carro. Se reconoce desde el año 600 a.C., cuando fue introducida por el astrónomo griego Tales de Mileto. Lleva el nombre de Ida, una ninfa que alimentó a Zeus cuando era un bebé, aunque no está claro por qué se representa como un osezno.

La Osa Menor contiene la estrella Polar (Polaris en latín), muy cercana al polo norte celeste, en la "cola" de la constelación. El eje de rotación terrestre casi apunta a ella y su posición señala la dirección del "verdadero norte" visto desde cualquier punto en el hemisferio norte.

PERFIL

8

Thuban (α) 3,7

Abril–agosto

TOTALMENTE VISIBLE 90°N-4°S

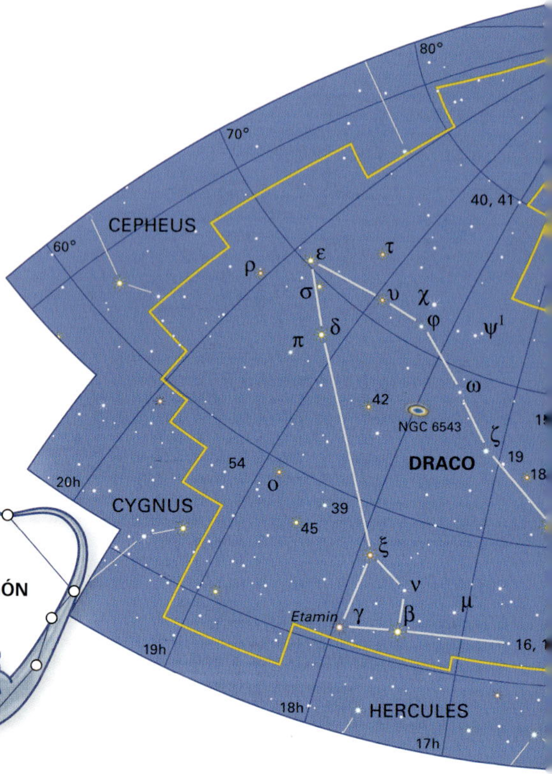

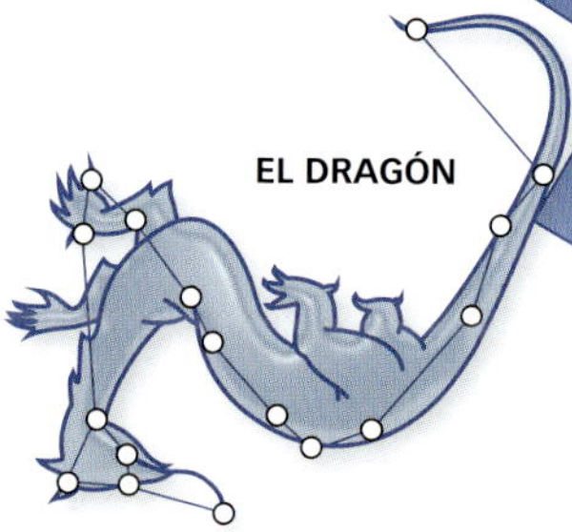

RASGOS

Alfa (α) Draconis (Thuban) Thuban es una gigante blanquiazul a unos 300 años luz de distancia. Es la estrella más brillante del Dragón, con una modesta magnitud de 3,7. Debido a la precesión (p. 17), Thuban era la estrella del polo norte hace 5.000 años.

Ni (ν) Draconis Es una estrella doble que marca la "cabeza" del dragón. Está formada por dos estrellas blancas gemelas con una magnitud combinada de 4,9.

16 y 17 Draconis Este par de estrellas, de magnitudes 5,1 y 5,5, se separan con prismáticos, pero un telescopio pequeño mostrará que la estrella brillante es, a su vez, una doble.

NGC 6543 (nebulosa Ojo de Gato) Es una de las nebulosas planetarias más brillantes.

Draconis (Dra)

DRACO

El Dragón es una constelación grande que rodea a la Osa Menor y el polo norte celeste. Según la mitología griega, representa un dragón que vigilaba un huerto de manzanas de oro que pertenecía a las Hespérides, las hijas del titán Atlas. Hércules mató al dragón y, en el cielo nocturno, su constelación se encuentra sobre la cabeza del animal. Draco también representa al dragón que custodiaba el vellocino de oro y al que mataron Jasón y los Argonautas.

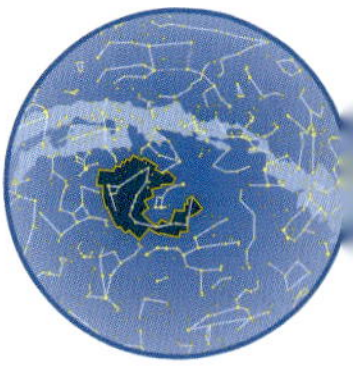

HEMISFERIO NORTE

La constelación es la octava más grande del cielo pero, a pesar de su tamaño, carece de estrellas de magnitud superior a 2. Tampoco tiene nebulosas ni cúmulos estelares, pero al menos contiene algunas galaxias débiles y una nebulosa planetaria interesante. Es el origen de una de las lluvias de meteoros anuales menores, las Dracónidas, que alcanza su máximo el 9 de octubre.

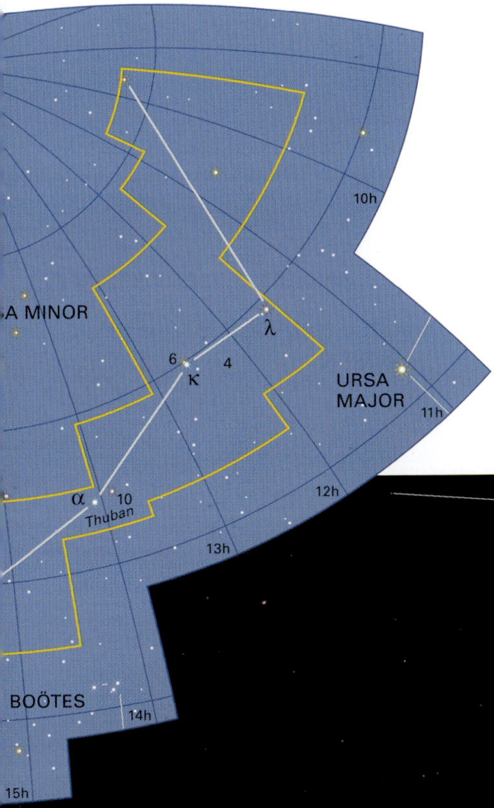

La nebulosa Ojo de Gato
Esta nebulosa planetaria es perfecta para su observación con grandes telescopios, que descubren una compleja estructura de burbujas de gas. Esta imagen fue captada por el telescopio espacial Hubble.

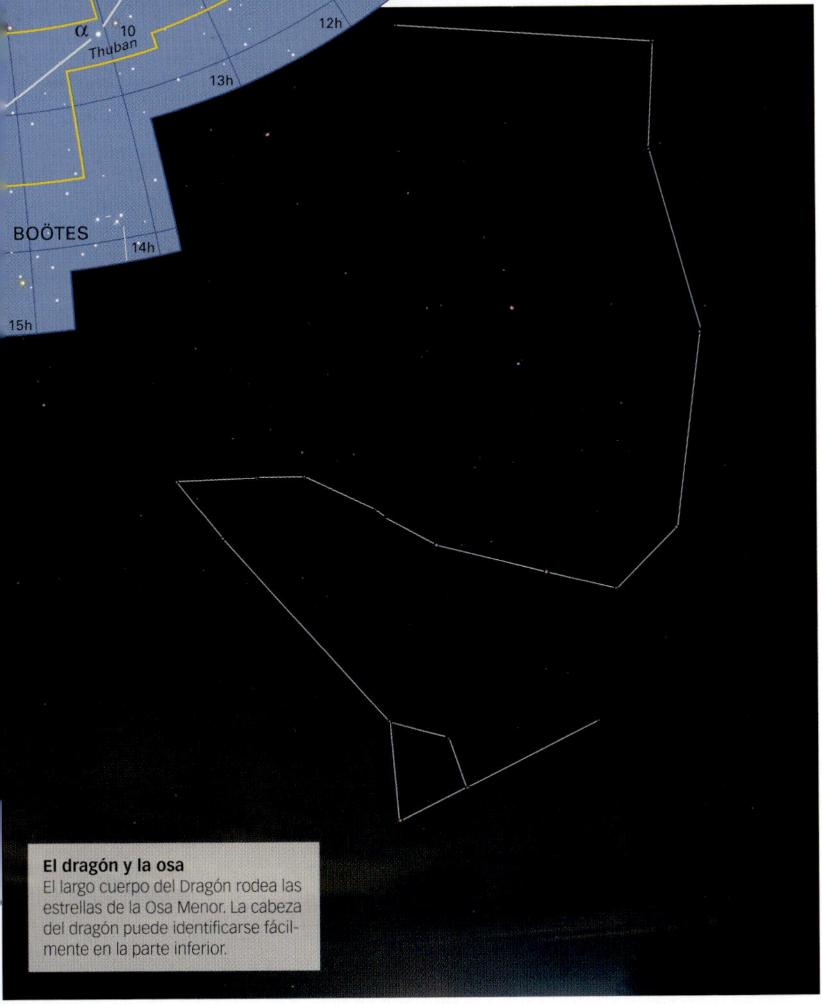

El dragón y la osa
El largo cuerpo del Dragón rodea las estrellas de la Osa Menor. La cabeza del dragón puede identificarse fácilmente en la parte inferior.

PERFIL

27

Alfa (α) 2,5

Septiembre–octubre

TOTALMENTE VISIBLE 90ºN-1ºS

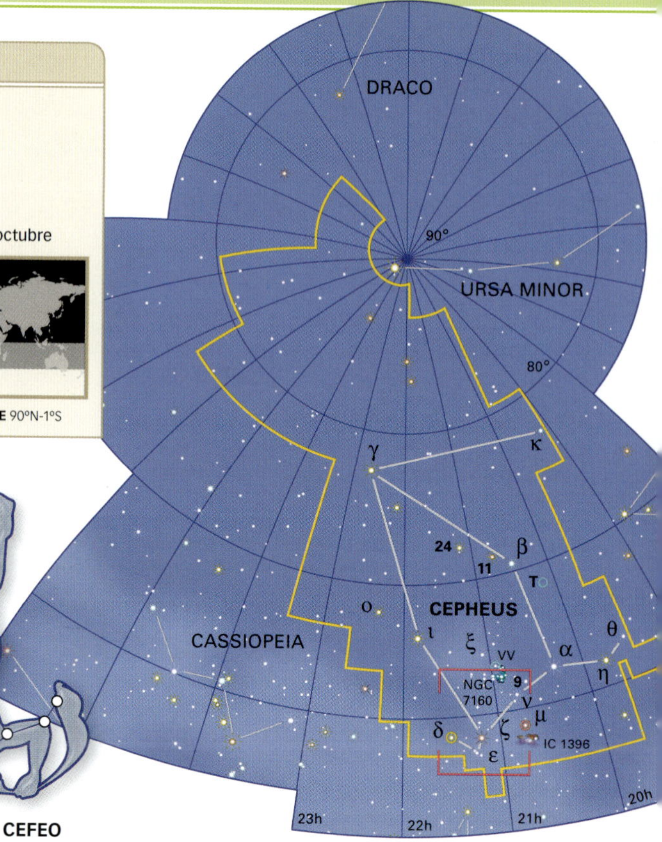

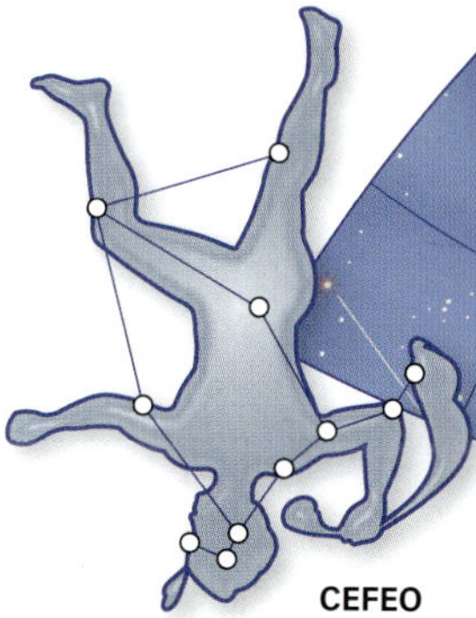

CEFEO

RASGOS

Beta (β) Cephei Es la segunda estrella más brillante de Cefeo, una gigante azul con una compañera débil. Su brillo varía en 0,1 de magnitud en un ciclo de 4,6 horas.

Delta (δ) Cephei Es una estrella prototipo de una clase de variables denominadas cefeidas. Se trata de una supergigante amarilla que está envejeciendo y que se expande y contrae repetidamente. Varía de brillo entre una magnitud de 3,5 y 4,4 en un ciclo de cinco días y nueve horas.

Mi (μ) Cephei Llamada la "Estrella granate" debido a su color rojo sangre, Mi (μ) Cephei es una supergigante roja. Al igual que Delta (δ) Cephei, es una estrella variable, pero menos predecible, y su brillo varía entre una magnitud de 3,4 y 5,1 en un periodo de unos dos años.

Cephei (Cep)

CEPHEUS

La constelación de Cefeo se encuentra en el cielo más septentrional, entre la destacada Casiopea y el Dragón. Sus estrellas principales forman una torre distorsionada o una forma empinada, pero este antiguo asterismo griego representa al mítico rey Cefeo de Etiopía, que fue el marido de la vanidosa reina Casiopea y padre de la princesa Andrómeda.

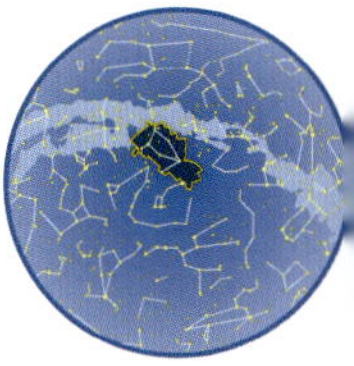

HEMISFERIO NORTE

Cefeo no contiene estrellas de brillo superior a una magnitud de 2,5. Sin embargo, los tramos septentrionales de la Vía Láctea atraviesan esta parte del cielo, de modo que Cefeo tiene cierto interés. Contiene varias estrellas variables interesantes; las más conocidas son la fiable Delta (δ) Cephei y la menos predecible Mi (μ) Cephei o Estrella granate (v. el mapa de la p. siguiente), una supergigante roja rodeada por IC 1396, una gran región de nebulosidad de formación estelar.

DELTA (δ) Y MI (μ) CEPHEI

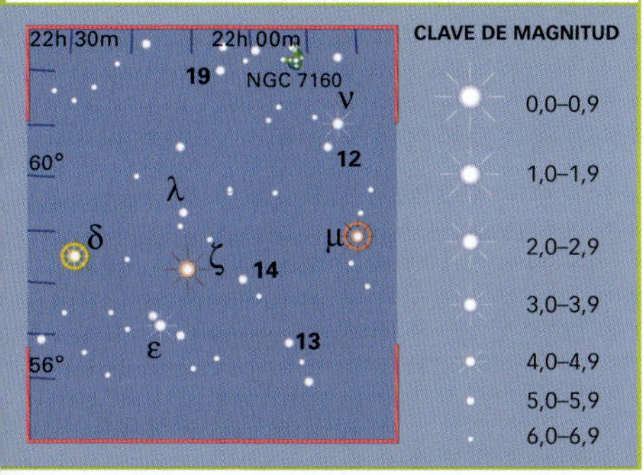

HENRIETTA LEAVITT

Las destacables propiedades de las variables cefeidas, que reciben su nombre de Delta (δ) Cephei, fueron descubiertas a principios del s. xx por Henrietta Leavitt, quien identificó las cefeidas en la Pequeña Nube de Magallanes (SMC) y pensó que todas estaban a más o menos la misma distancia, de modo que sus magnitudes reflejarían sus verdaderas luminosidades. Esto reveló la relación entre luminosidad y periodo de variación, que se puede utilizar para calcular la distancia.

Rey mítico
Con la forma de una mitra de obispo, Cefeo no es fácil de localizar. Está flanqueado por Casiopea, su esposa, y el Dragón.

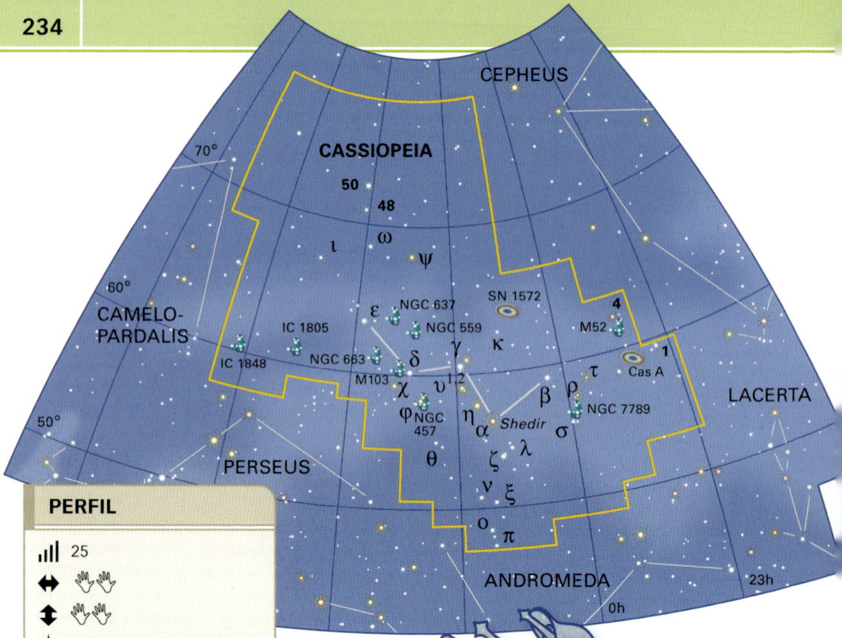

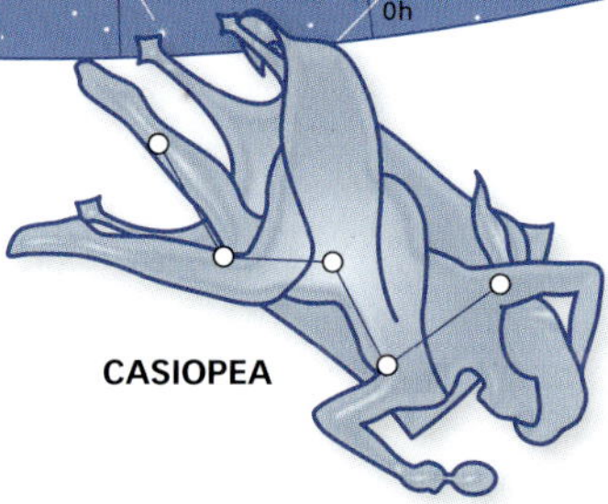

PERFIL

25

Shedir (α), Gamma (γ) 2,2

Octubre–diciembre

TOTALMENTE VISIBLE 90°N-12°S

RASGOS

Gamma (γ) Cassiopeiae Esta estrella caliente y de rápida rotación a veces despide anillos de gas de su ecuador, lo que causa cambios impredecibles de su brillo. Actualmente está en una magnitud de 2,2, lo que la equipara a la estrella más brillante de la constelación.

Ro (ρ) Cassiopeiae Esta supergigante amarilla y blanca, luminosa, fluctúa entre las magnitudes 4.ª y 6.ª cada 10-11 meses. Está a más de 10.000 años luz de distancia, una lejanía excepcional para una estrella visible a simple vista.

M52 Es uno de varios cúmulos abiertos en Casiopea que pueden verse con instrumentos pequeños. A través de prismáticos es visible como una mancha de luz algo alargada. Sus estrellas individuales se ven con un telescopio pequeño.

Cassiopeiae (Cas)

CASSIOPEIA

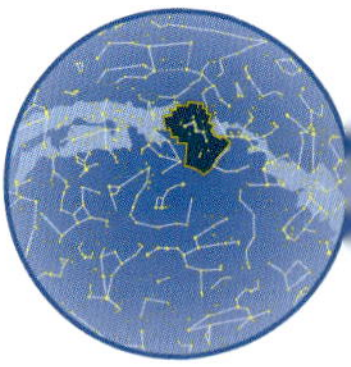

HEMISFERIO NORTE

Casiopea es una constelación inconfundible del cielo boreal que se sitúa al otro lado de la estrella Polar respecto a la Osa Mayor, sobre una parte rica de la Vía Láctea entre Perseo y Cefeo. Es muy fácil reconocer la gran W formada por sus cinco estrellas principales. Debido a su elevada declinación norte, la constelación es circumpolar desde muchas partes del hemisferio boreal; esto significa que siempre es visible en algún lugar del cielo y nunca se pone por debajo del horizonte.

Según la mitología griega, Casiopea era la reina del antiguo reino de Etiopía, esposa del rey Cefeo y madre de Andrómeda. Enojó a las Nereidas, hijas del dios del mar Poseidón, lo cual resultó en el sacrificio de Andrómeda. Casiopea contiene una diversidad de cúmulos y nebulosas que puede observar el astrónomo aficionado.

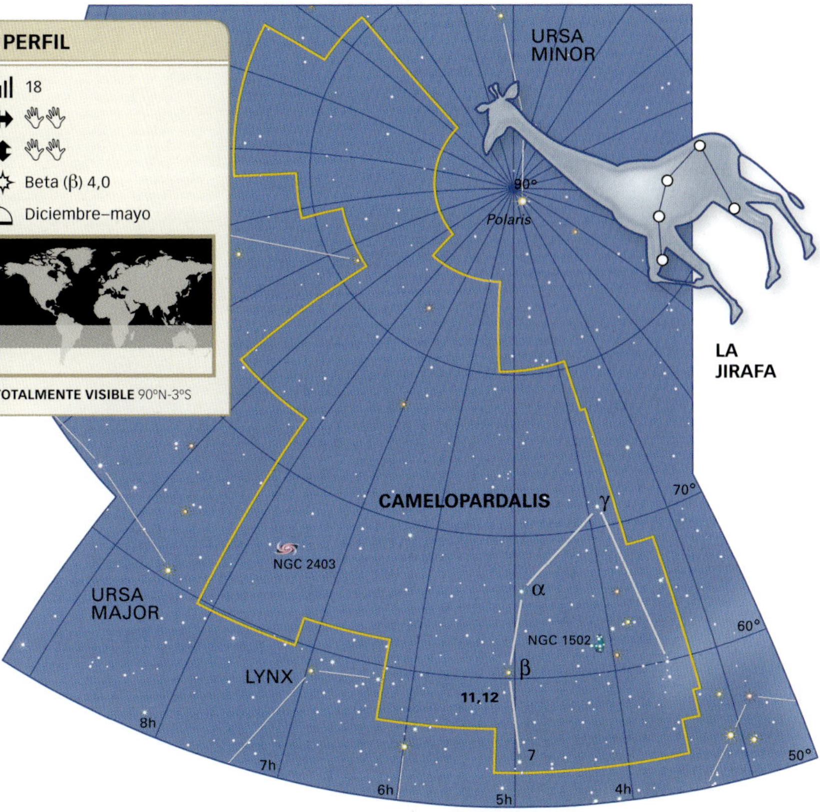

PERFIL

- 18
- (2 manos)
- (2 manos)
- Beta (β) 4,0
- Diciembre–mayo

TOTALMENTE VISIBLE 90°N-3°S

RASGOS

Alfa (α) Camelopardalis A pesar de su denominación, Alfa (α) es la segunda estrella más brillante de la constelación. Es una supergigante azul, pero solo brilla con una magnitud de 4,3, dado que está a 3.000 años luz de distancia.

Beta (β) Camelopardalis Es una supergigante amarilla que brilla más que Alfa (α), con una magnitud de 4,0. Está a 1.000 años luz y tiene una compañera de magnitud 8,6.

NGC 1502 Este pequeño cúmulo estelar abierto, con unos 45 miembros, es visible con prismáticos y se encuentra a unos 3.100 años luz de la Tierra.

NGC 2403 Esta galaxia espiral está a 12 millones de años luz. Un telescopio pequeño la muestra como una mancha elíptica de 8.ª magnitud.

Camelopardalis (Cam)

CAMELOPARDALIS

Introducida en el año 1613 por el astrónomo y teólogo holandés Petrus Plancius, esta tenue constelación representa a una jirafa. Su nombre latino es un compuesto que significa "camello leopardo". Sus estrellas más brillantes son Alfa (α) y Beta (β) Camelopardalis. El largo cuello de la constelación puede visualizarse como estirándose alrededor del polo norte celeste hacia la Osa Menor y el Dragón. La forma más fácil de localizarla es encontrar a la Osa Mayor.

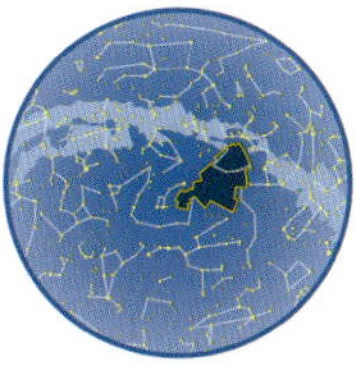

HEMISFERIO NORTE

Aunque ocupa un área grande del cielo, está a cierta distancia de la Vía Láctea, por lo que no contiene estrellas con un brillo superior a magnitud 4 ni cúmulos o nebulosas brillantes. Uno de sus rasgos, que ocupa un área cinco veces más grande que el diámetro de la Luna llena, es una hilera de estrellas llamada Cascada de Kemble, que baja en dirección al cúmulo estelar NGC 1502.

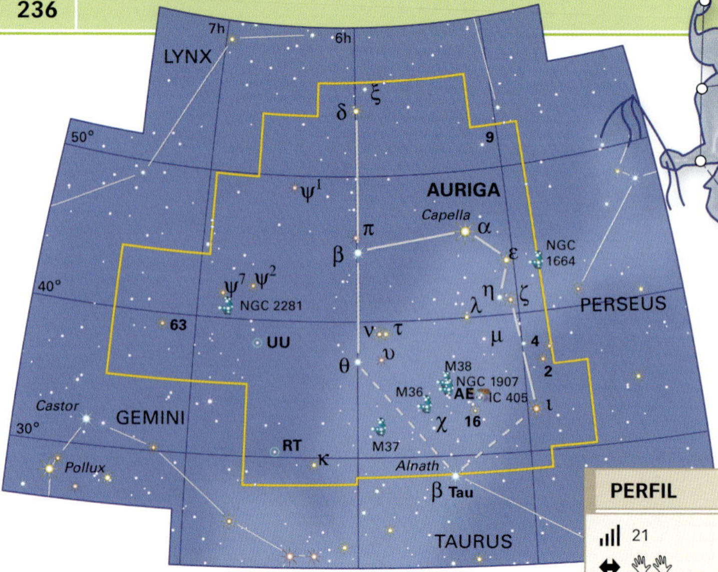

EL COCHERO

AE Aurigae
Esta estrella "fugitiva" de gran velocidad podría haber sido eyectada en un encuentro cercano entre dos binarias. AE Aurigae, de magnitud 6, ilumina la nebulosa de la Estrella Llameante, IC 405, desde su interior.

PERFIL

21

Capella (α) 0,1

Diciembre–febrero

TOTALMENTE VISIBLE 90°N-34°S

PERFIL

Alfa (α) Aurigae (Capella) Es la sexta estrella más brillante, con una magnitud de 0,1, y está a solo 42 años luz de la Tierra. Es un sistema binario, compuesto por dos gigantes amarillas gemelas que orbitan alrededor una de la otra en 104 días. No se pueden separar con un telescopio.

Épsilon (ε) Aurigae (Almaaz) El "cabrito" más septentrional es una binaria eclipsante (p. 127) cuyos eclipses duran un año en ciclos de 27. Esta supergigante muy luminosa es orbitada por una acompañante oscura que es enorme y semiopaca, tal vez una estrella orbitada por un disco de material planetario.

Zeta (ζ) Aurigae Este miembro meridional de un trío de estrellas que forman los "cabritos" también es una binaria eclipsante.

Aurigae (Aur)

AURIGA

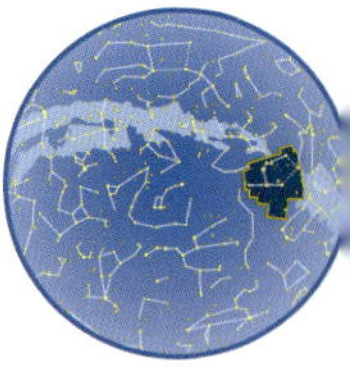

HEMISFERIO NORTE

Se encuentra en la Vía Láctea entre Géminis y Perseo, al norte de Orión. Se identifica en el cielo septentrional por la presencia amarillenta de Alfa (α) Aurigae (Capella), la estrella de 1.ª magnitud más septentrional. Se dice que representa al antiguo rey ateniense Erictoneo, un habilidoso conductor de carros de caballos. Cabe destacar que el Cochero también tiene otras interpretaciones. Representa a una cabra que amamantó a Zeus cuando era un bebé, mientras que Épsilon (ε), Eta (η) y Zeta (ζ) Aurigae se conocen como los "cabritos".

La estrella más meridional del Cochero, antes denominada Gamma (γ) Aurigae, es compartida con Tauro y ahora se llama Beta (β) Tauri. Señala la punta norte de los cuernos del toro celeste. La Vía Láctea pasa en diagonal por la constelación; por ello tiene abundantes estrellas y cúmulos, incluidos los abiertos M36, M37 y M38.

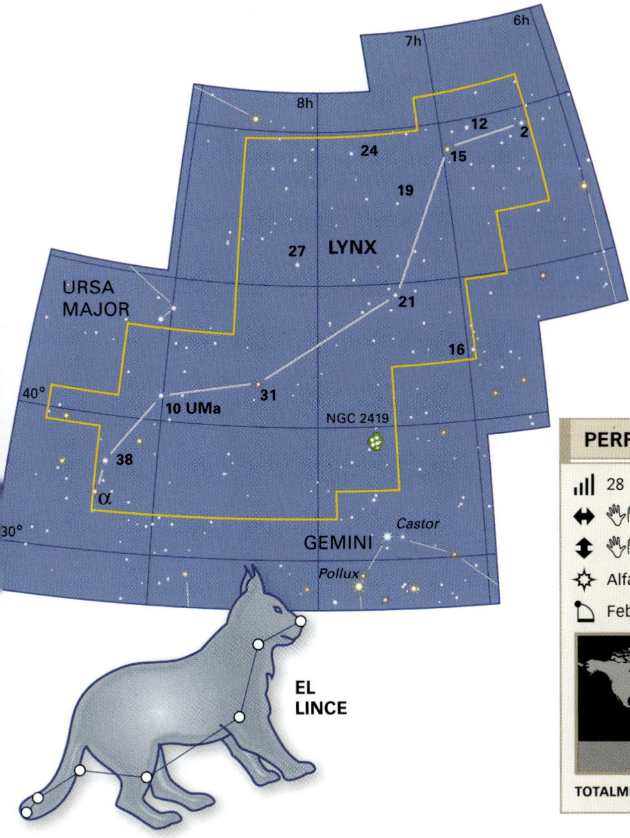

PERFIL

28

Alfa (α) 3,2

Febrero–marzo

TOTALMENTE VISIBLE 90°N-28°S

RASGOS

Alfa (α) Lyncis Situada a unos 150 años luz de la Tierra, es una gigante roja de magnitud 3,2.

12 Lyncis Esta estrella blanca aparece con una débil magnitud de 4,9 a simple vista, pero un telescopio pequeño revelará una acompañante blanquiazul de magnitud 7,3. Con instrumentos más grandes se verá que la estrella más brillante es, a su vez, una binaria con componentes de magnitudes 5 y 6, que orbitan una alrededor de la otra cada 700 años. Este sistema triple se encuentra a 140 años luz de la Tierra.

NGC 2419 Débil cúmulo globular de magnitud 10, solo visible con un telescopio de tamaño mediano. Se encuentra a 210.000 años luz de la Tierra, mucho más lejos que los demás cúmulos globulares de la Vía Láctea.

Lyncis (Lyn)

LYNX

Este tenue grupo de estrellas septentrionales es muy grande y se incluyó relativamente tarde entre las constelaciones clásicas. El Lince ocupa un área mayor que Géminis. Fue introducido por el astrónomo polaco Johannes Hevelius en la década de 1680 para rellenar el hueco entre la Osa Mayor y el Cochero. Se dice que Hevelius le puso el nombre de Lince porque solo las personas con vista de lince podrían verla; él mismo era conocido por su agudeza visual. No obstante, el animal que dibujó en su mapa estelar apenas se parecía a un lince real.

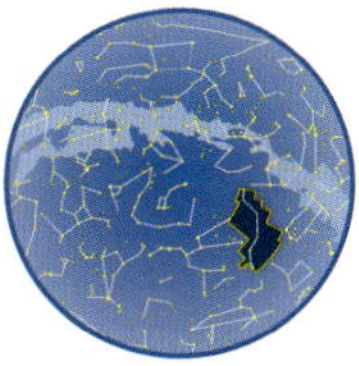

HEMISFERIO NORTE

En condiciones de cielo despejado, los observadores verán poco más que su estrella más brillante, Alfa (α) Lyncis, a simple vista, pero el Lince contiene interesantes estrellas dobles y múltiples que recompensarán a los usuarios de telescopio.

Forma familiar
La forma del Gran Carro dibujada por siete estrellas es uno de los asterismos más fácilmente reconocibles del cielo, pero solo representa una parte del dibujo de la constelación de la Osa Mayor.

RASGOS

Alfa (α) Ursae Majoris (Dubhe) Es una gigante amarilla situada a 100 años luz que brilla con una magnitud de 1,8. Una línea desde Beta (β) Ursae Majoris (Merak) a través de Dubhe apunta hacia la estrella Polar, en la Osa Menor.

Zeta (ζ) Ursae Majoris (Mizar) Es una estrella doble. Su vecina Alcor está en la misma dirección, pero un telescopio pequeño mostrará que Mizar también es una verdadera binaria con una compañera mucho más cercana.

M81 (galaxia de Bode) Esta brillante galaxia espiral está a solo 10 millones de años luz de distancia, pero aun así se requiere un telescopio pequeño. La forma alargada de M82, la galaxia del Cigarro, puede localizarse cerca. Se encuentra a un diámetro lunar de M81.

Ursae Majoris (UMa)

URSA MAJOR

HEMISFERIO NORTE

La Osa Mayor es una de las constelaciones más conocidas del cielo septentrional; sus siete estrellas más brillantes forman el familiar dibujo del Gran Carro, un indicador útil para otras estrellas. Sin embargo, las estrellas más débiles de la constelación se extienden mucho más allá de este asterismo central. De hecho, la Osa Mayor es la tercera constelación más grande de todo el cielo. Muchas civilizaciones antiguas la consideraban una osa, que en la mitología griega se asociaba a la bella Calisto, transformada en osa por la diosa Artemisa.

La mayoría de las estrellas brillantes del Gran Carro son componentes del cúmulo en movimiento de la Osa Mayor, un cúmulo estelar abierto tan cercano a la Tierra (a unos 70 años luz) que sus estrellas aparecen muy dispersas en el cielo. Más allá hay varias galaxias cercanas que son interesante para astrónomos aficionados.

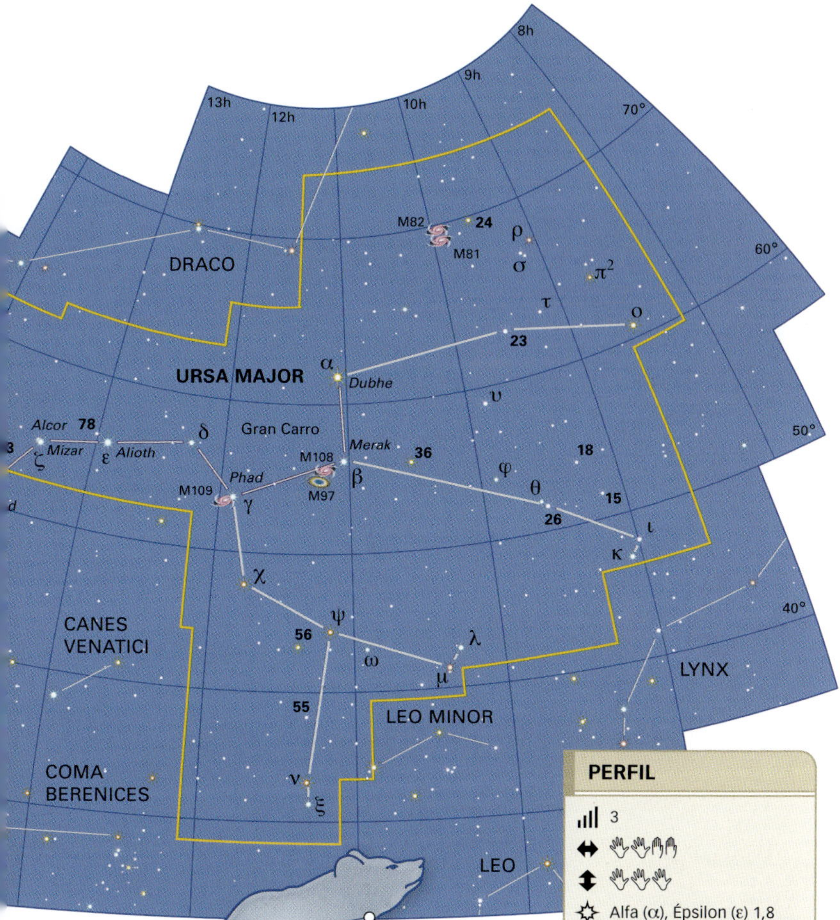

LA OSA MAYOR

PERFIL

3

Alfa (α), Épsilon (ε) 1,8

Febrero–mayo

TOTALMENTE VISIBLE 90°N-16°S

La galaxia de Bode
Esta gran galaxia espiral muy compacta, según la ve el telescopio espacial Hubble, tiene un núcleo excepcionalmente brillante –un "núcleo galáctico activo"– cuya actividad se desencadena cuando un agujero negro absorbe material.

PERFIL

38

Cor Caroli (α) 2,8

Abril–mayo

TOTALMENTE VISIBLE 90°N-37°S

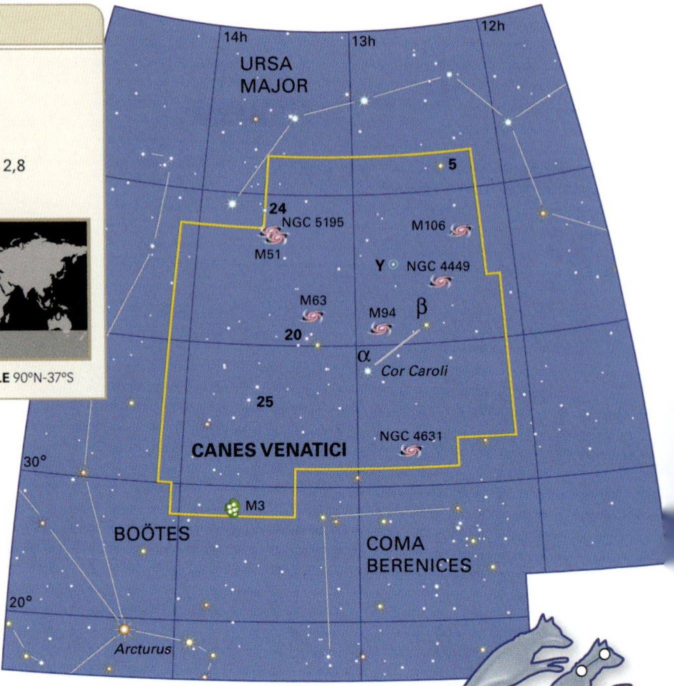

LOS PERROS DE CAZA

RASGOS

Alfa (α) Canum Venaticorum (Cor Caroli) Unos prismáticos mostrarán que esta estrella es un amplio sistema binario con dos estrellas blancas de magnitudes 2,8 y 5,6. Se encuentra a 82 años luz de la Tierra.

M3 Uno de los mejores cúmulos globulares del cielo septentrional. En los prismáticos aparece como una estrella difusa; en un telescopio pequeño, como una bola neblinosa de luz.

M51 (la galaxia Remolino) Esta espectacular galaxia espiral es brillante y está cerca, a unos 23 millones de años luz. Se encuentra de cara a la Tierra, de modo que unos prismáticos o un telecopio pequeño mostrarán el núcleo brillante, mientras que un instrumento mediano descubrirá trazas de los brazos espirales.

Canum Venaticorum (CVn)

CANES VENATICI

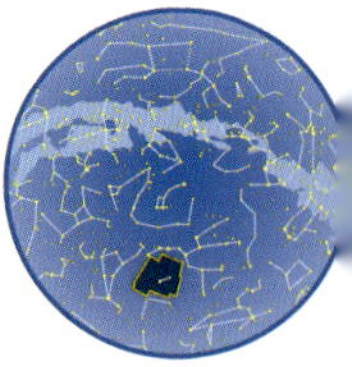

HEMISFERIO NORTE

Situados en el cielo septentrional entre el Boyero y la Osa Mayor, la posición de los Perros de Caza debajo de la "vara" del Gran Carro (pp. 238-239) hace que sea relativamente fácil identificarlos. Como su nombre indica, representan a un par de perros de caza utilizados por el Boyero para perseguir a las Osas Mayor y Menor alrededor del polo norte celeste. La constelación fue creada por el astrónomo polaco Johannes Hevelius a finales del s. XVII.

Es una constelación pequeña sin asterismos conocidos, pero contiene la estrella relativamente brillante Cor Caroli Regis Martyris ("el corazón del Rey Carlos, el Mártir), que conmemora al rey Carlos I de Inglaterra, ejecutado al final de la Guerra Civil inglesa de la década de 1640 En esta constelación se encuentra también la galaxia brillante Remolino, M51.

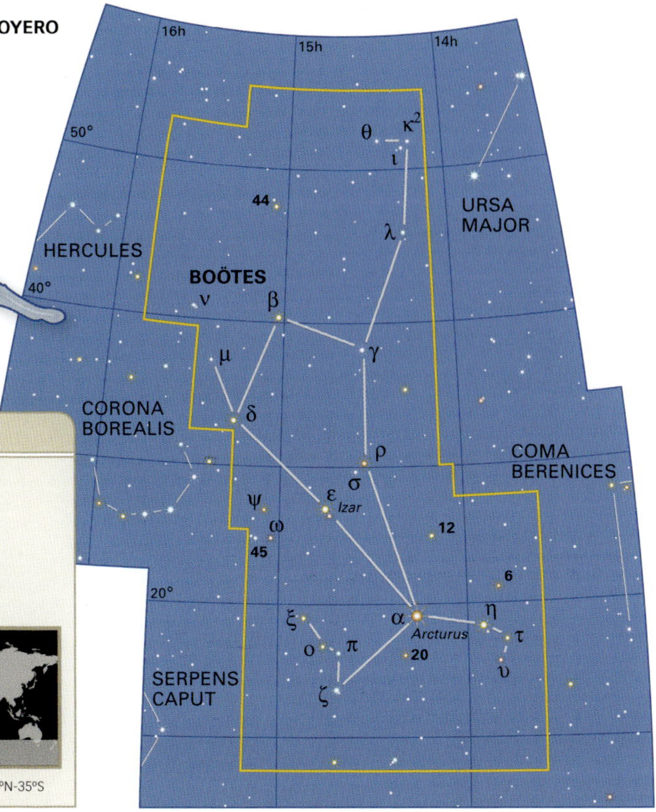

PERFIL

13

Arturo (α) –0,04

Mayo–junio

TOTALMENTE VISIBLE 90°N-35°S

RASGOS

Alfa (α) Boötis (Arturo)
Con una magnitud de –0,04, Arturo es una de las estrellas más cercanas y brillantes del cielo. Es una gigante naranja cerca del final de su vida y se encuentra a solo 36 años luz.

Épsilon (ε) Boötis (Izar)
También denominada Pulcherrima, es una estrella doble. Un telescopio pequeño la separará, revelando una gigante naranja de magnitud 2,7 y una estrella azul de magnitud 5,1. Están a 203 años luz.

Tau (τ) Boötis
Esta modesta estrella de magnitud 4,5 alberga uno de los primeros planetas descubiertos más allá de nuestro sistema solar. Tau (τ) es una estrella amarilla bastante parecida al Sol y a 51 años luz de la Tierra. Un planeta gigante, tres veces más grande que Júpiter, orbita a su alrededor cada 3,3 días.

Boötis (Boo)

BOÖTES

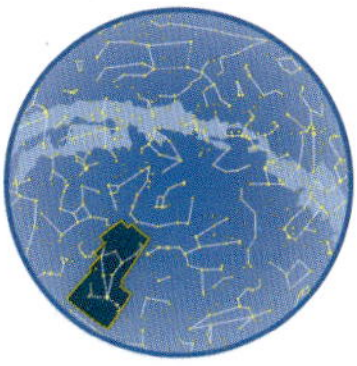

HEMISFERIO NORTE

El Boyero es una constelación grande y destacada en forma de cometa, que se extiende desde la constelación del Dragón y la "vara" del Gran Carro (pp. 238-239) en la Osa Mayor hacia la constelación de Virgo en el Sur. Según la mitología griega, el Boyero era el pastor de la Osa Mayor. Era hijo de Zeus y Calisto, amante de Zeus, representada por la Osa Mayor.

El Boyero contiene la estrella más brillante al norte del ecuador celeste y la cuarta más brillante de todo el cielo: Arturo. Carece de cúmulos, nebulosas y galaxias brillantes, pero tiene algunos objetos visibles con telescopios moderadamente grandes. Las estrellas tenues de la parte septentrional del Boyero formaban la ya desaparecida constelación Quadrans Muralis, que dio su nombre a la lluvia de las Cuadrántidas, que irradia desde esta zona cada año.

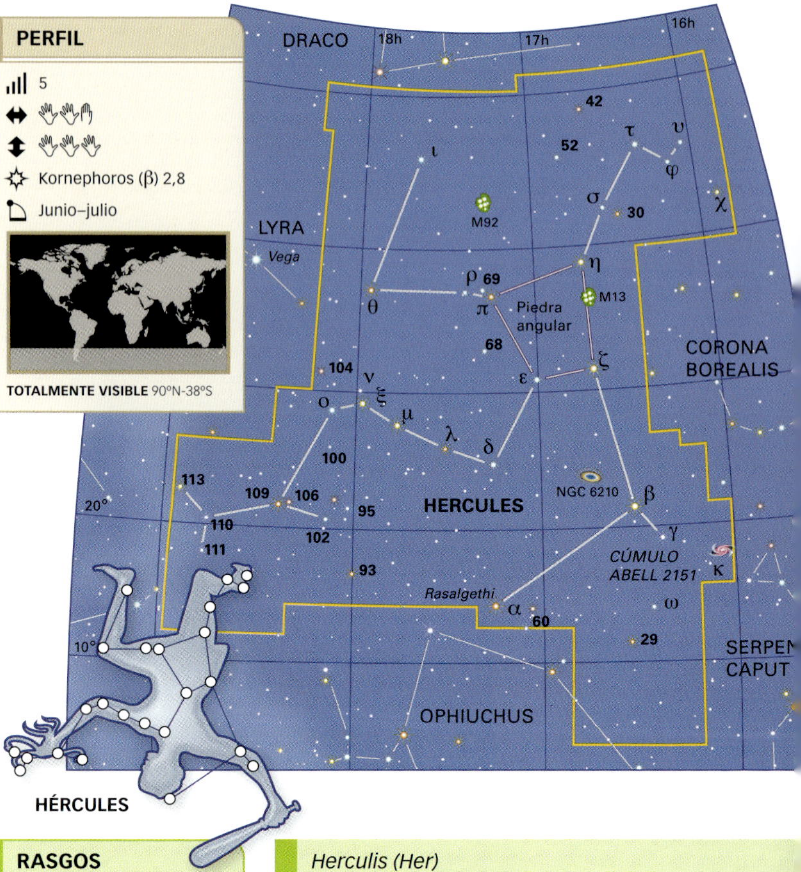

PERFIL

5

Kornephoros (β) 2,8

Junio–julio

TOTALMENTE VISIBLE 90ºN-38ºS

RASGOS

Alfa (α) Herculis (Rasalgethi) Rasalgethi es una estrella doble cuyo nombre significa "cabeza del arrodillado" en árabe. Contiene dos estrellas que orbitan una alrededor de la otra. Una es una enorme gigante roja, tan grande que se ha vuelto inestable y su brillo varía entre las magnitudes 2,8 y 4,0. La otra estrella es una gigante más pequeña, que brilla de forma constante con una magnitud de 5,3. Están a 380 años luz.

M13 Este cúmulo globular brillante es el más bello de los cielos septentrionales. Contiene un nudo de 300.000 estrellas muy juntas, a 25.000 años luz de la Tierra. M13 puede distinguirse a simple vista. Visto con prismáticos, parece una bola difusa. Un telescopio pequeño revelará algunas de las estrellas más separadas alrededor de sus bordes.

Herculis (Her)

HERCULES

Hércules es una constelación grande, pero relativamente tenue, situada en el cielo septentrional entre las luminarias Arturo (en el Boyero) y Vega (en la Lira). Es la quinta constelación más grande del cielo y representa al semidios griego Hércules. Este fuerte hombre se representa vestido con una piel de león, con una maza en una mano y la cabeza cortada del can Cerbero en la otra, mientras se arrodilla con un pie sobre la cabeza del Dragón.

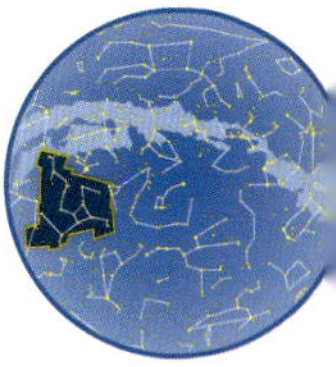

HEMISFERIO NORTE

El rasgo más distintivo de la constelación es el Trapecio de Hércules o Piedra Angular, un asterismo con forma de cuadrilátero formado por las estrellas Épsilon (ε), Zeta (ζ), Eta (η) y Pi (π) Herculis. Otras estrellas más débiles que se extienden desde el Trapecio forman los brazos del héroe. Otros rasgos son el tenue cúmulo de galaxias Hércules y el espectacular cúmulo globular M13.

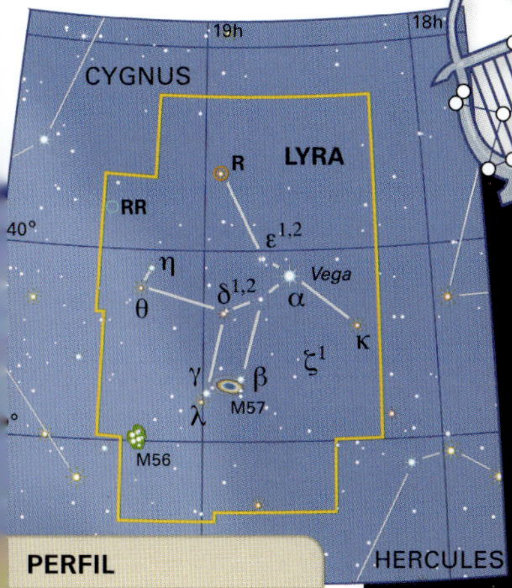

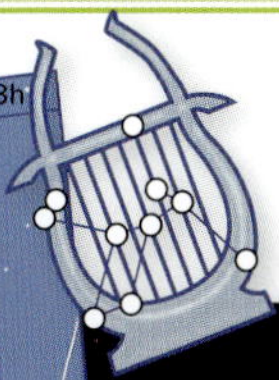

LA LIRA

Instrumento de cuerda
La Lira, dominada por la resplandeciente estrella Vega, representa la lira o el arpa tocada por Orfeo, el músico de la mitología griega.

PERFIL

52

Vega (α) 0,0

Julio–agosto

TOTALMENTE VISIBLE 90ºN-42ºS

RASGOS

Alfa (α) Lyrae (Vega)
Situada a solo 25 años luz de la Tierra, esta estrella blanca brilla con una magnitud de 0,0, lo que indica que es 50 veces más luminosa que el Sol. Está rodeada de un disco de residuos polvorientos: restos de un sistema planetario.

Épsilon (ε) Lyrae Esta famosa estrella múltiple se separa en una doble si se contempla con prismáticos, pero con un telescopio pequeño se verá que cada componente es, a su vez, una estrella doble, lo que convierte a Épsilon (ε) en un sistema "doble-doble".

M57 (la nebulosa Anular)
La nebulosa planetaria más famosa es una delicada capa de gas expulsado por una estrella moribunda a 2.000 años luz de distancia. M57 brilla con una magnitud de 8,8.

Lyrae (Lyr)

LYRA

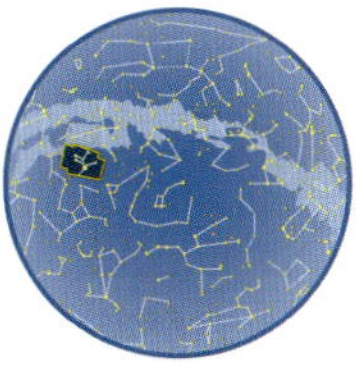

HEMISFERIO NORTE

La compacta constelación de la Lira se encuentra en el borde de la Vía Láctea, cerca de la inconfundible forma de cruz del Cisne. Aunque es una de las constelaciones más pequeñas, es fácil localizarla en el cielo septentrional gracias a la presencia de la quinta estrella más brillante del cielo, la blanca brillante Vega. Esta constelación se conoce desde la Antigüedad y representa la lira, un instrumento musical de cuerda. Según la mitología griega, la lira fue inventada por el dios Hermes y después la utilizó el héroe Orfeo para embelesar a los dioses del inframundo y conseguir recuperar a su esposa Eurídice.

Vega forma un vértice del Triángulo de Verano en el cielo septentrional; los otros dos son Deneb en el Cisne y Altair en el Águila. La lluvia de las Líridas irradia desde un punto cercano en torno al 21 o 22 de abril de cada año.

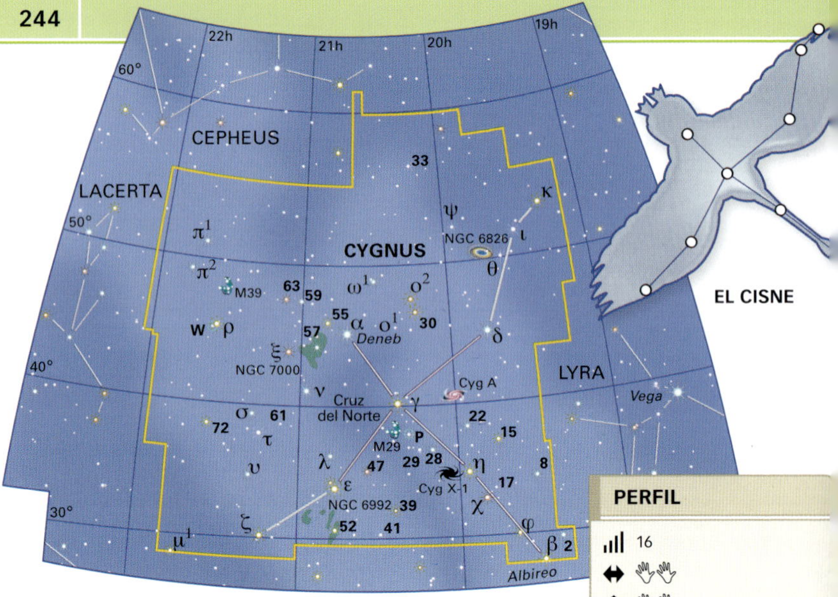

PERFIL

- 16
- Deneb (α) 1,3
- Agosto–septiembre

TOTALMENTE VISIBLE 90°N-28°S

La nebulosa del Velo
Estos jirones de gas son los restos de una estrella que explotó en una supernova hace miles de años. Ocupan un área mayor que seis Lunas llenas.

RASGOS

Alfa (α) Cygni (Deneb) Situada a unos 1.500 años luz de la Tierra, la estrella más brillante del Cisne es casi 160.000 veces más brillante que el Sol. Aunque esta supergigante es una de las estrellas más luminosas del cielo, con una magnitud de 1,3, Vega brilla más.

Beta (β) Cygni (Albireo) Una bonita estrella doble de colores de gran contraste que marca el pico del cisne. Con prismáticos puede separarse en una estrella amarilla y una azul de magnitudes 3,1 y 4,7.

NGC 6992 (la nebulosa del Velo) Compuesta por varios restos gaseosos dispuestos en un lazo irregular, esta nebulosa está a 1.500 años luz de la Tierra. Es el resto de 6.000 años de edad de una supernova y forma parte de una nebulosa grande: el Lazo del Cisne.

Cygni (Cyg)

CYGNUS

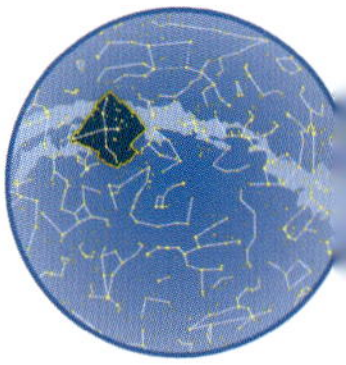

HEMISFERIO NORTE

El Cisne es una de las constelaciones más destacadas del cielo septentrional y se sitúa en una zona rica de la Vía Láctea. Representa a un cisne que baja volando por la Vía Láctea, recordando el disfraz de Zeus para seducir a Leda, la esposa del rey de Esparta. El dibujo formado por las estrellas del centro se conoce también como Cruz del Norte. Aunque el Cisne no tiene cúmulos globulares ni galaxias brillantes, sí que contiene muchas nebulosas y cúmulos abiertos, y es una vista impresionante cuando se contempla a través de prismáticos o un telescopio de baja potencia.

La constelación alberga a Cygnus X-1, una poderosa fuente de rayos X que se cree que señala la ubicación de un agujero negro que orbita alrededor de otra estrella. Tal vez su rasgo más distintivo sea la Gran Grieta, una nube de polvo oscura que bloquea la luz de la Vía Láctea.

PERFIL

68

Alfa (α) 3,8

Sepiembre–octubre

TOTALMENTE VISIBLE 90°N-33°S

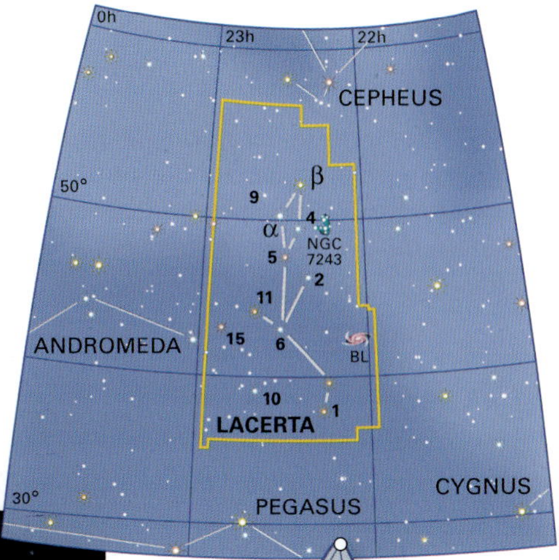

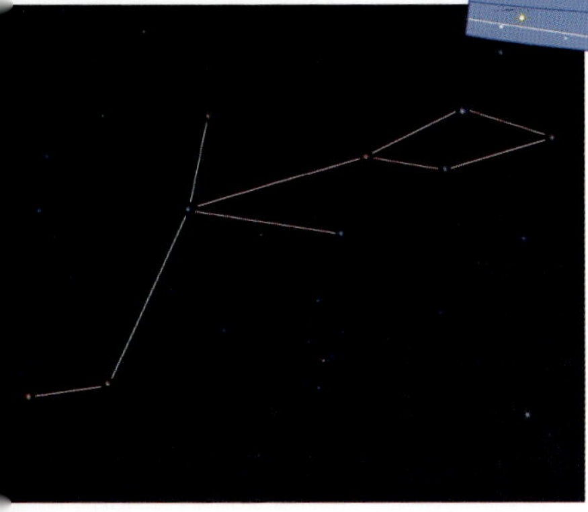

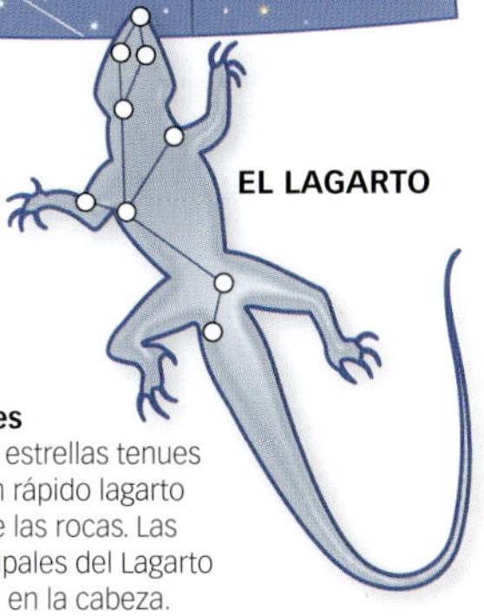

Estrellas zigzagueantes
Este dibujo de estrellas tenues se parece a un rápido lagarto atrapado entre las rocas. Las estrellas principales del Lagarto se encuentran en la cabeza.

RASGOS

Alfa (α) Lacertae Esta estrella blanquiazul brilla con una magnitud de 3,8 y se encuentra a 102 años luz de la Tierra; es unas 27 veces más luminosa que el Sol.

NGC 7243 Grupo disperso de estrellas blanquiazules que se cree que está a 2.800 años luz de la Tierra. Está tan disperso que algunos astrónomos sospechan que no es un verdadero cúmulo abierto.

BL Lacertae Este extraño objeto de rápida variación, similar a una estrella, es un blazar, una galaxia elíptica lejana con una fuente parpadeante de radiación en su superficie cuyo brillo varía entre las magnitudes 12 y 16. Desde el centro de BL Lacertae salen disparados chorros de gas hacia la Tierra, lo que hace que parezca una estrella, pero no lo es.

Lacertae (Lac)

LACERTA

El Lagarto es una pequeña constelación irrelevante que se extiende sobre la Vía Láctea septentrional, entre Casiopea y el Cisne. Fue introducida por el astrónomo polaco Johannes Hevelius en 1687 y representa a un escurridizo lagarto. Contiene pocos objetos del cielo profundo importantes, pero su posición entre las densas nubes de estrellas de la Vía Láctea hace que en ocasiones se produzcan aquí explosiones de nova, en las que un sistema de estrellas experimenta un enorme aumento de brillo muy rápido.

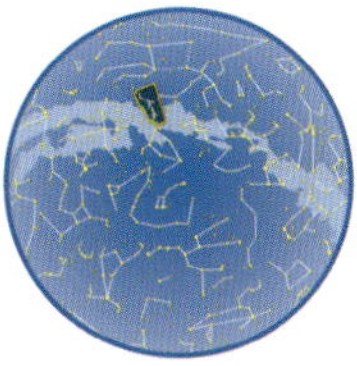

HEMISFERIO NORTE

El Lagarto también es célebre por el objeto BL Lacertae o BL Lac. Antes se creía que era una variable peculiar de magnitud 14, pero en realidad es el prototipo de los blazares: galaxias lejanas con agujeros negros supermasivos en sus núcleos que tragan material de su entorno y lo escupen en chorros hacia la Tierra.

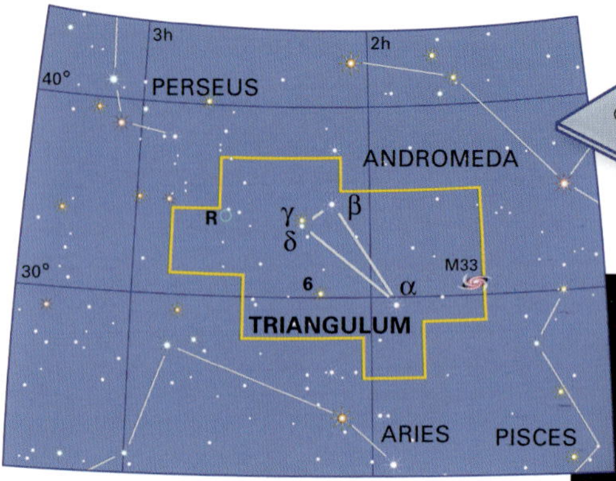

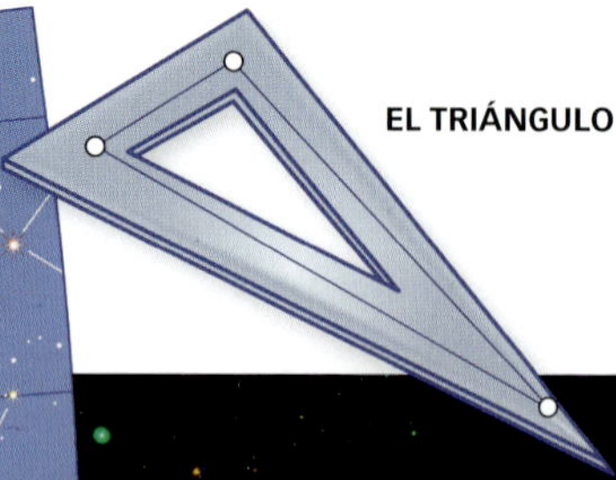

EL TRIÁNGULO

La galaxia del Triángulo
M33 es un ejemplo de espiral floculenta. Se trata de una galaxia con los brazos divididos en fragmentos. Ocupa la misma área que la Luna llena.

PERFIL

78

Deltoton (β) 3,0

Noviembre–diciembre

TOTALMENTE VISIBLE 90°N-52°S

RASGOS

Beta (β) Trianguli (Deltoton) La estrella más brillante del Triángulo brilla con una magnitud de 3,0 y está a 135 años luz de distancia.

Alfa (α) Trianguli (Rasalmothallah) Con una magnitud de 3,4, esta estrella blanca está a unos 65 años luz de distancia. No es la estrella más brillante del Triángulo.

6 Trianguli Esta estrella amarilla de magnitud 5,2 tiene una acompañante de magnitud 7 que puede verse con un telescopio pequeño.

M33 (galaxia del Triángulo) La vista más bonita de la constelación la ofrece esta galaxia espiral, una de las más cercanas, situada a 2,7 millones de años luz. A pesar de su cercanía, es difícil de localizar porque su luz está muy dispersa.

Trianguli (Tri)

TRIANGULUM

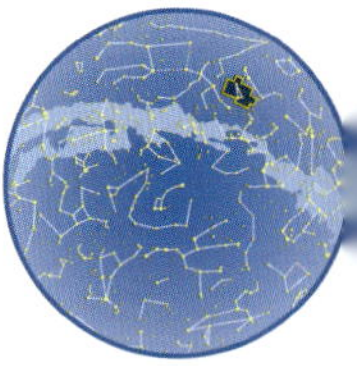

HEMISFERIO NORTE

El Triángulo es una pequeña constelación septentrional que rellena el hueco entre Perseo, Andrómeda y Aries. Está formada por poco más que un triángulo alargado de tres estrellas insignificantes, pero es relativamente fácil de localizar debido a su tamaño compacto. A pesar de su falta de rasgos obvios, el Triángulo es de origen antiguo. Los astrónomos griegos veían en él una versión de la letra "delta". Posteriormente lo visualizaron como el delta del río Nilo o la isla de Sicilia.

No contiene cúmulos ni nebulosas, pero incluye la cercana galaxia M33, conocida como la galaxia del Triángulo. Con una cuarta parte del diámetro de la galaxia de la Vía Láctea y de la galaxia de Andrómeda, M33 es el tercer miembro más grande de nuestro Grupo Local de galaxias (p. 146). Puede que esté atrapada en la órbita alrededor de su vecina mucho más grande en Andrómeda.

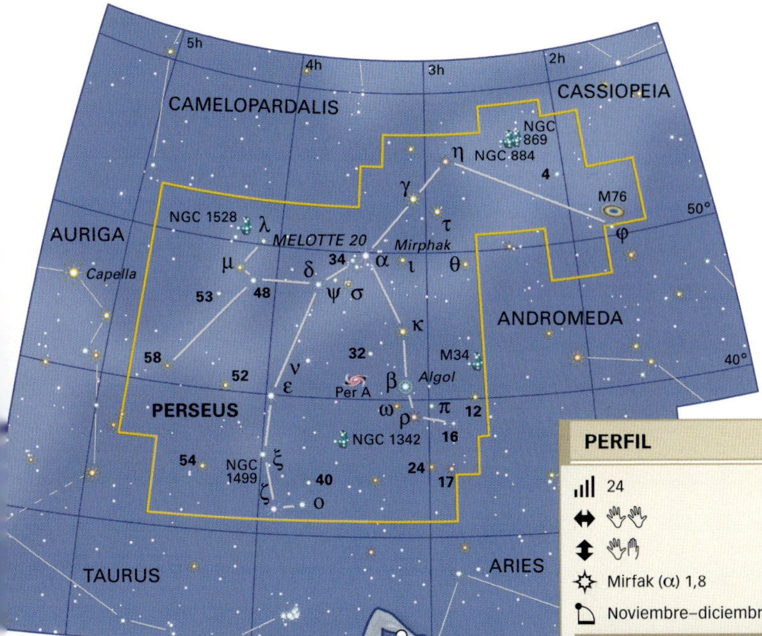

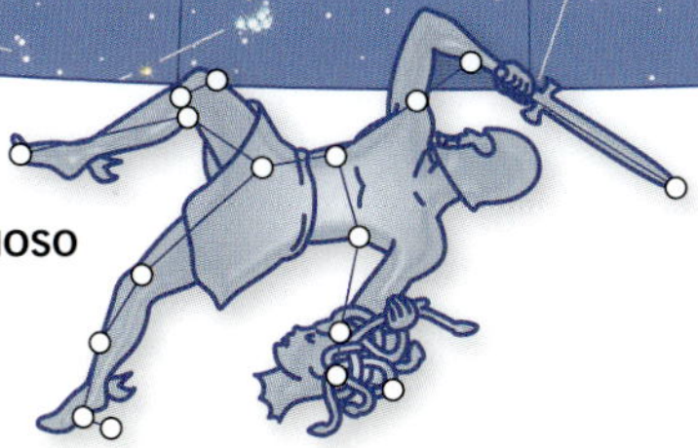

EL HÉROE VICTORIOSO

PERFIL

24

Mirfak (α) 1,8

Noviembre–diciembre

TOTALMENTE VISIBLE 90ºN-31ºS

RASGOS

Alfa (α) Persei (Mirfak)
Con prismáticos se descubre que esta supergigante amarilla de magnitud 1,8 se encuentra en el núcleo de un cúmulo de estrellas azules más débiles. Se encuentra a 590 años luz.

Beta (β) Persei (Algol) Esta famosa estrella variable fue la primera binaria eclipsante en ser identificada. Es una estrella triple con dos componentes que se cruzan cada 2,87 días, lo que hace que su brillo global baje de la magnitud 2,1 a 3,4 durante unas 10 horas.

NGC 869, NGC 884 (el Cúmulo Doble) Situado a unos 7.000 años luz de distancia de la Tierra, este cúmulo abierto doble es una vista espectacular a través de prismáticos y puede distinguirse a simple vista como un nudo brillante en la Vía Láctea.

Persei (Per)

PERSEUS

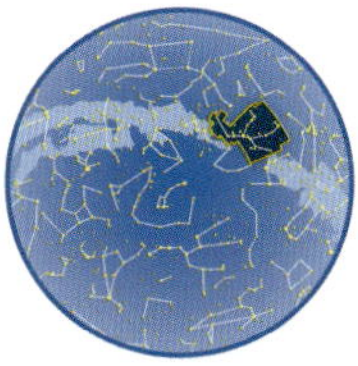

HEMISFERIO NORTE

Perseo es una destacada constelación septentrional situada en la Vía Láctea entre las constelaciones de Casiopea y el Cochero. Toma su nombre del héroe mitológico griego Perseo, que rescató a Andrómeda del monstruo de la Ballena y mató a la Medusa, la gorgona con cabellos de serpiente.

Perseo se representa con la mano izquierda sujetando la cabeza de la gorgona, señalada por la famosa estrella variable Algol. En la mano derecha blande una espada, representada por los cúmulos estelares gemelos NGC 869 y NGC 884. Alrededor de Alfa (α) Persei se encuentran densas nubes de estrellas, de modo que Perseo es un objeto gratificante para prismáticos o un telescopio pequeño. Alfa (α) Persei está en el núcleo de la asociación Perseus OB1, también denominada Melotte 20, un cúmulo de estrellas dispersas en un área que tiene varias veces el diámetro de la Luna llena.

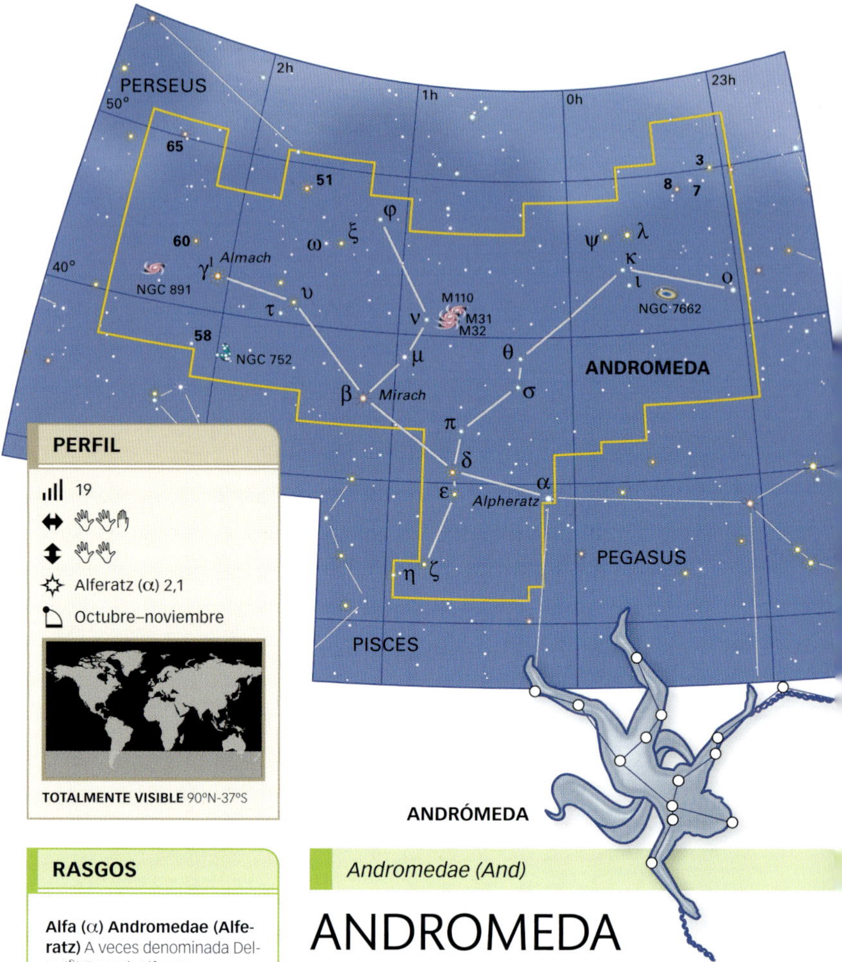

PERFIL

19

Alferatz (α) 2,1

Octubre–noviembre

TOTALMENTE VISIBLE 90°N-37°S

RASGOS

Alfa (α) Andromedae (Alferatz) A veces denominada Delta (δ) Pegasi, Alferatz es una estrella blanquiazul situada a 97 años luz de distancia.

Gamma (γ) Andromedae (Almach) A través de un telescopio pequeño, Almach parece una doble de gran contraste, con una estrella amarilla y una azul de magnitudes 2,3 y 4,8. Con un telescopio grande se verá también la compañera más tenue de la estrella azul, de 6.ª magnitud.

M31 (la galaxia de Andrómeda) A 2,5 millones de años luz, es el objeto más lejano visible a simple vista. Parece una estrella difusa de 4.ª magnitud. Unos prismáticos o un telescopio pequeño mostrarán un disco elíptico, el área central brillante de una enorme galaxia espiral.

Andromedae (And)

ANDROMEDA

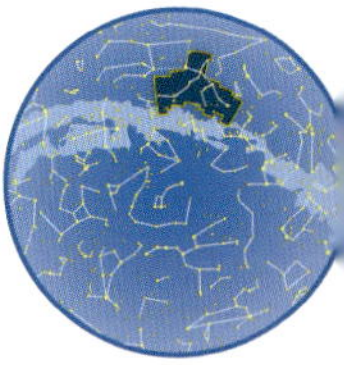

HEMISFERIO NORTE

Fácil de localizar gracias a su unión con el Cuadrado de Pegaso, esta famosa constelación representa a Andrómeda, la hija de la mítica reina Casiopea y el rey Cefeo de Etiopía. Según la mitología griega, Casiopea se había jactado de ser más bella que las hijas de Poseidón, dios del mar. Esto enojó a Poseidón, quien envió a la Ballena, un monstruo marino, a atacar Etiopía. Para aplacar a Poseidón, Casiopea y Cefeo hicieron encadenar a Andrómeda a una roca junto al mar como sacrificio, pero fue rescatada por Perseo.

Andrómeda está formada por varias cadenas de estrellas relativamente tenues que se encuentran en Alferatz, su estrella más brillante en la esquina del Cuadrado de Pegaso. Contiene pocos objetos de interés para el astrónomo aficionado y debe su fama casi exclusivamente a la galaxia de Andrómeda (M31) y sus satélites.

PERSEO Y ANDRÓMEDA

La princesa Andrómeda se encuentra en el centro de una historia que comprende muchas constelaciones de los cielos septentrionales. Según la mitología griega, fue encadenada a una roca y ofrecida como sacrificio a la Ballena, un monstruo marino, en desagravio por el alarde su madre, Casiopea, la esposa del rey Cefeo. El héroe Perseo acudió al rescate de Andrómeda, descendiendo en picado con sus sandalias aladas y utilizando la cabeza de la Medusa para petrificar al monstruo.

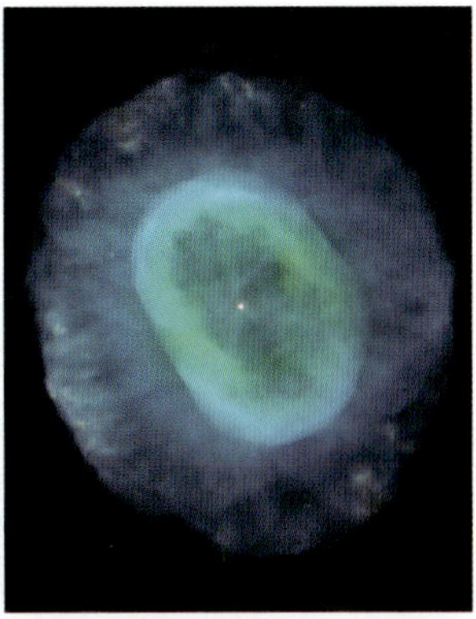

NGC 7662
Esta nebulosa planetaria está a unos 1.800 años luz de distancia y tiene en torno a un tercio de año luz de ancho. A través de un telescopio pequeño parece una estrella, con solo una leve nebulosidad, pero un instrumento más grande revelará su disco azulado.

La galaxia de Andrómeda
El núcleo de M31 es visible a simple vista, pero con un telescopio grande o fotografías de larga exposición se capta el asombroso detalle de los brazos espirales de la galaxia y los caminos de polvo perfilados.

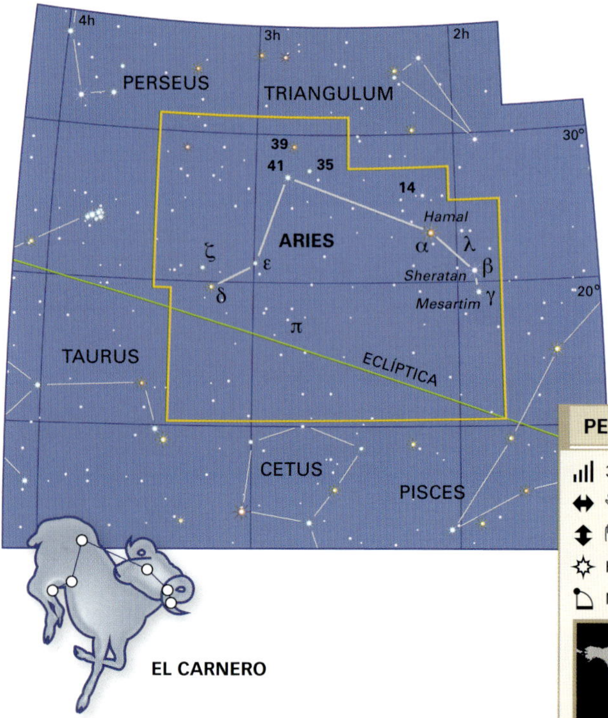

EL CARNERO

PERFIL

39

Hamal (α) 2,0

Noviembre-diciembre

TOTALMENTE VISIBLE 90°N-58°S

RASGOS

Alfa (α) Arietis (Hamal) Una gigante amarilla situada a unos 66 años luz, con un brillo de magnitud 2,0. Su nombre popular significa “cordero” en árabe. Su diámetro es 15 veces mayor que el del Sol.

Gamma (γ) Arietis (Mesartim) Mesartim es una de las primeras estrellas que se descubrió que era doble. La encontró el científico inglés Robert Hooke en 1664. Un telescopio pequeño la separará revelando dos componentes blancas, de magnitud 4,8 cada una. Las estrellas orbitan una alrededor de la otra a 200 años luz de distancia.

Lambda (λ) Arietis Es otra estrella doble. Los prismáticos revelarán que la estrella primaria blanca, de magnitud 4,8, tiene una compañera amarilla de magnitud 7,3.

Arietis (Ari)

ARIES

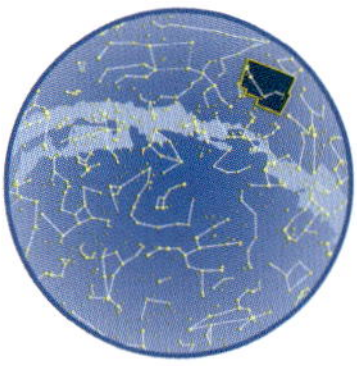

HEMISFERIO NORTE

Situada entre Piscis y Tauro, Aries es una constelación zodiacal nada llamativa. Representa al carnero de oro de la mitología griega, cuyo vellocino buscaban Jasón y los Argonautas. Incluso antes de los griegos, los astrónomos ya la visualizaban como un carnero agazapado. Sus rasgos más reconocibles son las tres estrellas cerca del límite con Piscis: Alfa (α), Beta (β) y Gamma (γ) Arietis, de 2.ª, 3.ª y 4.ª magnitud.

Aries es poco interesante para los observadores aficionados, pero es históricamente significativa porque hace más de 2.000 años, el equinoccio de primavera –el punto en el que la eclíptica cruza el ecuador celeste– se situaba en el límite de Aries y Piscis. Los efectos de la precesión han desplazado desde entonces el equinoccio de primavera a través de Piscis hacia Acuario, pero todavía se conoce como el Primer Punto de Aries.

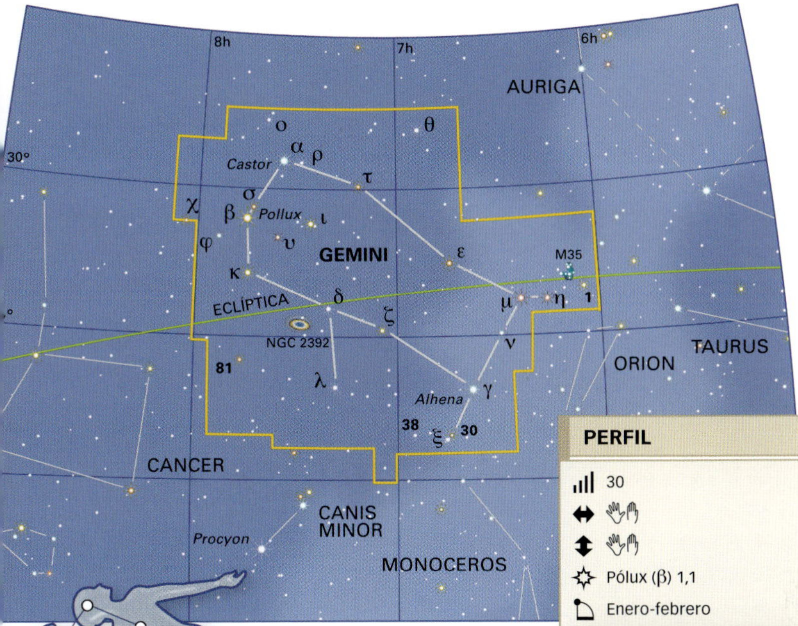

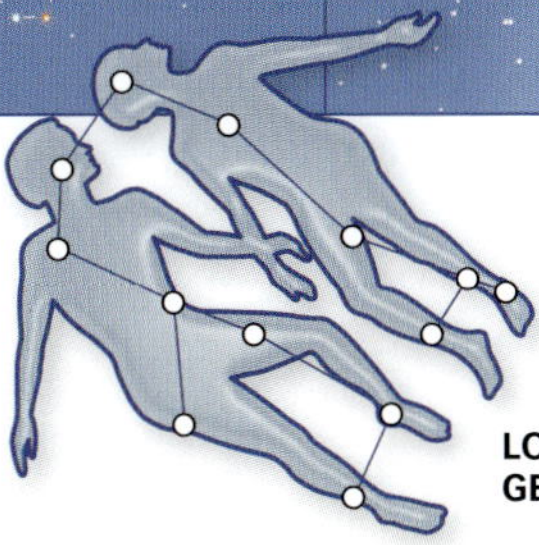

LOS GEMELOS

PERFIL

30

Pólux (β) 1,1

Enero-febrero

TOTALMENTE VISIBLE 90ºN-55ºS

RASOS

Beta (β) Geminorum (Pólux) Pólux es una estrella amarilla simple situada a unos 34 años luz de la Tierra. Con una magnitud de 1,1, es más brillante que Alfa (α) Geminorum.

Alfa (α) Geminorum (Cástor) Sistema de estrellas múltiples con una magnitud global de 1,6. Un telescopio pequeño la resuelve en dos estrellas blancas. Uno más grande revela una compañera tenue roja. Cada una de estas estrellas es, a su vez, doble, aunque ninguna puede separarse visualmente. Cástor tiene un total de seis estrellas.

M35 Cúmulo abierto localizable a simple vista. Es un buen objeto para los prismáticos, a través de los cuales parece una mancha de luz elíptica y alargada con el mismo diámetro que la Luna llena.

Geminorum (Gem)

GEMINI

Esta destacada constelación zodiacal del cielo septentrional, Géminis, se sitúa entre Tauro y Cáncer. Representa a los gemelos míticos Cástor y Pólux, hijos de la reina Leda de Esparta y hermanos de Helena de Troya. Se encontraban entre los Argonautas, que salieron en busca del vellocino de oro de Aries, el carnero. Géminis puede identificarse fácilmente gracias a sus dos estrellas más brillantes, que han recibido los nombres de los gemelos.

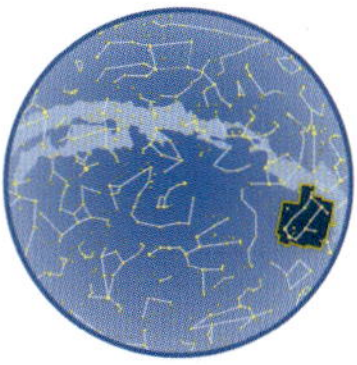

HEMISFERIO NORTE

Aunque Pólux se denomina Beta (β) Geminorum, es más brillante que Cástor o Alfa (α) Geminorum. Los pies de los gemelos se encuentran bañados en la Vía Láctea y la constelación contiene el cúmulo abierto M35 y la tenue pero hermosa nebulosa del Esquimal, NGC 2392. A mediados de diciembre, las Gemínidas irradian desde un punto cercano a Cástor.

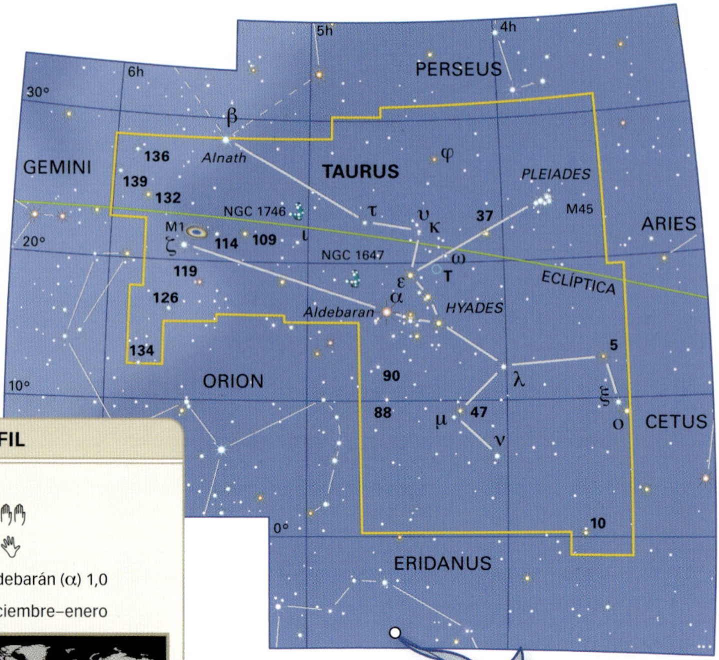

PERFIL

17

Aldebarán (α) 1,0

Diciembre–enero

TOTALMENTE VISIBLE 88°N-58°S

RASGOS

Alfa (α) Tauri (Aldebarán) Aldebarán es una gigante roja a unos 65 años luz de la Tierra, con una magnitud de 1,0. Su brillo varía porque esta estrella vieja se ha vuelto inestable.

Las Híades Este cúmulo estelar en forma de V está mucho más allá de Aldebarán, a 160 años luz. Unos prismáticos revelarán bellos paisajes estelares.

M1 (nebulosa del Cangrejo) M1 es el remanente fragmentado de una estrella que explotó como supernova en 1504.

M45 (las Pléyades) Los observadores suelen ver seis de las "Siete Hermanas" cuando observan el cúmulo a simple vista. Con prismáticos o telescopio, se verán muchas más estrellas azules calientes. Tiene 50 millones de años y está a 400 años luz.

Tauri (Tau)

TAURUS

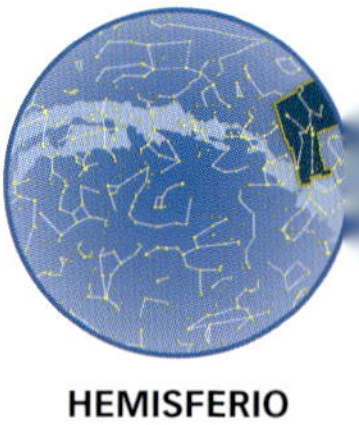

HEMISFERIO NORTE

Tauro es una de las constelaciones más antiguas, reconocida desde la época babilónica. Es una constelación zodiacal situada entre Aries y Géminis, que representa a un toro, el disfraz utilizado por Zeus cuando secuestró a la princesa Europa de Fenicia. Justo al norte del ecuador celeste, Tauro embiste en dirección al cazador Orión en los cielos. De los dos cuernos estirados, el superior lo une a su vecino el Cochero.

La estrella más brillante de Tauro es Aldebarán, y contiene dos cúmulos abiertos destacados: las Pléyades, o M45, y las Híades, un cúmulo más disperso que contiene unas 200 estrellas y señala la cara en forma de V del toro. La constelación contiene objetos interesantes, incluido M1, el remanente de supernova más brillante del cielo. En noviembre, la lluvia de las Táuridas parece irradiar de un punto al sur de las Pléyades.

LA PLÉYADE PERDIDA

También conocidas como las Siete Hermanas, las Pléyades representan a las sietes hijas del titán Atlas en la mitología griega, pero a simple vista solo pueden discernirse seis estrellas. Dos mitos explican la historia de la pléyade "perdida": uno dice que la estrella más tenue es Mérope, la única de las siete Pléyades que se casó con un mortal. Otro, que es Electra, que oculta la cara del destino de Troya, la ciudad fundada por su hermano Orestes. Pero la estrella más tenue se llama Astérope.

Las Pléyades
Aunque este cúmulo estelar brillante se conoce popularmente como las Siete Hermanas, contiene nueve estrellas con nombre: las siete hermanas y sus padres, Atlas y Pléyone.

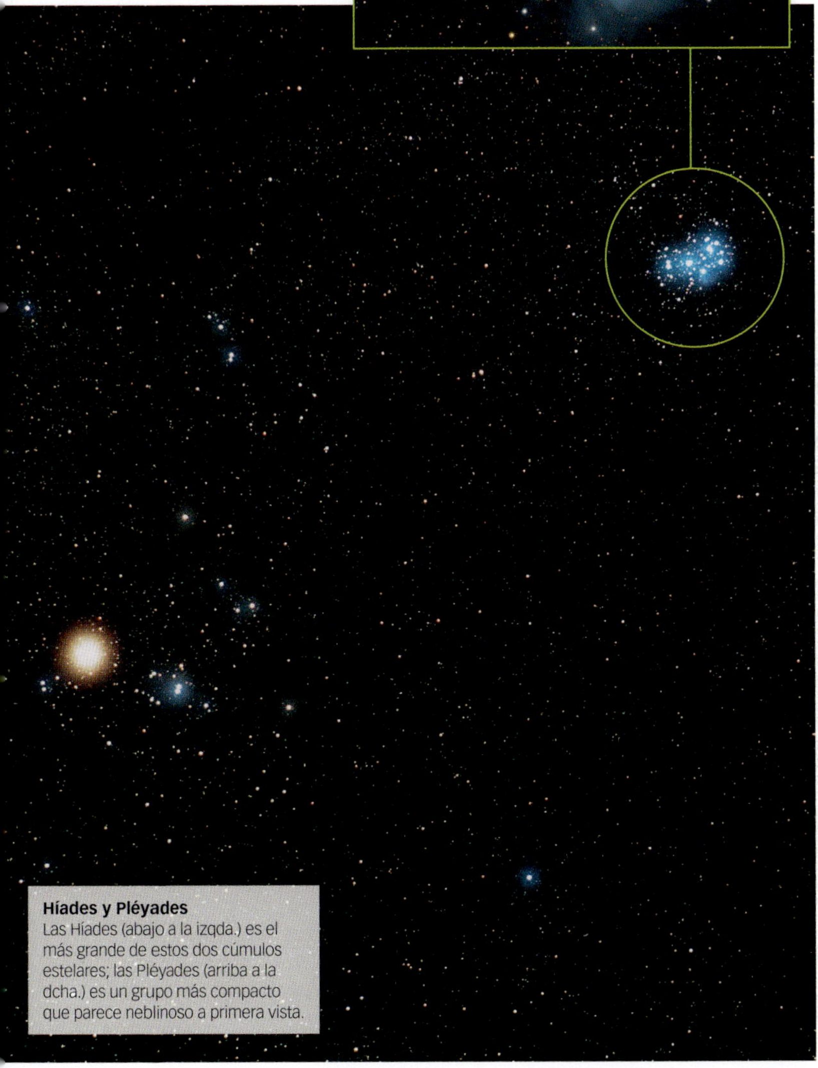

Híades y Pléyades
Las Híades (abajo a la izqda.) es el más grande de estos dos cúmulos estelares; las Pléyades (arriba a la dcha.) es un grupo más compacto que parece neblinoso a primera vista.

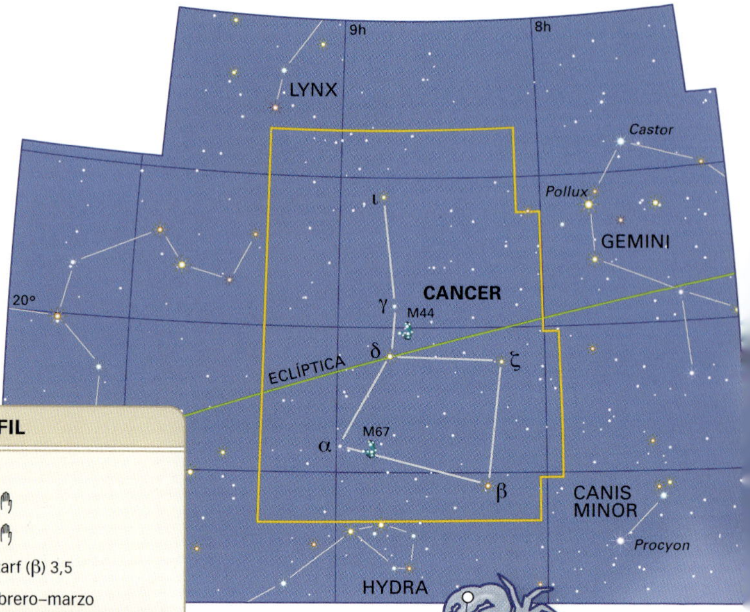

PERFIL

31

Altarf (β) 3,5

Febrero–marzo

TOTALMENTE VISIBLE 90°N-57°S

RASGOS

Beta (β) Cancri (Altarf) La estrella más brillante de Cáncer, Altarf, es una gigante naranja situada a 290 años luz y con una magnitud de 3,5, más brillante que Alfa (α).

Alfa (α) Cancri (Acubens) Con un nombre que significa "la garra", es más tenue que la cercana Beta. Es una estrella blanca de magnitud 4,2, situada a 175 años luz.

M44 (Pesebre) Se trata de un grupo de 50 estrellas jóvenes esparcidas en un área del cielo que tiene tres veces el tamaño de la Luna llena. Aunque su luz combinada las hace visibles a simple vista, se necesitan prismáticos para resolver estrellas individuales dentro del grupo.

Cancri (Cnc)

CANCER

La más débil de las doce constelaciones zodiacales, Cáncer, tiene un dibujo poco definido, pero es fácil de encontrar debido a su ubicación entre las luminarias de Leo y Géminis. Según la mitología griega, Cáncer es un cangrejo que atacó a Hércules durante su lucha con Hidra. El cangrejo fue aplastado bajo sus pies durante la pelea.

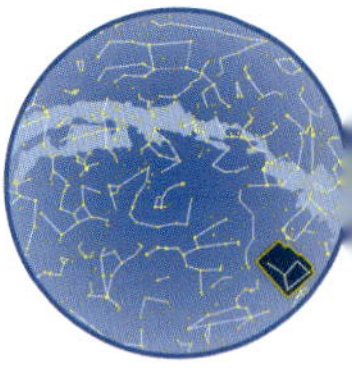

HEMISFERIO NORTE

Dado que la Vía Láctea no atraviesa Cáncer, esta región está relativamente vacía, sin nebulosidades, cúmulos globulares ni nebulosas planetarias. Pero contiene dos cúmulos abiertos: el relativamente disperso M44 y el más concentrado M67. M44 también se conoce como Pesebre o cúmulo de la Colmena. Sus estrellas están a 570 años luz. En la mitología griega, se consideraba un pesebre de heno en el que comían dos burros, representados por Gamma (γ) y Delta (δ) Cancri.

PERFIL

64

46 Leonis Minoris 3,8

Marzo–abril

TOTALMENTE VISIBLE 90°N-48°S

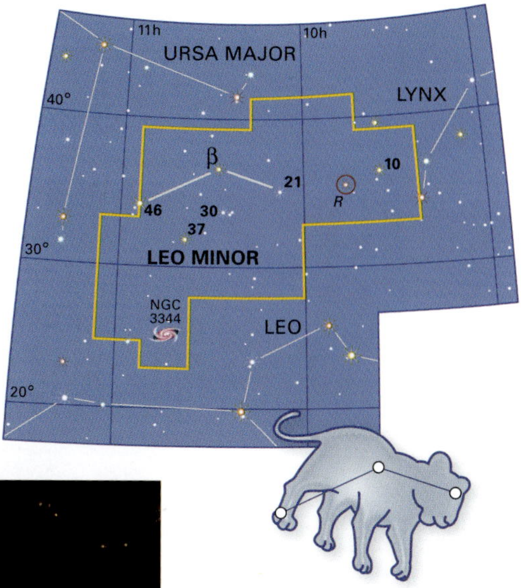

EL LEÓN MENOR

NGC 3344
Esta atractiva espiral de frente posee unos brazos espirales interiores muy juntos, difíciles de distinguir. A pesar de su magnitud global de 10,5, su naturaleza extendida la convierte en un objetivo difícil para telescopios pequeños.

RASGOS

46 Leonis Minoris La estrella más brillante de la constelación es una gigante naranja de magnitud 3,8. Se encuentra a unos 80 años luz de la Tierra y se acerca al final de su vida. Debido a un error, esta estrella no se denomina Alfa (α).

Beta (β) Leonis Minoris La segunda estrella más brillante del León Menor es una gigante amarilla que brilla con una magnitud de 4,2. Su distancia de 190 años luz revela que en realidad es mucho más luminosa que 46 Leonis Minoris.

R Leonis Minoris Situada al oeste de 21 Leonis Minoris, es una gigante roja pulsante con un periodo de 372 días. En su magnitud máxima de 6,3 es fácil de localizar con prismáticos, pero en la más tenue no se ve con telescopios pequeños.

Leonis Minoris (LMi)

LEO MINOR

Esta tenue constelación, intercalada entre Leo y la Osa Mayor, fue inventada por el astrónomo polaco Johannes Hevelius en torno a 1860. Afirmaba que su dibujo recordaba a Leo, pero la semejanza no es obvia, ya que las estrellas más brillantes en realidad forman un triángulo aproximado, por lo que parece que Hevelius simplemente quería rellenar un hueco para su gran atlas estelar, *Uranographia*. La constelación suele verse como representación de un cachorro de león.

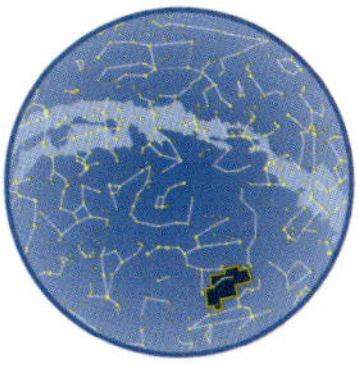

HEMISFERIO NORTE

Situada en una región poco densa del cielo, el León Menor contiene pocos objetos de interés. A su estrella más brillante, 46 Leonis Minoris, debería habérsele asignado la letra Alfa (α), pero el astrónomo inglés Francis Bailey se olvidó mientras asignaba letras a las estrellas de la constelación en 1845. No obstante, a su segunda estrella más brillante se le ha asignado la Beta (β).

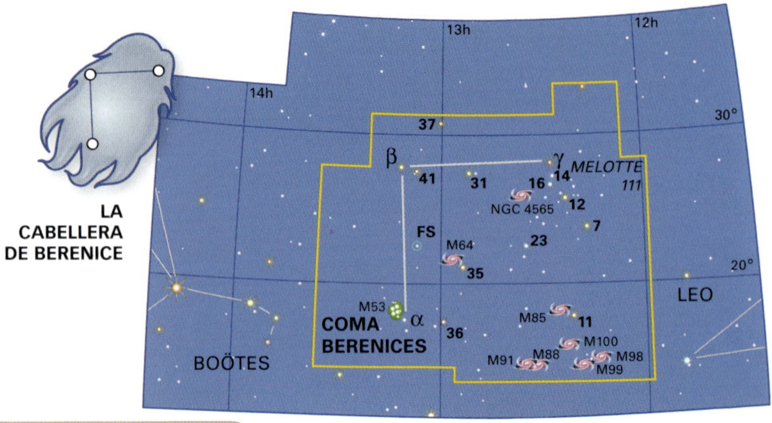

PERFIL

42

Beta (β) 4,2

Abril–mayo

TOTALMENTE VISIBLE 90°N-56°S

La galaxia del Ojo Negro Esta galaxia parece una mancha elíptica de luz a través de un telescopio pequeño; la mejor forma de observar la nube de polvo central es con un telescopio grande con una abertura de 150 mm o más.

RASGOS

M53 El más brillante de dos cúmulos globulares en la Cabellera de Berenice. Está situado a unos 56.000 años luz. Aunque es visible con prismáticos, lo mejor es observarlo con un telescopio pequeño.

M64 (el Ojo Negro) La galaxia más brillante de la Cabellera recibe el apodo de Ojo Negro debido a la nube de polvo oscuro que se encuentra en su núcleo. Inclinada en ángulo respecto a la Tierra, está a unos 17 millones de años luz.

Melotte 111 (cúmulo estelar de Coma) Es el rasgo principal de la Cabellera. Está formado por un grupo disperso de estrellas tenues que se extienden hacia el sur en forma de abanico desde Gamma (γ) Comae Berenices. Muy cercano a la Tierra; pueden verse a simple vista más de 20 de sus estrellas.

Comae Berenices (Com)

COMA BERENICES

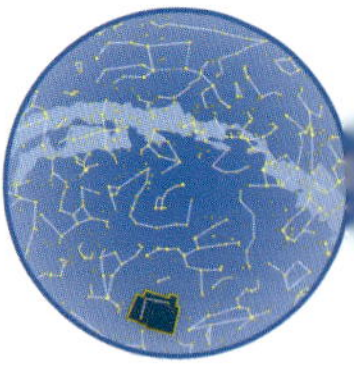

HEMISFERIO NORTE

Las estrellas de esta región del cielo señalaban originalmente la cola del León vecino. A mediados del s. XVI, el cartógrafo holandés Gerardus Mercator las transformó en la nueva constelación Cabellera de Berenice. Situada entre el León y el Boyero, representa los mechones de la reina Berenice de Egipto, que se cortó como homenaje a los dioses después de que su esposo, el rey Ptolomeo III, regresara ileso a casa de una batalla durante el s. III a.C.

La Cabellera de Berenice tiene estrellas relativamente tenues, pero contiene objetos del cielo profundo, incluido el cercano cúmulo estelar Melotte 111 y galaxias más lejanas que son visibles con prismáticos y telescopios pequeños. Algunas de estas galaxias son excedentes del cúmulo de Virgo, relativamente cercano, mientras que otras forman parte del cúmulo Coma, más lejano.

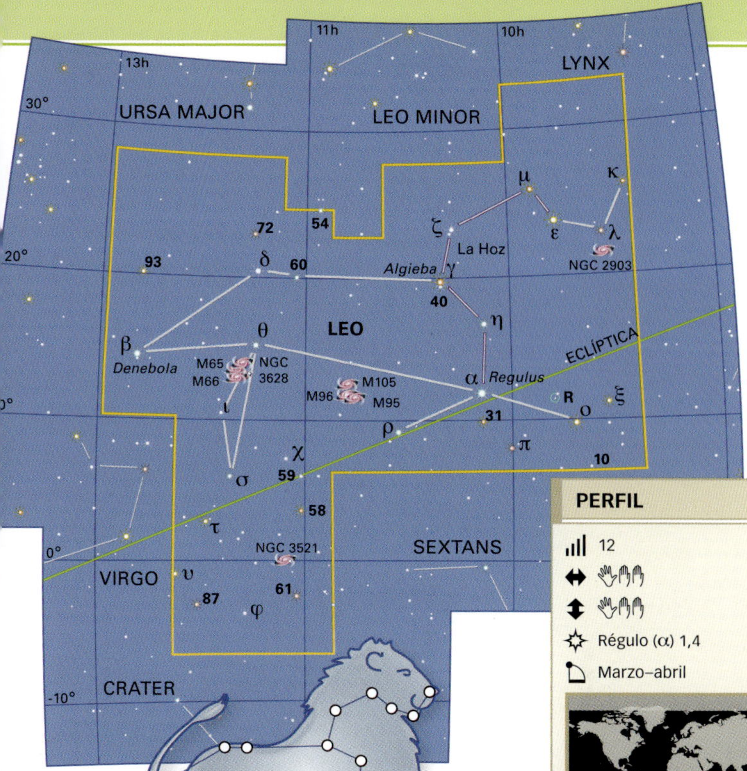

PERFIL

12

Régulo (α) 1,4

Marzo–abril

TOTALMENTE VISIBLE 82°N-57°S

RASGOS

Alfa (α) Leonis (Régulo) Su nombre significa "pequeño rey". Es una estrella brillante blanquiazul, situada a casi 80 años luz. Está a los pies de la Hoz y brilla con una magnitud de 1,4. Tiene una acompañante de magnitud 7,8 que puede verse con prismáticos.

Gamma (γ) Leonis (Algieba) Es una estrella doble formada por dos gigantes amarillas a unos 170 años luz. Con un telescopio pequeño se separa. La estrella más brillante es de magnitud 2,0 y la más débil, de 3,2. Ambas orbitan una alrededor de la otra cada 600 años.

R Leonis Esta gigante roja está a 3.000 años luz. Su brillo varía en ciclos de 312 días. Se mantiene por debajo del umbral de visibilidad a simple vista, pero en su máximo alcanza una magnitud de 4.

Leonis (Leo)

LEO

Esta extensa constelación zodiacal se encuentra justo al norte del ecuador celeste. Representa al león de Nemea que mató el héroe griego Hércules, y las estrellas de su silueta efectivamente se parecen a un león agazapado. Un grupo de seis estrellas que forman la cabeza y el pecho del león se conocen también como la Hoz debido al dibujo en forma de gancho que trazan. La lluvia de las Leónidas irradia de esta parte de la constelación cada noviembre.

HEMISFERIO NORTE

Leo carece de nebulosas o cúmulos porque está alejado de la Vía Láctea y del plano de nuestra galaxia, pero contiene unas cuantas galaxias brillantes. También contiene la estrella enana Wolf 359, que es la cuarta estrella más cercana a nuestra propia estrella, el Sol, situada a una distancia de solo 7,8 años luz. No obstante, es demasiado tenue para instrumentos de aficionado.

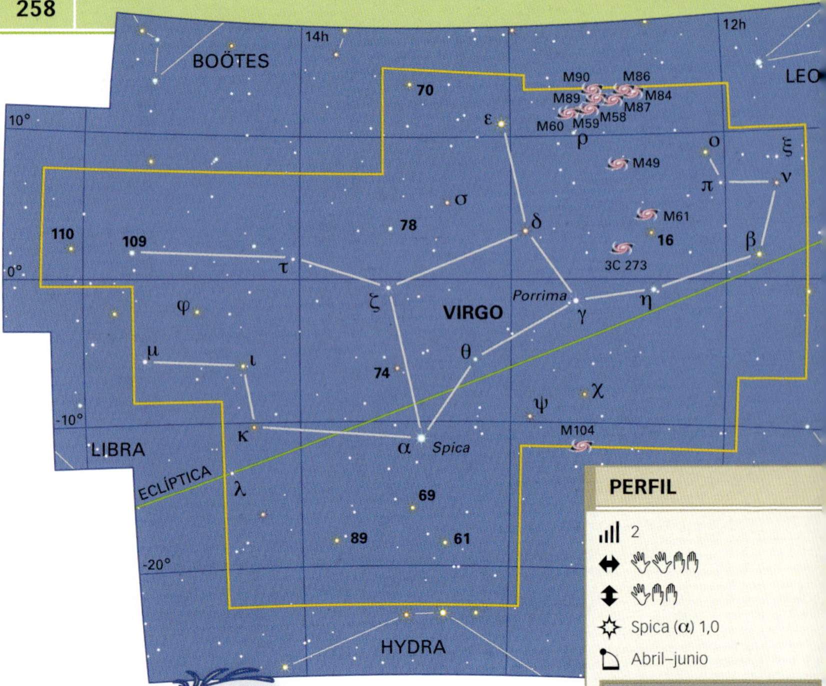

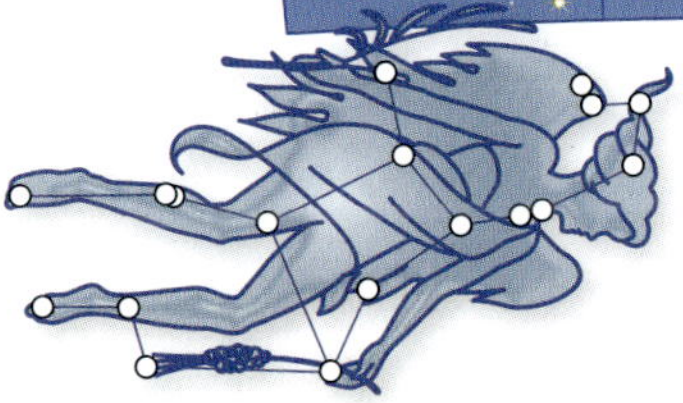

LA VIRGEN

PERFIL

2

Spica (α) 1,0

Abril–junio

TOTALMENTE VISIBLE 67ºN-75ºS

RASGOS

Alfa (α) Virginis (Spica) Spica es una estrella brillante con una magnitud media de 1,0, a unos 260 años luz. Es una binaria indivisible, en la que una acompañante más pequeña afecta a la forma de la estrella más brillante y hace que su brillo varíe.

M87 Galaxia elíptica gigante situada en el centro del cúmulo de galaxias de Virgo. Brilla con una magnitud de 8,1. A 50 millones de años luz.

M104 (galaxia del Sombrero) Galaxia brillante a 28 millones de años luz. Está mucho más cerca que el cúmulo de Virgo. Es una espiral vista lateralmente con un camino oscuro de polvo que cruza su bulbo central. Es mejor verla con un telescopio grande.

Virginis (Vir)

VIRGO

Virgo es la segunda constelación más grande después de Hidra y se extiende a ambos lados del ecuador celeste. Es el único signo femenino del zodiaco. Se encuentra al sureste de Leo, más fácil de identificar, y se asocia a muchas diosas vírgenes, incluida Dike, la diosa griega de la justicia, mientras que la cercana Libra representa la balanza de la justicia. La constelación también se asocia a Deméter, la diosa de la agricultura. La luminaria de Virgo, Spica señala una espiga de trigo en la mano de la Virgen.

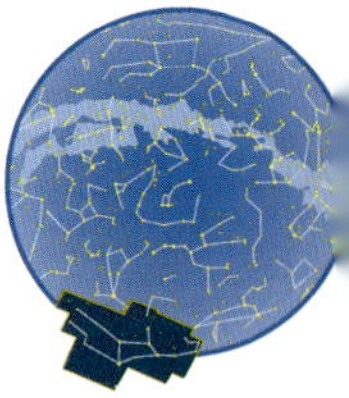

HEMISFERIO NORTE

Virgo no tiene cúmulos estelares ni nebulosas brillantes, pero sí galaxias. Cuando se mira en esta dirección, estamos mirando fuera de nuestra propia galaxia hacia el cúmulo de Virgo, un cúmulo de más de 2.000 galaxias a unos 55 millones de años luz de distancia. Muchas de ellas son visibles con telescopios de aficionado.

LA DIOSA VIRGEN

Virgo se identifica a menudo con Dike o Iustitia, la diosa griega de la justicia, que abandonó la Tierra y subió al cielo cuando el comportamiento humano degeneró. En esta interpretación, la vecina Libra representa su balanza de la justicia. No obstante, desde la época mesopotámica a principios del primer milenio a.C., la constelación también se asociaba a la fertilidad y la cosecha, y los astrónomos griegos antiguos también interpretaban la figura como la diosa de la agricultura Deméter o Ceres, quien sujeta una espiga de trigo señalada por la estrella más brillante de Virgo, Spica.

La galaxia del Sombrero
Esta galaxia es una espiral con un bulbo central muy grande, visto casi lateralmente. Un anillo de polvo perfilado forma un borde oscuro alrededor del disco de la galaxia. Esta imagen fue captada por el telescopio espacial Hubble.

La cadena de Markarian
En una parte del cúmulo de Virgo, varias galaxias forman una suave cadena que ha sido bautizada con el nombre del astrofísico armenio B. E. Markarian, el primero en probar que las galaxias están ligadas gravitatoriamente y no por una alineación aleatoria.

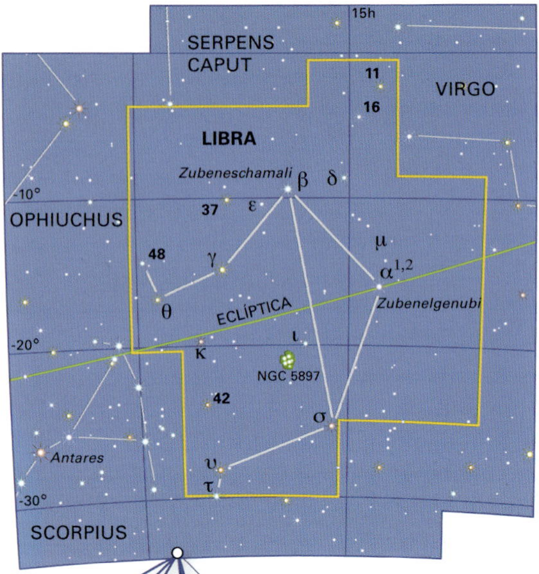

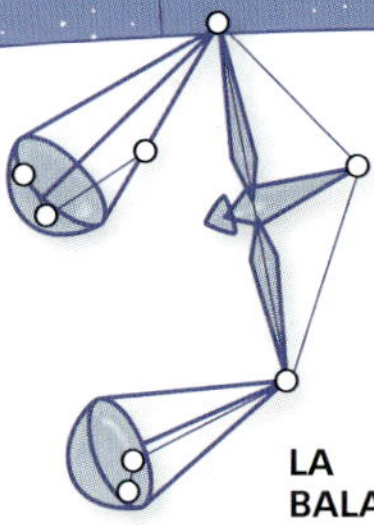

LA BALANZA

PERFIL

29

Zubenelgenubi 2,8

Mayo–junio

TOTALMENTE VISIBLE 60°N-90°S

La balanza de la justicia Las estrellas de Libra solían visualizarse como las "pinzas" de la constelación de Escorpio. Ahora se consideran la balanza de la justicia.

RASGOS

Alfa (α) Librae (Zubenelgenubi) La estrella más brillante de Libra es una doble que se separa con prismáticos o incluso con una vista aguda. Las dos estrellas de Zubenelgenubi, una gigante blanquiazul de magnitud 2,8 y una estrella blanca de 5,2, están a 70 años luz de la Tierra.

Mi (μ) Librae Esta estrella doble, con componentes de magnitudes 5,6 y 6,7, es una pareja cercana situada a 235 años luz de distancia. Se necesita un telescopio con una abertura de 75 mm para separarla.

48 Librae Situada a 510 años luz de la Tierra, esta estrella joven se encuentra en una fase temprana de desarrollo y aún está expulsando el exceso de material, que forma capas alrededor de la estrella, lo que hace que varíe de brillo.

Librae (Lib)

LIBRA

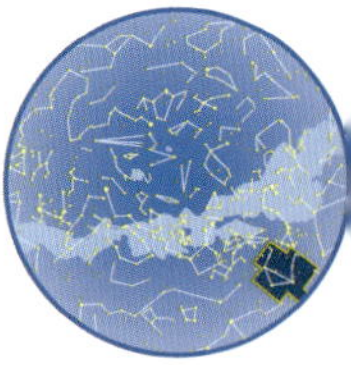

HEMISFERIO SUR

Libra es el único signo del zodiaco que representa un objeto (una balanza) en lugar de una criatura viva. Los griegos antiguos la veían como *Chelae Scorpionis*, las "pinzas" del vecino Escorpión. De hecho, sus estrellas más brillantes todavía se conocen como Zubenelakrab, Zubenelgenubi y Zubeneschamali, que significan "la pinza del escorpión", "la pinza del sur" y la "pinza del norte". No obstante, desde la época romana, Libra se ha interpretado como la balanza de la justicia, sostenida por la figura de la cercana Virgo.

Libra es una constelación pequeña y tenue que se localiza a partir de sus vecinas más brillantes en el cielo. Aparte de un cúmulo globular discreto, tiene poco que ofrecer a los aficionados con telescopios pequeños. La estrella tenue Gliese 581, que alberga un complejo sistema de planetas, está al norte de Beta (β).

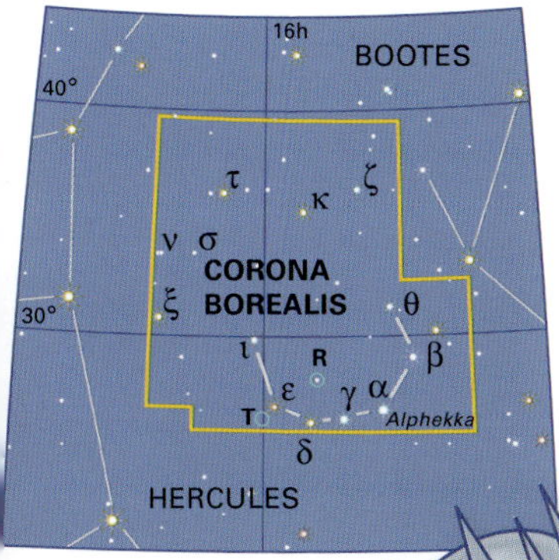

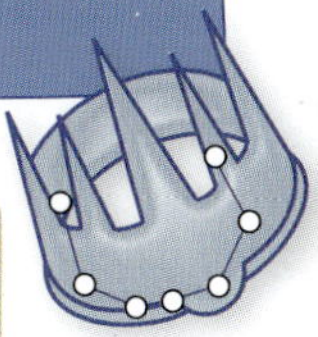

LA CORONA BOREAL

La corona celeste
Las estrellas más destacadas de esta constelación forman un arco que recuerda a una espléndida corona en el cielo nocturno.

PERFIL

73

Alphekka (α) 2,2

Junio

TOTALMENTE VISIBLE 90°N-50°S

RASGOS

Alfa (α) Coronae Borealis (Alphekka) Esta desafiadora binaria eclipsante, de una magnitud media de 2,2, varía de brillo tan solo en 0,1 de magnitud cuando sus componentes se cruzan en un ciclo de 17,4 días.

R Coronae Borealis Esta enigmática variable suele ser discernible a simple vista, rodeada por la curva de la corona y con un brillo de magnitud 5,8. Cada pocos años, esta supergigante amarilla, situada a 6.000 años luz, disminuye de brillo de repente, quedando fuera del alcance de la mayoría de los telescopios de aficionado.

T Coronae Borealis Se trata de una de las novas recurrentes más brillantes y fiables. En intervalos de unas pocas décadas, su brillo pasa de magnitud 11 a magnitud 2, aproximadamente.

Coronae Borealis (CrB)

CORONA BOREALIS

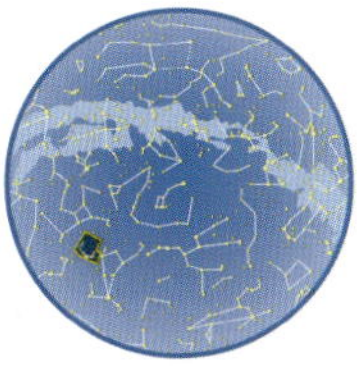

HEMISFERIO NORTE

La Corona Boreal es una constelación pequeña pero inconfundible, situada entre el Boyero y Hércules en el cielo septentrional. Está formada por siete estrellas tenues dispuestas en forma de herradura, que representa la corona de la mítica princesa Ariadna de Creta durante su boda con el dios Dionisio. Esta antigua constelación fue reconocida por el astrónomo grecoegipcio Ptolomeo en su lista original de 48 constelaciones en torno al s. II.

Para compensar la falta de objetos del cielo profundo para observadores aficionados, la Corona Boreal contiene atractivas estrellas dobles e interesantes variables. También contiene un enorme cúmulo de más de 400 galaxias llamado Abell 2065, pero ninguna de ellas tiene un brillo de magnitud superior a 16, ya que se encuentran a 1.500 años luz de distancia.

M5
Con un diámetro de 165 años luz, este cúmulo globular es uno de los más grandes en orbita alrededor de la Vía Láctea. Con un telescopio mediano pueden distinguirse las estrellas del cúmulo.

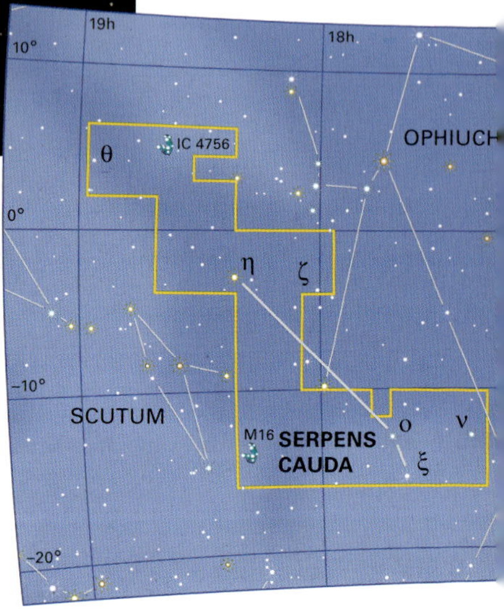

PERFIL

23

Unukalhai (α) 2,7

Junio–agosto

TOTALMENTE VISIBLE 74°N-64°S

RASGOS

Alfa (α) Serpentis (Unukalhai) Situada en Serpens Caput, la estrella más brillante de la constelación se halla a 70 años luz de distancia. Es una gigante naranja de magnitud 2,7.

M5 Con 13.000 millones de años, este atractivo cúmulo globular es uno de los más viejos. Está a 24.500 años luz de la Tierra y puede distinguirse a simple vista en las noches oscuras, con una magnitud de en torno a 5,6.

M16 Este cúmulo abierto de unas 60 estrellas está a unos 8.000 años luz en el centro de la nebulosa del Águila, una enorme nube de gas y polvo de la que han nacido estrellas hace poco. Aparece como una mancha neblinosa de luz del tamaño de la Luna llena.

Serpentis (Ser)

SERPENS

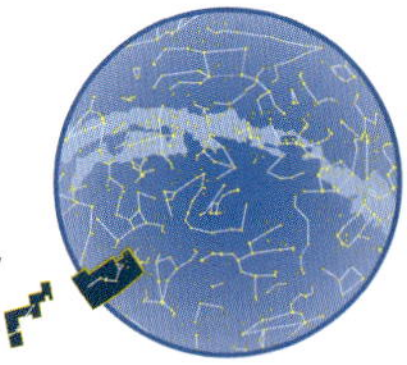

HEMISFERIO NORTE

La Serpiente es la única constelación que está formada por dos partes, situadas una a cada lado de Ofiuco, el que sostiene la serpiente. Se divide en Serpens Cauda, la cola, y Serpens Caput, la cabeza. En la mitología griega, las serpientes se consideraban un símbolo de renacimiento porque mudaban la piel. Entretanto, Ofiuco representa al gran curandero Asclepio, que era capaz de revivir a los muertos, según decían.

La Vía Láctea atraviesa Serpens Cauda, mientras que Serpens Caput ofrece vistas claras del espacio intergaláctico, lo cual aporta caracteres muy distintos a cada mitad de la constelación. La cola contiene cúmulos estelares brillantes, incluido M16 en el centro de la nebulosa del Águila. Los objetos del cielo profundo más brillantes de la cabeza son M5, un cúmulo globular, y una serie de galaxias lejanas.

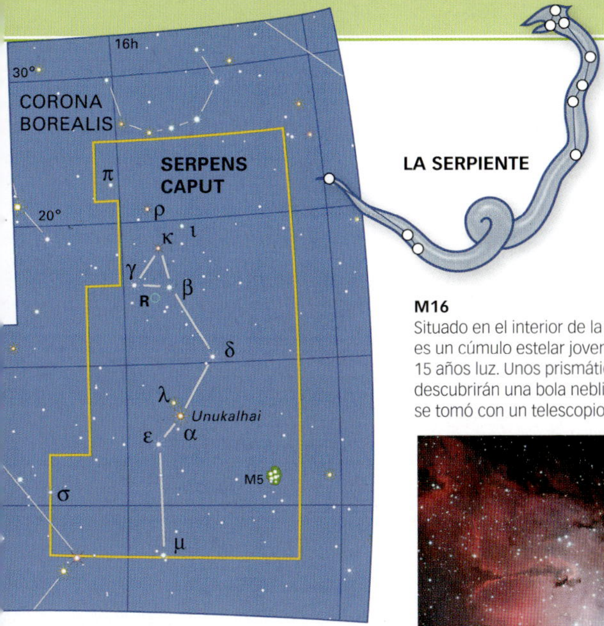

M16

Situado en el interior de la nebulosa del Águila, M16 es un cúmulo estelar joven con un diámetro de unos 15 años luz. Unos prismáticos o un telescopio pequeño descubrirán una bola neblinosa de luz. Esta fotografía se tomó con un telescopio de 2,2 m.

La nebulosa del Águila

Esta fotografía del telescopio espacial Hubble muestra unas columnas de gas y polvo dentro de la nebulosa del Águila conocidas como los Pilares de la Creación. En estas nubes oscuras se forman estrellas, que luego salen al espacio abierto cuando su radiación hace explotar el material circundante.

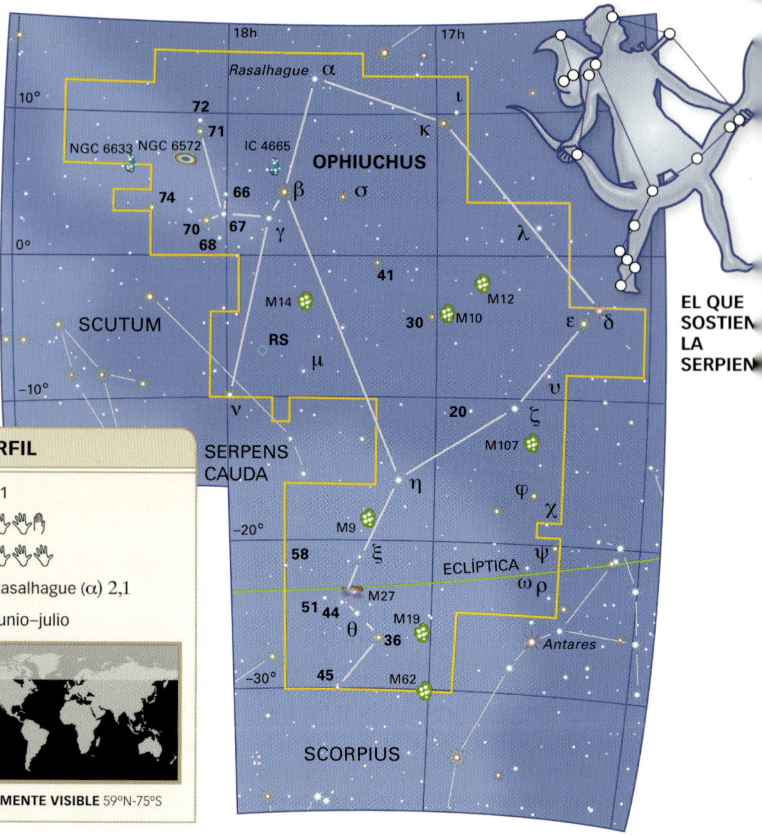

PERFIL

11

Rasalhague (α) 2,1

Junio–julio

TOTALMENTE VISIBLE 59°N-75°S

RASGOS

Alfa (α) Ophiuchi (Rasalhague) La estrella más brillante de Ofiuco es esta gigante blanca de magnitud 2,1, situada a unos 50 años luz de la Tierra.

Ro (ρ) Ophiuchi Estrella múltiple aún incrustada en el tenue gas a partir del cual se formó. Con prismáticos se ven dos acompañantes cerca de la estrella primaria, de magnitud 5,0. Con un telescopio pequeño se ve que la primaria tiene una compañera más cercana de magnitud 5,9.

La estrella de Barnard La estrella más famosa de Ofiuco y la que más rápido se mueve en el cielo, situada cerca de Beta (β) Ophiuchi. Se mueve tan deprisa que cruza un tramo del cielo del ancho de la Luna cada 200 años. A 6 años luz de la Tierra, es la segunda estrella más cercana al Sol.

Ophiuchi (Oph)

OPHIUCHUS

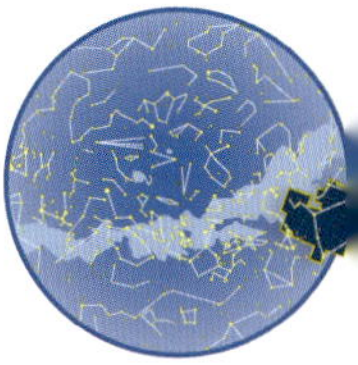

HEMISFERIO SUR

Ofiuco es una gran constelación antigua que se extiende a ambos lados del ecuador. Representa a un hombre que sostiene a una serpiente y se relaciona con Asclepio, el dios griego de la medicina. La serpiente es la constelación vecina Serpens. Las estrellas de Ofiuco son tenues y su dibujo no destaca, por lo que se localiza mirando al sur de Hércules o al norte de Escorpio, situada en el sur.

Actualmente, el trayecto de la eclíptica pasa por esta región del cielo y el Sol puede encontrarse aquí en la primera mitad de diciembre. A pesar de ello, Ofiuco no se considera un verdadero miembro del zodiaco. Aunque sus estrellas son débiles, contiene una serie de objetos interesantes y es muy rica en cúmulos globulares. También contiene grandes regiones de nebulosidad, lo que la convierte en un objetivo popular para los astrofotógrafos.

PERFIL

- 84
- ↔ ✋
- ↕ ✋
- Alfa (α) 3.8
- Julio–agosto

TOTALMENTE VISIBLE 74°N-90°S

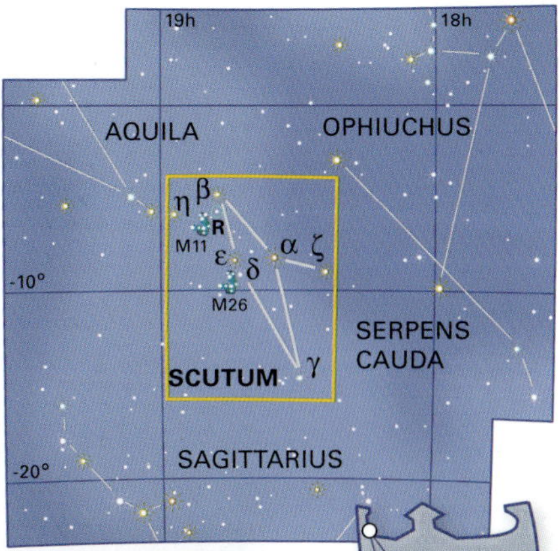

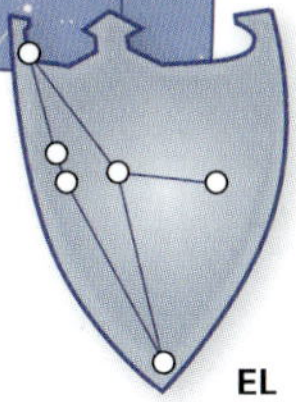

EL ESCUDO

El cúmulo del Pato Salvaje Desde una ubicación oscura, M11, situado a 5.600 años luz de la Tierra, puede verse a simple vista como una mancha neblinosa y brillante de la Vía Láctea.

RASGOS

Delta (δ) Scuti Esta gigante pulsante de magnitud 4,7 está a 260 años luz de la Tierra. Es el prototipo de una clase de estrellas variables que cambian muy rápidamente, aunque su brillo solo varía en una magnitud de 0,1 en ciclos de 4,6 horas.

R Scuti Estrella variable con un periodo de cambio más lento que Delta (δ) Scuti y cambios más fáciles de seguir. Es una supergigante amarilla que varía de magnitud 4,5 en el máximo a magnitud 8,8, el límite de la visibilidad con prismáticos. Este ciclo dura 144 días.

M11 (cúmulo del Pato Salvaje) Este rico cúmulo abierto en la nube de estrellas del Escudo está justo al sur de Beta (β) Scuti. Es visible a simple vista y gratificante con prismáticos. Con un telescopio, las estrellas forman un abanico.

Scuti (Sct)

SCUTUM

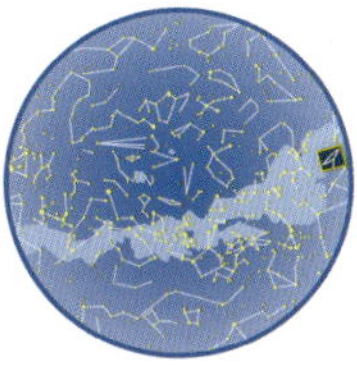

HEMISFERIO SUR

Pequeña, con forma de cometa y situada al sur del ecuador celeste, la constelación del Escudo fue inventada en el siglo XVII por el astrónomo polaco Johannes Hevelius. Originalmente le puso el nombre de Scutum Sobiescianum –el Escudo de Sobieski– en honor a su mecenas, el rey Juan Sobieski de Polonia. Ahora se conoce simplemente como el Escudo y la mejor forma de localizarlo es buscar entre las vecinas Águila y Sagitario.

Una región brillante de la Vía Láctea cruza el Escudo, que contiene ricas nubes de estrellas ideales para recorrer con prismáticos. De hecho, la nube de estrellas del Escudo es la parte más brillante de la Vía Láctea fuera de Sagitario. Entre los objetos destacados para aficionados se encuentran el hermoso cúmulo del Pato Salvaje o M11 y R Scuti, una impresionante estrella variable de periodo largo.

PERFIL

86

Gamma (γ) 3,5

Agosto

TOTALMENTE VISIBLE 90°N-69°S

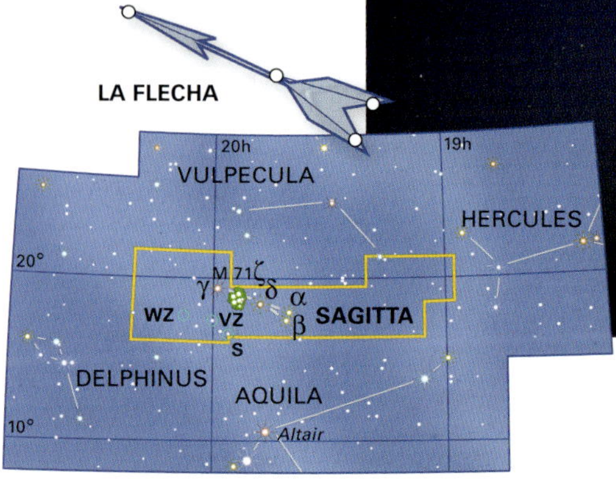

La flecha del cielo
Esta pequeña flecha en vuelo va camino de la constelación del Delfín. Vuela sobre las estrellas del Águila durante su trayecto.

RASGOS

Gamma (γ) Sagittae La estrella más brillante de la Flecha es una gigante naranja de magnitud 3,5. Se encuentra a 175 años luz de la Tierra en la punta de la flecha.

Alfa (α) (Sham) y Beta (β) Sagittae Estas estrellas amarillas gemelas, ambas de magnitud 4,4, son auténticas vecinas en el espacio, a unos 470 años luz de distancia.

S Sagittae Esta supergigante amarilla está a 4.300 años luz de la Tierra y es una variable pulsante. Varía de brillo entre las magnitudes 5,5 y 6,2 cada 8,38 días.

M71 Este cúmulo estelar suele clasificarse como globular, pero tiene una estructura dispersa que indica que podría ser un cúmulo abierto. Está a unos 13.000 años luz de distancia.

Sagittae (Sge)

SAGITTA

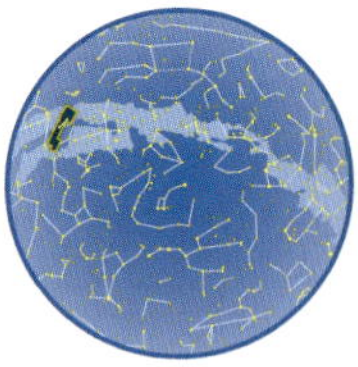

HEMISFERIO NORTE

La tercera constelación más pequeña del cielo, la Flecha, se encuentra en la Vía Láctea entre la Zorra y el Águila en el cielo septentrional. La mejor forma de localizarla es mirando a un lado del Delfín, igualmente compacta pero más distintiva. A pesar de la presencia de algunas nubes de estrellas de la Vía Láctea y de la franja oscura de la Gran Grieta (una nube de polvo que parece dividir la Vía Láctea), esta constelación tiene pocos objetos de interés para los astrónomos aficionados.

A pesar de su pequeño tamaño y relativa oscuridad, los griegos antiguos ya la reconocieron como una flecha. No obstante, no tiene nada que ver con el más conocido arquero celeste, Sagitario. Los griegos creían que representaba una flecha disparada por Apolo, Hércules o Eros hacia el Cisne y el Águila.

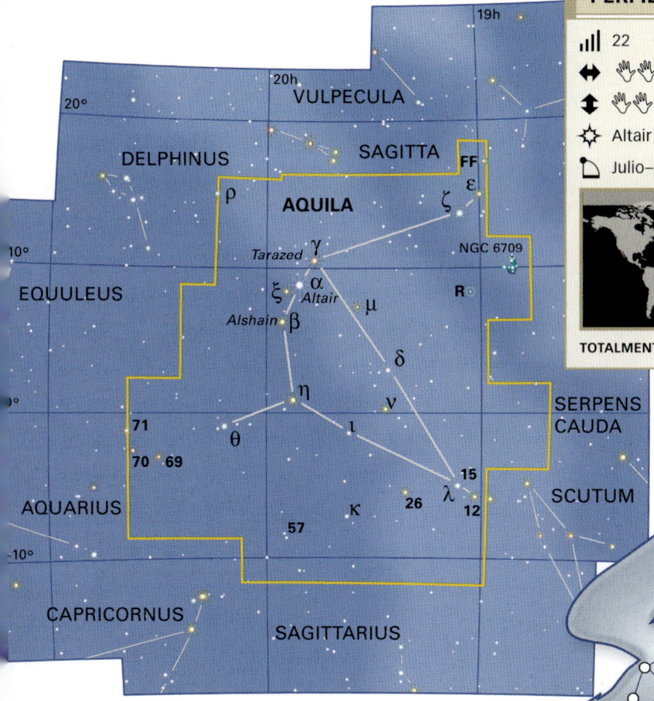

PERFIL

- 22
- Altair (α) 0,8
- Julio–agosto

TOTALMENTE VISIBLE 78°N-71°S

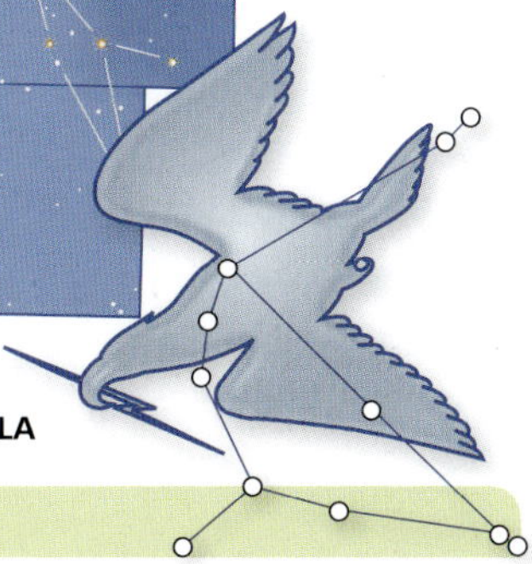

EL ÁGUILA

RASGOS

Alfa (α) Aquilae (Altair) A solo 17 años luz de distancia, es la 12.ª estrella más brillante del cielo. Con una magnitud de 0,8, es una de las estrellas brillantes más cercanas a la Tierra. Señala el cuello del águila y está flanqueada por Beta (β) y Gamma (γ) Aquilae.

Beta (β) Aquilae (Alshain) Esta estrella y Gamma (γ) (Tarazed) son las casi gemelas que flanquean a Altair. Alshain es la más débil, con una magnitud de 3,7, en comparación con el 2,7 de Tarazed. Alshain está a 49 años luz, mientras que la gigante Tarazed tiene un inconfundible color naranja y está cinco veces más lejos.

NGC 6709 A 3.000 años luz, este cúmulo abierto parece un nudo brillante en las nubes de estrellas de la Vía Láctea visto a través de prismáticos.

Aquilae (Aql)

AQUILA

Esta constelación está en el ecuador celeste, en un área rica de la Vía Láctea cerca del Cisne, el Escudo y Sagitario. También comparte límites con nada menos que otras nueve constelaciones. Es fácil de localizar gracias a su luminaria central, Altair, y sus acompañantes casi gemelas, Alshain y Tarazed. Altair forma un vértice del Triángulo de Verano boreal (p. 190), un asterismo que completan Vega (en la Lira) y Deneb (en el Cisne). El Águila tiene pocos objetos del cielo profundo de interés.

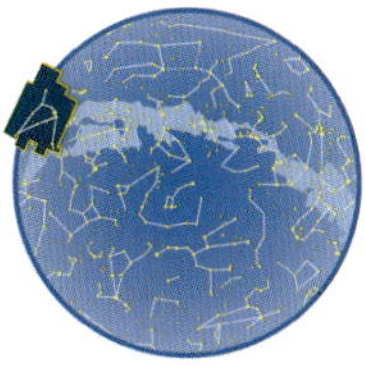

HEMISFERIO NORTE

La constelación ha sido identificada como un águila en vuelo desde hace al menos 3.000 años. Puede representar al águila que llevaba los rayos del dios griego Zeus o al mismo dios, quien adoptó la forma de pájaro para secuestrar a Ganímedes, identificada como el vecino Acuario.

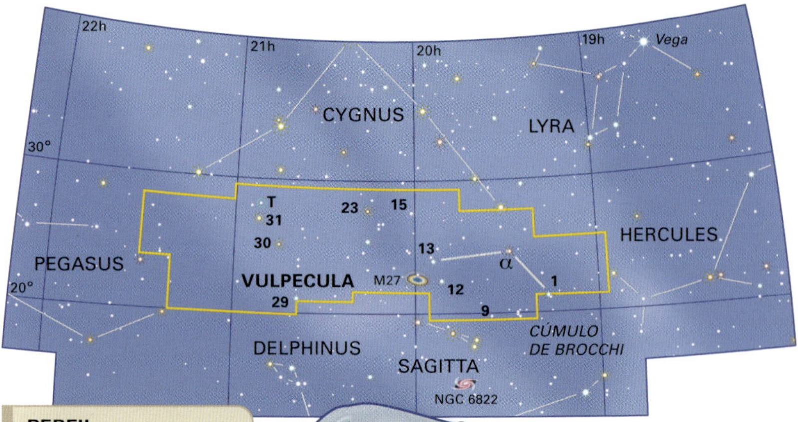

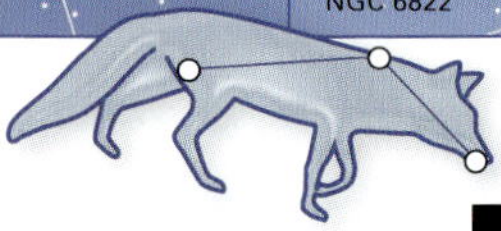
LA ZORRA

PERFIL

55

Anser (α) 4,4

Agosto–septiembre

TOTALMENTE VISIBLE 90°N-61°S

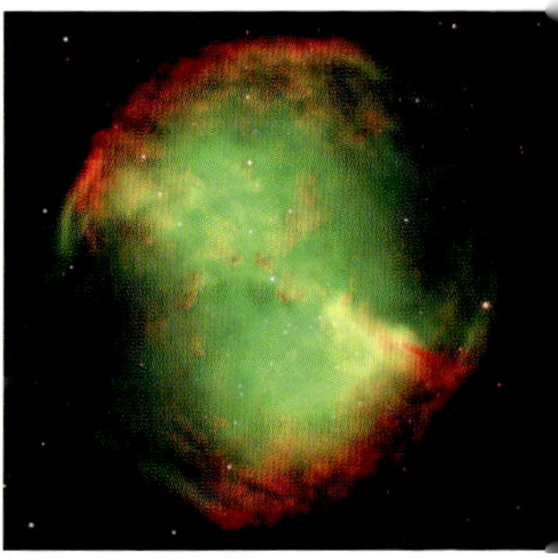

La nebulosa Dumbbell Esta imagen colorista del Observatorio Europeo Austral destaca la presencia de diferentes gases en el interior de la nebulosa Dumbbell bilobulada. Los instrumentos de aficionado muestran unos colores más apagados.

RASGOS

Alfa (α) Vulpeculae (Anser) Con una modesta magnitud de 4,4, Anser es la estrella más brillante de la Zorra. Es una gigante roja situada a unos 250 años luz de la Tierra.

Cúmulo de Brocchi (la Percha) Este pequeño grupo de 10 estrellas está en el límite meridional de la Zorra. También se conoce como la Percha debido a su forma. Sus miembros están en el límite de la visibilidad a simple vista y son atractivos con prismáticos.

M27 (nebulosa Dumbbell) Es la nebulosa planetaria más brillante del cielo y la más fácil de encontrar. Parece una mancha redondeada y tiene un cuarto del diámetro de la Luna llena. Está a 1.000 años luz de distancia. Un telescopio pequeño revelará su forma típica de reloj de arena.

Vulpeculae (Vul)

VULPECULA

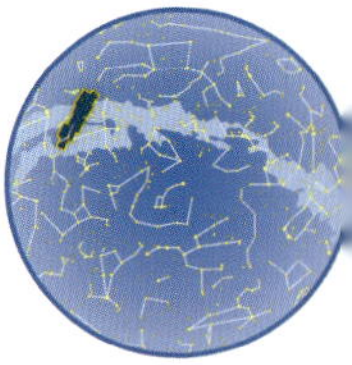

HEMISFERIO NORTE

La Zorra es una pequeña y tenue constelación septentrional situada en la Vía Láctea al sur del Cisne. Fue introducida a finales del s. XVII por el astrónomo polaco Johannes Hevelius con el nombre de *Vulpecula cum Anser* (la zorra con el ganso), pero se ha simplificado a Vulpecula. Sus estrellas son tenues y sin un dibujo definido. Se localiza mirando a un lado de la constelación adyacente de Pegaso, más brillante.

A pesar de su relativa oscuridad, la Zorra contiene varios objetos impresionantes para prismáticos y telescopios pequeños, incluida la nebulosa Dumbbell o M27 y dos cúmulos estelares abiertos: el cúmulo de Brocchi y NGC 6822. También alberga la fuente de radio PSR 1919+21, el primer pulsar que se descubrió. Lo que antes se consideraba inexplicable, ahora se sabe que es una estrella de neutrones de rápida rotación.

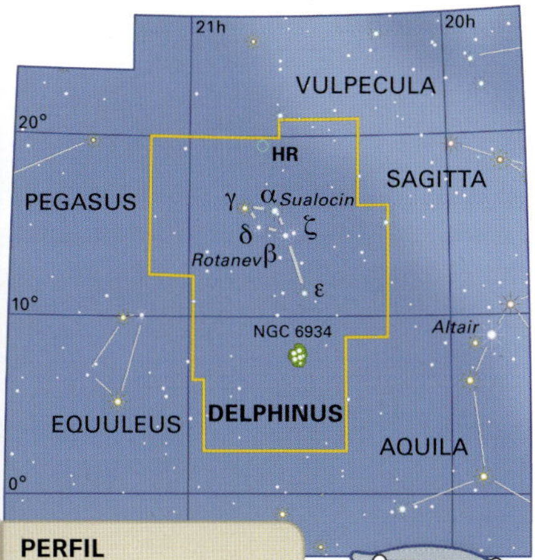

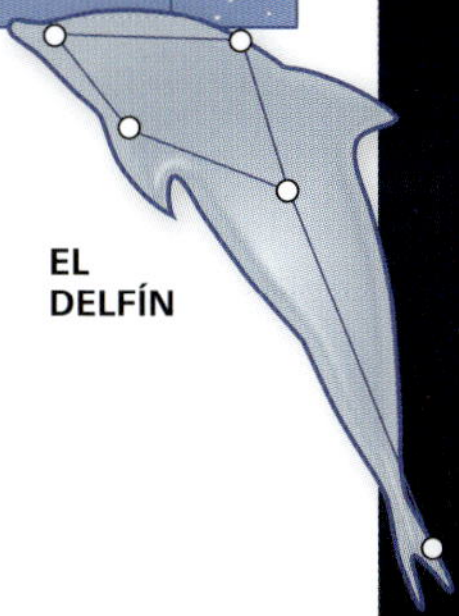

El delfín juguetón
El Delfín, con forma de cometa, está situado en el borde de la Vía Láctea, cerca del Cisne, y recuerda a un delfín saltando en el mar.

PERFIL

69

Rotanev (β) 3,6

Agosto–septiembre

TOTALMENTE VISIBLE 90°N-69°S

RASGOS

Beta (β) Delphini (Rotanev) Un poco más brillante que Alfa (α), Rotanev es una estrella blanca pura de magnitud 3,6, situada a 72 años luz de la Tierra.

Alfa (α) Delphini (Sualocin) Sualocin es una estrella blanquiazul caliente situada a 190 años luz de la Tierra. Brilla con una magnitud de 3,8.

Gamma (γ) Delphini Esta atractiva estrella doble, situada a unos 125 años luz de la Tierra, está formada por dos estrellas blanquiamarillas de magnitudes 4,3 y 5,1. Pueden separarse fácilmente con telescopio pequeño.

Delphini (Del)

DELPHINUS

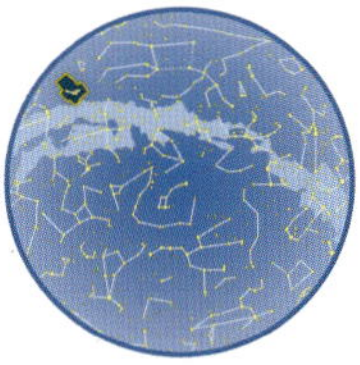

HEMISFERIO NORTE

Esta pequeña pero inconfundible constelación se encuentra entre el Águila y Pegaso. Según la mitología griega, representa a un delfín que salvó al poeta y músico Arión de ahogarse después de saltar al mar para huir de los asaltantes de un barco. Como alternativa, se dice que representa a uno de los delfines enviados por Poseidón para llevarle a la nereida Anfitrite para casarse con ella. Es una de las constelaciones originales recogidas por el astrónomo grecoegipcio Ptolomeo.

Sus estrellas más brillantes son Alfa (α) y Beta (β), bautizadas como Sualocin y Rotanev en un catálogo de estrellas de 1814. Si se leen estos nombres al revés, el resultado es Nicolaus Venator, el nombre latinizado de Niccolo Cacciatore, un astrónomo asistente italiano que tuvo el descaro de poner su nombre a las estrellas.

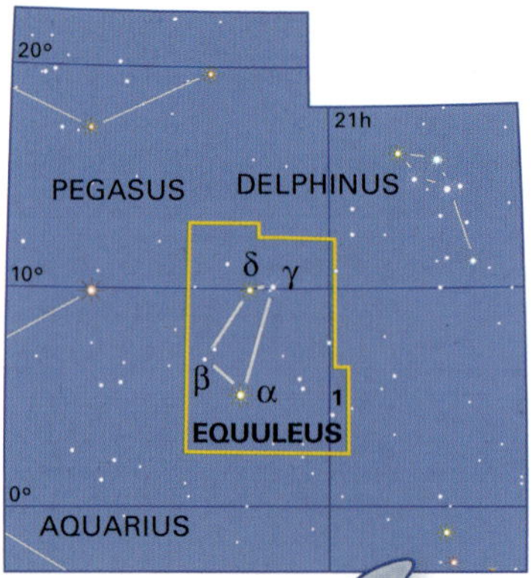

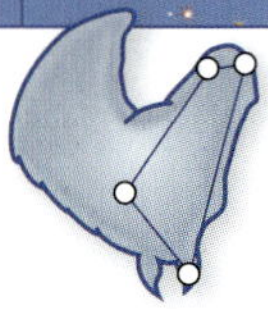

EL CABALLITO

La cabeza del caballito
El Caballito está formado por una pequeña área de estrellas tenues que es fácil pasar por alto. Se encuentra entre Pegaso y el Delfín y se visualiza como la cabeza de un caballito o potro.

PERFIL

87

Kitalpha (α) 3,9

Septiembre

TOTALMENTE VISIBLE 90°N-77°S

RASGOS

Alfa (α) Equulei (Kitalpha) Esta gigante amarilla de magnitud 3,9 está a 190 años luz del Sol y es 75 veces más luminosa que él.

Épsilon (ε) Equulei Esta estrella triple combina una alineación casual con un sistema binario auténtico. Un telescopio pequeño revelará que la estrella primaria, de magnitud 5,4, tiene una acompañante de magnitud 7,4 que, casualmente, se encuentra en la misma dirección. La estrella más tenue es la que está más cerca de las dos, situada a 125 años luz, en comparación con los 200 años luz de la primaria. Los telescopios más grandes descubrirán que la primaria es doble.

Equulei (Equ)

EQUULEUS

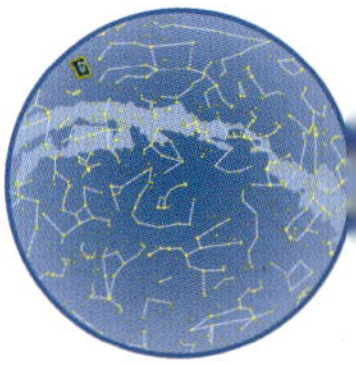

HEMISFERIO NORTE

Es la segunda constelación más pequeña del cielo y sus estrellas son relativamente tenues. Representa la cabeza de un potro y desde tiempos antiguos se ha considerado un compañero de la cercana constelación de Pegaso, con forma de caballo y más grande. El Caballito fue catalogada junto con otras 48 constelaciones por el astrónomo greco-egipcio Ptolomeo en el s. II. Un mito griego la relacionaba con el veloz potro Celeris, hijo o hermano del más famoso Pegaso.

La mejor forma de localizar el Caballito es mirar a la cuña de cielo entre Épsilon (ε) Pegasi, en la esquina suroeste de Pegaso, y el Delfín, con forma de cometa. El Caballito tiene estrellas dobles y múltiples y su estrella más brillante es la gigante amarilla Kitalpha o Alfa (α) Equulei.

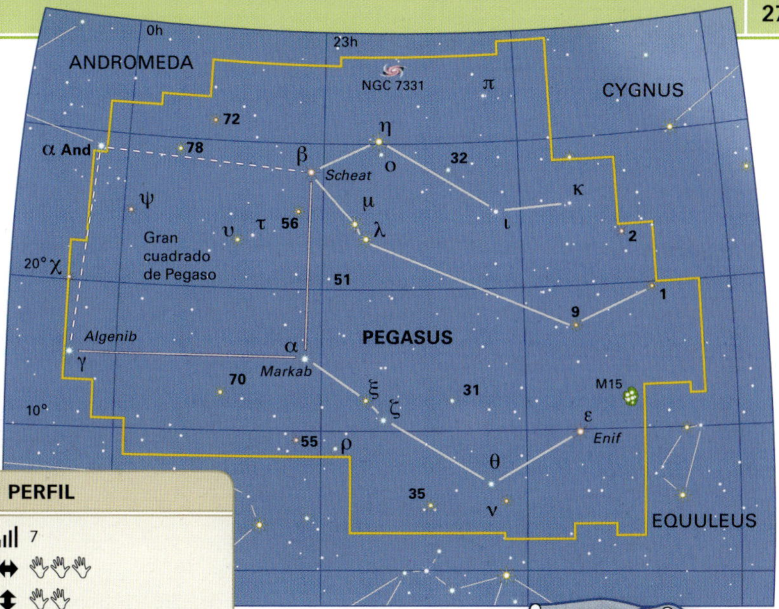

PERFIL

7

Markab (α), Scheat (β) 2,5

Septiembre–octubre

TOTALMENTE VISIBLE 90°N-53°S

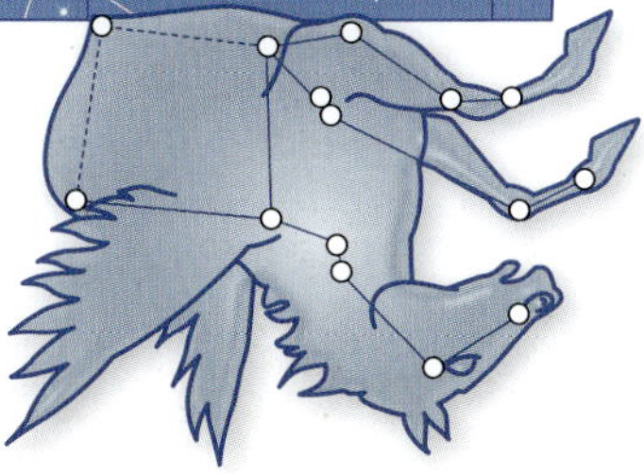

EL CABALLO ALADO

RASGOS

Alfa (α) Pegasi (Markab) Situada a unos 140 años luz de distancia, esta estrella blanquiazul suele ser la más brillante de la constelación, con una magnitud de 2,5.

Beta (β) Pegasi (Scheat) Esta gigante roja tiene un color distinto al de las demás estrellas del Gran Cuadrado de Pegaso. Se encuentra a 200 años luz de la Tierra y varía de forma impredecible; suele brillar con una magnitud aproximada de 2,7, pero a veces es más brillante que Markab y otra veces es más tenue que Gamma (γ) Pegasi.

M15 Cúmulo globular brillante de magnitud 6,2 que se localiza con prismáticos. Situado a más de 30.000 años luz, es uno de los cúmulos estelares más densos. Contiene nueve púlsares, los restos de antiguas explosiones de supernova.

Pegasi (Peg)

PEGASUS

Pegaso es una de las constelaciones más grandes. Ocupa un área vacía del cielo al norte de las constelaciones zodiacales de Acuario y Piscis. Es muy fácil de localizar porque sus cuatro estrellas brillantes (una de ellas compartida con la adyacente Andrómeda) forman el Gran Cuadrado de Pegaso.

HEMISFERIO NORTE

Famoso como el caballo alado en la mitología griega, Pegaso nació de la sangre de la gorgona Medusa después de que la matase el héroe griego Perseo. Aunque solo están marcados los cuartos delanteros con estrellas, Pegaso es la séptima constelación más grande del cielo. Está alejada de la Vía Láctea, pero dentro de sus límites se encuentran objetos interesantes, como el bello cúmulo globular M15 y la estrella amarilla de secuencia principal 51 Pegasi, la primera estrella que se descubrió que tenía un planeta extrasolar.

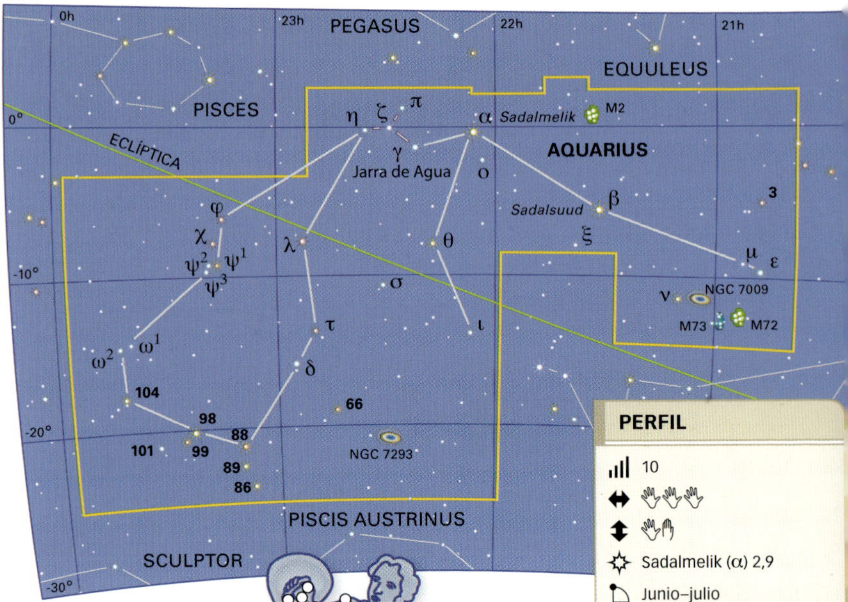

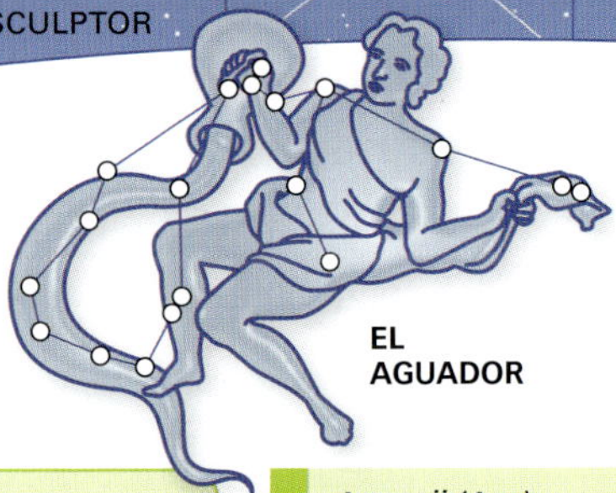

PERFIL

10

Sadalmelik (α) 2,9

Junio–julio

TOTALMENTE VISIBLE 65°N-86°S

RASGOS

M2 Es el más brillante de los dos cúmulos globulares de Acuario. Brilla con una magnitud de 6,5 y está a 37.000 años luz de la Tierra.

NGC 7009 (nebulosa de Saturno) Nebulosa planetaria que está a 3.000 años luz y brilla con una magnitud de 8,0. Parece tener un tamaño similar al disco de Saturno; cuando se ve con un telescopio pequeño parece un disco verdoso.

NGC 7293 (nebulosa de la Hélice) Es nuestra nebulosa planetaria más cercana, situada a unos 700 años luz. Con un tamaño como el de la Luna llena, su luz está dispersa en una gran zona, por lo que es difícil de identificar, excepto en lugares despejados y oscuros. Lo mejor es contemplarla con prismáticos, que tienen un campo de visión amplio.

Aquarii (Aqr)

AQUARIUS

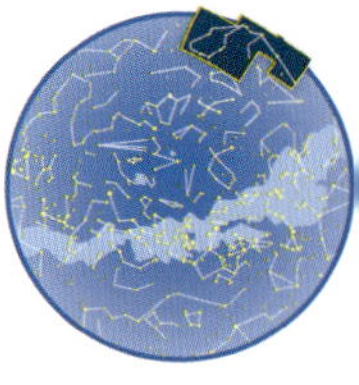

HEMISFERIO NORTE

Acuario es una de las constelaciones zodiacales más antiguas. Se sitúa entre Capricornio y Piscis, cerca del ecuador celeste. Su dibujo es vago, pero su estrella más brillante, Alfa (α) o Sadalmelik, y el dibujo en forma de Y formado por cuatro estrellas conocido como la Jarra de Agua son útiles para localizarla. A principios de mayo de cada año, la lluvia de las Eta (η) Acuáridas irradia desde esta zona.

Acuario se ha visualizado como una figura que sirve agua de una jarra desde el segundo milenio a.C. Según la mitología griega, representa a Ganímedes, un joven pastor secuestrado por Zeus bajo la forma de un águila, representada por la cercana constelación del Águila, y llevado al monte Olimpo para servir de escanciador a los dioses. Entre sus objetos del cielo profundo, destaca la nebulosa planetaria más cercana a la Tierra.

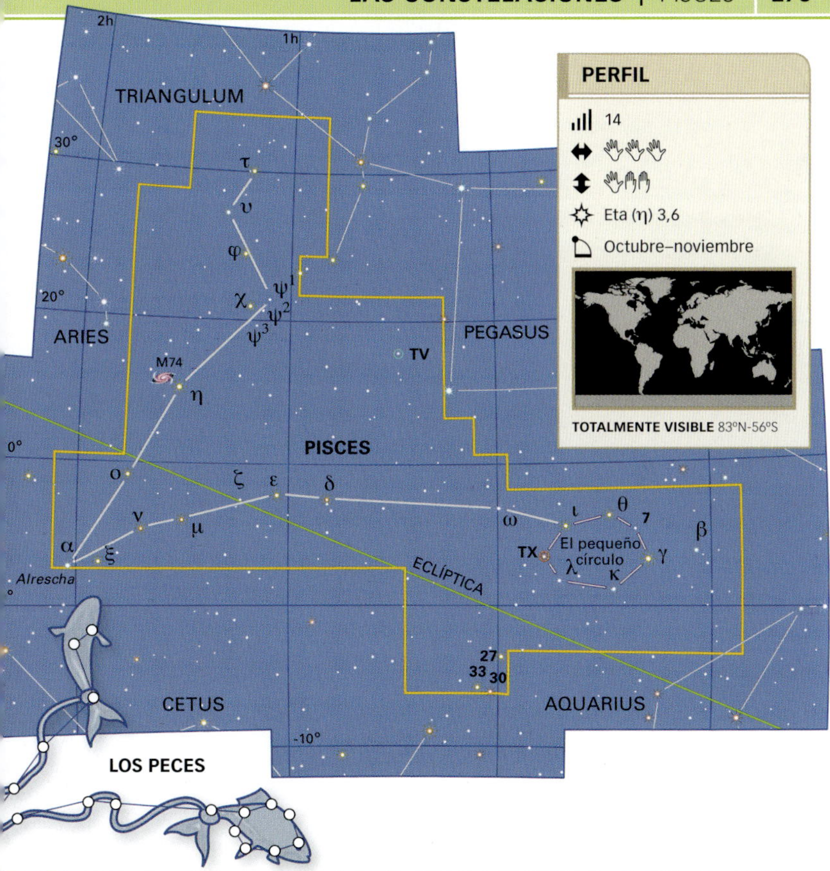

PERFIL

14

Eta (η) 3,6

Octubre–noviembre

TOTALMENTE VISIBLE 83°N-56°S

RASGOS

Eta (η) Piscium La estrella más brillante de Piscis, Eta (η) es una supergigante amarilla de magnitud 3,6, más brillante que las componentes de Alfa y situada a 300 años luz.

Alfa (α) Piscium (Alrescha) La segunda estrella más brillante de la constelación señala el punto en el que se unen las colas de los peces. A solo 140 años luz de la Tierra, las componentes de esta estrella doble blanca brillan con magnitudes de 4,2 y 5,2, lo que da una magnitud combinada de 3,8. Sus estrellas están demasiado cerca para resolverlas con un telescopio pequeño.

M74 Esta hermosa galaxia espiral, situada a 25 millones de años luz, está de cara a la Tierra. Su luz está tan dispersa que es un desafío localizarla con telescopios pequeños.

Piscium (Psc)

PISCES

HEMISFERIO NORTE

Esta constelación zodiacal se encuentra entre Acuario y Aries y representa a dos peces unidos por las colas con una cuerda. Según un mito griego, los peces representan a la diosa Afrodita y a su hijo Eros, que se convirtieron en peces y saltaron al río Éufrates para huir del monstruo Tifón. El rasgo más distintivo es el asterismo conocido como El pequeño círculo, un anillo de siete estrellas al sur del Gran Cuadrado de Pegaso (p. 271). Este anillo señala el cuerpo de uno de los peces.

Aunque Piscis es una constelación grande, no tiene muchos objetos de interés para aficionados. No obstante, contiene el equinoccio de primavera, el punto en el que el Sol cruza el ecuador celeste cada año en marzo, que se utiliza en mapas estelares como el origen del sistema de coordenadas celestes.

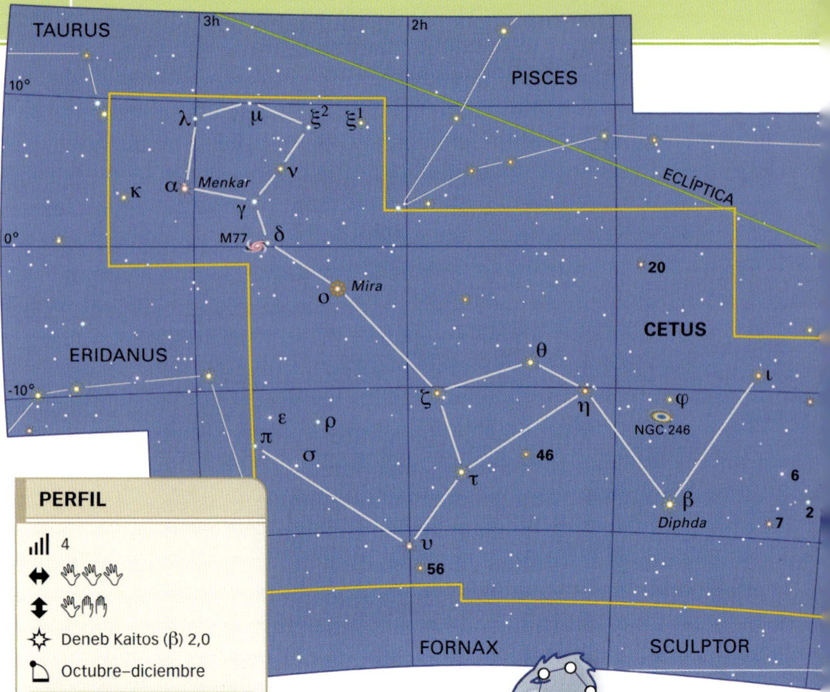

PERFIL

4

Deneb Kaitos (β) 2,0

Octubre–diciembre

TOTALMENTE VISIBLE 65ºN-79ºS

EL MONSTRUO MARINO

RASGOS

Ómicron (ο) Ceti (Mira) Con un nombre derivado del término latino para "maravillosa", Mira se encuentra entre las estrellas variables más destacadas. Su magnitud varía entre 10 y 2 en un ciclo de 332 días. Esta inestable gigante roja pasa por un ciclo largo, pero regular, de pulsaciones. Por lo tanto, según cuánto pulse, puede verse a simple vista o puede necesitarse un telescopio.

Tau (τ) Ceti Tau es una de las estrellas más cercanas a la Tierra y también la más parecida al Sol debido a su temperatura y brillo. Se encuentra a solo 11,9 años luz y está rodeada por una multitud de asteroides y cometas. Técnicamente, es una subenana amarilla. Si tiene planetas en órbita a su alrededor, podrían ser candidatos excelentes para tener vida extraterrestre.

Ceti (Cet)

CETUS

HEMISFERIO SUR

La Ballena es una de las 48 constelaciones griegas originales, situada a ambos lados del ecuador celeste. Es grande, pero relativamente tenue, y la mejor forma de encontrarla es mirar al suroeste de Tauro, más distintiva. A pesar de su nombre, en los mapas estelares antiguos se representa como un monstruo marino híbrido, de aspecto improbable, casi cómico.

La constelación no es fácil de identificar porque su aspecto puede variar notablemente según el brillo de su estrella más famosa, Mira u Ómicron (ο) Ceti. En 1596, el astrónomo holandés David Fabricius observó lo que creía que era una nueva estrella en la Ballena, pero pronto se dio cuenta de que en realidad Mira había aumentado de brillo en un ciclo de pulsaciones largo pero regular, convirtiéndose así en la primera estrella variable descubierta

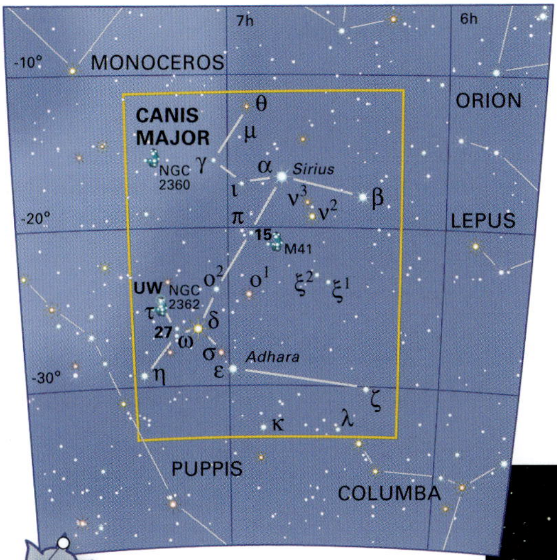

PERFIL

43

Sirio (α) –1,4

Enero–febrero

TOTALMENTE VISIBLE 56°N-90°S

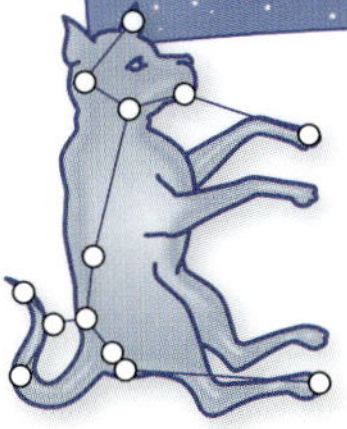

EL CAN MAYOR

NGC 2362
Con una estrella brillante de magnitud 4,4 en el centro, este cúmulo abierto es fácil de localizar a simple vista. NGC 2362 tiene unos 25 millones de años.

RASGOS

Alfa (α) Canis Majoris (Sirio) La famosa "Estrella del perro" es 23 veces más luminosa que el Sol. Tiene una magnitud de –1,4 porque está a solo 8,6 años luz de distancia. Sirio es un sistema binario: alrededor de la estrella primaria orbita una enana blanca tenue llamada Sirio B.

Beta (β) Canis Majoris (Mirzam) Con una magnitud de 2,0, Mirzam brilla mucho menos que Sirio. En realidad, esta gigante azul, situada a 500 años luz de la Tierra, es una estrella mucho más luminosa que Sirio.

M42 Este cúmulo estelar abierto, situado a 2.300 años luz, es visible a simple vista como una mancha neblinosa del tamaño de la Luna llena. Con prismáticos se distinguen sus estrellas más brillantes y los telescopios muestran cadenas de estrellas.

Canis Majoris (CMa)

CANIS MAJOR

El Can Mayor sigue a Orión, el cazador, obedientemente en su viaje por el cielo. Alberga a Sirio, la estrella más brillante de todo el cielo y una de las más cercanas. Esta antigua constelación se representa como el mayor de los dos perros de caza de Orión, siendo el otro el Can Menor. Según se conoce en otra interpretación, el Can Mayor es Laelaps, un veloz perro mitológico atrapado en la persecución eterna de su presa, la zorra Teumesia.

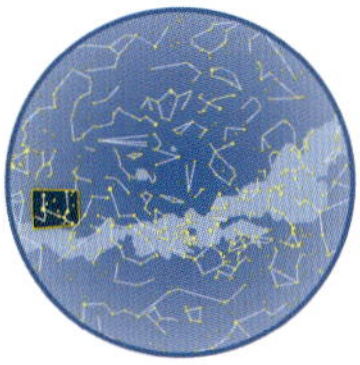

HEMISFERIO SUR

Sirio, junto con Proción en el Can Menor y Betelgeuse en Orión, forma un triángulo alrededor del ecuador celeste. Los egipcios antiguos utilizaban la salida de Sirio al lado del Sol para predecir el calendario de las inundaciones anuales del Nilo. Dado que la constelación está en la Vía Láctea, contiene varios cúmulos estelares y otros objetos del cielo profundo.

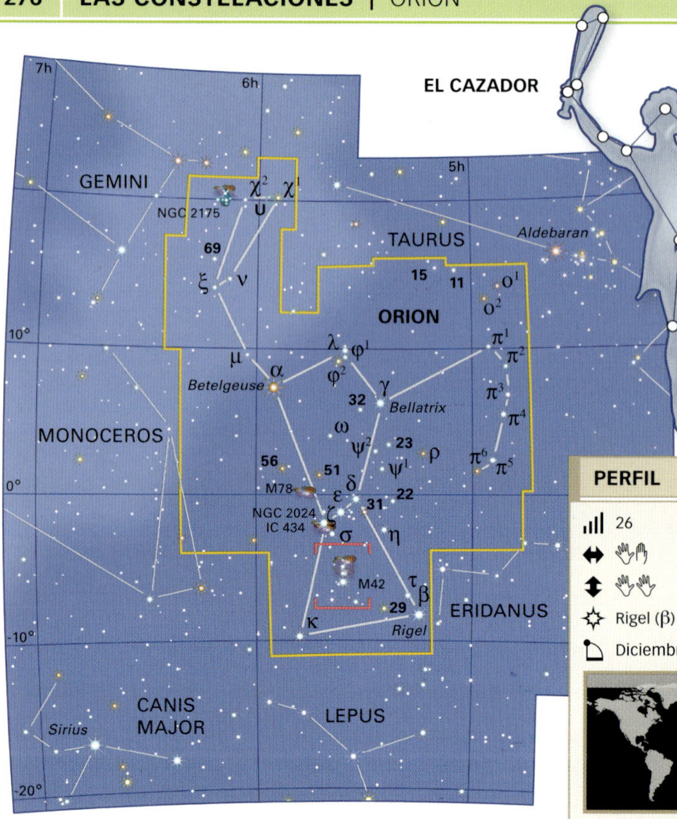

PERFIL

26

Rigel (β) 0,1

Diciembre–enero

TOTALMENTE VISIBLE 79°N-67°S

RASGOS

Beta (β) Orionis (Rigel) Aparte de las extrañas ocasiones en que Betelgeuse está en su magnitud máxima de 0,0, Rigel es la estrella más brillante de Orión. Es una supergigante blanquiazul brillante de magnitud 0,1, a unos 770 años luz.

Alfa (α) Orionis (Betelgeuse) Situada a unos 430 años luz de la Tierra, es una de las gigantes rojas más brillantes del cielo. Su magnitud varía de forma impredecible entre 0,0 y 1,3.

M42 (nebulosa de Orión) M42 hace las veces de "espada" en el cinturón de Orión. Se trata de una enorme región de formación estelar a 1.500 años luz de distancia. Visible a simple vista, es una hermosa visión a través de prismáticos o un telescopio pequeño, con el cúmulo Trapecio de estrellas recién nacidas en su interior.

Orionis (Ori)

ORION

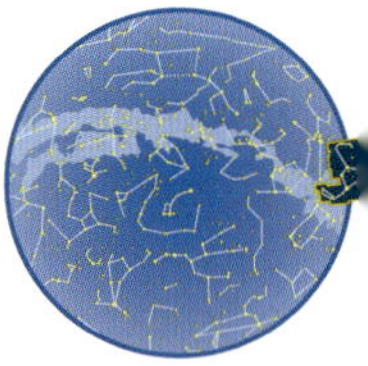

HEMISFERIO NORTE

Orión es una de las constelaciones más espléndidas del cielo; representa a un cazador o guerrero gigante enfrente de un toro que está embistiendo, Tauro, y va seguido por sus perros, el Can Mayor y el Can Menor. Los sirios la denominaban Al Jabbar, el Gigante, y los egipcios antiguos, Sahu, el alma de Osiris.

La posición de Orión en el ecuador celeste asegura que pueda verse desde todo el mundo. Su rasgo más distintivo es el cinturón, formado por una línea de tres estrellas (las Tres Marías) de 2.ª magnitud casi exactamente en el ecuador celeste. Orión también contiene dos de las estrellas más brillantes y conocidas: Rigel y Betelgeuse. Un grupo de estrellas y nebulosidad marca la espada que cuelga del cinturón de Orión y contiene la nebulosa de Orión. Cada octubre, la lluvia de las Oriónidas parece irradiar de un punto cercano al límite de Orión con Géminis.

LA REGIÓN DE LA NEBULOSA DE ORIÓN

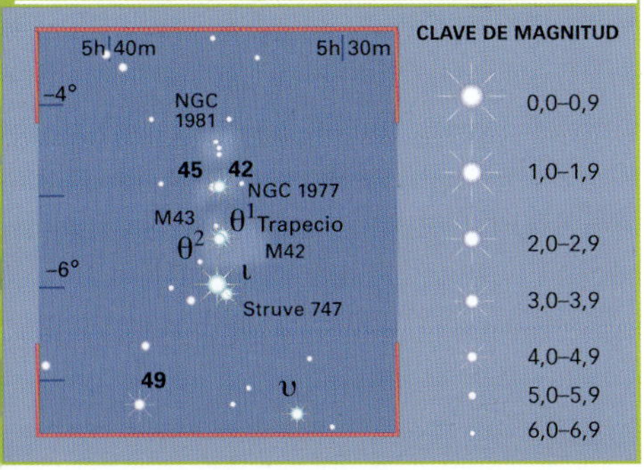

ORIÓN, EL CAZADOR

En la mitología griega, Orión era el hijo de Poseidón, dios del mar, famoso por su fuerza y su belleza. Homero lo describió como un gran cazador que blandía una maza de bronce; se le consideraba compañero de Artemisa, diosa de la caza. En una leyenda, el jactancioso Orión afirmó que podía vencer a cualquier animal de la Tierra, de modo que la diosa de la Tierra envió un escorpión para que lo matara con su picadura. Por eso Orión se colocó enfrente de la constelación de Escorpio en el cielo.

La nebulosa de Orión
Esta fotografía fue captada por el telescopio espacial Hubble, pero incluso con prismáticos esta nebulosa revela su espectacular estructura. Es una de varias nebulosas alrededor del cinturón y la espada de Orión.

PERFIL

71

Proción (α) 0,34

Febrero

TOTALMENTE VISIBLE 89ºN-77ºS

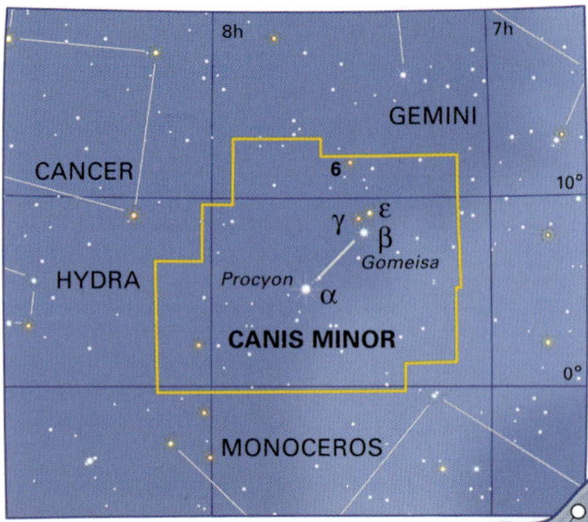

EL CAN MENOR

Estrella solitaria
A diferencia de la inconfundible constelación del Can Mayor, el Can Menor está formado por poco más que su estrella más brillante, Proción.

RASGOS

Alfa (α) Canis Minoris (Proción) Esta estrella blanca es la octava más brillante del cielo nocturno. Su nombre significa "que precede al perro" en griego, ya que desde las latitudes mediterráneas sale poco antes que Sirio, la brillante estrella del Perro. Un poco menos luminosa que Sirio y situada algo más lejos, a 11,4 años luz, Proción brilla con una magnitud de 0,34. Es siete veces más luminosa que el Sol.

Beta (β) Canis Minoris (Gomeisa) Situada a 150 años luz, esta estrella blanquiazul de magnitud 2,9 está mucho más alejada y es mucho más radiante que Proción. Su nombre significa "la mujer de ojos llorosos" en árabe, lo cual hace referencia a la desconsolada hermana de Sirio, a la que dejó atrás para huir y salvar su vida.

Canis Minoris (CMi)

CANIS MINOR

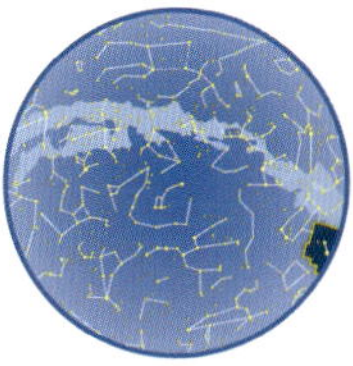

HEMISFERIO SUR

El Can Menor es una de las constelaciones antiguas recogidas en la lista del astrónomo grecoegipcio Ptolomeo en el s. II. Se encuentra prácticamente en el ecuador celeste. Suele identificarse como el más pequeño de los dos perros de caza de Orión, aunque también se ha interpretado como los perros de Diana, diosa de la caza. Es fácil de localizar mediante su luminaria, Proción o Alfa (α) Canis Minoris. Proción forma un gran triángulo con otras dos estrellas de 1.ª magnitud: Betelgeuse en Orión y Sirio en el Can Mayor.

Casualmente, Proción y Sirio se encuentran a una distancia similar de la Tierra, por lo que su diferencia de brillo es representativa de una verdadera diferencia de luminosidad. A pesar de su fama, el Can Menor es una de las constelaciones más pequeñas y apenas contiene rasgos de interés para telescopios pequeños.

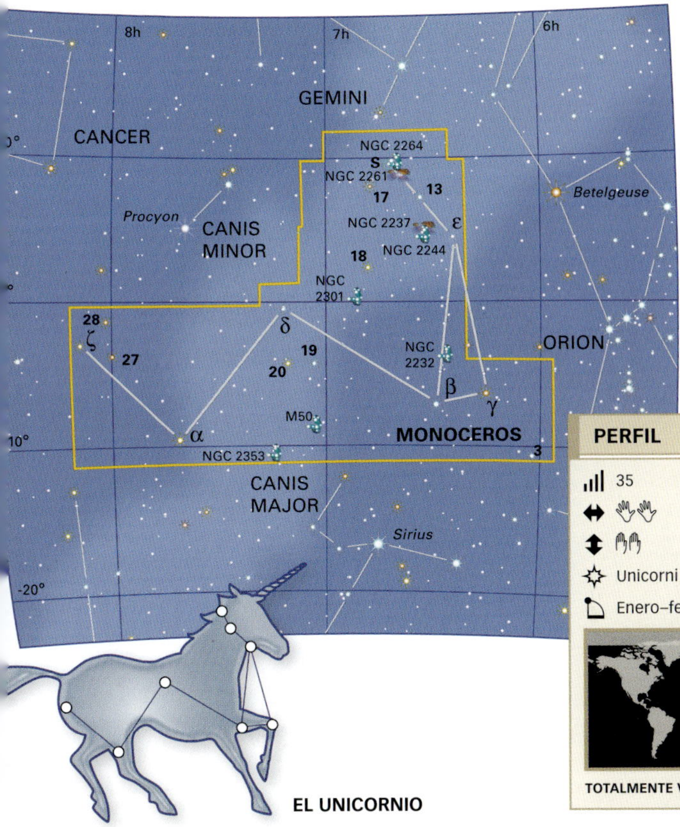

EL UNICORNIO

PERFIL

35

Unicorni (α) 3,9

Enero–febrero

TOTALMENTE VISIBLE 78°N-78°S

RASGOS

Alfa (α) Monocerotis (Unicorni) Esta brillante gigante naranja está a 175 años luz de la Tierra y brilla con una magnitud de 3,9.

Beta (β) Monocerotis (Eite) Esta bella estrella triple se separa en un telescopio pequeño para revelar tres estrellas blanquiazules de magnitud 5.

M50 Es uno de los múltiples cúmulos abiertos que habitan en una rica franja de la Vía Láctea cuando cruza el Unicornio. Un telescopio pequeño revelará las estrellas individuales.

NGC 2244 Este cúmulo estelar está en el centro de la nebulosa Roseta, una parte periférica de un enorme complejo de formación estelar centrado en Orión. Es una nebulosa difusa, pero puede verse con prismáticos en una noche oscura.

Monocerotis (Mon)

MONOCEROS

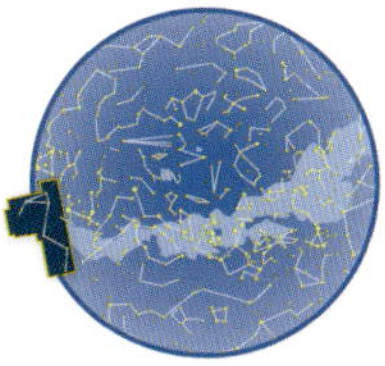

HEMISFERIO SUR

Es fácil pasar por alto la forma de W de la constelación debido a sus vecinos más brillantes, pero el Unicornio puede localizarse fácilmente en relación con Orión y el Can Mayor. Se encuentra en el ecuador celeste, en el medio de un triángulo formado por las estrellas de primera magnitud Betelgeuse en Orión, Proción en el Can Menor y Sirio en el Can Mayor.

Se desconocen los orígenes de esta constelación, que representa al mítico unicornio, pero se escribió por primera vez sobre ella en el s. XVII. Su introducción se ha atribuido al astrónomo holandés Petrus Plancius en 1613 y al científico alemán Jakob Bartsch en 1624, pero algunos afirman que es más antigua. El Unicornio es rico en cúmulos estelares y nebulosas porque lo atraviesa la Vía Láctea, pero carece de estrellas brillantes.

PERFIL

1

Alfard (α) 2,0

Febrero–junio

TOTALMENTE VISIBLE 54°N-83°S

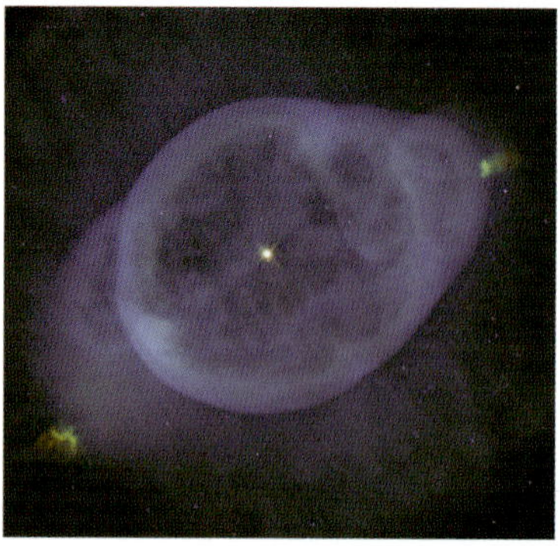

NGC 3242 También conocida como "Espectro de Júpiter", debido a su aspecto similar al de un planeta, la mejor forma de observar esta nebulosa planetaria es con un telescopio pequeño, a través del cual aparece claramente azulada.

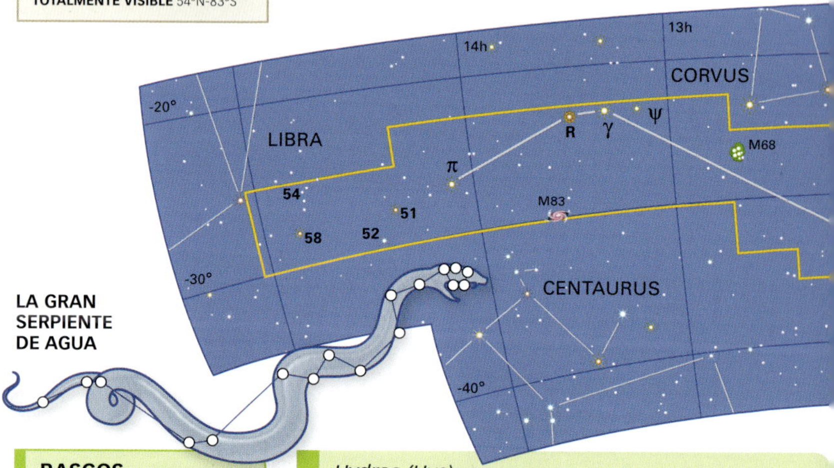

RASGOS

Alfa (α) Hydrae (Alfard) El nombre de esta estrella significa "el solitario", ya que está en una zona vacía del cielo. Es una gigante naranja de magnitud 2,0, situada a 175 años luz.

Épsilon (ε) Hydrae Las componentes de esta estrella binaria tienen unos colores que contrastan: amarillo y azul, y sus magnitudes son de 3,4 y 6,7. Pueden resolverse con un telescopio de tamaño mediano.

M48 Cúmulo abierto cercano al límite de Hidra con los ricos campos de estrellas del Unicornio. Contiene unas 80 estrellas y se ve simple vista en cielos oscuros.

M83 Galaxia espiral situada de cara a la Tierra, a 15 millones de años luz. Su núcleo central brillante se puede localizar con un telescopio pequeño.

Hydrae (Hya)

HYDRA

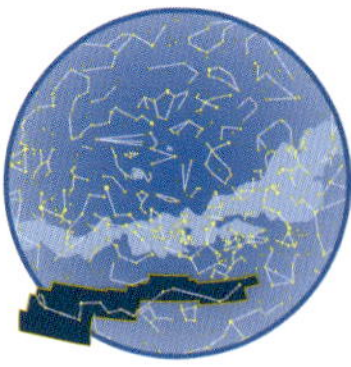

HEMISFERIO SUR

La constelación más grande del cielo es una cadena de estrellas, en su mayoría de brillo medio, difíciles de seguir. Hidra se extiende por una cuarta parte del cielo. La cabeza se encuentra al sur de Cáncer y justo al norte del ecuador celeste, mientras que la cola está en el hemisferio sur, entre Libra y Centauro. Su estrella más brillante, Alfard, marca el corazón.

El nombre de la constelación significa serpiente de agua. En la leyenda se asocia con el Cuervo y la Copa, situados sobre su dorso. Hidra también comparte su nombre con el monstruo de múltiples cabezas vencido por el héroe Hércules.

Lo único que destaca en Hidra es el grupo de seis estrellas de magnitud media que forman la cabeza. Carece de objetos del cielo profundo, exceptuando algunas galaxias lejanas difíciles de localizar.

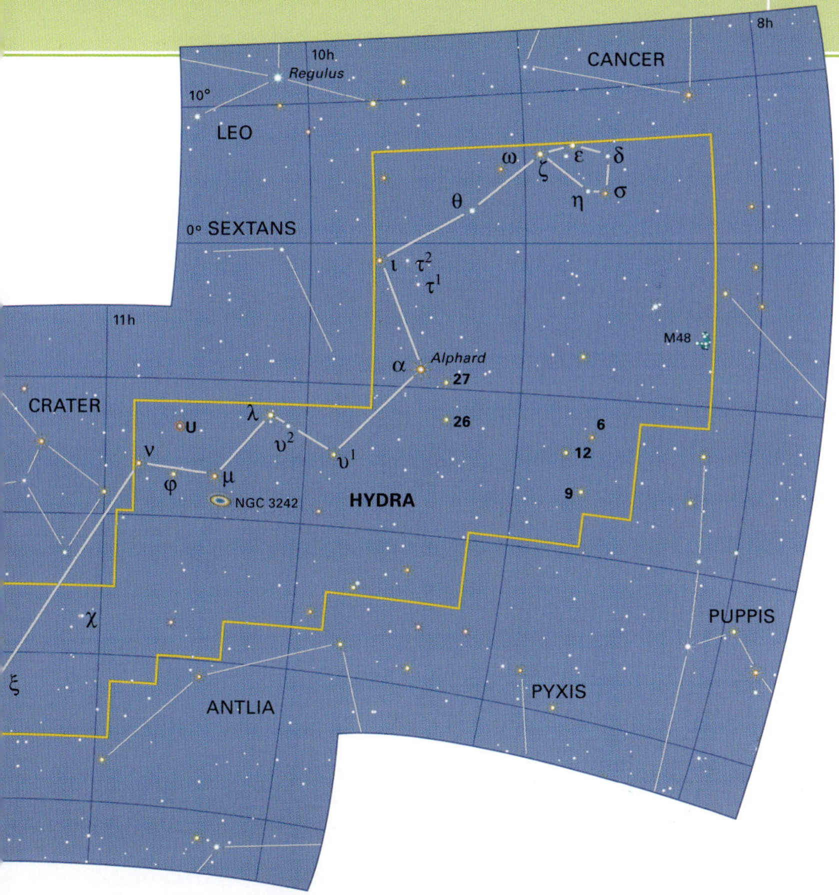

El Molinillo Austral
Los primeros planos de la galaxia espiral M83, como este captado con un telescopio muy grande, revelan regiones rosáceas de formación estelar nítidamente definidas en sus brazos espirales. M83 tiene aproximadamente la mitad del diámetro de nuestra Vía Láctea.

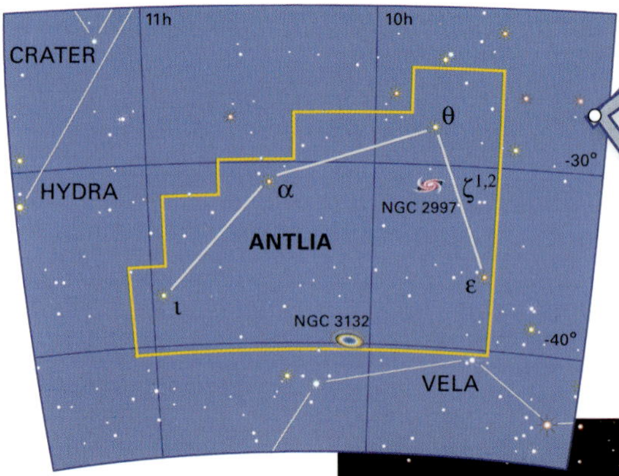

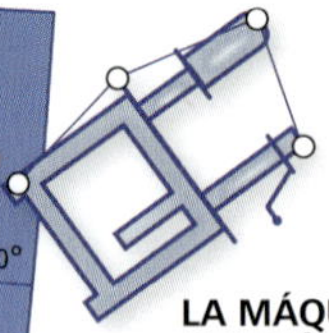

LA MÁQUINA NEUMÁTICA

NGC 2997

Esta elegante galaxia espiral vista aquí a través de un telescopio de abertura muy grande está inclinada unos 45 grados respecto a nuestra línea de visión. En sus brazos espirales se encuentran nubes rosas de gas hidrógeno.

PERFIL

62

Alfa (α) 4,3

Marzo–abril

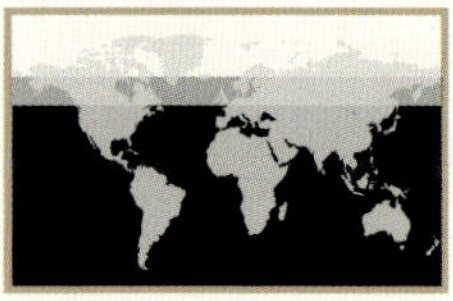

TOTALMENTE VISIBLE 49°N-90°S

RASGOS

Alfa (α) Antliae Esta gigante naranja es 500 veces más luminosa que el Sol, pero al estar a 365 años luz, brilla con una débil magnitud de 4,3.

Theta (θ) Antliae Con una magnitud de 4,8, es la segunda estrella más brillante de la constelación. Es una doble formada por una estrella blanca y una amarilla de magnitudes 5,6 y 5,7. A 385 años luz de distancia, están demasiado juntas para resolverlas con un telescopio pequeño.

NGC 3132 (nebulosa de los Ocho Estallidos) Denominada también nebulosa Anular Austral, esta nebulosa planetaria se extiende a ambos lados del límite entre la Máquina Neumática y la Vela, a unos 2.000 años luz. Brilla con una magnitud de 8 y se ve con telescopios pequeños.

Antliae (Ant)

ANTLIA

Se trata de una constelación tenue al sur de Hidra. La mejor forma de localizarla es mirar al noreste de la Vía Láctea cuando atraviesa la Popa. El astrónomo francés Nicolas de Lacaille la introdujo en su mapa de los cielos meridionales de 1756. Al igual que la mayoría de sus constelaciones, conmemora un invento científico, en este caso la máquina neumática utilizada por el científico francés Denis Papin y el físico británico Robert Boyle para sus experimentos sobre gases.

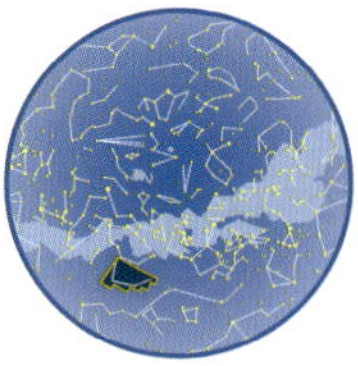

HEMISFERIO SUR

La Máquina Neumática no tiene ninguna estrella con nombre, cúmulos brillantes ni nebulosas, y es poco interesante para prismáticos o telescopios pequeños. No obstante, contiene un cúmulo de galaxias cercano, el cúmulo de Antlia, con unas 230 galaxias. Sus miembros más brillantes, a unos 32 millones de años luz, pueden observarse con telescopios de aficionado grandes.

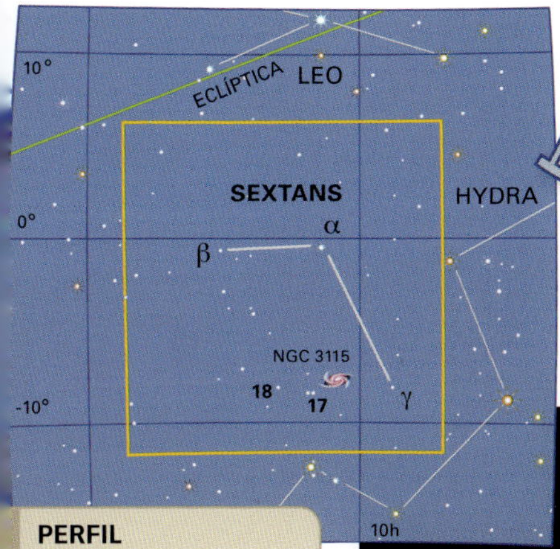

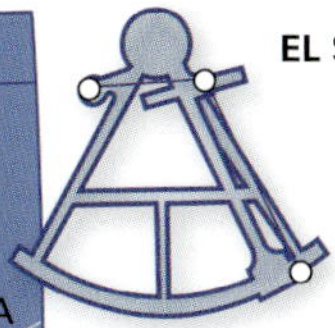

EL SEXTANTE

La galaxia del Huso
NGC 3115 es una galaxia lenticular vista lateralmente desde la Tierra. Su forma parece muy elíptica. Se necesita un telescopio de pequeño a mediano para obtener una vista adecuada.

PERFIL

47

Alfa (α) 4,5

Marzo–abril

TOTALMENTE VISIBLE 78°N-83°S

RASGOS

Alfa (α) Sextantis Esta estrella gigante blanquiazul está a unos 340 años luz de la Tierra. Debido a esta distancia, Alfa (α) brilla con una magnitud relativamente débil de 4,5.

Beta (β) Sextantis Otra gigante blanquiazul, Beta (β) es más luminosa que Alfa (α), pero solo llega a una magnitud de 5,1 en nuestros cielos porque está a 520 años luz.

NGC 3115 (galaxia del Huso) Una de las galaxias grandes más cercanas, situada a unos 14 millones de años luz. Su enorme disco protuberante de estrellas parece elíptico o fusiforme porque se ve lateralmente desde la Tierra, lo que le da el nombre popular de galaxia del Huso. La luz combinada de sus estrellas alcanza una magnitud de 8,5, por lo que se distingue con prismáticos.

Sextantis (Sex)

SEXTANS

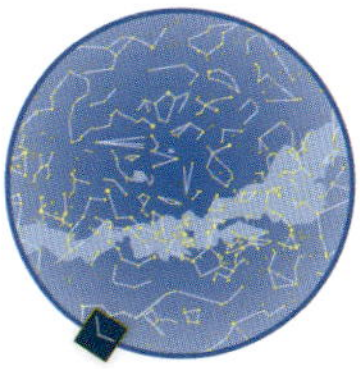

HEMISFERIO SUR

Pequeña y poco definida, la constelación del Sextante está exactamente en el ecuador celeste. Su dibujo es fácil de encontrar porque está al sur de la estrella brillante Régulo en Leo. Esta constelación fue introducida por el astrónomo polaco Johannes Hevelius en 1687. Representa el sextante, un instrumento utilizado por navegantes, junto con un reloj preciso, para determinar sus posiciones. El sextante se utilizó para trazar mapas de las posiciones a bordo de los barcos hasta que llegó la era de la navegación electrónica.

El Sextante se encuentra lejos de la Vía Láctea y no tiene estrellas brillantes ni con nombre, cúmulos ni nebulosidades. Sin embargo, contiene varias galaxias, incluida una que se encuentra justo después de nuestro Grupo Local (p. 146). Se requiere un telescopio grande para obtener una vista detallada de la mayoría de estas galaxias.

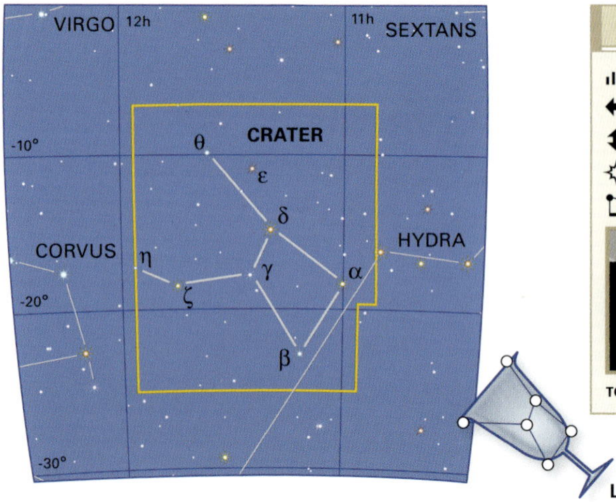

LA COPA

PERFIL

53

Delta (δ) 3,6

Abril

TOTALMENTE VISIBLE 65°N-90°S

NGC 3981
Esta elegante galaxia espiral barrada puede distinguirse con un telescopio pequeño. Se encuentra a unos 82 millones de años luz y tiene un diámetro de en torno a dos tercios del de la Vía Láctea.

RASGOS

Delta (δ) Crateris La estrella más brillante de la Copa ha acabado teniendo la designación Delta (δ) por accidente histórico. Es una gigante naranja de magnitud 3,6, situada a 62 años luz de la Tierra.

Gamma (γ) Crateris Esta estrella blanca, situada a 75 años luz y con una magnitud de 4,1, tiene una acompañante binaria tenue que puede verse a través de un telescopio pequeño.

Alfa (α) Crateris Con una magnitud de 4,1, más débil que Gamma (γ) Crateris, Alfa (α) es una gigante amarilla a 175 años luz de la Tierra.

Crateris (Crt)

CRATER

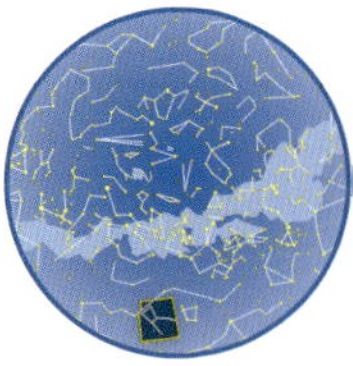

HEMISFERIO SUR

La Copa es una constelación tenue situada entre Virgo e Hidra, fácil de localizar gracias a su forma de pajarita. Representa la copa del dios griego Apolo. La leyenda la vincula al Cuervo, la constelación situada directamente al este, y a Hidra, situada debajo. Las tres constelaciones se encuentran entre las 48 recogidas por el astrónomo grecoegipcio Ptolomeo en el s. II. Astrónomos posteriores intentaron introducir otras dos constelaciones en la zona: Felis, el gato, y Noctua, el búho. Sin embargo fueron descartadas y finalmente se optó por los asterismos más antiguos de Ptolomeo.

Aunque la Copa es más grande que el Cuervo, carece de estrellas brillantes, cúmulos y nebulosas, pero tiene algunas galaxias que se pueden observar con telescopios de aficionado grandes.

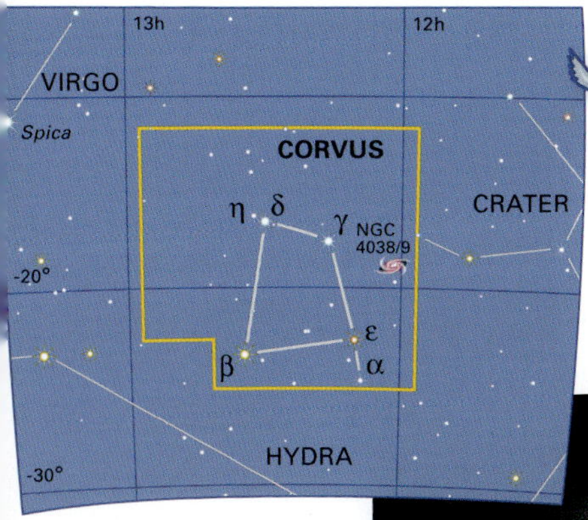

Las Antenas
Esta fotografía revela las turbulentas nubes de polvo liberadas por la colisión galáctica de NGC 4038 y 4039.

PERFIL

70

Gienah (γ) 2,6

Abril–mayo

TOTALMENTE VISIBLE 65°N-90°S

RASGOS

Gamma (γ) Corvi (Gienah) La estrella más brillante del Cuervo, Gamma (γ), es una blanquiazul de magnitud 2,6, situada a unos 220 años luz de distancia. Comparte su nombre común, Gienah, con Épsilon (ε) Cygni.

Delta (δ) Corvi Esta estrella doble se observa con telescopios pequeños. La primaria blanquiazul es orbitada por una estrella de azul más oscuro, o incluso lila, de magnitud 9,2.

Alfa (α) Corvi (Alchiba) A pesar de tener la denominación de Alfa (α), Gamma (γ), Beta (β) y Delta (δ) Corvi son más brillantes. Es una estrella blanca situada a 52 años luz, con un brillo de magnitud 4,0.

NGC 4038 y 4039 (galaxias de las Antenas) Son galaxias en colisión apenas visibles con telescopios pequeños.

Corvi (Crv)

CORVUS

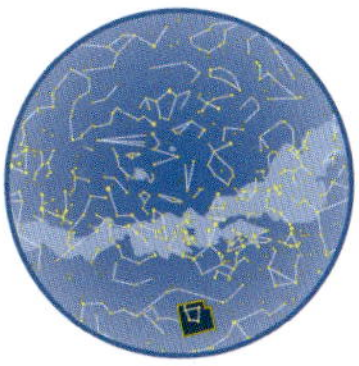

HEMISFERIO SUR

Esta constelación se encuentra al suroeste de la estrella brillante Spica, en Virgo, y sus cuatro estrellas más brillantes definen su forma aproximadamente rectangular. En la mitología griega, Apolo envió al Cuervo a rellenar su copa con agua de un manantial (la Copa es la constelación adyacente). No obstante, el Cuervo se detuvo a comer higos y volvió tarde, con una serpiente de agua (Hidra) entre las garras. Le echó la culpa a la serpiente de bloquear el manantial. Furioso por la mentira, Apolo lanzó la copa, el cuervo y la serpiente al cielo, donde se han mantenido.

El Cuervo no tiene cúmulos brillantes ni nebulosas de interés para los aficionados. Aunque hay galaxias, son demasiado tenues para la mayoría de los telescopios de aficionado. Pero un par de ellas en colisión pueden verse con instrumentos grandes: NGC 4038 y NGC 4039.

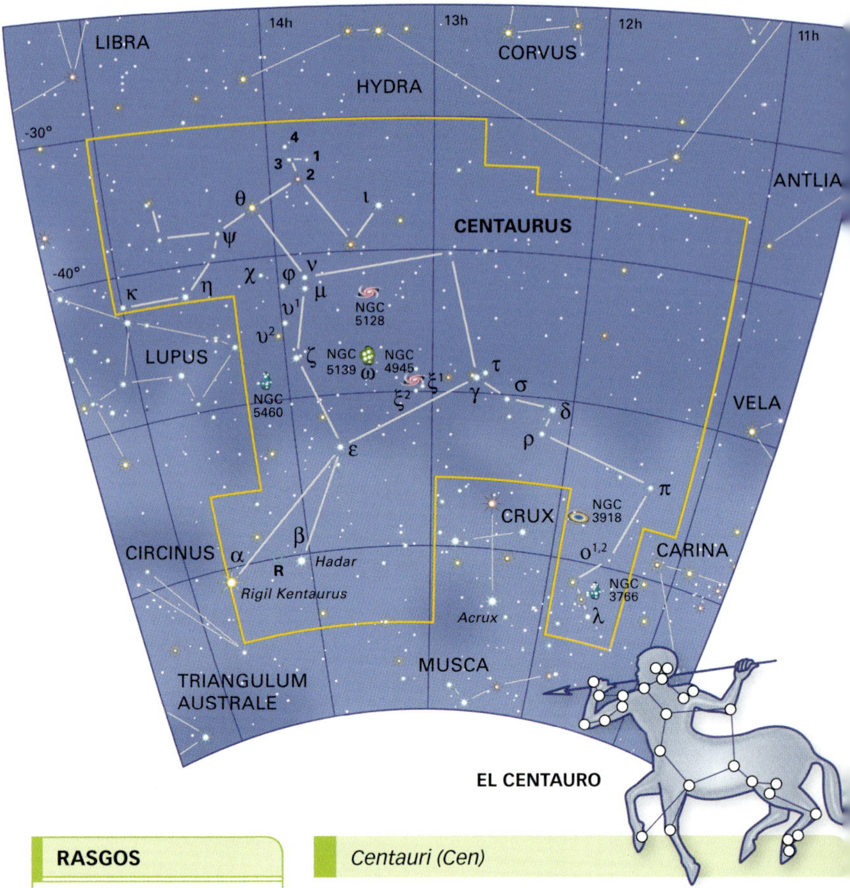

EL CENTAURO

RASGOS

Alfa (α) Centauri (Rigil Kentaurus) Situada a 4,3 años luz de la Tierra, es el sistema de estrellas más cercano al Sol. Con prismáticos puede verse que es una estrella múltiple formada por componentes amarillas y naranja de magnitudes 0 y 1,3. Un tercer miembro, Próxima Centauri, de magnitud 11, se ve con un buen telescopio.

Omega (ω) Centauri (NGC 5139) A pesar de su nombre estelar, es un cúmulo globular. Es una bola compacta de varios millones de estrellas, a 17.000 años luz y con una magnitud de 3,7. Un telescopio pequeño resolverá sus miembros más brillantes.

NGC 5128 (Centaurus A) Esta galaxia brillante es una elíptica activa, a 15 millones de años luz, que emite fuertes señales de radio.

Centauri (Cen)

CENTAURUS

Esta destacada constelación del cielo meridional se encuentra entre el Lobo y Escorpio, a un lado, y la Quilla y la Vela, al otro. Centauro representa al centauro mitológico Quirón, una criatura con torso de hombre y patas de caballo. La constelación de la Cruz se acomoda entre las patas delanteras y las traseras del centauro. Quirón es uno de los centauros del cielo (el otro es Sagitario). Era el más sabio de los centauros y tutor de muchos héroes griegos.

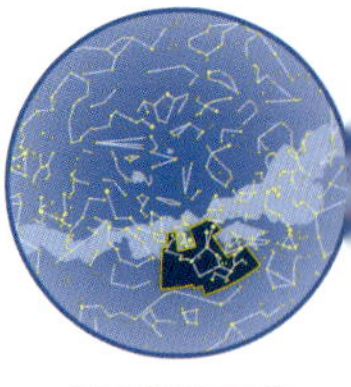

HEMISFERIO SUR

Una franja rica de la Vía Láctea cruza Centauro, que también contiene el cúmulo globular más brillantes del cielo, Omega (ω) Centauri, y una galaxia inusual, NGC 5128, conocida como la fuente de radio Centaurus A. También contiene Alfa (α) Centauri, el sistema estelar más cercano al Sol y la tercera estrella más brillante del cielo.

PERFIL

9

Rigil Kentaurus (α) 0,0

Abril–junio

TOTALMENTE VISIBLE 25°N-90°S

NGC 5139
Visto aquí desde el observatorio La Silla (Chile), es, con diferencia, el cúmulo globular más grande que orbita alrededor de nuestra galaxia. Los astrónomos creen que puede ser el núcleo superviviente de una galaxia enana antigua consumida por la Vía Láctea.

Centauro celeste
La pareja estelar de Alfa (α) y Beta (β) Centauri lleva la vista hacia Centauro. El familiar dibujo de la Cruz del Sur se encuentra debajo del cuerpo del centauro.

PERFIL

46

Alfa (α) 2,.3

Mayo–junio

TOTALMENTE VISIBLE 34ºN-90ºS

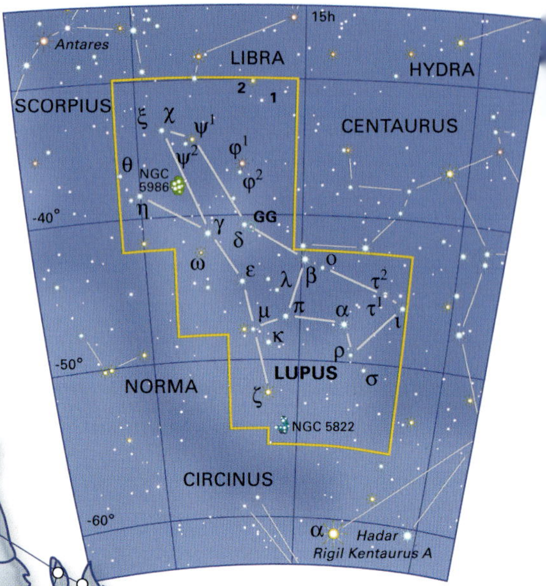

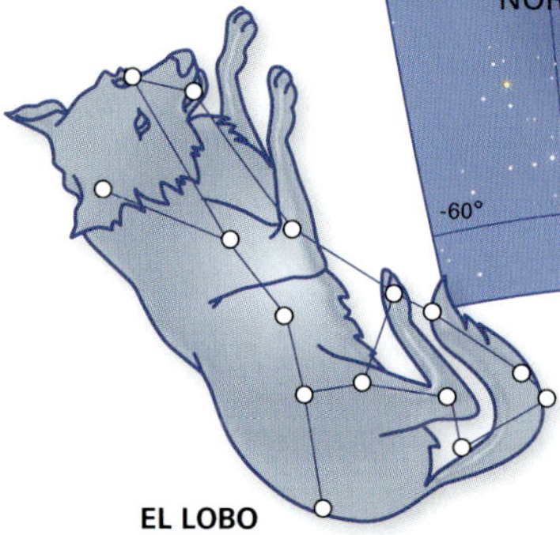

EL LOBO

RASGOS

Alfa (α) y Beta (β) Lupi Las dos estrellas más brillantes del Lobo son casi idénticas y vecinas en el espacio. Las dos son gigantes azules a 650 años luz, pero Alfa está un poco más cerca, por lo que tiene una magnitud de 2,3, en comparación con 2,7 de Beta.

Mi (μ) Lupi Una de las estrellas múltiples más fáciles de separar. Un telescopio pequeño mostrará que la primaria, una blanquiazul de magnitud 4,3, tiene una acompañante de magnitud 7. Un telescopio más grande revelará que la primaria es, a su vez, una doble, formada por dos gemelas de magnitud 5,1.

NGC 5822 Este grande y rico cúmulo abierto contiene más de 100 estrellas. Está a unos 2.600 años luz y tiene una magnitud global de 7,0. Puede verse con prismáticos.

Lupi (Lup)

LUPUS

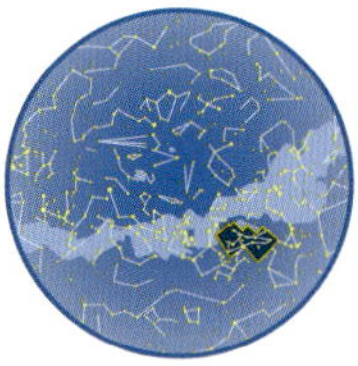

HEMISFERIO SUR

El Lobo es una constelación del cielo meridional, situada en el borde de la Vía Láctea entre Centauro y Escorpio. A pesar de ser relativamente brillante, tiene una compleja maraña de estrellas que puede dificultar bastante su identificación. Era una de las 48 constelaciones conocidas por los griegos antiguos. La visualizaban como un animal salvaje de naturaleza indefinida, atravesado por el vecino Centauro con el extremo de un largo palo denominado tirso. En consecuencia, el Centauro y el Lobo con frecuencia se consideraban una única constelación combinada. Parece que la identificación con un lobo solo se hizo común a partir del Renacimiento.

La ubicación de la constelación en la Vía Láctea significa que contiene numerosas estrellas dobles e interesantes objetos para observadores aficionados.

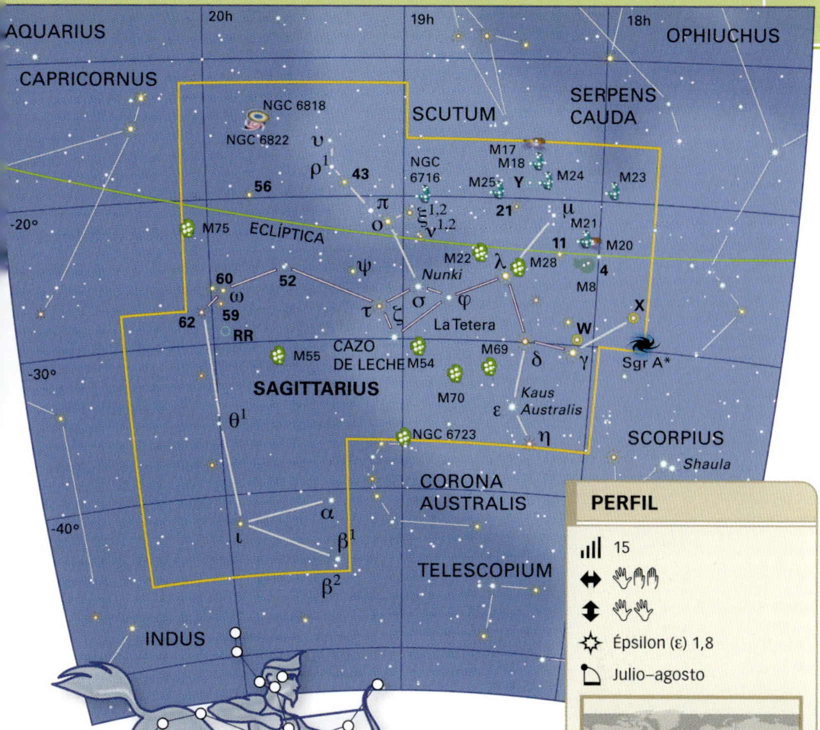

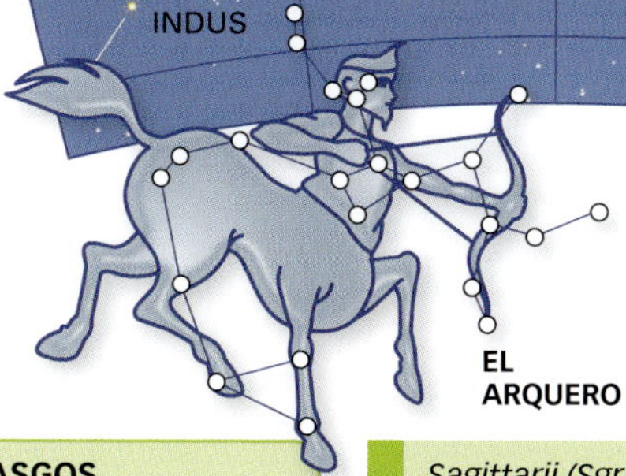

PERFIL

15

Épsilon (ε) 1,8

Julio–agosto

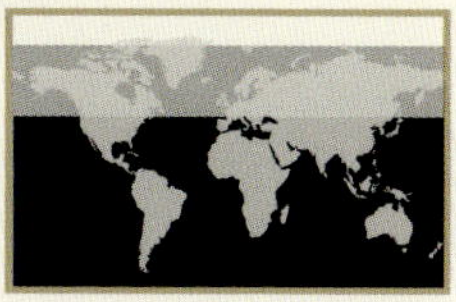

TOTALMENTE VISIBLE 44ºN-90ºS

RASGOS

Épsilon (ε) Sagittarii Esta estrella de magnitud 1,8, la más brillante de la constelación, tiene una acompañante binaria muy débil.

Beta (β) Sagittarii (Arkab) Esta estrella doble aparente, formada por dos estrellas de una magnitud de 4,0, puede separarse a simple vista. Pero sus estrellas son una alineación casual: en realidad están a 140 y 380 años luz.

M8 (nebulosa de la Laguna) El objeto del cielo profundo más grande y brillante de la constelación es visible a simple vista como una mancha de luz en el cielo.

M22 Visible a simple vista y con prismáticos, es el cúmulo globular más brillante de los varios que se encuentran en el límite septentrional.

Sagittarii (Sgr)

SAGITTARIUS

Esta destacada constelación zodiacal se encuentra entre Escorpio y Capricornio en el hemisferio sur celeste. Es fácil de identificar gracias a un dibujo reconocible de 10 estrellas conocido como la Tetera. Aunque los mapas estelares antiguos representaban a Sagitario como un centauro, en la mitología griega también se identificaba con una criatura llamada sátiro, montada sobre un caballo. Se suele decir que es Croto, hijo de Pan, dios de la naturaleza, e inventor del tiro con arco.

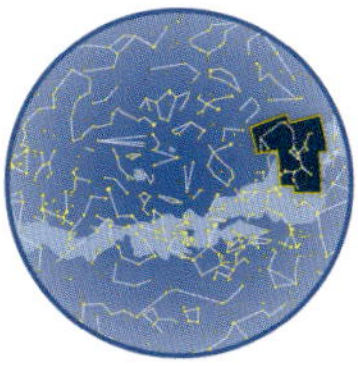

HEMISFERIO SUR

Sagitario se encuentra en la dirección del centro de nuestra galaxia y alberga más de 60 cúmulos abiertos y globulares y varias nebulosas grandes y brillantes, lo que hace de la constelación un gratificante objeto para prismáticos o para cualquier telescopio. El centro de la Vía Láctea se halla oculto tras estas nubes de estrellas, a unos 26.000 años luz de distancia.

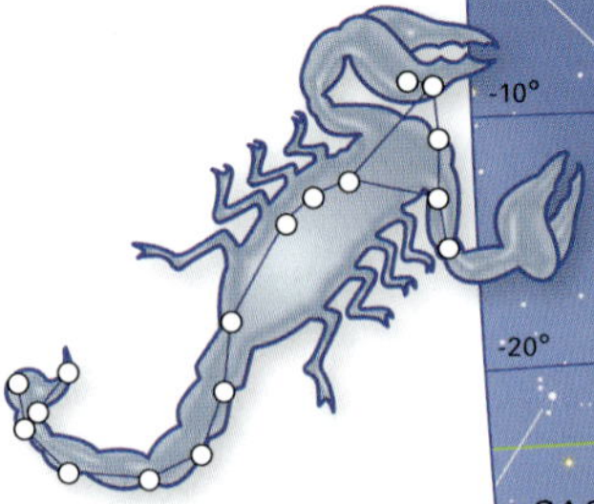

EL ESCORPIÓN

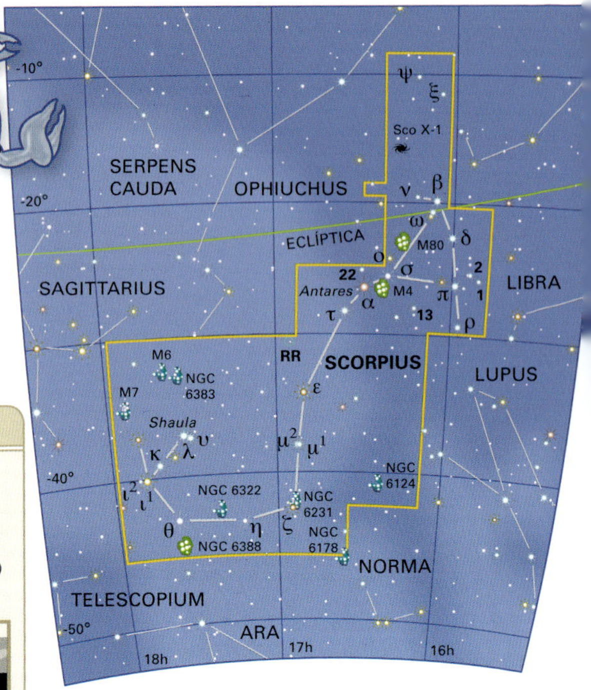

PERFIL

33

Antares (α) 0,9 (variable)

Junio–julio

TOTALMENTE VISIBLE 44ºN-90ºS

RASGOS

Alfa (α) Scorpii (Antares) Con un nombre que significa "rival de Marte", Antares es una estrella gigante 9.000 veces más luminosa que el Sol. Varía de brillo entre las magnitudes 0,9 y 1,8 en un ciclo de cinco años. Es una supergigante roja cientos de veces más grande que el Sol. Se encuentra a 600 años luz de la Tierra.

M4 Cúmulo globular situado a 7.000 años luz de distancia y en órbita alrededor de la Vía Láctea. Brilla con una magnitud de 7,4. Buen objetivo para prismáticos o telescopios.

M6 Este bonito cúmulo estelar abierto es visible a simple vista como un nudo en la Vía Láctea, justo por encima de la cola del escorpión. Con prismáticos o un telescopio pequeño se verán docenas de estrellas individuales. Está a 2.000 años luz.

Scorpii (Sco)

SCORPIUS

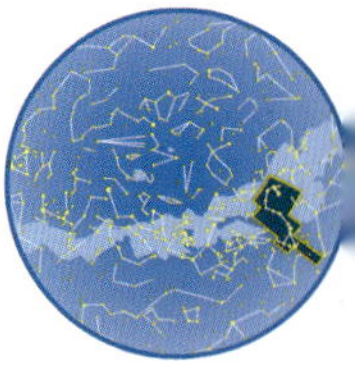

HEMISFERIO SUR

Bella y fácil de reconocer, la constelación zodiacal de Escorpio se encuentra en el cielo meridional entre Sagitario y Libra. En la mitología griega, Escorpio representa a un escorpión enviado por la diosa Artemisa para matar al cazador Orión, por lo que Orión se pone cuando Escorpio sale. El escorpión suele representarse con la cola erguida, marcada por una curva de estrellas que destaca mucho en las noches despejadas y oscuras. Antares, la estrella más brillante, marca el corazón del animal. Libra solía representar sus pinzas.

La cola del escorpión pasa por una rica zona de la Vía Láctea. Por ello hay diversos objetivos para telescopios pequeños, sobre todo nubes de estrellas densas y cúmulos. Muchas de las estrellas brillantes de Escorpio son miembros de un cúmulo disperso, la asociación OB Escorpio-Centauro, a unos 430 años luz de la Tierra.

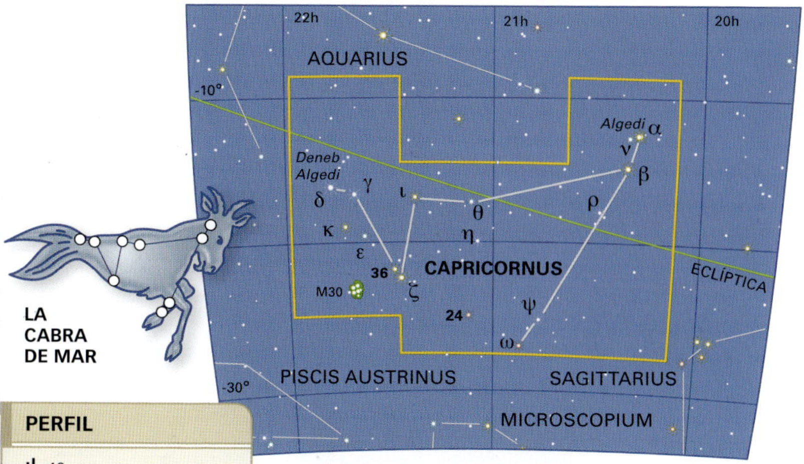

PERFIL

40

Deneb Algedi (δ) 2,9

Agosto–septiembre

TOTALMENTE VISIBLE 62°N-90°S

M30
Este cúmulo globular, de unos 90 años luz de ancho, debe su infrecuente estructura a un núcleo que se ha colapsado formando un nudo denso y dejando largos zarcillos de estrellas detrás.

RASGOS

Alfa (α) Capricorni (Algedi) Las componentes más brillantes de este sistema múltiple pueden resolverse con binoculares o una buena vista. Incluyen una supergigante amarilla (α^1) y una gigante naranja (α^2), a 690 y 109 años luz de distancia, con magnitudes de 4,2 y 3,6. Un telescopio pequeño revelará que la supergigante amarilla es una doble, y uno más grande mostrará que la gigante naranja es una triple.

Beta (β) Capricorni (Dabih) Es una gigante amarilla de magnitud 3,3, con una acompañante tenue que puede verse con prismáticos. Es una estrella múltiple con 5-8 estrellas en órbita unas alrededor de las otras. Está a 330 años luz.

M30 Este cúmulo globular de magnitud 7,5 está a 27.000 años luz . Se ve con prismáticos.

Capricorni (Cap)

CAPRICORNUS

Situada en el cielo meridional entre Sagitario y Acuario, la mejor forma de localizar a Capricornio es mirando al noroeste de su vecino más brillante, el arquero celeste Sagitario. Capricornio es la segunda constelación más tenue después de Cáncer. A pesar de ser relativamente pequeña, puede que sea la constelación más antigua; se han encontrado representaciones de una extraña cabra con cola de pez en sellos babilonios de más de 4.000 años de antigüedad. En la mitología griega, Capricornio representa al dios Pan, similar a una cabra, que saltó a un río y se convirtió parcialmente en pez para huir del monstruo Tifón.

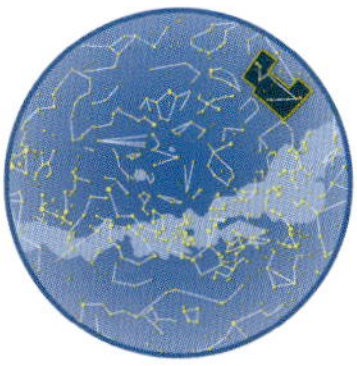

HEMISFERIO SUR

Capricornio está a cierta distancia de la Vía Láctea, en una región relativamente vacía del cielo, con pocos objetos del cielo profundo. Sus objetivos más interesantes son estrellas múltiples y un cúmulo globular.

PERFIL

66

Gamma (γ), Épsilon (ε) 4,7

Agosto–septiembre

TOTALMENTE VISIBLE 45°N-90°S

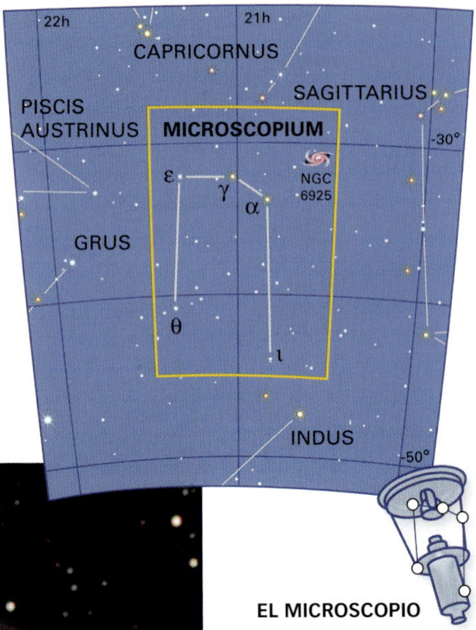

NGC 6925
Situada casi de forma lateral respecto a la Tierra, esta galaxia espiral es visible con telescopios de aficionado medianos. Se está alejando de la Tierra a una velocidad de unos 2.800 km por segundo. Esta imagen se captó con un telescopio muy grande.

RASGOS

Gamma (γ) Microscopii Esta gigante amarilla se encuentra a 245 años luz de distancia y brilla con una magnitud de 4,7.

Theta (θ) Microscopii Aunque es la más brillante de varias estrellas variables del Microscopio, es difícil ver sus variaciones de solo una magnitud de 0,1 de su media de 4,8 en un ciclo de dos días.

Alfa (α) Microscopii Estrella doble a 250 años luz. La primaria es una gigante amarilla de magnitud 5,0 y su acompañante es mucho más débil, con una magnitud de 10, y solo es visible con telescopios de abertura mediana.

U Microscopii Esta lejana gigante roja es una variable más obvia. Igual que Mira en la Ballena, su magnitud varía en un ciclo de 332 días.

Microscopii (Mic)

MICROSCOPIUM

El Microscopio es una constelación de poca relevancia situada al sur de Capricornio, en el cielo centro-sur. La mejor forma de localizarla es buscando un dibujo más o menos rectangular de estrellas inconspicuas entre Sagitario y el Pez Austral.

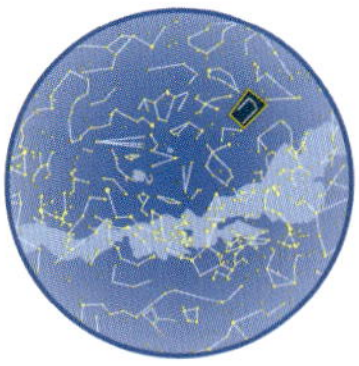

HEMISFERIO SUR

El Microscopio es uno de varios pequeños grupos tenues añadidos por el astrónomo francés Nicolas Louis de Lacaille en la década de 1750; la mayoría de ellos con nombres de instrumentos científicos. Representa un diseño temprano del microscopio compuesto. Su distancia de la Vía Láctea supone que no contiene objetos del cielo profundo, excepto galaxias, la mayoría de las cuales son demasiado tenues para telescopios de aficionado. Una estrella interesante, pero débil, es U Microscopii, cerca del límite con Sagitario. Esta enana roja, a 30 años luz de la Tierra, está rodeada por un disco de material polvoriento.

PERFIL

60

Fomalhaut (α) 1,2

Septiembre–octubre

TOTALMENTE VISIBLE 53°N-90°S

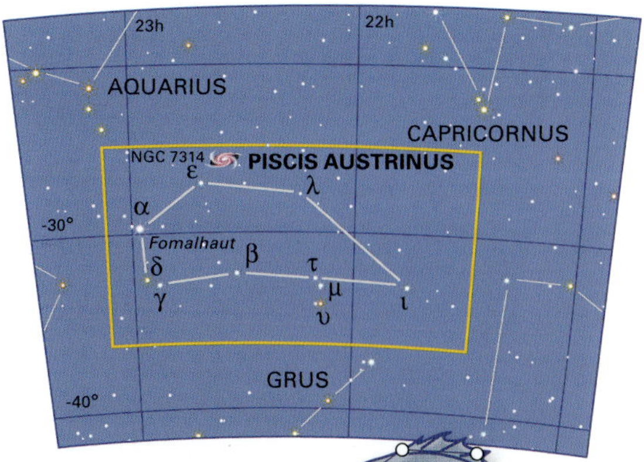

EL PEZ AUSTRAL

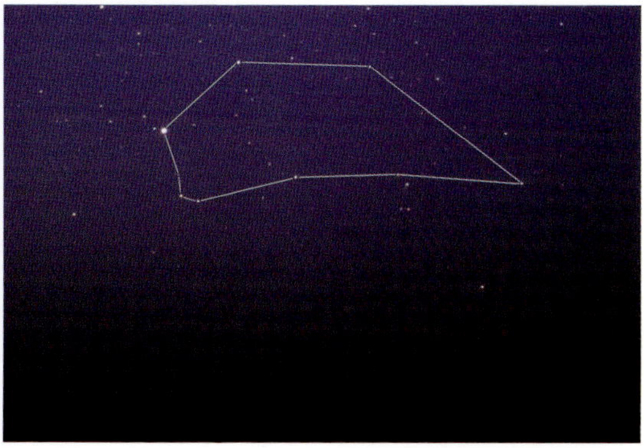

La boca del pez
Debido a su brillo, Fomalhaut destaca de las demás estrellas del Pez Austral. Su nombre significa “boca de pez” en árabe.

RASGOS

Alfa (α) Piscis Austrini (Fomalhaut) Con una magnitud de 1,2, esta estrella blanquiazul es una de las más brillantes. A solo 25 años luz, fue la primera que se descubrió que estaba rodeada de material helado (posibles bloques de construcción para planetas), que ocupa más de dos veces el diámetro de nuestro sistema solar.

Beta (β) Piscis Austrini Esta estrella doble, a 135 años luz está formada por una primaria de magnitud 4,3 con una estrella muy separada de magnitud 7,7 que se puede ver con un telescopio pequeño.

Gamma (γ) Piscis Austrini Esta estrella doble, con componentes de magnitudes 4,5 y 8,0, es más difícil de separar de Gamma (γ) porque sus estrellas están más juntas. Están a 325 años luz de distancia.

Piscis Austrini (PsA)

PISCIS AUSTRINUS

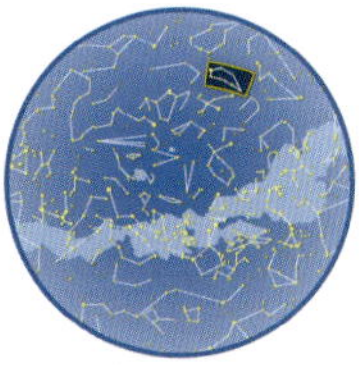

HEMISFERIO SUR

Este pequeño anillo de estrellas generalmente tenues es más fácil de encontrar gracias a Fomalhaut, una de las estrellas más brillantes del cielo. El Pez Austral se inventó en tiempos antiguos y es uno de los miembros más meridionales de una lista de 48 constelaciones elaborada por el astrónomo grecoegipcio Ptolomeo en el s. II. Se representa a menudo como un pez que bebe el agua vertida por el cercano Acuario y también se ha considerado el padre de los peces de Piscis, más al norte. La constelación también ha recibido el nombre de Piscis Australis.

El Pez Austral carece de cúmulos brillantes y nebulosas, y la mayoría de sus galaxias son demasiado débiles para telescopios de aficionado, a excepción de la espiral NGC 7314, que se puede localizar con instrumentos más grandes. Pero sí contiene algunas estrellas fascinantes.

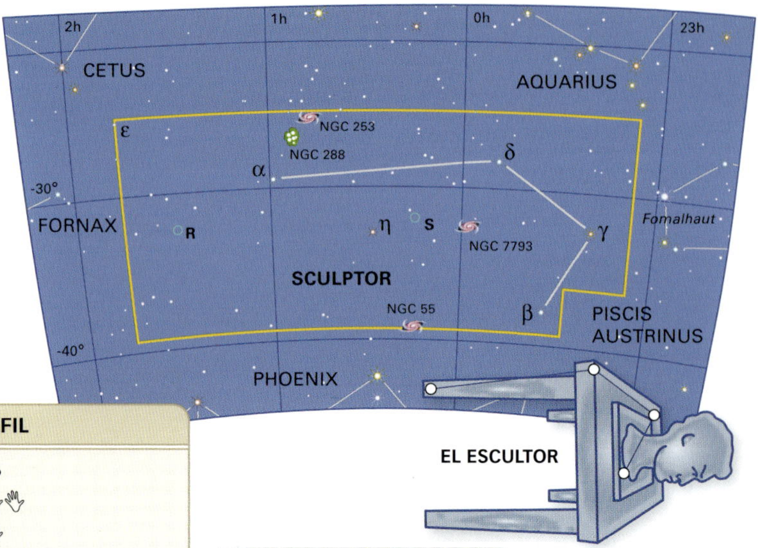

PERFIL

36

Alfa (α) 4,3

Octubre–noviembre

TOTALMENTE VISIBLE 50°N-90°S

NGC 288
Este cúmulo globular disperso aparece como una mancha neblinosa en telescopios pequeños. Una abertura de 100 mm o más revelará los miembros individuales. Esta imagen fue captada por el telescopio espacial Hubble.

RASGOS

Alfa (α) Sculptoris La estrella más brillante del escultor es esta gigante blanquiazul, a unos 590 años luz de distancia y con una magnitud de 4,3.

NGC 55 Galaxia espiral de 8.ª magnitud, situada a solo 6 millones de años luz en el cúmulo de galaxias justo después del límite de nuestro Grupo Local (p. 146). Está salpicada de nubes de polvo y áreas de formación estelar, y es ideal para telescopios pequeños.

NGC 253 Esta galaxia espiral es el miembro más grande y brillante del Grupo del Escultor. Está a 9 millones de años luz, en el núcleo de un pequeño cúmulo de galaxias cercano. Brilla con una magnitud de 7,5. Con prismáticos parece un óvalo difuso de luz con aproximadamente el mismo diámetro que la Luna llena.

Sculptoris (Scl)

SCULPTOR

Esta constelación meridional tenue e inconspicua, situada al sur de la Ballena, es fácil de localizar porque está justo al este de la luminaria Fomalhaut en el Pez Austral. Es una de las constelaciones más extrañas añadidas por el astrónomo francés Nicolas Louis de Lacaille en el s. XVIII, ya que pretendía representar el estudio de un escultor.

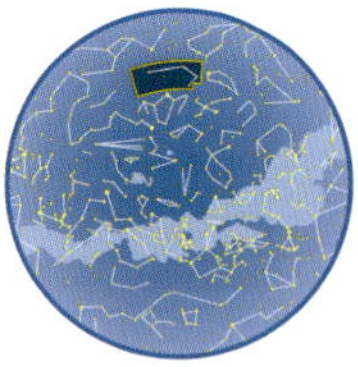

HEMISFERIO SUR

Carece de estrellas de magnitud superior a 4,3 y está lejos de la Vía Láctea, por lo que parece insignificante. No obstante, contiene el polo sur de nuestra Galaxia: el punto situado 90 grados al sur del plano de la Vía Láctea. Mirando en esta dirección, vemos hacia “abajo”, fuera del plano de nuestra galaxia, y evitamos las interferencias de estrellas, gas y polvo. En consecuencia, un buen telescopio puede revelar múltiples galaxias en el Escultor, incluidas algunas de nuestras vecinas grandes más cercanas.

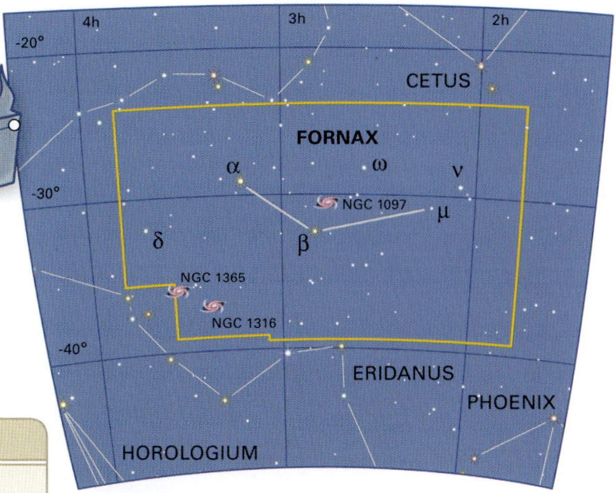

PERFIL

41

Alfa (α) 3,9

Noviembre–diciembre

TOTALMENTE VISIBLE 50°N-90°S

NGC 1365
NGC 1365 es una espiral barrada y una de las galaxias más brillantes del cúmulo Fornax. Está a unos 75 millones de años luz de la Tierra. Su núcleo puede verse con telescopios pequeños.

RASGOS

Alfa (α) Fornacis La estrella más brillante de la constelación es una doble, separable en un telescopio pequeño para revelar una estrella amarilla de magnitud 3,9 y una naranja de magnitud 6,9.

NGC 1097 A 60 millones de años luz y con una magnitud de 10,3, es una de las galaxias espirales barradas más brillantes. Con un telescopio pequeño se verá su núcleo central brillante. Uno más grande mostrará la estructura barrada y una columna oscura de polvo a través del centro.

NGC 1316 Esta poco conocida galaxia se relaciona con una fuerte fuente de radio llamada Fornax A. Parece una galaxia elíptica que haya absorbido a otra hace poco. Polvo y gas han despertado su agujero negro central.

Fornacis (For)

FORNAX

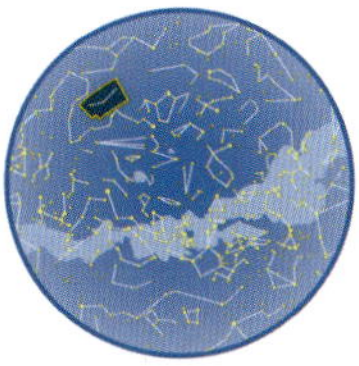

HEMISFERIO SUR

Situada al sur de la Ballena y dentro de la curva del río celeste, Erídano, esta nada llamativa constelación del cielo meridional está formada por un puñado de estrellas tenues. El Horno fue introducido por el astrónomo francés Nicolas Louis de Lacaille a principios de la década de 1750. Originalmente se llamaba Fornax Chemica, el Horno del Químico, y representa un dispositivo utilizado por los químicos para la destilación.

El Horno no es rico en estrellas ni cúmulos. No obstante, alberga Fornax, un cúmulo de galaxias a 75 millones de años. Las galaxias más brillantes del cúmulo pueden observarse con cualquier equipo de aficionado. En 2003 se observó una pequeña región de la constelación durante más de un millón de segundos para producir el Campo Ultraprofundo del Hubble (HUDF), una de nuestras imágenes más profundas del Universo.

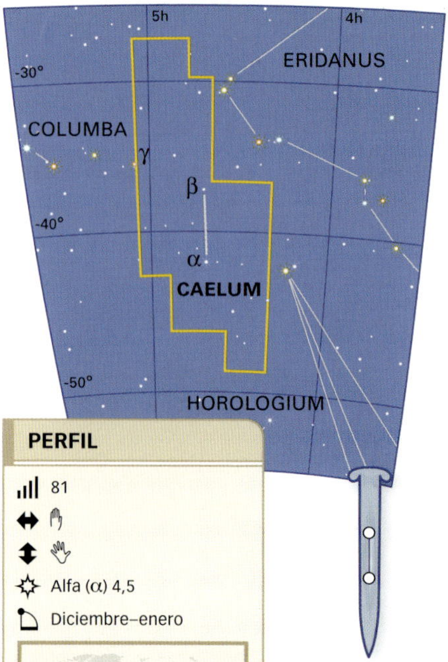

Forma inconspicua
El Cincel es fácil de localizar en el cielo meridional porque está al oeste de las estrellas brillantes Sirio en el Can Mayor y Canopo en la Quilla.

PERFIL

81

Alfa (α) 4,5

Diciembre–enero

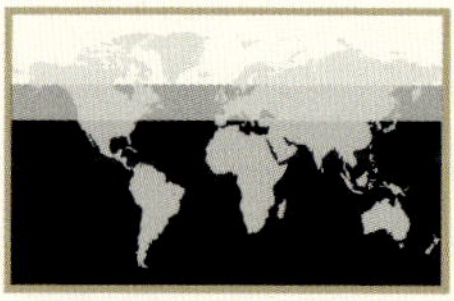

TOTALMENTE VISIBLE 41°N-90°S

RASGOS

Alfa (α) Caeli La estrella más brillante del Cincel tiene una magnitud de 4,5. Es una estrella blanca a 62 años luz.

Gamma (γ) Caeli Situada en el límite del Cincel con la Paloma, es una gigante naranja de magnitud 4,6 situada a 280 años luz. Un telescopio pequeño revelará que es una binaria, con una acompañante tenue de magnitud 8,1.

Beta (β) Caeli Al igual que Alfa (α) Caeli, es una estrella blanca de luminosidad media. Situada a 65 años luz, brilla con una magnitud de 5,1.

R Caeli Gigante roja variable, con un periodo de fluctuación largo, de unos 400 días. Con una magnitud máxima de 6,7, R Caeli puede localizarse con prismáticos cerca del límite norte con Erídano.

Caeli (Cae)

CAELUM

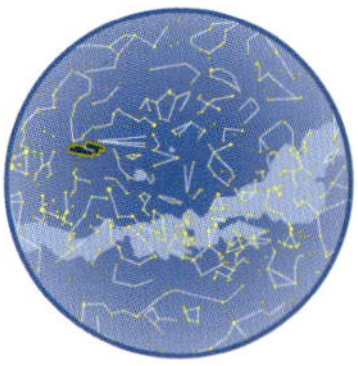

HEMISFERIO SUR

Intercalada entre Erídano y la Paloma, esta pequeña y tenue constelación meridional puede encontrarse mirando al suroeste de la más distintiva Liebre (p. 297). El Cincel es otra de las adiciones del astrónomo francés Nicolas Louis de Lacaille al cielo meridional. Su dibujo, formado por solo dos estrellas tenues con una línea entre ellas, se supone que representa el cincel de un cantero del s. XVIII, lo que la convierte en compañera del Escultor.

Debido a su distancia de la Vía Láctea, la pequeña parte de cielo que se encuentra dentro del límite del Cincel contiene pocos objetos de interés para aficionados, aparte de sus estrellas. No hay nebulosas ni cúmulos significativos e incluso las galaxias más brillantes de la constelación son solo visibles con telescopios de aficionado grandes.

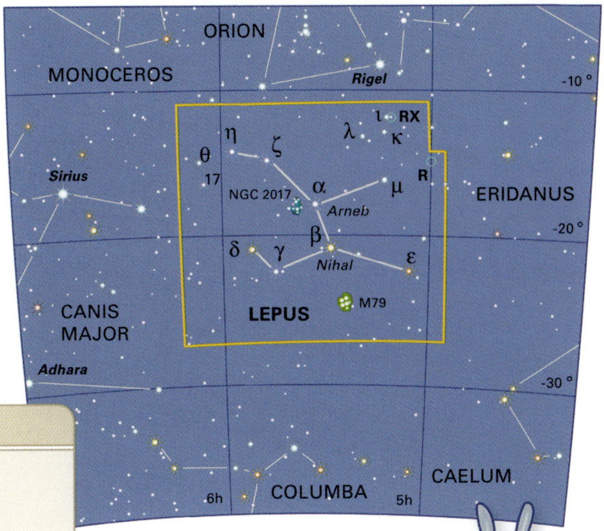

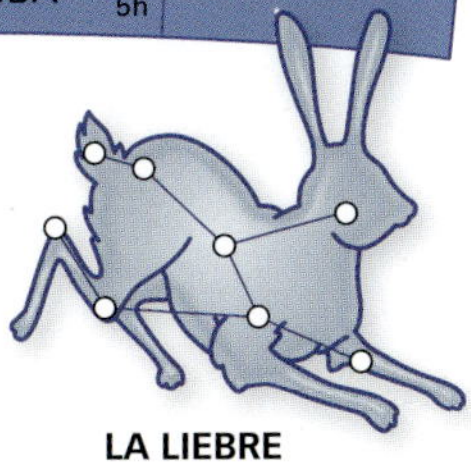

LA LIEBRE

PERFIL

51

Arneb (α) 2,6

Enero

TOTALMENTE VISIBLE 62°N-90°S

RASGOS

Alfa (α) Leporis (Arneb) Con una magnitud de 2,6, esta estrella parece de brillo medio, pero Arneb se encuentra a 1.300 años luz de distancia y es una de las estrellas más luminosas visibles desde la Tierra.

Gamma (γ) Leporis Es una estrella doble, con una primaria amarilla de magnitud 3,9 y una acompañante naranja de 6,2. Las dos están a unos 30 años luz.

R Leporis (estrella carmesí de Hind) Esta variable gigante roja pulsante destaca por su color rojo profundo. Su magnitud varía de 5,5 a 12,0 en un ciclo de 430 días.

NGC 2017 Este cúmulo abierto está formado por un total de ocho estrellas coloristas, de las cuales cinco tienen una magnitud de entre 6 y 10.

Leporis (Lep)

LEPUS

Situada justo al sur del cazador celeste Orión, la constelación representa a una liebre huyendo, perseguida por los perros celestes, el Can Mayor y el Can Menor. Los antiguos griegos ya la conocían y es relativamente fácil de localizar entre sus vecinas centelleantes debido a su forma de pajarita. Según la mitología griega, fue colocada entre las estrellas en recuerdo de una plaga de liebres que inundó la isla de Leros después de que se introdujese una liebre hembra preñada.

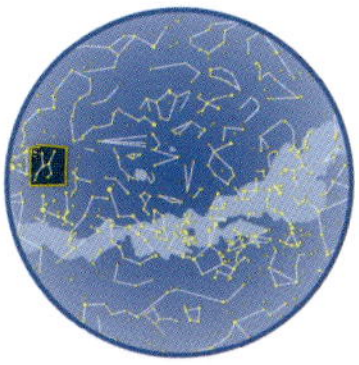

HEMISFERIO SUR

Aunque las estrellas de la Liebre no son brillantes, varias de ellas son interesantes e incluyen atractivas variables y múltiples. Iota (ι) y RX Leporis, en la esquina noroeste de la constelación, forman una atractiva pareja de una estrella doble y una gigante roja variable. La Liebre también contiene otros objetos del cielo profundo.

El río celeste
Erídano es totalmente visible en casi todo el hemisferio austral y en la mitad del boreal. El origen del río se encuentra junto a Rigel, en Orión.

RASGOS

Alfa (α) Eridani (Achernar) La única estrella verdaderamente brillante de Erídano es una gigante blanquiazul de magnitud 0,5. A 140 años luz.

Épsilon (ε) Eridani Situada en el tramo norte de la constelación, Épsilon (ε) Eridani es una de las estrellas similares al Sol más cercanas a la Tierra, solo un poco más tenue y fría que él. Está a 10,5 años luz y brilla con una magnitud de 3,7.

Ómicron-2 (o^2) Eridani Esta estrella triple, a 16 años luz de la Tierra, alberga la estrella enana blanca más fácil de ver en el cielo. La primaria es una enana roja de magnitud 4,4, pero su acompañante es una enana blanca de magnitud 9,5, que, a su vez, tiene una compañera enana roja más tenue.

Eridani (Eri)

ERIDANUS

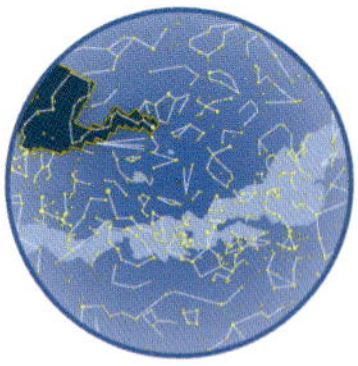

HEMISFERIO SUR

Esta gran constelación que representa un río discurre desde los pies de Orión hasta los cielos meridionales, donde termina en su estrella más brillante, Achernar (que significa "final del río"). Su rango de declinación de 58º es el mayor de las constelaciones. Diversas mitologías han identificado a Erídano con diferentes ríos, desde el Nilo y el Éufrates hasta el Po. En la mitología griega, Erídano aparece en la historia de Faetón, hijo del dios del sol Helios, que intentó conducir el carro de su padre por el cielo, pero se hundió en el río.

A pesar del tamaño de Erídano, la mayoría de sus estrellas son tenues. Contiene pocos objetos del cielo profundo brillantes y ningún cúmulo estelar visible con instrumentos de aficionado. Hay algunas galaxias y una nebulosa planetaria, NGC 1535, que pueden verse con prismáticos en condiciones favorables.

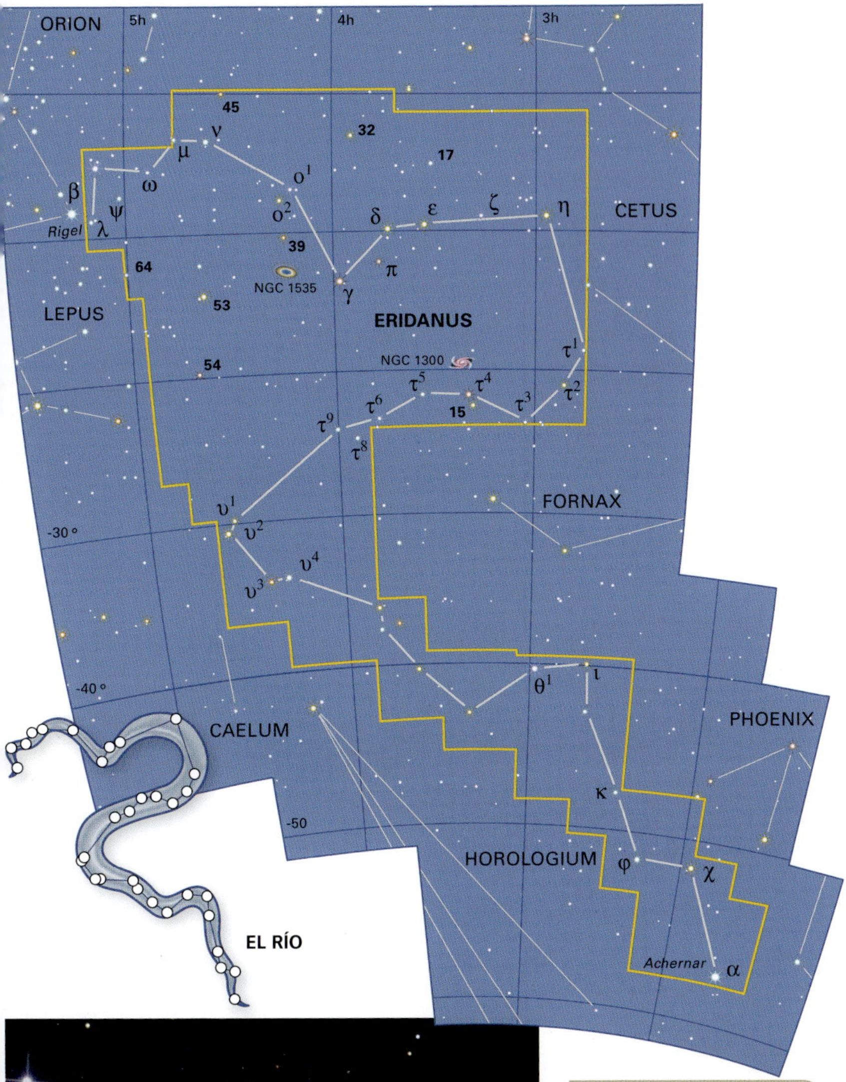

NGC 1300
Esta asombrosa galaxia espiral barrada está a 61 millones de años luz y es un poco más grande que la Vía Láctea. Tiene una estructura "miniespiral" incrustada en su núcleo. Aquí se ve a través de un telescopio de 500 mm de diámetro.

PERFIL

6

Achernar (α) 0,5

Noviembre–enero

TOTALMENTE VISIBLE 32ºN-89ºS

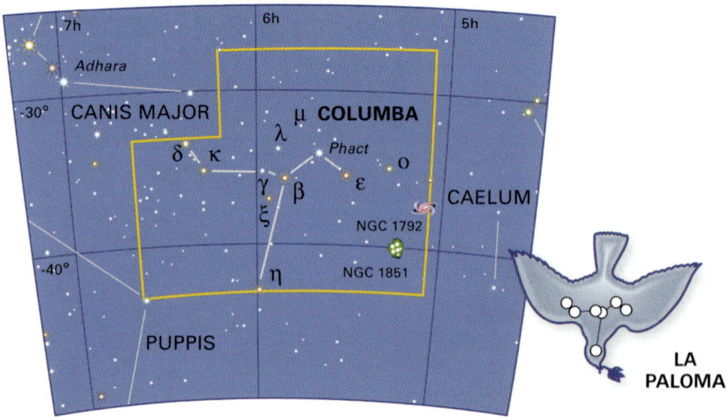

PERFIL

54

Phact (α) 2,6

Enero

TOTALMENTE VISIBLE 46°N–90°S

NGC 1792
Esta galaxia espiral de disco brillante parece alargada debido a su inclinación en relación con la Tierra. Un telescopio mediano revelará detalles de su interior.

RASGOS

Alfa (α) Columbae (Phact) El nombre de Phact deriva de la palabra árabe para "tórtola turca". Se encuentra a 170 años luz de la Tierra y tiene un brillo blanquiazul de magnitud 2,6.

Beta (β) Columbae (Wazn) La segunda estrella más brillante de la constelación es una gigante amarilla, situada a 130 años luz, y brilla con una magnitud de 3,1. Su nombre árabe, Wazn, significa "peso".

NGC 1851 Este cúmulo globular es el objeto del cielo profundo más destacado de la Paloma. Está a 39.000 años luz y, con una magnitud de 7,1, es visible como una mancha tenue con prismáticos o un telescopio pequeño.

Columbae (Col)

COLUMBA

El teólogo y astrónomo holandés Petrus Plancius formó esta constelación meridional, que representa a una paloma, en torno a 1592, utilizando estrellas cercanas a la Liebre y al Can Mayor que no se habían asignado a ninguna constelación. Plancius llamó a la constelación Columba Noachi, en referencia al ave que Noé envió desde el Arca para buscar tierra seca después del diluvio. Otros la relacionan con una paloma de la mitología clásica, enviada por Jasón delante de la nave Argos para hallar un paso seguro al mar Negro. Puede que Plancius lo tuviera en cuenta cuando colocó su paloma cerca de la Popa, una parte de Argos.

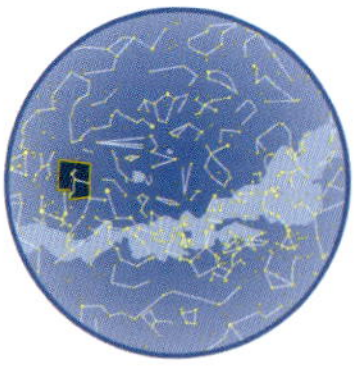

HEMISFERIO SUR

La Paloma contiene muchas galaxias tenues, pero son demasiado débiles para la mayoría de los telescopios de aficionado. También contiene Mi (μ) Columbae, una estrella de 5.ª magnitud que se mueve rápidamente.

PERFIL

65

Alfa (α) 3,7

Febrero–marzo

TOTALMENTE VISIBLE 52°N-90°S

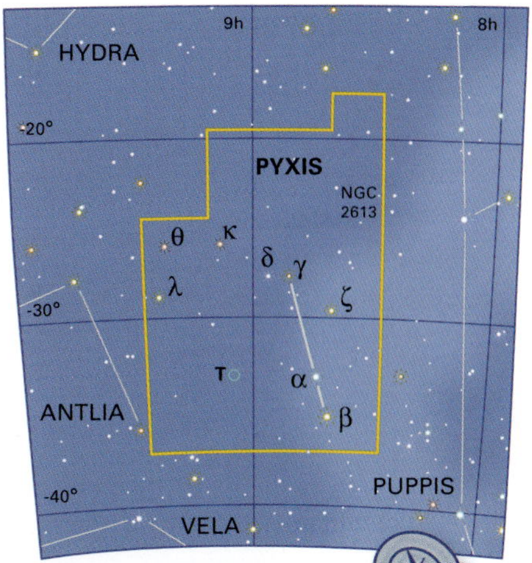

LA BRÚJULA

NGC 2613
NGC 2613 es una galaxia espiral barrada, situada lateralmente, que representa un desafío para los instrumentos medianos. No obstante, es un buen objetivo para la astrofotografía de larga exposición y telescopios grandes.

RASGOS

Alfa (α) Pyxidis La estrella más brillante, una supergigante blanquiazul, se encuentra en el medio de una fila de tres estrellas unidas. Es 18.000 veces más luminosa que el Sol, pero brilla con una magnitud de solo 3,7 porque está a más de 1.000 años luz de la Tierra.

Beta (β) Pyxidis A diferencia de Alfa (α), Beta (β) es una gigante amarilla de magnitud 4,0 situada a 320 años luz.

T Pyxidis Esta estrella variable no se ve con telescopios pequeños, pero a veces se ilumina hasta entrar en el rango de los prismáticos y quedar justo por debajo de la visibilidad a simple vista. El sistema es una nova recurrente impredecible: una estrella doble en la que a veces se producen explosiones en la superficie de una estrella enana blanca densa y caliente.

Pyxidis (Pyx)

PYXIS

Esta tenue y nada llamativa constelación meridional está formada por tres estrellas en fila, al este de las estrellas más brillantes de la Popa. Fue introducida en el s. XVIII por el astrónomo francés Nicolas Louis de Lacaille como parte de su proyecto de catalogar los cielos australes. Representa una brújula magnética. Sus estrellas formaban parte originalmente de Argo Navis, la gran nave celeste que Lacaille dividió en las constelaciones más manejables de la Quilla, la Popa y la Vela. En el s. XIX, el astrónomo británico John Herschel propuso que se cambiara el nombre a Malus, el mástil de Argos, pero la idea no prosperó.

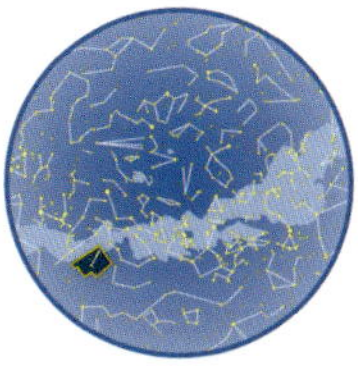

HEMISFERIO SUR

A pesar de su posición en el borde la Vía Láctea, la Brújula no tiene objetos del cielo oscuro al alcance de instrumentos pequeños. Su principal interés son sus estrellas.

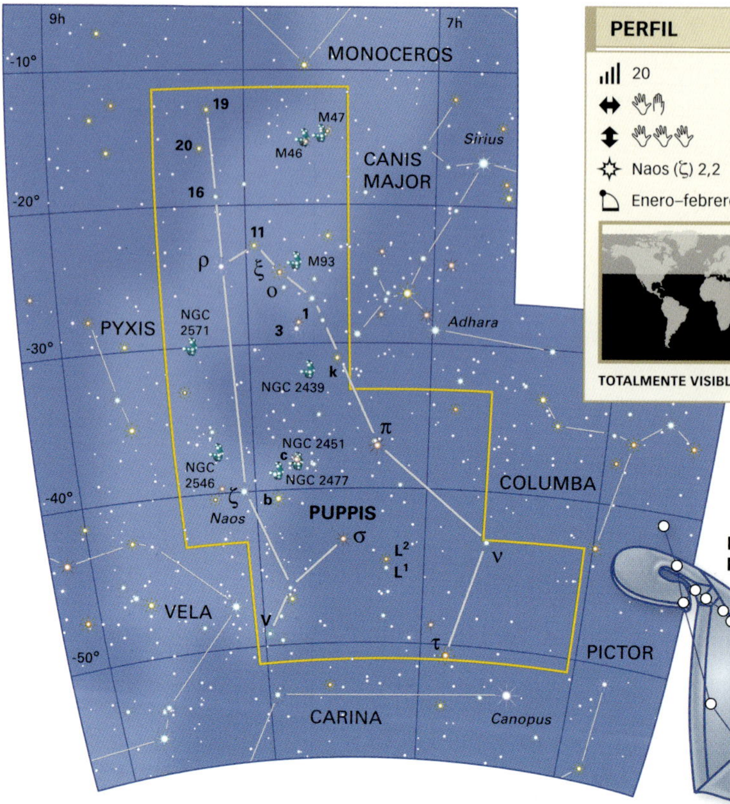

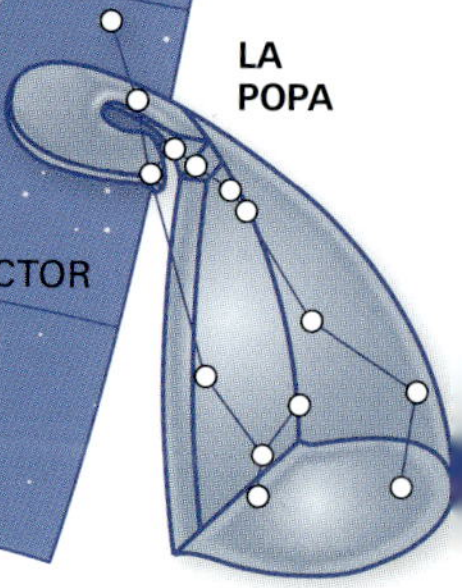

PERFIL

20

Naos (ζ) 2,2

Enero–febrero

TOTALMENTE VISIBLE 39°N-90°S

RASGOS

Zeta (ζ) Puppis (Naos) Esta gigante azul es la estrella más brillante de la Popa. Con una magnitud de 2,2, también es una de las estrellas más calientes conocidas, con una temperatura superficial seis veces mayor que la del Sol. Está a 14.000 años luz de la Tierra.

L Puppis Este par óptico está formado por una blanquiazul, L^1, a 150 años luz de la Tierra, y una gigante roja, L^2, 40 años luz más lejana. L^1 tiene una magnitud constante de 4,9, pero L^2 es una variable pulsante, cuyo brillo oscila entre 2,6 y 6,2 en un ciclo de 140 días.

M47 Este objeto visible a simple vista ofrece una rica visión en prismáticos. Es un poco más brillante que el vecino M46 y está a 1.600 años luz. Es el cúmulo estelar abierto más impresionante de la Popa.

Puppis (Pup)

PUPPIS

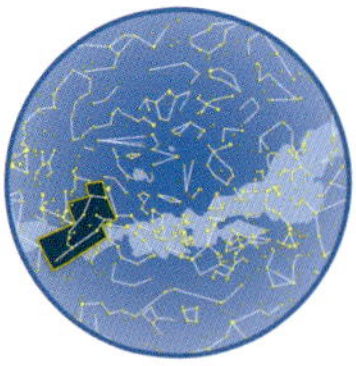

HEMISFERIO SUR

Situada a ambos lados de la Vía Láctea, esta rica constelación meridional formaba parte de la antigua constelación griega Argo Navis, la nave celeste. La Popa era la parte más grande. Durante el s. XVIII, el astrónomo francés Nicolas Louis de Lacaille dividió el asterismo en tres partes, creando las constelaciones más pequeñas de la Popa, la Quilla y la Vela. No obstante, las estrellas de cada fragmento conservaron sus letras griegas originales, de modo que, en el caso de la constelación de la Popa, empiezan por Zeta (ζ) Puppis, también conocida como Naos.

Una parte rica de la Vía Láctea cruza la constelación, lo que la convierte en un objetivo ideal para prismáticos. Contiene densos campos de estrellas y más de 70 cúmulos abiertos, algunos de los cuales también pueden distinguirse a simple vista.

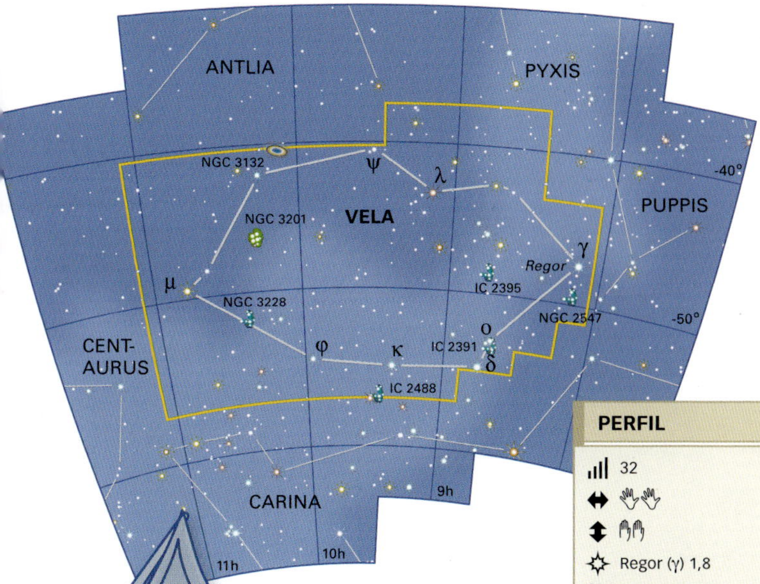

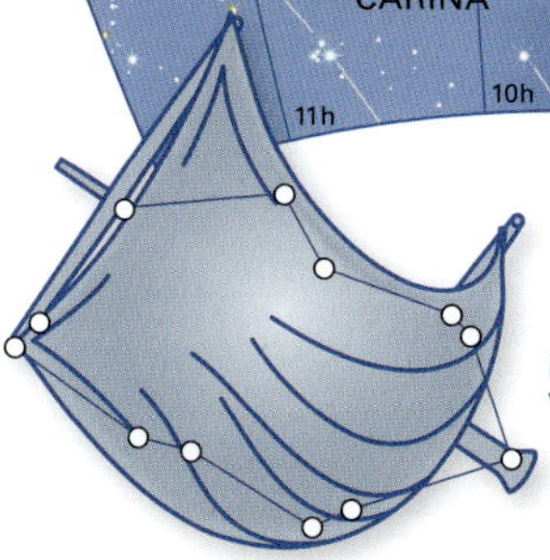

PERFIL

32

Regor (γ) 1,8

Febrero–abril

TOTALMENTE VISIBLE 32°N-90°S

RASGOS

Gamma (γ) Velorum (Regor) La estrella más brillante de la Vela es una múltiple que contiene la estrella Wolf-Rayet más brillante conocida, un tipo de estrella supercaliente masiva que expulsa sus capas externas con fortísimos vientos estelares y expone su interior ultracaliente. El sistema brilla con una magnitud de 1,8.

NGC 3201 Este cúmulo globular muy disperso, a 15.000 años luz, puede verse con prismáticos y telescopios pequeños. Los instrumentos medianos pueden identificar sus miembros exteriores.

IC 2391 Un hermoso cúmulo estelar abierto, también conocido como las Pléyades del Sur. Es visible a simple vista. Situado a solo 400 años luz, sus estrellas son espectaculares a través de prismáticos.

Velorum (Vel)

VELA

La Vela es una gran constelación austral que representa la vela de la nave celeste Argos; en el pasado formaba una gran constelación junto con la Popa y la Quilla. Situada al norte de la Quilla, la Vela enmarca una densa región de la Vía Láctea con más de 40 cúmulos estelares y grandes regiones de nebulosidad.

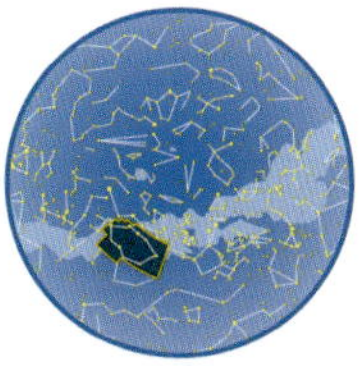

HEMISFERIO SUR

Los nombres de sus estrellas empiezan por Gamma (γ) Velorum porque las estrellas Alfa (α) y Beta (β) de la antigua Argos ahora están en la Quilla. Entre las estrellas Gamma (γ) y Lambda (λ) Velorum se encuentran filamentos gaseosos del remanente de supernova de la Vela, el producto de una explosión estelar visible desde la Tierra hace unos 11.000 años. Las estrellas Delta (δ) y Kappa (κ) Velorum se combinan con dos estrellas de la Quilla para formar la "cruz falsa", que a veces se confunde con la Cruz del Sur (p. 305).

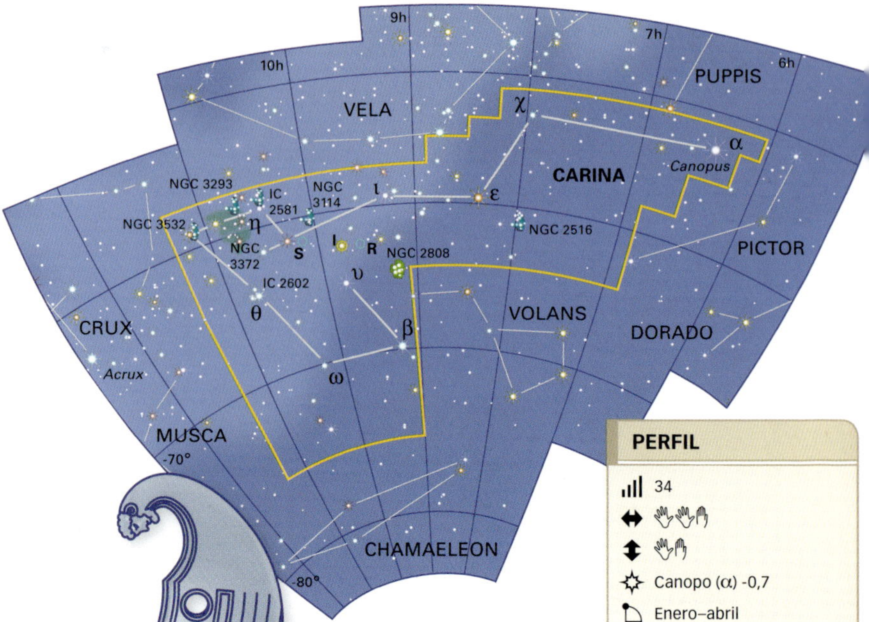

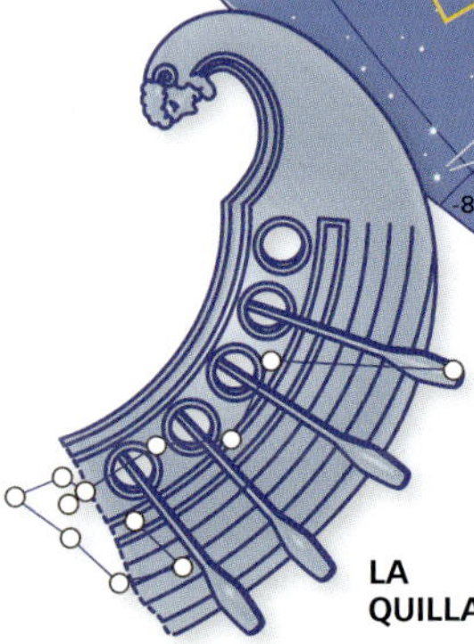

PERFIL

34

Canopo (α) -0,7

Enero–abril

TOTALMENTE VISIBLE 14ºN-90ºS

RASGOS

Alfa (α) Carinae (Canopo) Canopo, segunda estrella más brillante del cielo, brilla con una magnitud de –0,7. Sirio, brilla más solo debido a su proximidad a la Tierra. Canopo es una estrella luminosa, una supergigante blanquiamarilla situada a 310 años luz.

NGC 3372 (nebulosa de Carina) Esta nebulosa de emisión expansiva es una región de formación estelar a 8.000 años luz. Tiene cuatro veces el tamaño aparente de la Luna llena y es visible a simple vista como una mancha brillante en la Vía Láctea. La parte más densa de la nebulosa rodea a Eta (η) Carinae.

IC 2602 (Las Pléyades del Sur) Este gran cúmulo estelar abierto, que contiene ocho estrellas de magnitud superior a 6,0, está a unos 500 años luz.

Carinae (Car)

CARINA

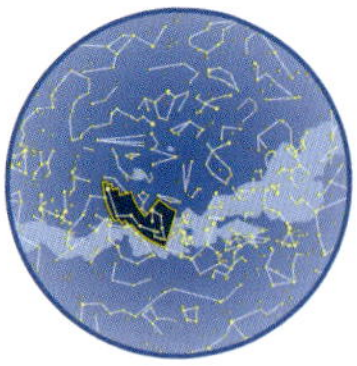

HEMISFERIO SUR

Esta relevante constelación austral se encuentra en una parte rica de la Vía Láctea. Formaba parte de la constelación más grande de Argos, la nave de los Argonautas, hasta que fue dividida en el s. XVIII por el astrónomo francés Nicolas Louis de Lacaille. Al ser la parte más meridional de la constelación original, representa la quilla de la nave. Alfa (α) Carinae (Canopo), la segunda estrella más brillante del cielo, marca el timón. Esta constelación es circumpolar –siempre visible sobre el horizonte– desde gran parte del hemisferio sur.

La Quilla contiene muchos cúmulos y campos de estrellas interesantes para prismáticos. También es enriquecida por una enorme región de formación estelar, la nebulosa de Carina, más grande y brillante que la más conocida nebulosa de Orión (pp. 276-277).

PERFIL

88
Acrux (α) 0,8
Abril–mayo

TOTALMENTE VISIBLE 25ºN-90ºS

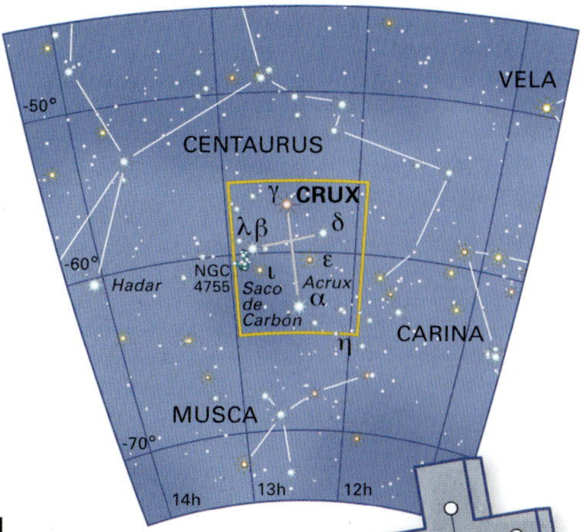

LA CRUZ DEL SUR

El Saco de Carbón
Nebulosa oscura que se ve junto a la Cruz del Sur a simple vista. Es una enorme nube de polvo que tapa las estrellas que están detrás.

El Joyero
Este centelleante grupo de estrellas puede encontrarse justo al norte del Saco de Carbón. Aunque es visible a simple vista como una mancha más brillante cerca de Beta (β) Crucis, unos prismáticos pueden revelar sus diversas estrellas blanquiazules.

RASGOS

Alfa (α) Crucis (Acrux) Acrux es una estrella doble blanquiazul de magnitud 0,8 que marca el extremo meridional de la cruz. En un telescopio es divisible en dos estrellas de aproximadamente la misma magnitud.

Beta (β) Crucis (Becrux) Esta estrella blanquiazul rápidamente variable cambia su brillo entre las magnitudes 1,25 y 1,15 cada 6 horas. Se encuentra a 350 años luz de distancia.

NGC 4755 (el Joyero) Este espléndido cúmulo estelar es una de las joyas del cielo meridional. A simple vista parece una estrella difusa de magnitud 4,0. En realidad, es un cúmulo estelar a 7.600 años luz. Con prismáticos se verá que tiene varias docenas de estrellas blanquiazules y una supergigante roja cerca del centro que hace un gran contraste.

Crucis (Cru)

CRUX

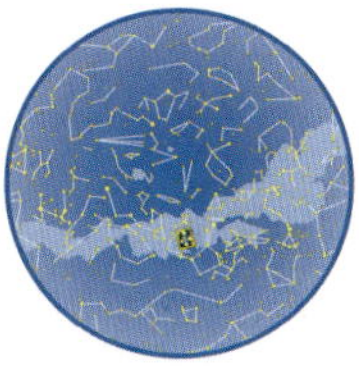

HEMISFERIO SUR

La constelación más pequeña del cielo nocturno, la Cruz del Sur, es, sin embargo, uno de los asterismos más famosos y fácilmente reconocibles. Los antiguos griegos la consideraban parte de Centauro, pero a finales del s. XVI pasó a ser reconocida como una constelación independiente, *Crux Australis*. Más recientemente, su nombre latino se ha abreviado a Crux.

La Vía Láctea es brillante en esta parte del cielo, de modo que la oscura nebulosa Saco de Carbón, una nube de polvo y gas con forma de cuña, puede verse fácilmente por contraste. Cabe destacar también las propias estrellas brillantes de la constelación y un bello cúmulo estelar, NGC 4755 o el Joyero. La Cruz del Sur también es un puntero útil para el polo sur celeste: prolongando la línea entre Alfa (α) y Gamma (γ) se encuentra su ubicación (p. 35).

PERFIL

77

Alfa (α) 2,7

Abril–mayo

TOTALMENTE VISIBLE 14°N-90°S

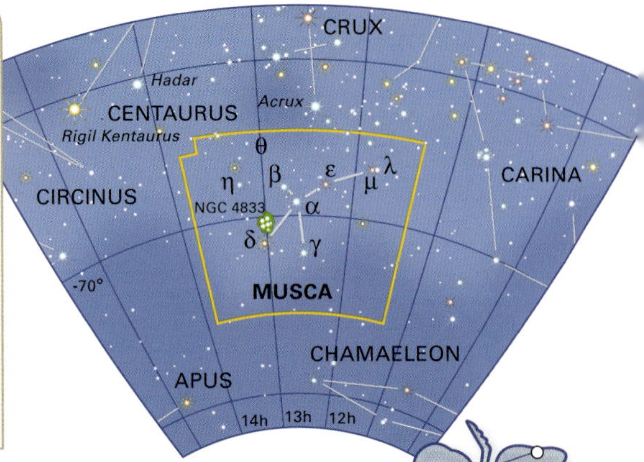

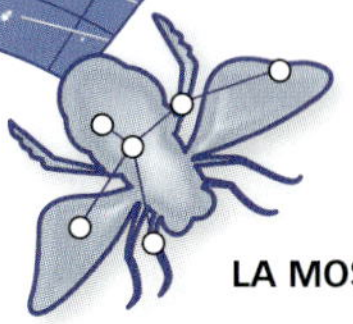

LA MOSCA

NGC 4833
Este cúmulo globular compacto es visible con prismáticos como una bola neblinosa de luz. Con un telescopio de 100 mm de abertura pueden resolverse las estrellas individuales.

RASGOS

Alfa (α) Muscae Una gigante blanquiazul de magnitud 2,7, situada a 305 años luz.

Beta (β) Muscae A simple vista, Beta (β) es casi una gemela idéntica de Alfa (α). Sin embargo, un telescopio pequeño revelará que en realidad es una doble con estrellas azules de magnitud 3,0 y 3,7 que orbitan una alrededor de la otra en 383 años. El sistema está a unos 310 años luz de distancia.

Theta (θ) Muscae Esta estrella doble está formada por una supergigante azul de magnitud 5,7 orbitada por una estrella de magnitud 7,3. La acompañante tenue, visible con prismáticos, es una poco común estrella Wolf-Rayet, una estrella blanca violenta tan caliente que expulsa sus propias capas externas al espacio y envejece a un ritmo acelerado.

Muscae (Mus)

MUSCA

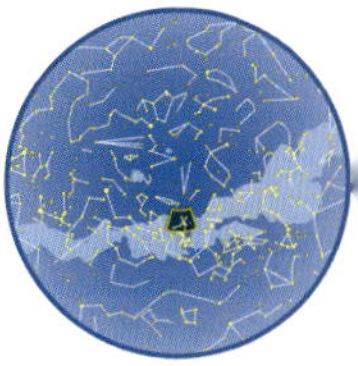

HEMISFERIO SUR

Situada al sur de la Cruz del Sur y Centauro, las estrellas de la Mosca son relativamente brillantes, pero puede costar identificarlas. La mejor forma de encontrar la constelación es seguir el eje largo de la Cruz del Sur hacia el polo sur celeste. La Mosca es la más distintiva de varias constelaciones inventadas por los navegantes holandeses Pieter Dirkszoon Keyser y Frederick de Houtman a finales del s. XVI. Se denominaba Apis, la Abeja, pero se le cambió el nombre a Musca Australis en la década de 1750, en parte para evitar la confusión con la cercana Apus, el Ave del Paraíso. En aquella época había también una Musca Borealis, pero cuando esta dejó de usarse la constelación austral pasó a ser simplemente la Mosca.

Contiene varias estrellas múltiples un cúmulo estelar globular brillante y la punta meridional de la nebulosa oscura Saco de Carbón, que baja desde la Cruz del Sur.

PERFIL

85

Alfa (α) 3,2

Mayo–junio

TOTALMENTE VISIBLE 19°N-90°S

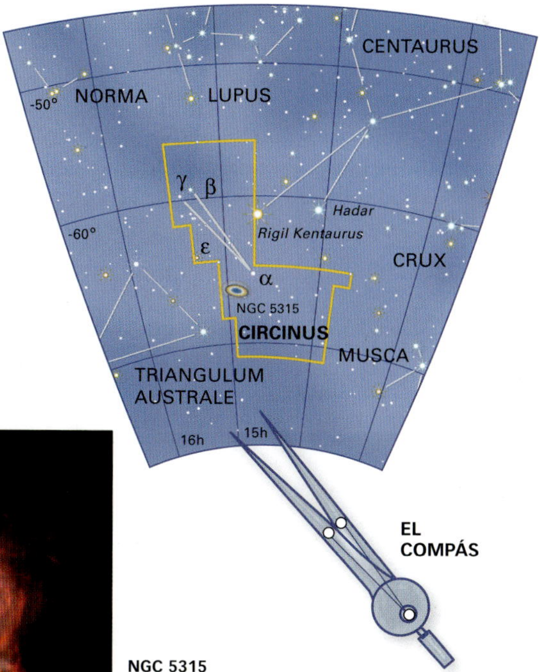

NGC 5315
Excepcionalmente, esta nebulosa planetaria es una potente fuente de radio. Los cálculos de su distancia oscilan entre 4.000 y 13.000 años luz. Los telescopios de aficionado grandes la muestran como un disco azul.

RASGOS

Alfa (α) Circini Es una estrella blanca de magnitud 3,2 que tiene una acompañante tenue de magnitud 8,6 que puede verse con un telescopio pequeño. Está a 65 años luz.

Gamma (γ) Circini Esta doble solo puede separarse con un telescopio mediano. Está formada por una estrella azul y una amarilla de magnitudes 5,1 y 5,5, que orbitan una alrededor de la otra a 500 años luz.

Theta (θ) Circini Las componentes de esta estrella doble están demasiado cerca para separarlas visualmente, pero una de sus estrellas fluctúa de forma impredecible, lo que hace que el brillo global varíe entre las magnitudes 5,0 y 5,4.

NGC 5315 Esta tenue y lejana nebulosa planetaria está a unos 7.000 años luz de distancia.

Circini (Cir)

CIRCINUS

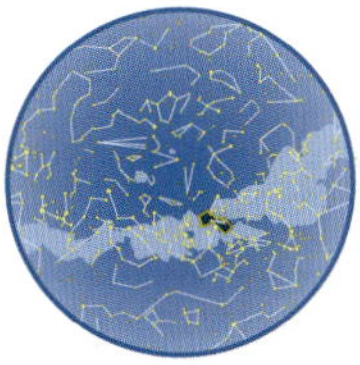

HEMISFERIO SUR

El Compás es una pequeña e insignificante constelación meridional introducida por el astrónomo francés Nicolas Louis de Lacaille en 1756. Es un triángulo tenue de estrellas que se supone que se parece a un compás de navegación o agrimensura. La constelación está intercalada de forma poco natural entre Centauro y el Triángulo Austral, pero es fácil de localizar porque está cerca de Alfa (α) Centauri, una de las estrellas más brillantes del cielo.

El Compás carece de cúmulos brillantes, nebulosas o galaxias, pero lo cruzan las nubes de estrellas de la Vía Láctea. Estas nubes ocultan la vista de uno de nuestros vecinos galácticos más cercanos, la galaxia Circinus, descubierta en la década de 1970. Es una pequeña galaxia espiral con un agujero negro activo supermasivo, a 13 millones de años luz de distancia.

PERFIL

74

Gamma-2 (γ²) 4,0

Junio

TOTALMENTE VISIBLE 29°N-90°S

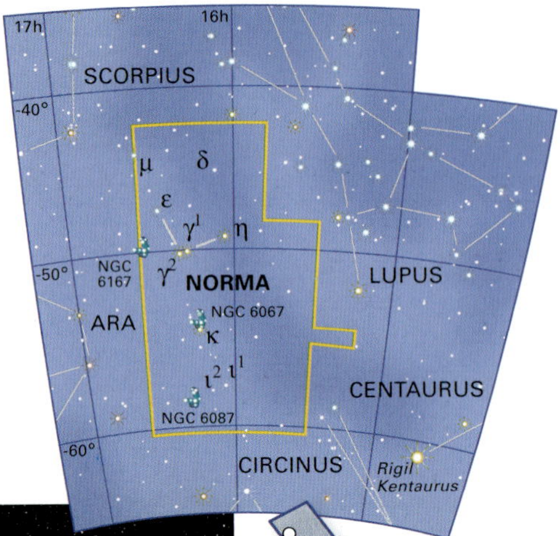

EL NIVEL

NGC 6067
Este cúmulo abierto disperso de unas 100 estrellas, situado a unos 4.600 años luz de la Tierra, ocupa la mitad del diámetro aparente de la Luna llena. Es fácil de observar con prismáticos.

RASGOS

Gamma (γ) Normae Este par óptico está formado por dos estrellas amarillas. Gamma-2 (γ²) es una gigante de magnitud 4,0, a 125 años luz y Gamma-1 (γ¹) es una supergigante a 1.500 años luz con un brillo de magnitud 5,0.

Iota (ι) Normae Esta estrella múltiple está a 220 años luz y puede separarse con un telescopio pequeño en una primaria de magnitud 4,6 orbitada por una estrella de 8,1. Los telescopios mucho más grandes pueden resolver la primaria en estrellas gemelas que orbitan una alrededor de la otra en 27 años. Es una estrella triple.

NGC 6087 Este cúmulo abierto de 40 estrellas está a unos 3.000 años luz y se distingue a simple vista. En su centro hay una supergigante, S Normae.

Normae (Nor)

NORMA

Encajado entre las constelaciones de Escorpio y el Lobo, este tenue triángulo de estrellas fue escindido en una constelación independiente por el astrónomo francés Nicolas Louis de Lacaille en la década de 1750. Al igual que muchas de sus constelaciones meridionales, lleva el nombre de un instrumento científico, el nivel del topógrafo o la escuadra. Originalmente, se llamaba Norma et Regula, la escuadra y la regla. Sin embargo, varias de sus estrellas, incluidas las más brillantes, que utilizó Lacaille para formar la regla fueron absorbidas por el vecino Escorpio cuando se formalizaron los límites entre las constelaciones.

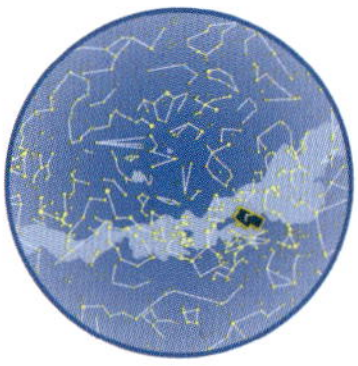

HEMISFERIO SUR

La Vía Láctea cruza el Nivel y la constelación es rica en campos de estrellas que vale la pena recorrer con prismáticos. No obstante, las estrellas tenues que forman su dibujo se pierden entre el fondo de estrellas.

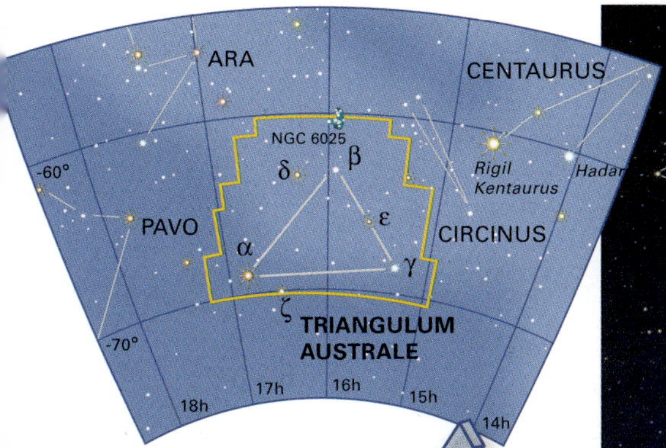

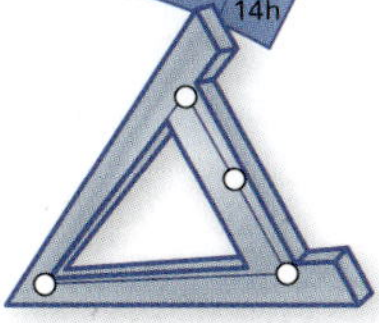

EL TRIÁNGULO AUSTRAL

Dibujo triangular
El Triángulo Austral puede reconocerse en el cielo nocturno debido a su forma triangular. Está en una región rica de la Vía Láctea, por lo que es más distintivo que el Triángulo, su equivalente boreal.

PERFIL

83

Afa (α) 1,9

Junio–julio

TOTALMENTE VISIBLE 19°N-90°S

RASGOS

Alfa (α) Trianguli Australis Es una gigante naranja de magnitud 1,9 que marca el vértice sureste del triángulo. Está a 100 años luz de la Tierra.

Beta (β) Trianguli Australis Esta estrella blanca está a unos 42 años luz de la Tierra y brilla con una magnitud de 2,9.

Gamma (γ) Trianguli Australis Aunque tiene la misma magnitud (2,9) que Beta (β), Gamma (γ) se encuentra a más de 70 años de distancia, por lo que es notablemente más luminosa. Debido a su mayor luminosidad, su superficie es más caliente y blanquiazul.

NGC 6025 Aunque, con una magnitud de 5,4, es visible a simple vista, lo mejor es observar con prismáticos este cúmulo abierto de la Vía Láctea. Está a 2.700 años luz.

Trianguli Australis (TrA)

TRIANGULUM AUSTRALE

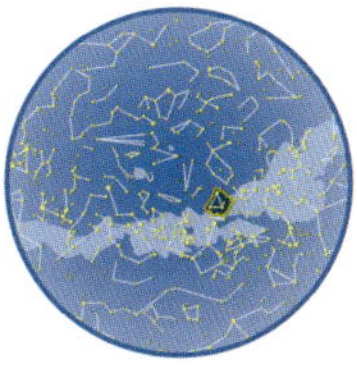

HEMISFERIO SUR

Este característico dibujo del cielo meridional, al sureste de Centauro, es fácil de localizar. Su invención tiene diferentes atribuciones: fue registrado por primera vez en *Uranometria*, un atlas celeste recopilado por el astrónomo alemán Johann Bayer en 1603. No obstante, puede que lo inventasen los navegantes holandeses Pieter Dirkszoon Keyser y Frederick de Houtman en la década de 1590. Como alternativa, también podría haber sido descubierto por el astrónomo holandés Petrus Theodorus Embdanus.

El Triángulo Austral es más pequeño que su equivalente boreal, el Triángulo, pero tiene estrellas más brillantes y es más destacado. Lo cruza la franja de la Vía Láctea, pero carece de objetos de interés para los astrónomos aficionados, aparte de un pequeño cúmulo abierto.

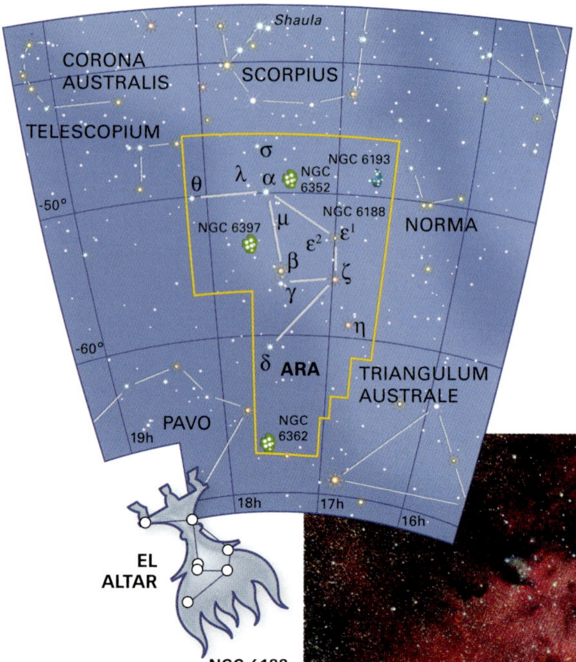

PERFIL

63

Alfa (α) 3,0

Junio–julio

TOTALMENTE VISIBLE 22°N-90°S

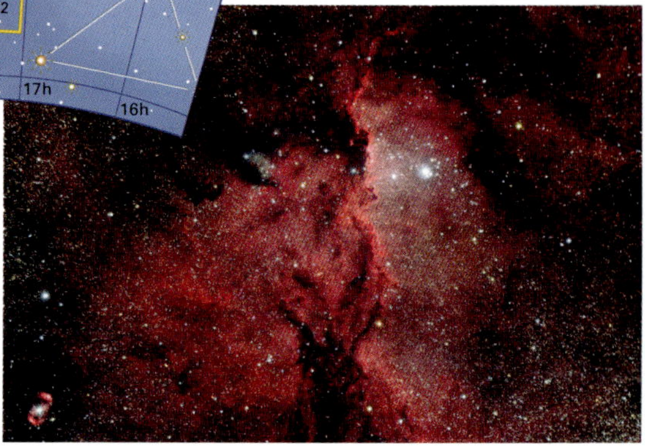

NGC 6188
Esta gran nebulosa brilla mediante reflexión y emisión cuando se excitan los átomos de hidrógeno, oxígeno y sulfuro por efecto de la violenta radiación ultravioleta procedente de las estrellas jóvenes de NGC 6193.

RASGOS

Alfa (α) Arae La estrella más brillante del Altar, una blanquiazul de magnitud 3,0, se encuentra a unos 460 años luz.

Gamma (γ) Arae Es una de las estrellas más luminosas de nuestra región de la galaxia. Tiene el brillo de 32.000 soles. Sin embargo, al encontrarse a 1.100 años luz de distancia, solo alcanza una magnitud de 3,3.

NGC 6193 Es un cúmulo estelar abierto fácil de localizar a simple vista. Tiene más de la mitad del ancho aparente de la Luna llena. Está a 4.000 años luz de la Tierra y aún está incrustado en remanentes de gas de formación estelar.

NGC 6397 Es un cúmulo globular relativamente cercano, a una distancia de 7.200 años luz. Es fácil de observar con prismáticos.

Arae (Ara)

ARA

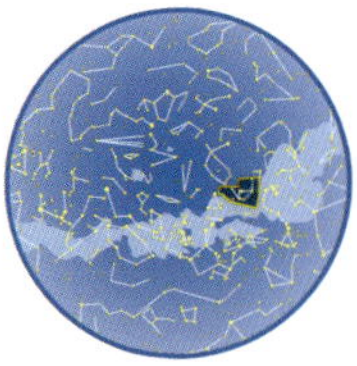

HEMISFERIO SUR

Aunque se encuentra en el extremo sur del cielo nocturno, el Altar fue identificado por los antiguos griegos y Ptolomeo lo recogió en su catálogo original de 48 constelaciones. Los griegos lo visualizaban como el altar celeste en el que los dioses del monte Olimpo juraron lealtad antes de comenzar su guerra de diez años con los Titanes del monte Otris por el control del Universo.

El dibujo de la constelación es poco claro, pero es fácil de localizar porque está al sur de Escorpio y lo atraviesa una franja rica de la Vía Láctea. En consecuencia, contiene varios cúmulos estelares al alcance de instrumentos de aficionado y nebulosas tenues como NGC 6188. La tenue Mi (μ) Arae es una estrella como el Sol situada a 50 años luz de la Tierra; a su alrededor orbita un sistema de al menos cuatro planetas.

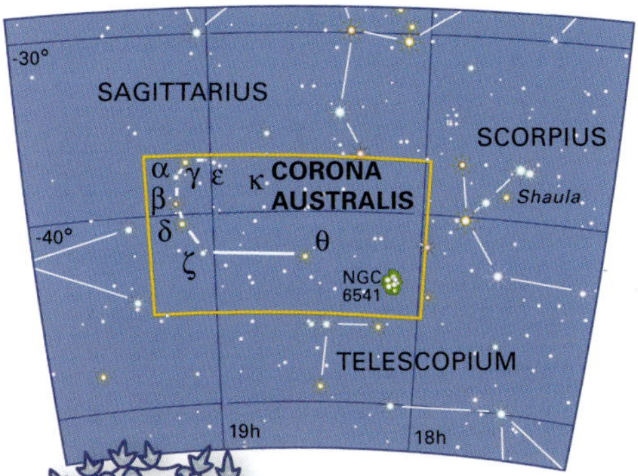

LA CORONA AUSTRAL

PERFIL

80

Alfa (α), Beta (β) 4,1

Julio–agosto

TOTALMENTE VISIBLE 44°N-90°S

R Coronae Australis
Vista aquí a través de un telescopio de 2,2 m, la tenue estrella variable R Coronae Australis está rodeada por una débil nebulosa azul de reflexión con una nebulosa oscura más grande situada cerca. R Coronae Australis está entre Gamma (γ) y Épsilon (ε).

RASGOS

Alfa (α) Coronae Australis Esta estrella de magnitud 4,1 es blanca y está a 140 años luz de la Tierra.

Beta (β) Coronae Australis Es una gigante amarilla con una magnitud de 4,1, igual de brillante que Alfa (α), pero está mucho más lejos –a 510 años luz de distancia– y es unas 730 veces más luminosa que el Sol.

Gamma (γ) Coronae Australis Las dos estrellas de este sistema binario son lo bastante brillantes como para verlas a simple vista. Aunque brillan con magnitudes de 4,8 y 5,1, se necesita un telescopio pequeño para separarlas.

NGC 6541 Situado justo por debajo de la visibilidad a simple vista, este cúmulo globular está a 22.000 años luz.

Coronae Australis (CrA)

CORONA AUSTRALIS

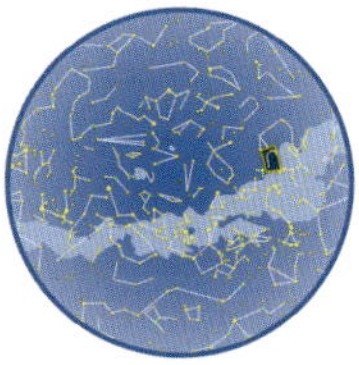

HEMISFERIO SUR

La pequeña constelación meridional de la Corona Austral está bajo los pies de Sagitario. Era unas de las 48 constelaciones reconocidas por el astrónomo grecoegipcio Ptolomeo y originalmente se representaba como una corona. Representa una corona de mirto colocada en el cielo por Dioniso, el dios griego del vino y del exceso, tras haber rescatado a su madre del inframundo. Los astrónomos antiguos chinos veían una tortuga en las mismas estrellas.

Un arco de estrellas forma el perfil de la Corona Austral, ninguna de las cuales tiene una magnitud superior a 4. Aunque su dibujo no está tan bien separado como el de su equivalente boreal, es fácil de reconocer debajo de la "Tetera" de Sagitario. Limita con nubes de estrellas ricas de la Vía Láctea y está llena de una tenue nebulosidad que se descubre en fotos de larga exposición.

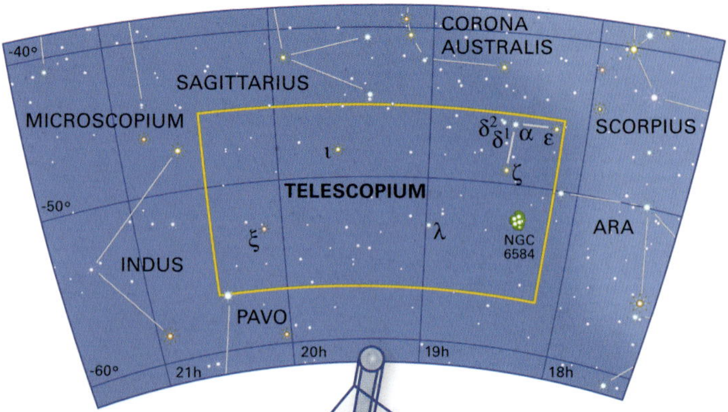

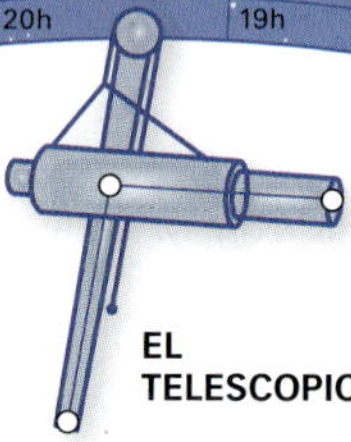

EL TELESCOPIO

NGC 6584
Este cúmulo globular tiene una magnitud global de 8,5 y parece tener un cuarto del tamaño de la Luna llena. Un nudo central denso está rodeado de cadenas dispersas de estrellas.

PERFIL

57

Alfa (α) 3,5

Julio–agosto

TOTALMENTE VISIBLE 33°N-90°S

RASGOS

Alfa (α) Telescopii Estrella blanquiazul, a 450 años luz y con una magnitud de 3,5.

Delta (δ) Telescopii Con prismáticos o una vista aguda se verá que esta estrella es un par óptico, formado por dos estrellas blanquiazules no relacionadas, a unos 650 y 1.300 años luz de distancia. Tienen el mismo brillo, con un magnitud de en torno a 5,0.

NGC 6584 Este cúmulo globular, a 43.700 años luz, es fácil de detectar con prismáticos potentes. A través de telescopios con aberturas pequeñas aparece como una esfera compacta. Las estrellas individuales pueden resolverse con instrumentos más grandes.

Telescopii (Tel)

TELESCOPIUM

El Telescopio es una de las constelaciones más tenues. Parece creado dibujando una línea en una zona arbitraria del cielo al sur de la Corona Austral. Es una invención del Nicolas Louis de Lacaille en el s. XVIII, quien pretendía que su dibujo representase uno de los grandes telescopios aéreos utilizados en el observatorio de París. Consistían en refractores largos (telescopios basados en lentes), a menudo de más de 10 m de longitud, que se suspendían de altos mástiles mediante cuerdas y poleas.

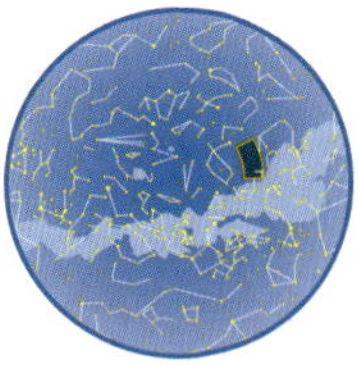

HEMISFERIO SUR

Para crear esta constelación, Lacaille tomó "prestadas" estrellas de constelaciones cercanas, como Sagitario, Escorpio, Ofiuco y Corona Austral. Cuando se estandarizaron las constelaciones en 1929, estas estrellas prestadas se devolvieron a sus propietarias y el Telescopio se quedó en su actual estado despojado.

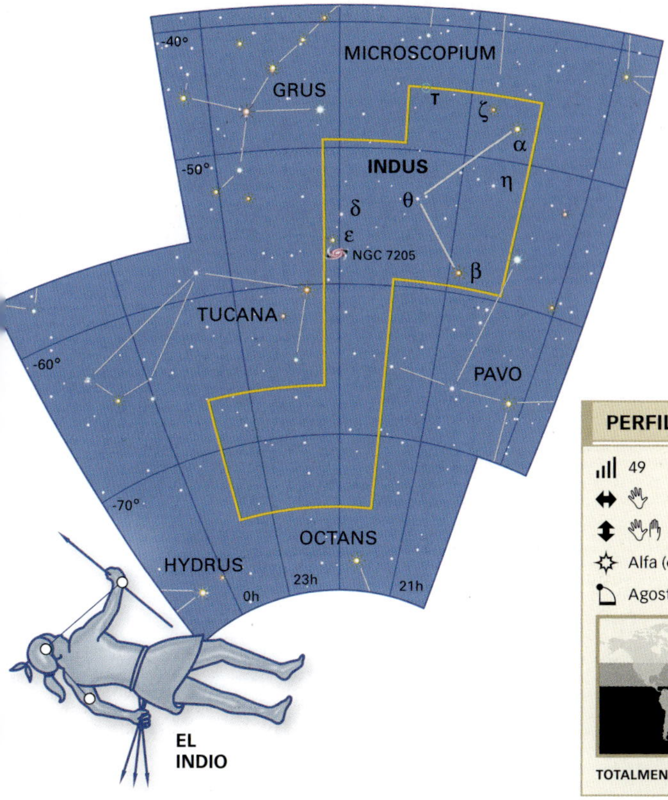

PERFIL

49

Alfa (α) 3,1

Agosto–octubre

TOTALMENTE VISIBLE 15°N-90°S

RASGOS

Alfa (α) Indi Es una gigante naranja situada a 125 años luz. Brilla con una magnitud de 3,1.

Beta (β) Indi Es una gigante naranja un poco menos luminosa. Está más cerca que Alfa (α), a solo 110 años luz, pero aun así es más tenue, con una magnitud de 3,7.

Épsilon (ε) Indi Esta estrella amarilla de magnitud 4,7 es una vecina cercana del Sol, a solo 11,8 años luz de distancia. A su alrededor orbita una enana marrón con 45 veces la masa de Júpiter.

NGC 7205 Esta tenue galaxia espiral, de magnitud 11,4, alcanza a discernirse con un telescopio de abertura mediana.

Indi (Ind)

INDUS

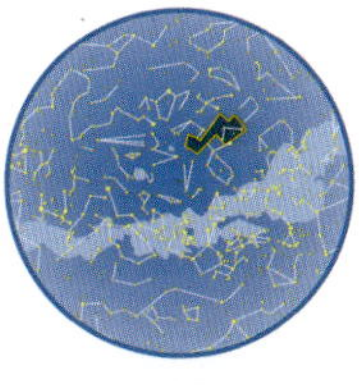

HEMISFERIO SUR

La constelación meridional del Indio representa a un indio norteamericano con lanza y flechas. Fue introducida en el s. XVI por los navegantes holandeses Pieter Dirkszoon Keyser y Frederick de Houtman, que habían participado en la exploración de las Indias Orientales y puede que quisieran representar a un indio norteamericano o a un isleño del Sureste Asiático. Estos navegantes realizaron el primer registro de las estrellas del extremo sur a petición del astrónomo holandés Petrus Plancius, quien ya había añadido varias constelaciones nuevas al cielo septentrional.

Situado al sureste de Sagitario, el Indio no tiene cúmulos estelares ni nebulosas significativos, pero contiene algunas galaxias tenues al alcance de telescopios de aficionado. La mejor forma de encontrarlo es mirar entre Sagitario y la Grulla y el Tucán, más distintivas.

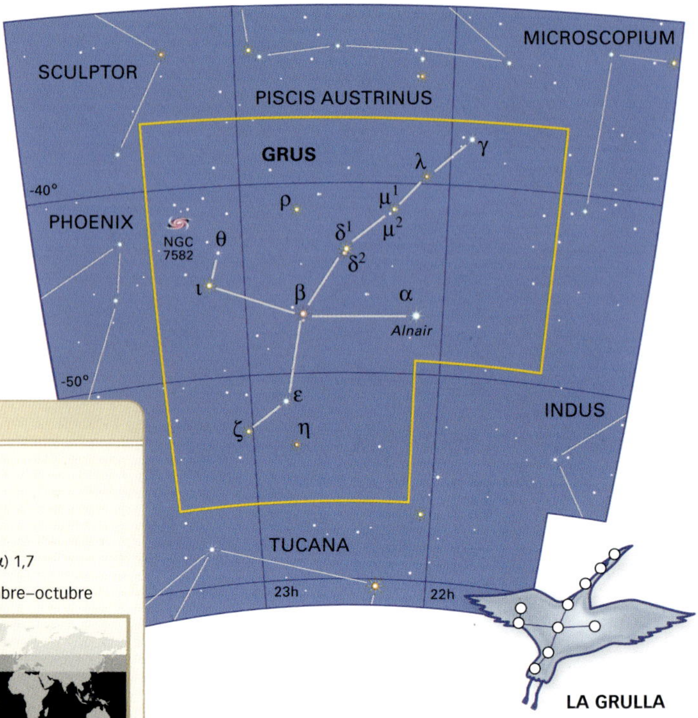

PERFIL

45

Alnair (α) 1,7

Septiembre–octubre

TOTALMENTE VISIBLE 33ºN-90ºS

RASGOS

Alfa (α) Gruis (Alnair) Esta estrella blanquiazul, cuyo nombre significa "la brillante" en árabe, está a 65 años luz y brilla con una magnitud de 1,7.

Beta (β) Gruis Es una gigante roja variable, a 170 años luz de la Tierra. Oscila de forma impredecible entre las magnitudes 2,0 y 2,3 a medida que se expande y se contrae.

Delta (δ) Gruis Los observadores a simple vista normalmente pueden distinguir que es una estrella doble, pero en realidad es solo un efecto óptico. Las dos componentes son una gigante amarilla y una roja, de magnitudes 4,0 y 4,1, a 150 y 420 años luz de distancia.

NGC 7582 Esta galaxia espiral barrada es una de tres galaxias en la Grulla que son visibles con un telescopio mediano.

Gruis (Gru)

GRUS

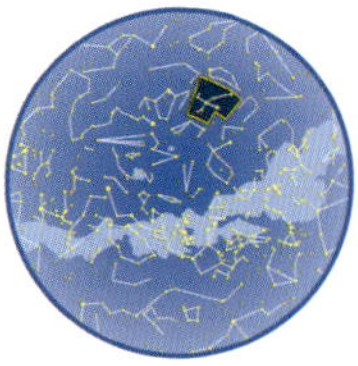

HEMISFERIO SUR

Esta constelación del extremo sur se encuentra entre el Pez Austral y el Tucán. Es uno de varios asterismos con forma de ave añadidos por los exploradores holandeses Pieter Dirkszoon Keyser y Frederick de Houtman en la década de 1590. Posteriormente, la Grulla fue inmortalizada por el astrónomo alemán Johann Bayer en su gran atlas celeste *Uranometria*, de 1603, y representa un ave zancuda de cuello largo. Suele mostrarse como una grulla, pero también se ha representado como un flamenco.

Alejada del plano de la Vía Láctea, esta constelación no tiene cúmulos abiertos ni nebulosidades. Pero es distintiva gracias a la fila de estrellas medianamente brillantes que recorren el cuerpo de la grulla, formando una cadena que conduce de la Pequeña Nube de Magallanes (SMC) en el Tucán (p. 316) a Fomalhaut en el Pez Austral.

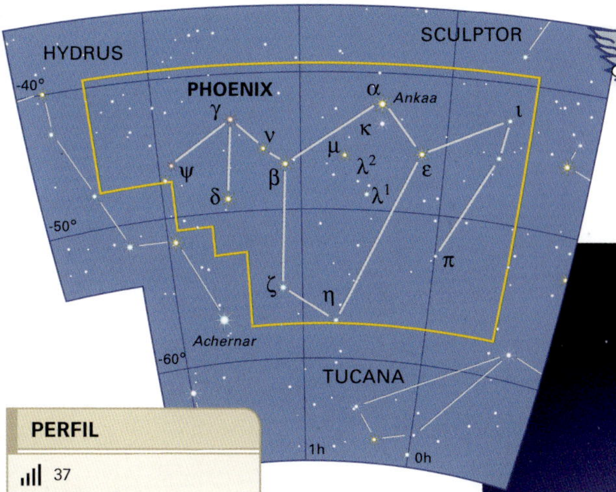

EL FÉNIX

PERFIL

37

Ankaa (α) 2,4

Octubre–noviembre

TOTALMENTE VISIBLE 32°N-90°S

El ave mítica Las estrellas del Fénix se ocultan por el horizonte occidental en el cielo matutino, con la constelación de la Grulla debajo. La dirección norte está a la derecha de esta fotografía.

RASGOS

Alfa (α) Phoenicis (Ankaa) Situada a 88 años luz de distancia, esta gigante amarilla brilla con una magnitud de 2,4.

Beta (β) Phoenicis A simple vista, Beta (β) parece una estrella amarilla de magnitud 3,3, pero un telescopio mediano mostrará que es una doble, formada por estrellas amarillas gemelas de magnitud 4,0 y situadas a 130 años luz.

Zeta (ζ) Phoenicis Esta interesante estrella cuádruple está a 280 años luz. Su componente más brillante brilla con una magnitud de 3,9, pero en realidad es una binaria eclipsante que disminuye su brillo hasta 4,4 cada 40 horas. Un telescopio pequeño revela una tercera estrella de magnitud 6,9, mientras que un instrumento más grande mostrará el cuarto miembro del sistema.

Phoenicis (Phe)

PHOENIX

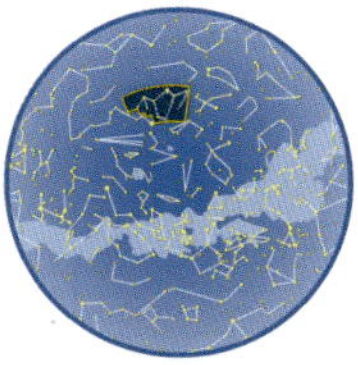
HEMISFERIO SUR

Este dibujo de estrellas puede encontrarse en el extremo sur de Erídano, junto a su estrella más brillante, Achernar. El Fénix representa un ave fantástica registrada en mitologías desde la Europa clásica hasta la antigua China. Se dice que vivía 500 años y que se quemaba a sí misma en un nido de corteza de canela e incienso al final de su vida, para renacer de sus cenizas.

El Fénix es la constelación más grande de una docena introducida a finales del s. XVI por los navegantes holandeses Pieter Dirkszoon Keyser y Frederick de Houtman. No obstante, los astrónomos árabes ya habían reconocido aproximadamente la misma agrupación de estrellas mucho antes y consideraban que el Fénix representaba un barco amarrado en el río Erídano. Esta constelación es tenue e insignificante, sin apenas rasgos de interés para los aficionados aparte de algunas estrellas dobles.

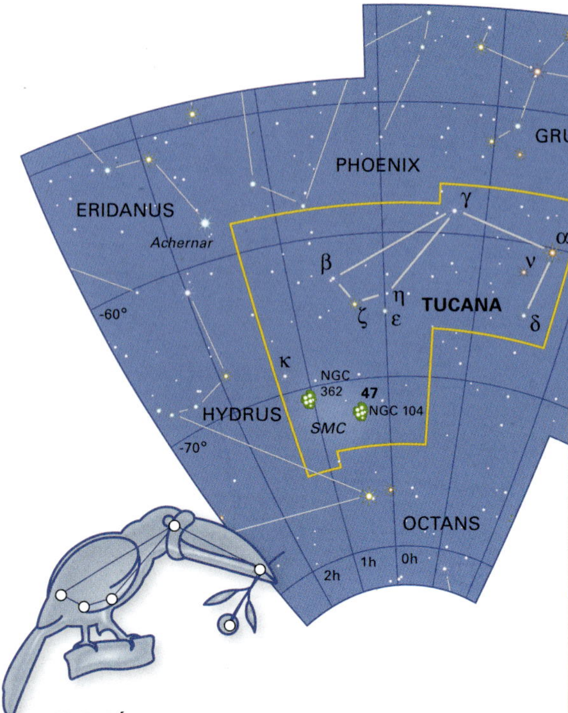

EL TUCÁN

PERFIL

48

Alfa (α) 2,9

Septiembre–noviembre

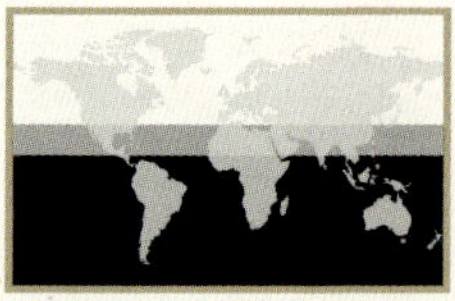

TOTALMENTE VISIBLE 14ºN-90ºS

RASGOS

NGC 104 (47 Tucanae) Cúmulo globular compacto y espectacular que contiene varios millones de estrellas en una bola de unos 120 años luz de ancho. Está a 13.500 años luz de distancia, pero puede verse fácilmente a simple vista como una estrella difusa. Un telescopio pequeño puede resolver estrellas individuales.

Pequeña Nube de Magallanes (SMC) La más pequeña de las dos galaxias satélite principales de la Vía Láctea está a 210.000 años luz de la Tierra. Es visible a simple vista y parece una región separada y en forma de cuña de la propia Vía Láctea. Unos prismáticos revelarán ricos campos de estrellas, polvo y nebulosas de formación estelar.

Tucanae (Tuc)

TUCANA

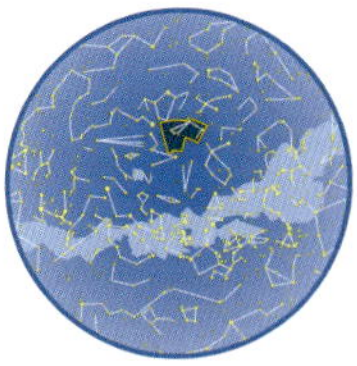

HEMISFERIO SUR

Esta constelación del extremo sur se encuentra al final del río celeste, Erídano, al oeste de la estrella brillante Achernar. Representa al tucán, un ave tropical de pico grande nativa del Centro y del Sur de América. Fue introducida a finales del s. XVI por los navegantes holandeses Pieter Dirkszoon Keyser y Frederick de Houtman.

Aunque las estrellas del Tucán son tenues y su dibujo nada llamativo, contiene dos objetos destacados de interés para todo astrónomo aficionado: la Pequeña Nube de Magallanes (SMC) y NGC 104 o 47 Tucanae. Originalmente catalogado como una estrella, NGC 104 es en realidad el segundo cúmulo globular más brillante. SMC es una gran galaxia satélite de la Vía Láctea y fue registrada por primera vez por el explorador portugués Fernando de Magallanes en torno a 1520.

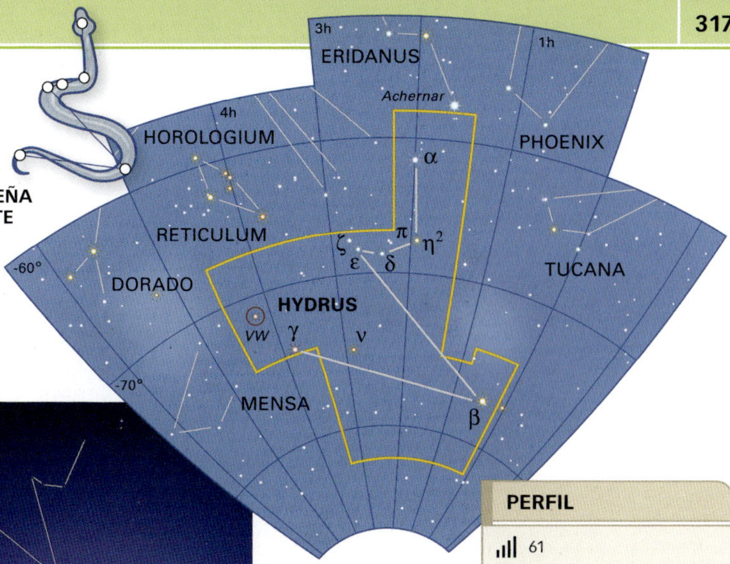

LA PEQUEÑA SERPIENTE DE AGUA

Serpiente en el espacio
La pequeña serpiente de agua se desliza por el cielo meridional entre las Nubes de Magallanes. La estrella más brillante cerca de ella es Archernar, en la constelación de Erídano (arriba a la dcha.).

PERFIL

61

Beta (β) 2,8

Octubre–diciembre

TOTALMENTE VISIBLE 8°N-90°S

RASGOS

Alfa (α) Hydri Con una magnitud de 2,9, esta blanca está a 78 años luz. Es la segunda más brillante de Hydrus.

Beta (β) Hydri La componente más brillante es una estrella amarilla, similar al Sol, en la "cola" de la serpiente. Está a 21 años luz y brilla con una magnitud de 2,8.

Pi (π) Hydri Esta amplia doble de gigantes rojas sin relación entre sí puede resolverse fácilmente con prismáticos. Pi-1 (π^1) está a 740 años luz, y Pi-2 (π^2) está a 470 años luz.

VW Hydri Situada cerca de Gamma (γ) Hydri, VW es un sistema de nova recurrente. Sus erupciones se producen aproximadamente una vez al mes y son fáciles de seguir con un telescopio pequeño.

Hydri (Hyi)

HYDRUS

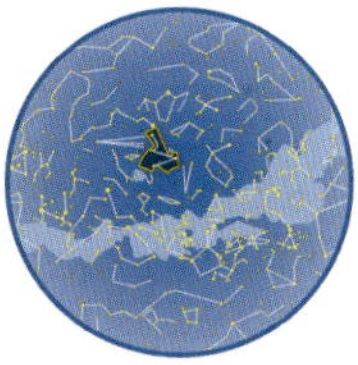

HEMISFERIO SUR

Esta constelación no debe confundirse con Hydra, de nombre similar pero mucho más grande. Es un grupo compacto de estrellas acomodadas en el extremo sur del cielo. Representa a una pequeña serpiente de agua y sus estrellas son de magnitud mediana y dibujo nada llamativo. No obstante, es bastante fácil de localizar porque Alfa (α) Hydri –la cabeza de la serpiente– está cerca de la luminaria Achernar, en Erídano. El cuerpo de Hydrus se acomoda entre la Gran y la Pequeña Nube de Magallanes en el Pez Dorado (p. 321) y el Tucán (p. 316).

Esta constelación fue introducida en el s. XVI por los navegantes holandeses Pieter Dirkszoon Keyser y Frederick de Houtman. No contiene objetos del cielo profundo destacables para aficionados, pero sí un par de dobles interesantes, como Pi (π) Hydri.

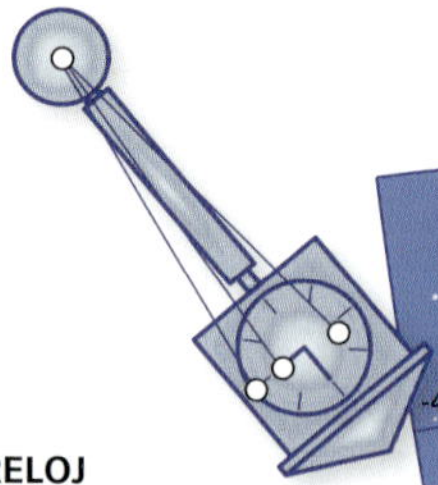

EL RELOJ DE PÉNDULO

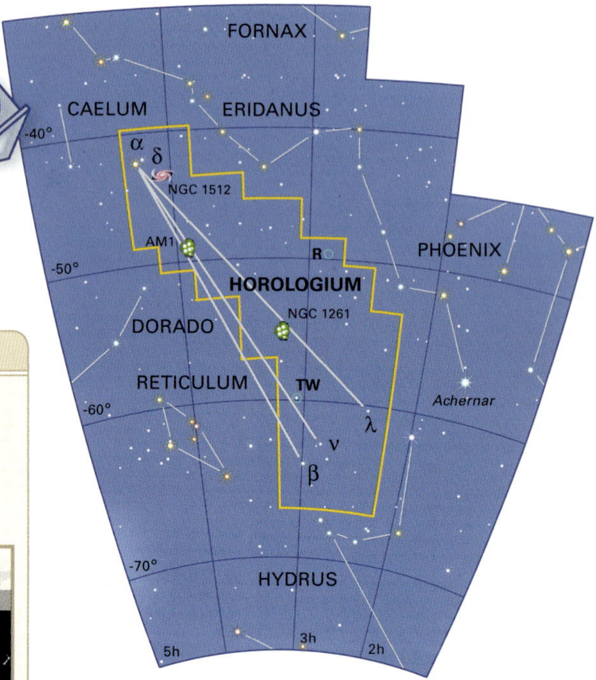

PERFIL

58

Alfa (α) 3,9

Noviembre–diciembre

TOTALMENTE VISIBLE 23°N-90°S

RASGOS

Alfa (α) Horologii La estrella más brillante de la constelación es una gigante amarilla de magnitud 3,9, a 180 años luz.

NGC 1261 es uno de los cúmulos globulares más lejanos que orbitan alrededor de la Vía Láctea. Está a 44.000 años luz. La luz de esta enorme bola de estrellas llega a la Tierra con una magnitud de 8,0, muy buena para prismáticos.

NGC 1512 Esta galaxia espiral barrada se encuentra a 30 millones de años luz y tiene casi 70.000 años luz de ancho, dos tercios del tamaño de nuestra galaxia. Su centro brillante tiene una magnitud de 10 y puede verse con un telescopio pequeño. Se ha demostrado que el centro está rodeado de un enorme anillo de cúmulos estelares jóvenes de 2.400 años luz de ancho.

Horologii (Hor)

HOROLOGIUM

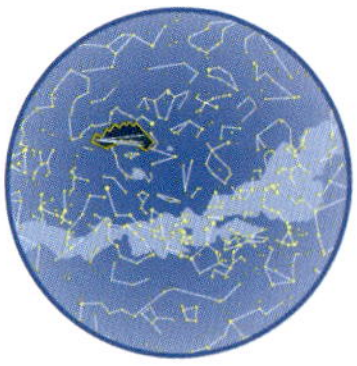

HEMISFERIO SUR

El Reloj es una constelación tenue y nada destacable del cielo meridional, situada cerca del extremo sur del río celeste, Erídano. Fue introducida por el astrónomo francés Nicolas Louis de Lacaille en la década de 1750. Al igual que muchas de las constelaciones inventadas por él es un grupo aparentemente arbitrario de tenues estrellas dispersas con el nombre de una innovación tecnológica. Lacaille pretendía representar un reloj de péndulo utilizado para cronometrar en los observatorios de la época. El reloj puede dibujarse con el péndulo en Alfa (α) o oscilando entre Lambda (λ) y Beta (β).

Situado a cierta distancia de la Vía Láctea, el Reloj ocupa solo una franja estrecha del cielo. No obstante, contiene algunos objetos del cielo profundo interesantes, como cúmulos globulares y una galaxia espiral.

NGC 1313
Esta galaxia con brote de formación estelar, situada a 20 millones de años luz, experimenta una gran oleada de formación estelar. Enormes nebulosas de formación estelar tachonan sus brazos espirales, ocultando su forma.

LA RETÍCULA

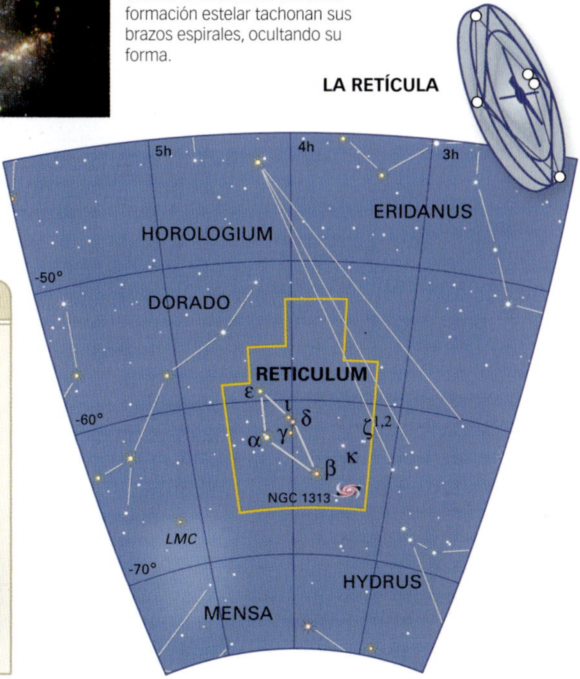

PERFIL

82

Alfa (α) 3,4

Diciembre

TOTALMENTE VISIBLE 23°N-90°S

RASGOS

Alfa (α) Reticuli Es la estrella más brillante de la constelación, con una magnitud de 3,4. Es una gigante amarilla situada a 135 años luz de la Tierra.

Beta (β) Reticuli Una gigante naranja, a 78 años luz, que brilla con una magnitud de 3,9.

Zeta (ζ) Reticuli Esta estrella doble, que se resuelve fácilmente con prismáticos, está formada por dos estrellas amarillas casi gemelas: Zeta-1 (ζ^1) y Zeta-2 (ζ^2), de magnitud 5,2 y 5,9, respectivamente. Se encuentran a 39 años luz de la Tierra y se cree que tienen unos 8.000 millones de años edad, mucho mayores que nuestro Sol.

Reticuli (Ret)

RETICULUM

Este dibujo de estrellas con forma de diamante, tenue pero distintivo, se encuentra un poco al sur de Canopo, la estrella más brillante de la Quilla, y al noroeste de la Gran Nube de Magallanes (LMC), en el Pez Dorado. Las estrellas de la Retícula se agruparon por primera vez en una constelación llamada Rhombus (el diamante) en 1621. Pero la constelación recibió su nombre actual del astrónomo francés Nicolas Louis de Lacaille mientras estaba en Sudáfrica en la década de 1750.

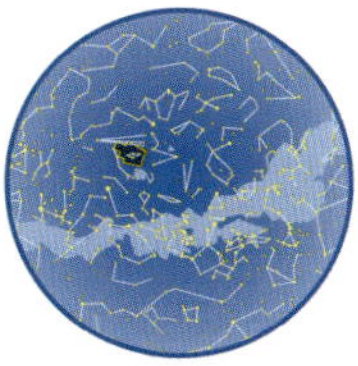

HEMISFERIO SUR

Reticulum en latín significa red, pero se supone que la constelación representa una retícula, un instrumento que se acoplaba al ocular del telescopio y que se utilizaba para realizar mediciones precisas de las posiciones estelares. Situada a cierta distancia de la Vía Láctea, las principales atracciones de la Retícula para aficionados son una estrella doble famosa y algunas galaxias tenues.

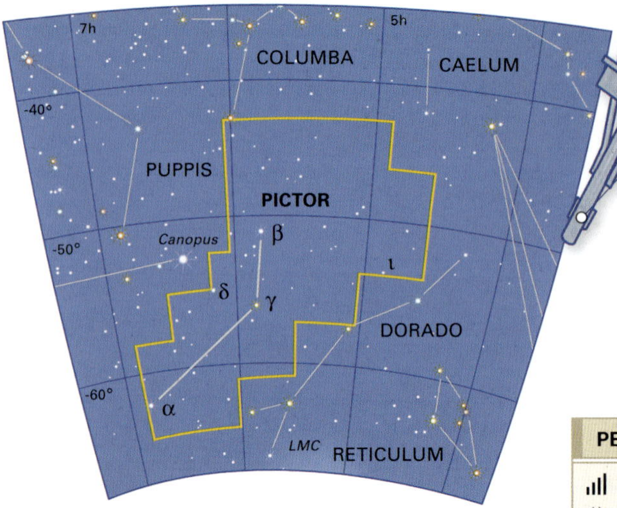

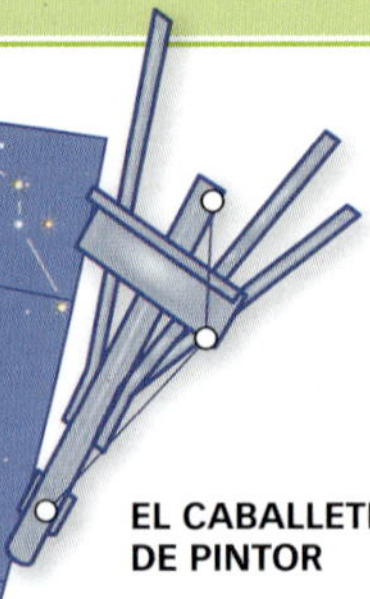

EL CABALLETE DE PINTOR

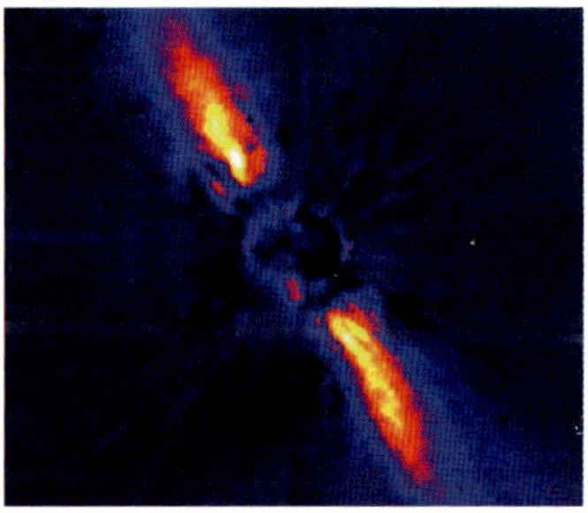

Beta Pictoris
Esta imagen de infrarrojo cercano revela el disco de material de formación planetaria que hace que esta joven estrella brille de forma excepcionalmente brillante en longitudes de onda infrarrojas. El disco se extiende desde la estrella central durante más de mil veces la distancia entre la Tierra y el Sol.

PERFIL

59

Alfa (α) 3,2

Diciembre–febrero

TOTALMENTE VISIBLE 26°N-90°S

RASGOS

Beta (β) Pictoris Cuando se ve con telescopios infrarrojos, esta estrella blanca aparentemente discreta, de magnitud 3,9, situada a 63 años luz, revela un disco ancho de polvo y gas de formación planetaria en órbita a su alrededor. Estudios recientes han mostrado que algo cercano a la estrella (probablemente un planeta nuevo) está combando el disco.

Delta (δ) Pictoris Situada a unos 2.400 años luz, Delta (δ) es una estrella binaria eclipsante. Las dos estrellas están demasiado cerca para separarlas incluso con el telescopio más potente. Se delatan ellas mismas por descensos periódicos de su brillo, de magnitud 4,7 a 4,9, cuando se cruzan cada 40 horas.

Pictoris (Pic)

PICTOR

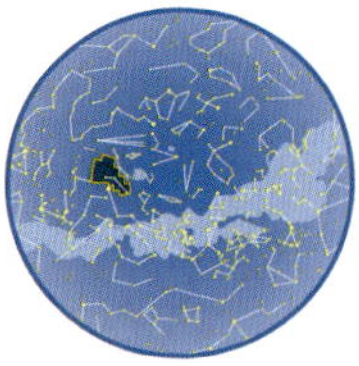

HEMISFERIO SUR

Introducido en el siglo XVIII por el astrónomo francés Nicolas Louis de Lacaille, el Pintor se encuentra al sur de la Paloma, entre la estrella brillante Canopo en la Quilla y la Gran Nube de Magallanes (LMC) (p. 321) en el Pez Dorado. Lacaille se imaginó que las estrellas de la constelación representaban el caballete de un pintor, incluida la paleta, y la denominó originalmente Equuleus Pictoris.

Como es típico en las invenciones de Lacaille, el Pintor es un grupo de estrellas tenues sin parecido obvio con el objeto que debe representar. No obstante, lo compensan algunas estrellas muy interesantes, como Beta (β) Pictoris, que puede que albergue un sistema planetario de reciente creación. En el norte de la constelación, la estrella de Kapteyn es una enana roja de magnitud 8,9, situada a 13 años luz de la Tierra y una de las más rápidas del cielo.

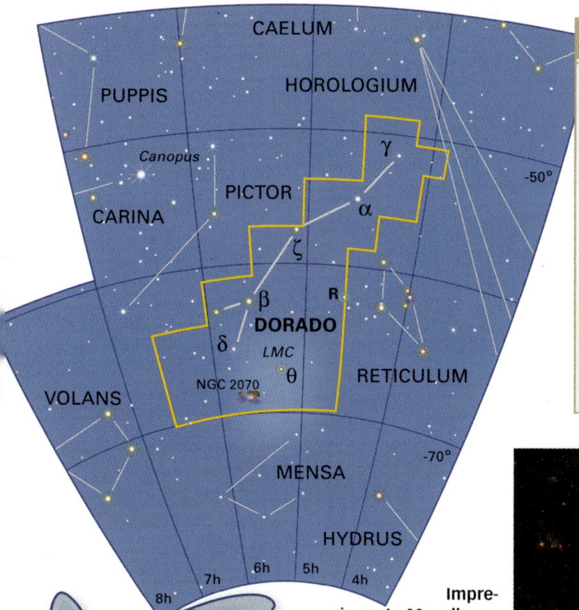

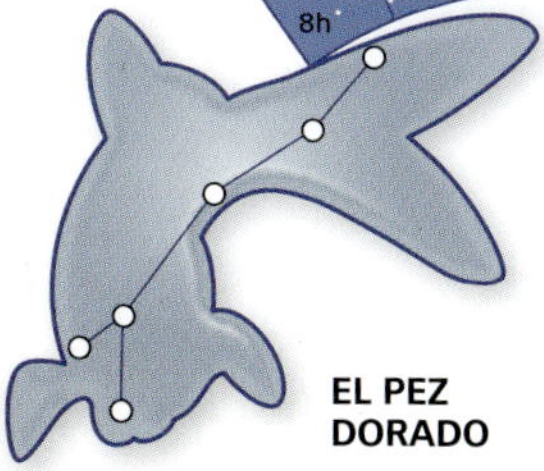

EL PEZ DORADO

PERFIL

72

Alfa (α) 3,3

Diciembre–enero

TOTALMENTE VISIBLE 20°N-90°S

Impresionante Magallanes Los rasgos más sorprendentes de la Gran Nube de Magallanes son la marcada concentración de estrellas a lo largo de su barra central y las regiones rosa brillante de formación estelar alrededor de la nebulosa de la Tarántula.

RASGOS

Gran Nube de Magallanes (LMC) La LMC lleva el nombre del explorador portugués Fernando de Magallanes, quien la registró a principios de la década de 1520. No obstante, en el hemisferio sur se conocía desde tiempos antiguos. Los astrónomos árabes del s. x la llamaron *Al Bakr* o "buey blanco". Es una galaxia irregular satélite de la Vía Láctea, situada a unos 180.000 años luz. Un telescopio pequeño ofrece las mejores visiones.

NGC 2070 (nebulosa de la Tarántula) Situada en la LMC, es visible como una estrella difusa a simple vista. También se llama 30 Doradus. Con 800 años luz de ancho, es una de las regiones de formación estelar conocidas más grandes. R136, un cúmulo de supergigantes blanquiazules calientes, la ilumina desde el interior.

Doradus (Dor)

DORADO

Las estrellas del Pez Dorado forman una cadena tenue cercana a la estrella brillante Canopo en la Quilla. La constelación fue introducida en el s. XVI por los holandeses Pieter Dirkszoon Keyser y Frederick de Houtman. No representa al carpín de los estanques ornamentales, sino al dorado o lampuga que habita en aguas tropicales. A veces también se representa como un pez espada.

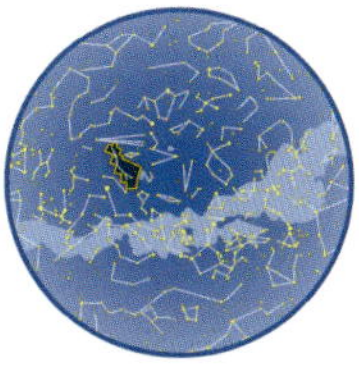

HEMISFERIO SUR

Si bien sus estrellas son tenues, el Dorado es importante porque contiene la espectacular Gran Nube de Magallanes (LMC), una galaxia satélite de la Vía Láctea. La LMC es visible a simple vista y es excelente para su observación con cualquier instrumento. Contiene la nebulosa de la Tarántula, NGC 2070, que es la única nebulosa extragaláctica que se puede ver a simple vista sin ayuda de instrumentos.

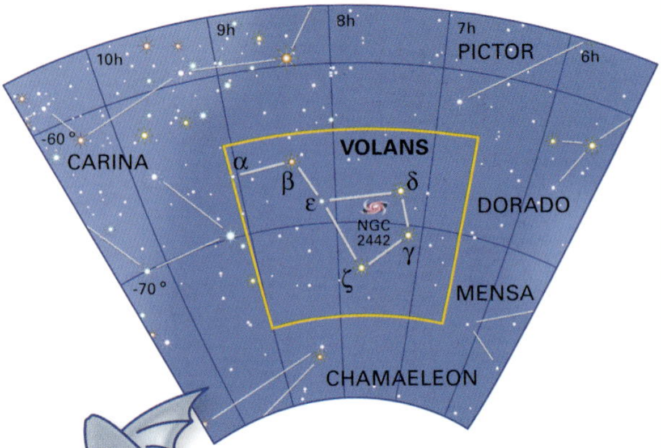

EL PEZ VOLADOR

PERFIL

76

Gamma (γ) 3,8

Enero–marzo

TOTALMENTE VISIBLE 14ºN-90ºS

NGC 2442
Esta bella espiral recibe el apodo de galaxia Gancho de carne debido a su aspecto de S un poco asimétrica. Las regiones rosadas de formación estelar y los caminos de polvo oscuros contribuyen a acentuar su forma.

RASGOS

Gamma (γ) Volantis La estrella más brillante de la constelación tiene asignada la letra griega equivocada. Es una doble que se puede separar con un telescopio pequeño: una estrella dorada de magnitud 3,8 y una acompañante blanquiamarilla de magnitud 5,7. Las dos están a 200 años luz.

Épsilon (ε) Volantis Otra estrella doble. La primaria blanquiazul está a 550 años luz y brilla con una magnitud de 4.4. Su acompañante, de magnitud 8,1, solo es visible con un telescopio pequeño.

NGC 2442 La mejor forma de observar esta galaxia espiral barrada, situada de cara a la Tierra y a 50 millones de años luz de distancia, es con un telescopio grande. Es un bonito sistema de brazos espirales en forma de S.

Volantis (Vol)

VOLANS

Aunque es una constelación tenue e indistinta, el Pez Volador puede encontrarse fácilmente porque está entre las estrellas brillantes de la Quilla, el polo sur celeste, y la Gran Nube de Magallanes (LMC) en el Pez Dorado (p. 321). Los exploradores holandeses Pieter Dirkszoon Keyser y Frederick de Houtman pusieron nombres de aves a muchas de sus constelaciones, pero esta es una excepción porque se inspira en el extraño pez volador del océano Índico. El Pez Volador apareció por primera vez en un globo celeste publicado por el astrónomo Petrus Plancius y el cartógrafo Jodocus Hondius en torno a 1598.

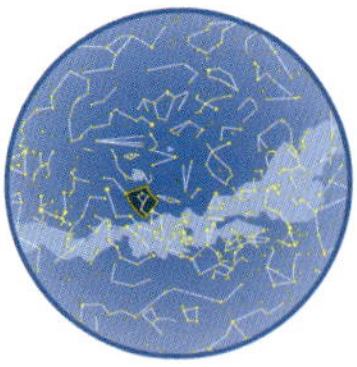

HEMISFERIO SUR

La constelación no tiene estrellas brillantes, cúmulos ni nebulosidades, incluso sus galaxias más brillantes solo pueden verse con telescopios grandes. Sus rasgos más atractivos probablemente sean sus estrellas dobles.

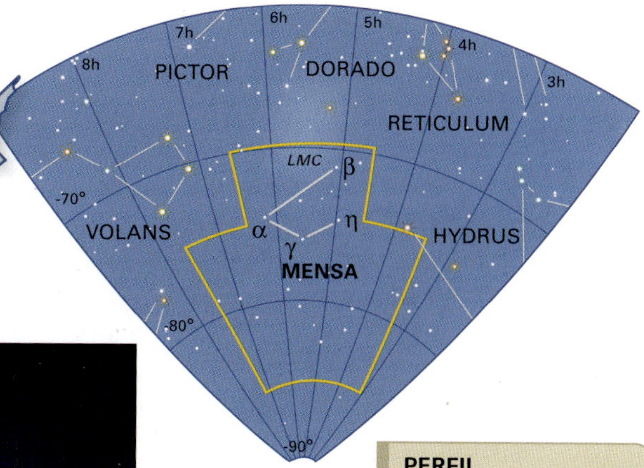

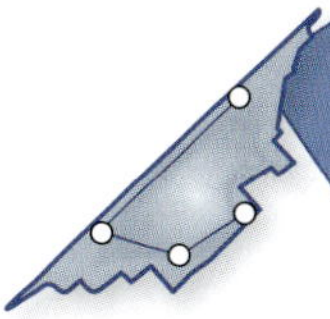

LA MONTAÑA DE LA MESA

El tablero de la mesa
La constelación del extremo sur la Mesa aparece en esta fotografía sobre nubes teñidas de rosa en el cielo al amanecer.

PERFIL

75

Alfa (α) 5,1

Diciembre–febrero

TOTALMENTE VISIBLE 5ºN-90ºS

RASGOS

Alfa (α) Mensae La estrella más brillante de la constelación alcanza una magnitud de solo 5,1. Es una estrella amarilla similar al Sol, relativamente cercana a la Tierra, a una distancia de 30 años luz.

Beta (β) Mensae La segunda estrella más brillante de la constelación de la Mesa brilla con una magnitud de 5,3. Aunque es amarilla como la cercana Alfa (α), en realidad está mucho más lejos. Los astrónomos han medido su distancia en 300 años luz y creen que es en torno a 100 veces más luminosa que Alfa (α).

Mensae (Men)

MENSA

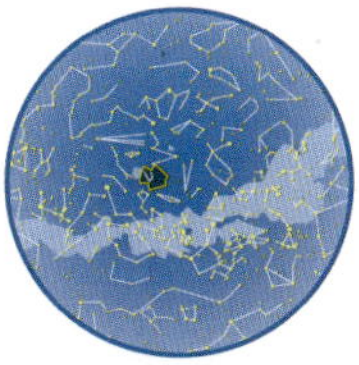

HEMISFERIO SUR

Mientras observaba los cielos meridionales desde Ciudad del Cabo (Sudáfrica) en la década de 1750, el astrónomo francés Nicolas Louis de Lacaille dio nombre a esta constelación en honor a la montaña de la Mesa que domina la ciudad (*mensa* en latín significa mesa). Es la única de las constelaciones de Lacaille que no lleva el nombre de un instrumento científico o artístico.

La Mesa no tiene estrellas de magnitud superior a 5,0, pero es fácil de localizar porque está entre el polo sur celeste y la Gran Nube de Magallanes (LMC) en el Pez Dorado. Es la más tenue de las 88 constelaciones y resulta poco interesante para los astrónomos aficionados, exceptuando una pequeña área de la LMC que entra en su límite desde el Pez Dorado. Puede que la LMC le recordase a Lacaille las nubes que frecuentemente se ven en la cumbre de la montaña de la Mesa.

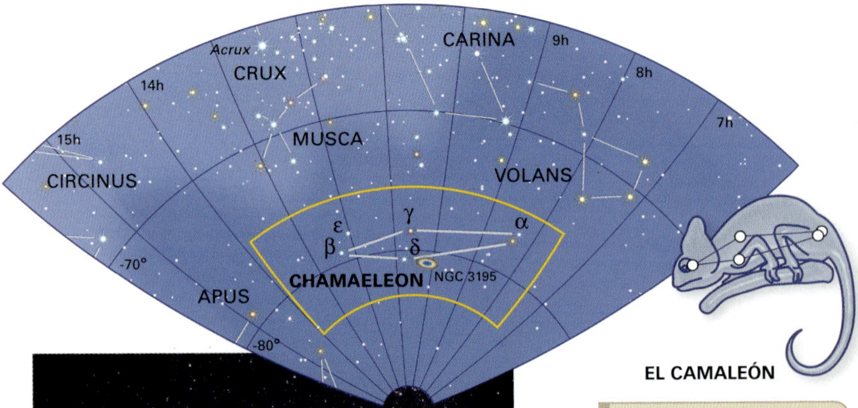

EL CAMALEÓN

Forma de diamante
El Camaleón se encuentra cerca del polo sur celeste, que está a la izquierda de esta fotografía. Los ricos campos de estrellas de la Vía Láctea de la Quilla están situados al norte.

PERFIL

79

Alfa (α), Gamma (γ) 4,1

Febrero–mayo

TOTALMENTE VISIBLE 7°N-90°S

RASGOS

Alfa (α) Chamaeleontis Esta estrella blanquiazul brilla con una magnitud de 4,1 y está a 65 años luz de la Tierra.

Delta (δ) Chamaeleontis Con prismáticos se separarán fácilmente las componentes de este par óptico. Delta-1 (δ¹), la más cercana de las dos estrellas, es una gigante naranja de magnitud 5,5, situada a 360 años luz de la Tierra. Delta-2 (δ²) es más brillante pero todavía más lejana, situada a 780 años luz y con una magnitud de 4,4.

NGC 3195 Esta nebulosa planetaria anular brilla con una magnitud de 10. De tamaño aparente similar al de Júpiter, es relativamente tenue y requiere un telescopio mediano para verla.

Chamaeleontis (Cha)

CHAMAELEON

El Camaleón lleva el nombre del animal que cambia el color de su piel para adaptarse al entorno. Es una constelación tenue. Situada entre las estrellas más brillantes de la Cruz del Sur, la Quilla, la Mosca y el polo sur celeste en Octante, apareció por primera vez en el atlas celeste de Johann Bayer *Uranometria*, de 1603. Es probable que la inventaran los exploradores Pieter Dirkszoon Keyser y Frederick de Houtman en la década de 1590. Su forma de diamante sesgado no se parece al camaleón, pero siempre permanece sobre el horizonte para las partes habitadas del hemisferio sur.

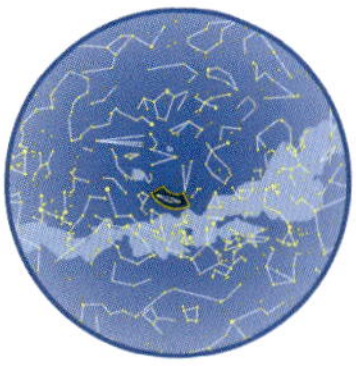

HEMISFERIO SUR

El Camaleón solo contiene unos pocos objetos interesantes para los astrónomos aficionados. Eta (η) Chamaeleontis se encuentra en el centro de un cúmulo abierto de reciente descubrimiento formado por estrellas jóvenes y calientes de unos 8 millones de edad.

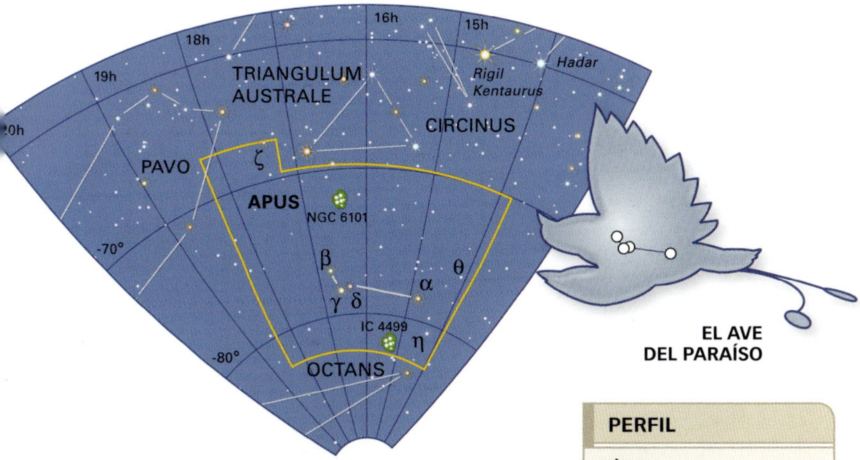

NGC 6101
Con una magnitud global de 9,3, este cúmulo globular está a unos 50.000 años luz de la Tierra. Situado al sur de la estrella doble Delta (δ), la mejor forma de observar su estructura dispersa es con un telescopio mediano. Esta fotografía fue tomada por el telescopio espacial Hubble.

PERFIL

67

Alfa (α) 3,8

Mayo–julio

TOTALMENTE VISIBLE 7ºN-90ºS

RASGOS

Alfa (α) Apodis Con una magnitud de 3,8, esta gigante naranja es la estrella más brillante de Apus. Se encuentra a unos 230 años luz de la Tierra.

Delta (δ) Apodis Esta amplia doble es el rasgo más interesante de Apus. Está formada por gigantes naranjas de magnitudes 4,7 y 5,3. Las dos estrellas orbitan una alrededor de la otra a unos 310 años luz de la Tierra, y pueden separarse fácilmente con prismáticos, o a veces con una vista bien aguda.

Theta (θ) Apodis Es una estrella variable con fluctuaciones de brillo que se pueden seguir con prismáticos. Oscila entre una magnitud de 6,4 y de 8,0 en un ciclo de 100 días.

Apodis (Aps)

APUS

Los navegantes y astrónomos holandeses Pieter Dirkszoon Keyser y Frederick de Houtman dieron a esta constelación el nombre de las deslumbrantes aves del paraíso que vieron durante sus exploraciones de Nueva Guinea en la década de 1590. El nombre Apus significa “sin pies”, una referencia a la creencia popular en aquella época de que estas aves tropicales no tenían pies. Al principio la constelación se confundía con frecuencia con Apis, la Abeja, por su nombre similar, hasta que se cambió el nombre de esta última por Musca.

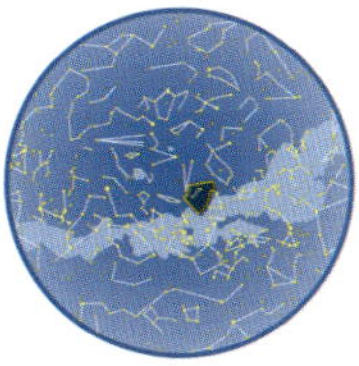

HEMISFERIO SUR

Situada al sur del Triángulo Austral, el Ave del Paraíso no es fácil de identificar. Está cerca del polo sur celeste y es siempre visible para casi todo el hemisferio sur. Es pobre porque está a cierta distancia de la Vía Láctea, pero incluye una atractiva estrella doble y los cúmulos globulares NGC 6101 y el mucho más tenue IC 4499.

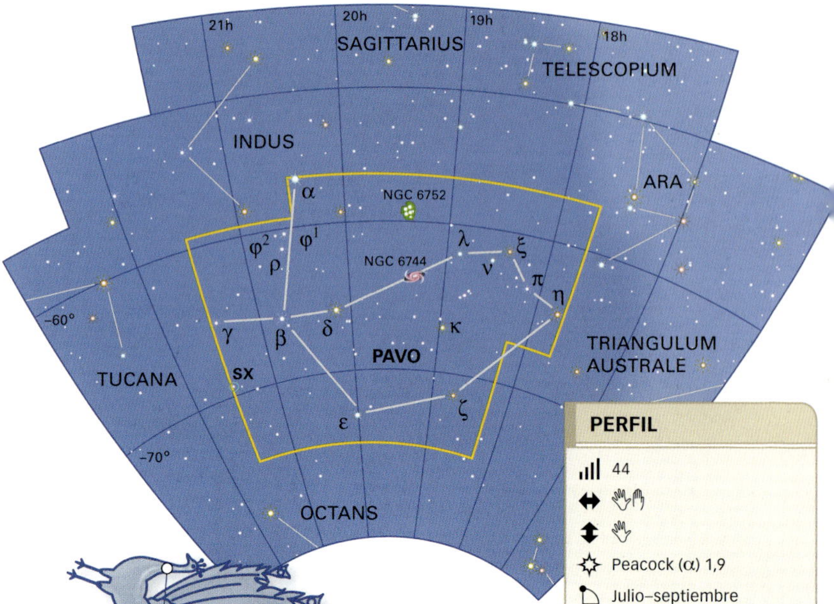

EL PAVO REAL

PERFIL

44

Peacock (α) 1,9

Julio–septiembre

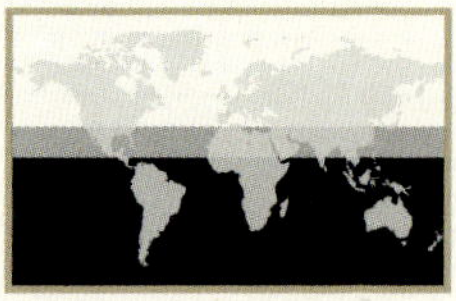

TOTALMENTE VISIBLE 15ºN-90ºS

RASGOS

Alfa (α) Pavonis (Peacock) Es una estrella gigante blanquiazul en la esquina noreste del Pavo Real. Con una magnitud de 1,9, es lo bastante brillante para verlase ve a simple vista, aun cuando está a unos 360 años luz de distancia.

Kappa (κ) Pavonis Esta supergigante amarilla es una de las variables cefeidas más brillantes (pp. 232-233), situada a 550 años luz de distancia. Se expande y se contrae en un ciclo de 9,1 días y su brillo varía entre las magnitudes 3,9 y 4,8.

NGC 6744 Gran galaxia espiral, situada de cara a la Tierra, a 30 millones de años luz.

NGC 6752 Es un cúmulo globular situado a 14.000 años luz de distancia. Es uno de los objetos más grandes y brillantes de su clase. Es visible a simple vista con una magnitud de 5.

Pavonis (Pav)

PAVO

Es una de las doce constelaciones del extremo sur introducidas a finales del s. XVI por los navegantes holandeses Pieter Dirkszoon Keyser y Frederick de Houtman, y representa al exótico pavo real del Sureste Asiático, con el que se encontraron los dos exploradores durante sus viajes. Más recientemente, su estrella más brillante, Alfa (α) Pavonis de 2.ª magnitud, ha recibido el nombre de Peacock (pavo real). En la mitología griega, el pavo real era el ave sagrada de Hera, la esposa de Zeus, quien viajaba en un carro tirado por estas aves. Fue Hera quien puso las famosas marcas como ojos en la cola del pavo real.

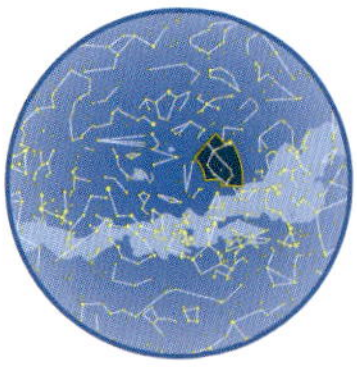

HEMISFERIO SUR

La mejor forma de encontrar esta constelación es mirando hacia el borde de la Vía Láctea al sur de Sagitario. Está en una zona más bien sin rasgos, pero contiene un cúmulo globular impresionantemente brillante.

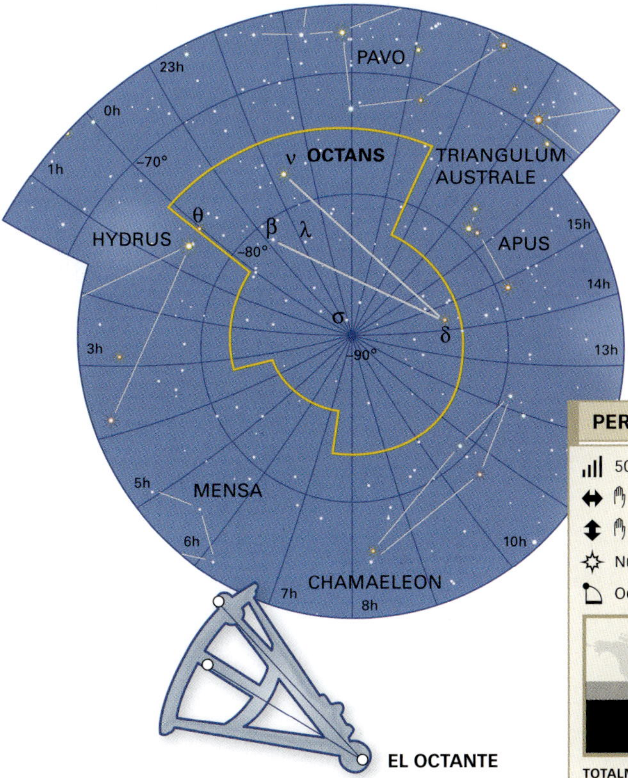

EL OCTANTE

PERFIL

50

Nu (ν) 3,8

Octubre

TOTALMENTE VISIBLE 0°N-90°S

RASGOS

Beta (β) Octantis Es una estrella blanca situada a 110 años luz de distancia. Brilla con una magnitud de 4,1, solo superada por Ni (ν), con una magnitud de 3,8.

Gamma (γ) Octantis Esta cadena de tres estrellas, cuyos miembros se encuentran a distancias distintas de la Tierra, suele ser separable a simple vista. Gamma-1 (γ^1) y Gamma-3 (γ^3) son gigantes amarillas, a 270 y 240 años luz de distancia, y brillan con magnitudes de 5,1 y 5,3. Entre ellas se encuentra Gamma-2 (γ^2), una gigante naranja de magnitud 5,7, situada a 310 años luz.

Sigma (σ) Octantis Situada a 300 años luz, esta “estrella polar” meridional es tenue y blanquiamarilla. Su único rasgo destacable es su ubicación, a un grado del polo sur celeste.

Octantis (Oct)

OCTANS

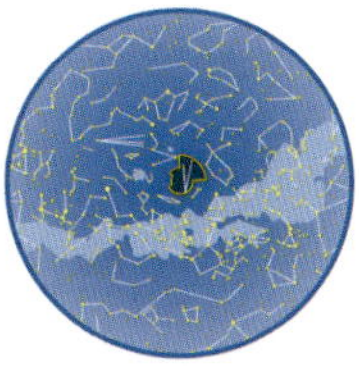

HEMISFERIO SUR

Originalmente conocida como Octans Nautica u Octans Hadleianus, esta constelación fue introducida en el s. XVIII por el astrónomo francés Nicolas Louis de Lacaille. Representa el octante, un instrumento de navegación inventado por el inglés John Hadley en torno a 1730. Aparte de su ubicación en el polo sur celeste, esta constelación es poco interesante para los astrónomos aficionados.

Sigma (σ) Octantis puede distinguirse a simple vista y es la estrella más cercana al polo sur celeste. Situada a 300 años luz, con una magnitud de 5,4, no es ni mucho menos destacada. Debido al lento efecto de la precesión, el polo sur celeste se está alejando de Sigma hacia el Camaleón. En unos 1.500 años, el polo estará a poco más de un grado de distancia de Delta (δ) Chamaeleontis, una estrella de magnitud 4.

DIRECTORIO

Las tablas siguientes ofrecen información detallada sobre los cuerpos celestes del sistema solar, tal como el tamaño, la órbita y las propiedades físicas. También sirven de guía para las estrellas, nebulosas y galaxias que se ven más fácilmente desde la Tierra. En las páginas 336-337 se incluye también un catálogo Messier completo.

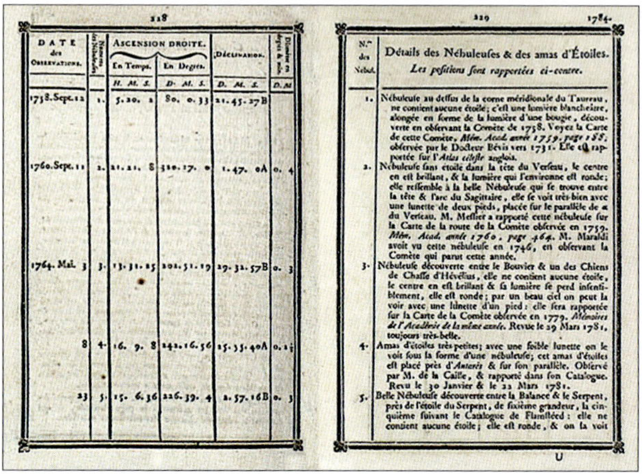

218

DATE des Observations.	Numero des Nébuleuses	Ascension droite. En Temps.	Ascension droite. En Degrés.	Déclinaison.	Diamètre en degrés & min.
		H. M. S.	D. M. S.	D. M. S.	D. M.
1758. Sept. 12	1.	5. 20. 2	80. 0. 33	21. 45. 27 B	
1760. Sept. 11	2.	21. 21. 8	320. 17. 0	1. 47. 0 A	0. 4
1764. Mai. 3	3.	13. 31. 25	202. 51. 19	29. 32. 57 B	0. 3
8	4.	16. 9. 8	242. 16. 56	25. 55. 40 A	0. 2½
23	5.	15. 6. 36	226. 39. 4	2. 57. 16 B	0. 3

219 1784.

N.os des Nébul.	Détails des Nébuleuses & des amas d'Étoiles. *Les positions sont rapportées ci-contre.*
1.	Nébuleuse au dessus de la corne méridionale du Taureau, ne contient aucune étoile; c'est une lumière blanchâtre, alongée en forme de la lumière d'une bougie, découverte en observant la Comète de 1758. Voyez la Carte de cette Comète, *Mém. Acad. année 1759, page 188*; observée par le Docteur Bévis vers 1731. Elle est rapportée sur l'*Atlas céleste* anglois.
2.	Nébuleuse sans étoile dans la tête du Verseau, le centre en est brillant, & la lumière qui l'environne est ronde; elle ressemble à la belle Nébuleuse qui se trouve entre la tête & l'arc du Sagittaire, elle se voit très-bien avec une lunette de deux pieds, placée sur le parallèle de α du Verseau. M. Messier a rapporté cette nébuleuse sur la Carte de la route de la Comète observée en 1759. *Mém. Acad. année 1760, page 464*. M. Maraldi avoit vu cette nébuleuse en 1746, en observant la Comète qui parut cette année.
3.	Nébuleuse découverte entre le Bouvier & un des Chiens de Chasse d'Hévélius, elle ne contient aucune étoile, le centre en est brillant & sa lumière se perd insensiblement, elle est ronde; par un beau ciel on peut la voir avec une lunette d'un pied: elle sera rapportée sur la Carte de la Comète observée en 1779. *Mémoires de l'Académie de la même année*. Revue le 29 Mars 1781, toujours très-belle.
4.	Amas d'étoiles très-petites; avec une foible lunette on le voit sous la forme d'une nébuleuse; cet amas d'étoiles est placé près d'*Antarès* & sur son parallèle. Observé par M. de la Caille, & rapporté dans son Catalogue. Revu le 30 Janvier & le 22 Mars 1781.
5.	Belle Nébuleuse découverte entre la Balance & le Serpent, près de l'étoile du Serpent, de sixième grandeur, la cinquième suivant le Catalogue de Flamstéed: elle ne contient aucune étoile; elle est ronde, & on la voit

U

El catálogo Messier
A lo largo de la historia ha habido muchos motivos para catalogar los objetos celestes. El catálogo del astrónomo francés Charles Messier, publicado en 1871, era una lista de 103 objetos que se podían confundir con cometas si se veían a través de un telescopio pequeño.

LOS PLANETAS

Hay ocho planetas en nuestro sistema solar. Los cuatro más cercanos al Sol (Mercurio, Venus, Tierra y Marte) son relativamente pequeños y rocosos, mientras que los cuatro planetas exteriores (Júpiter, Saturno, Urano y Neptuno) son más grandes y principalmente gaseosos. Esta tabla ofrece información sobre las propiedades orbitales de cada planeta, seguidas de detalles sobre sus características físicas.

PROPIEDADES ORBITALES

Planeta	Distancia media del Sol	Periodo orbital	Periodo de rotación	Inclinación del eje de rotación	Magnitud aparente
Mercurio	57,9 millones de km	88 días	59 días	0,1°	De –1,9 a 5,7
Venus	108,2 millones de km	224,7 días	243 días	177,4°	De –4,6 a –3,8
Tierra	149,6 millones de km	365,2 días	23,9 horas	23,4°	—
Marte	227,9 millones de km	687 días	24,6 horas	25,2°	de –2,9 a –4,5
Júpiter	778,6 millones de km	11,9 años	9,9 horas	3,1°	–2,9
Saturno	1.434 millones de km	29,5 años	10,7 horas	26,7°	De –0,2 a 1,2
Urano	2.873 millones de km	84 años	17,2 horas	97,8°	5,5
Neptuno	4.496 millones de km	164,8 años	16,1 horas	28,3°	7,8

PROPIEDADES FÍSICAS

Planeta	Diámetro ecuatorial	Masa en relación con la Tierra	Volumen en relación con la Tierra	Temperatura media superficial o en las nubes	Gravedad en relación con la Tierra	Número de lunas
Mercurio	4.879 km	0,1	0,1	167 °C (superficie)	0,4	0
Venus	12.104 km	0,8	0,9	464 °C (superficie)	0,9	0
Tierra	12.756 km	1	1	15 °C (superficie)	1	1
Marte	6.792 km	0,1	0,2	–63 °C (superficie)	0.4	2
Júpiter	142.984 km	318	1.321	–108 °C (parte superior de las nubes)	2,5	64
Saturno	120.536 km	95,0	763,7	–139 °C (parte superior de las nubes)	1,1	62
Urano	51.118 km	14,5	63,1	–195 °C	0,9	27
Neptuno	49.528 km	17,1	57,7	–220 °C	1,1	13

ASTEROIDES DESTACABLES

En un cinturón entre las órbitas de Marte y Júpiter se encuentran millones de asteroides. Excepto Vesta, no se puede ver ninguno a simple vista, aunque algunos pueden observarse con prismáticos. El asteroide más grande, Ceres, también se clasifica como planeta enano.

Asteroide	Distancia media del Sol	Velocidad orbital	Periodo orbital	Periodo de rotación	Longitud
Eros	218 millones de km	87.696 km/h	1,8 años	5,3 horas	34 km
Gaspra	331 millones de km	71.568 km/h	3,3 años	7,0 horas	18 km
Annefrank	331 millones de km	Desconocida	3,3 años	Desconocido	6 km
Vesta	353 millones de km	69.624 km/h	3,6 años	5,3 horas	560 km
Tutatis	376 millones de km	60.084 km/h	4,0 años	5,4 y 7,3 días (dos ejes)	4,5 km
Matilde	396 millones de km	64.728 km/h	4,3 años	418 horas	66 km
Ceres	414 millones de km	64.375 km/h	4,6 años	9,1 horas	Diámetro: 960 km
Ida	428 millones de km	Desconocida	4,8 años	4,6 horas	58 km

LLUVIAS DE METEOROS ANUALES

Las lluvias de meteoros se producen cuando la Tierra cruza una nube de residuos que se ha acumulado en la órbita de un cometa. La parte del cielo nocturno de donde aparecen se denomina radiante.

Lluvia	Fecha(s) del máximo	Intervalo de fechas	Número máximo por hora	Notas
Cuadrántidas	3-4 enero	1-6 enero	100	Meteoros azules y amarillos que se desplazan a una velocidad media.
Alfa Centáuridas	8 febrero	28 en.-21 feb.	20	Una lluvia meridional con algunos meteoros rápidos y muy brillantes.
Virgínidas	7-15 abril	10 mar.-21 ab.	5	Estelas largas y lentas, con múltiples radiantes.
Líridas	21-22 abril	16-28 abril	12 aprox.	Meteoros bastante rápidos del cometa Thatcher.
Eta Acuáridas	6 mayo	21 ab.-24 mayo	35	Una buena lluvia meridional con meteoros brillantes muy rápidos del cometa Halley.
Ariétidas	7 junio	22 mayo-30 jun.	55	Una lluvia diurna, con algunos meteoros visibles justo antes del alba.
Boótidas de junio	28 junio	27-30 junio	Variable	Una lluvia variable de velocidad lenta con brotes esporádicos fuertes. Del cometa Pons-Winnecke.
Capricórnidas	5-20 julio	10 jun.-30 jul.	5	Meteoros brillantes azules y amarillos, lentos. Varias fechas de máximos y varios radiantes.
Delta Acuáridas	29 julio 13-14 agosto	14 jul.-18 ag. 16 jul.-10 sep.	20	Una lluvia meridional con un máximo doble.
Piscis Austrínidas	28 julio	16 jul.-8 ag.	5	Lluvia del hemisferio sur de meteoros bastante lentos.
Alfa Capricórnidas	1 agosto	15 jul.-25 ag.	5	Produce bólidos lentos visibles durante muchos segundos.
Perseidas	12 agosto	23 jul.-22 ag.	80	Muchos meteoros brillantes con colas, del cometa Swift-Tuttle.
Alfa Aurígidas	1 septiembre	25 ag.-7 sep.	7	Se han visto brotes ocasionales de más de 100 por hora.
Giacobínidas o dracónidas	8 octubre	6-10 octubre	Variable	Meteoros lentos del cometa Giacobini-Zinner.
Oriónidas	20 octubre	5-30 octubre	25	Rápidos, con muchas estelas. Del cometa Halley.
Táuridas	30 oct.-7 nov. 4-7 nov.	17 sep.-27 nov. 12 oct.-2 dic.	10	Meteoros brillantes y lentos con dos máximos, del cometa Encke.
Leónidas	17 noviembre	14-21 noviembre	Variable	Meteoros brillantes y lentos con estelas, del cometa Temple-Tuttle.
Gemínidas	14 diciembre	6-18 diciembre	100	Meteoros brillantes de velocidad media, del asteroide Faetón (3200).
Úrsidas	22 diciembre	17-25 diciembre	10	Meteoros lentos del cometa Tuttle.

LAS ESTRELLAS MÁS BRILLANTES VISTAS DESDE LA TIERRA

El brillo de una estrella visto desde la Tierra se denomina magnitud aparente. Esta depende de dos factores: el brillo real de la estrella (su magnitud absoluta) y su distancia de la Tierra. Esta tabla recoge las 20 estrellas más brillantes en nuestro cielo nocturno, con sus magnitudes aparentes y sus distancias de la Tierra.

Puesto	Nombre	Magnitud aparente	Denominación de Bayer	Distancia de la Tierra (años luz)
1	**Sirio**	−1,4	Alfa (α) Canis Majoris	8,6
2	**Canopo**	−0,7	Alfa (α) Carinae	310
3	**Rigil Kentaurus**	−0,3	Alfa (α) Centauri	4,3
4	**Arturo**	−0,04	Alfa (α) Boötis	36
5	**Vega**	0,0	Alfa (α) Lyrae	25
6	**Capella**	0,1	Alfae (α) Aurigae	42
7	**Rigel**	0,1	Beta (β) Orionis	770
8	**Proción**	0,4	Alfa (α) Canis Minoris	11,4
9	**Achernar**	0,5	Alfa (α) Eridani	140
10	**Betelgeuse**	0,0–1,3	Alfa (α) Orionis	430
11	**Hadar**	0,6	Beta (β) Centauri	525
12	**Altair**	0,8	Alfa (α) Aquilae	17
13	**Aldebarán**	0,8–1,0	Alfa (α) Tauri	65
14	**Acrux**	0,8	Alfa (α) Crucis	320
15	**Spica**	0,9–1,2	Alfa (α) Virginis	260
16	**Antares**	0,9–1,8	Alfa (α) Scorpii	600
17	**Pólux**	1,1	Beta (β) Geminorum	34
18	**Fomalhaut**	1,2	Alfa (α) Piscis Austrini	25
19	**Mimosa/Becrux**	1,15–1,25	Beta (β) Crucis	350
20	**Deneb**	1,3	Alfa (α) Cygni	1.500

LAS ESTRELLAS MÁS CERCANAS A LA TIERRA

Las estrellas más brillantes no son necesariamente las más cercanas a la Tierra. Canopo, por ejemplo, es la segunda estrella más brillante, pero está a 310 años luz de distancia. Esta tabla recoge las 20 estrellas más cercanas a la Tierra, mostrando sus distancias y sus magnitudes aparentes.

Puesto	Estrella	Distancia de la Tierra (años luz)	Constelación	Magnitud aparente
1	**Sistema Alfa (α) Centauri:** **Próxima Centauri** **Alfa (α) Centauri**	 4,2 4,3	Centauro	 11,1 –0,3
2	**Estrella de Barnard**	6,0	Ofiuco	9,6
3	**Wolf 359**	7,8	Leo	13,4
4	**Lalande 21185**	8,3	Osa Mayor	7,5
5	**Sirio**	8,6	Can Mayor	–1,4
6	**Luyten 726–8**	8,7	Ballena	12,5
7	**Ross 154**	9,7	Sagitario	10,4
8	**Ross 248**	10,3	Andrómeda	12,3
9	**Épsilon (ε) Eridani**	10,5	Erídano	3,7
10	**Lacaille 9352**	10,7	Pez Austral	7,3
11	**Ross 128**	10,9	Virgo	11,1
12	**EZ Aquarii**	11,3	Acuario	13,3
13	**Proción**	11,4	Can Menor	0,4
14	**Estrella de Bessel**	11,4	Cisne	5,2
15	**Struve 2398**	11,5	Dragón	8,9
16	**Groombridge 34**	11,6	Andrómeda	8,1
17	**Épsilon (ε) Indi**	11,8	Indio	4,7
18	**DX Cancri**	11,8	Cáncer	14,8
19	**Tau (τ) Ceti**	11,9	Ballena	3,5
20	**GJ 1061**	12,1	Reloj	13,1

CÚMULOS ESTELARES PARA OBSERVAR

Hay dos tipos de cúmulos estelares: los globulares, que son grupos compactos de cientos o miles de estrellas muy viejas, y los abiertos, que son grupos más dispersos de solo unos cientos de estrellas jóvenes. Los cúmulos abiertos pueden ser especialmente impresionantes.

Nombre del cúmulo	Tipo de cúmulo	Constelación	Magnitud aparente	Distancia de la Tierra (años luz)
47 Tucanae	Globular	Tucán	4,0	13.500
M44 (Pesebre/Colmena)	Abierto	Cáncer	3,7	577
M6 (Mariposa)	Abierto	Escorpio	4,2	2.000
Híades	Abierto	Tauro	4,2	160
Joyero	Abierto	Cruz del Sur	4,0	7.600
M4	Globular	Escorpio	7,4	7.000

Nombre del cúmulo	Tipo de cúmulo	Constelación	Magnitud aparente	Distancia de la Tierra (años luz)
M12	Globular	Ofiuco	6,6	16.000-18.000
M14	Globular	Ofiuco	6,4	23.000-30.000
M15	Globular	Pegaso	6,2	33.600
M52	Abierto	Casiopea	7,3	5.000
M68	Globular	Hidra	7,5	33.000-44.000
M93	Abierto	Popa	6,2	3.600
M107	Globular	Ofiuco	8,9	20.900
NGC 3201	Globular	Vela	8,2	15.000
NGC 4833	Globular	Mosca	5,3	17.000
Omega (ω) Centauri	Globular	Centauro	3,7	17.000
Pléyades	Abierto	Tauro	1,5	400

ESTRELLAS VARIABLES PARA OBSERVAR

Esta tabla recoge una amplia gama de estrellas variables, es decir, estrellas cuya magnitud varía a lo largo del tiempo.

Nombre	Tipo de variable	Constelación	Magnitud aparente mínima	Magnitud aparente máxima	Periodo	Distancia de la Tierra (años luz)
Rasalgethi	Binaria eclipsante	Hércules	4,0	2,8	128 días	380
Delta (δ) Cephei	Variable pulsante	Cefeo	4,4	3,5	5,3 días	982
Eta (η) Aquilae	Variable pulsante	Águila	3,9	3,5	7,2 días	1.173
Eta (η) Geminorum	Binaria eclipsante	Géminis	4,2	3,3	233 días	349
Gamma (γ) Cassiopeiae	Variable irregular	Casiopea	3,0	1,6	Variable	613
Lambda (λ) Tauri	Binaria eclipsante	Tauro	3,9	3,4	4 días	370
Mira	Variable pulsante	Ballena	10,0	2,0	332 días	418
Mi (μ) Cephei	Variable pulsante	Cefeo	5,1	3,4	730 días, aprox.	5.258
W Virginis	Variable cefeida	Virgo	10,8	9,6	17 días	10.000
R Coronae Borealis	Variable irregular	Corona Boreal	14,8	5,8	Variable	6.000
RR Lyrae	Variable pulsante	Lira	8,1	7,1	0,6 días	744
Algol	Binaria eclipsante	Perseo	3,4	2,1	2,87 días	93
Zeta (ξ) Geminorum	Variable pulsante	Géminis	4,2	3,6	10,2 días	1.168

ESTRELLAS MÚLTIPLES PARA OBSERVAR

Una estrella múltiple es un grupo de estrellas que, desde la Tierra, parecen cercanas entre sí. Esta cercanía puede ser física u óptica (aparente).

Nombre	Constelación	Número de estrellas	Magnitud aparente	Distancia de la Tierra (años luz)
Cástor	Géminis	6	1,6	50
Sigma (σ) Orionis	Orión	5	3,.8	1.150
Alcyone	Tauro	4	2,9	368
Algol	Perseo	3	2,1–3,4	93
Almach	Andrómeda	4	2,3	355
Épsilon (ε) Lyrae	Lira	4	4,7	160
Mizar y Alcor	Osa Mayor	4	2.,3	81
Theta (θ) Orionis	Orión	4	4,7	1.800
Albireo	Cisne	3	3,1	385
Beta (β) Monocerotis	Unicornio	3	5,0	700
Ómicron (o) Eridani	Erídano	3	4,4	16
Rigel	Orión	3	0,1	770
15 Monocerotis	Unicornio	2	4,7	1.020
Épsilon (ε) Aurigae	Cochero	2	3,1	2.040
Épsilon (ε) Boötis	Boyero	2	2,7	203
M40	Osa Mayor	2	8,4	385
Estrella Polar	Osa Menor	2	2,0	430
Zeta (ξ) Boötis	Boyero	2	3,8	180

NEBULOSAS PARA OBSERVAR

Las nebulosas son de dos tipos principales: nebulosas de emisión (incluidas las nebulosas planetarias), que son nubes de gas ionizado que emiten luz, y nebulosas oscuras, que no emiten luz y bloquean la de las estrellas que están detrás. El remanente de supernova es otro tipo de nebulosa.

Nombre	Tipo de nebulosa	Constelación	Magnitud aparente	Distancia de la Tierra (años luz)
Nebulosa Ojo de Gato	Planetaria	Dragón	8,1	3.600
Nebulosa del Cono	Oscura	Unicornio	3,9	2.500
Nebulosa Creciente	Planetaria	Cisne	7,4	4.700
Nebulosa Dumbbell	Planetaria	Zorra	7,6	1.000
Nebulosa del Águila	Emisión	Cola de la Serpiente	6,0	7.000
Nebulosa de los Ocho Estallidos	Planetaria	Vela	8,1	2.000
Nebulosa del Esquimal	Planetaria	Géminis	8,6	3.800
Nebulosa Carina	Emisión	Quilla	1,0	8.000

»

Nombre	Tipo de nebulosa	Constelación	Magnitud aparente	Distancia de la Tierra (años luz)
Nebulosa de la Hélice	Planetaria	Acuario	6,5	700
Nebulosa Reloj de Arena	Planetaria	Mosca	11,8	8.000
IC 2944	Emisión	Centauro	4,5	5.900
Nebulosa de la Laguna	Emisión	Sagitario	5,8	5.200
Nebulosa de Orión	Emisión	Orión	4,0	1.500
Nebulosa del Búho	Planetaria	Osa Mayor	9,8	2.600
Nebulosa Anular	Planetaria	Lira	8,8	2.000
Nebulosa de Saturno	Planetaria	Acuario	8,0	5.200
Nebulosa Mantarraya	Planetaria	Altar	10,8	18.000
Nebulosa de la Tarántula	Emisión	Pez Dorado	5,0	160.000
Nebulosa Trífida	Emisión	Sagitario	9,0	7.000
Nebulosa del Velo	Remanente de supernova	Cisne	7,0	1.500

GALAXIAS PARA OBSERVAR

De las galaxias recogidas aquí, la de Andrómeda, la de Bode, la del Triángulo y la Pequeña y la Gran Nube de Magallanes pueden distinguirse a simple vista. La galaxia del Remolino puede verse con prismáticos; las demás solo pueden contemplarse con telescopio.

Nombre y número de catálogo	Tipo de galaxia	Constelación	Magnitud aparente	Distancia de la Tierra (años luz)
Galaxia de Andrómeda (M31)	Espiral	Andrómeda	4,5	2,5 millones
Galaxia del Ojo Negro (M64)	Espiral	Cabellera de Berenice	8,5	17 millones
Galaxia de Bode (M81)	Espiral	Osa Mayor	6,9	10 millones
Galaxia del Cigarro (M82)	Espiral	Osa Mayor	8,4	12 millones
Gran Nube de Magallanes	Irregular	Pez Dorado	0,4	180.000
Pequeña Nube de Magallanes (NGC 292)	Irregular	Tucán	2,3	210.000
Galaxia del Sombrero (M104)	Espiral	Virgo	9,0	28 millones
Galaxia del Triángulo (M33)	Espiral	Triángulo	5,7	2,7 millones
Galaxia del Remolino (M51)	Espiral	Perros de Caza	8,4	23 millones

OBJETOS MESSIER

En 1781, el astrónomo francés Charles Messier publicó una lista de objetos que se podían confundir con cometas. Su lista de 103 objetos se ha ido ampliando desde entonces hasta incluir 110 objetos, todos ellos visibles con prismáticos o un telescopio pequeño.

Número Messier	Tipo (nombre popular)	Constelación
M1	Remanente de supernova (nebulosa del Cangrejo)	Tauro
M2	Cúmulo globular	Acuario
M3	Cúmulo globular	Perros de Caza
M4	Cúmulo globular	Escorpio
M5	Cúmulo globular	Cabeza de la Serpiente
M6	Cúmulo abierto (cúmulo Mariposa)	Escorpio
M7	Cúmulo abierto (cúmulo de Ptolomeo)	Escorpio
M8	Nebulosa de emisión (nebulosa de la Laguna)	Sagitario
M9	Cúmulo globular	Ofiuco
M10	Cúmulo globular	Ofiuco
M11	Cúmulo abierto (cúmulo Pato Salvaje)	Escudo
M12	Cúmulo globular	Ofiuco
M13	Cúmulo globular (el Gran Cúmulo Globular de Hércules)	Hércules
M14	Cúmulo globular	Ofiuco
M15	Cúmulo globular	Pegaso
M16	Cúmulo abierto / nebulosa de emisión (nebulosa del Águila)	Cola de la Serpiente
M17	Nebulosa de emisión (nebulosa Omega, del Cisne, de la Langosta, de la Herradura)	Sagitario
M18	Cúmulo abierto	Sagitario
M19	Cúmulo globular	Ofiuco
M20	Nebulosa de emisión/ reflexión/oscura (nebulosa Trífida)	Sagitario
M21	Cúmulo abierto	Sagitario
M22	Cúmulo abierto	Sagitario
M23	Cúmulo globular	Sagitario
M24	Campo de estrellas (Nube Est. Sagitario)	Sagitario

Número Messier	Tipo (nombre popular)	Constelación
M25	Cúmulo abierto	Sagitario
M26	Cúmulo abierto	Escudo
M27	Nebulosa planetaria (nebulosa Dumbbell)	Zorra
M28	Cúmulo globular	Sagitario
M29	Cúmulo abierto	Cisne
M30	Cúmulo globular	Capricornio
M31	Galaxia espiral (galaxia de Andrómeda)	Andrómeda
M32	Galaxia elíptica enana	Andrómeda
M33	Galaxia espiral (galaxia del Triángulo)	Triángulo
M34	Cúmulo abierto	Perseo
M35	Cúmulo abierto	Géminis
M36	Cúmulo abierto	Cochero
M37	Cúmulo abierto	Cochero
M38	Cúmulo abierto	Cochero
M39	Cúmulo abierto	Cisne
M40	Estrella doble (Winnecke 4)	Osa Mayor
M41	Cúmulo abierto	Can Mayor
M42	Emisión/reflexión (nebulosa de Orión)	Orión
M43	Emisión/reflexión (nebulosa de De Mairan)	Orión
M44	Cúmulo abierto (cúmulo del Pesebre o la Colmena)	Cáncer
M45	Cúmulo abierto (Pléyades/Las Siete Hermanas)	Tauro
M46	Cúmulo abierto	Popa
M47	Cúmulo abierto	Popa
M48	Cúmulo abierto	Hidra
M49	Galaxia elíptica	Virgo
M50	Cúmulo abierto	Unicornio
M51	Galaxia espiral (galaxia del Remolino)	Perros de Caza
M52	Cúmulo abierto	Casiopea
M53	Cúmulo globular	Cabellera de Berenice

»

Número Messier	Tipo (nombre popular)	Constelación
M54	Cúmulo globular	Sagitario
M55	Cúmulo globular	Sagitario
M56	Cúmulo globular	Lira
M57	Nebulosa planetaria (nebulosa Anular)	Lira
M58	Galaxia espiral barrada	Virgo
M59	Galaxia elíptica	Virgo
M60	Galaxia elíptica	Virgo
M61	Galaxia espiral	Virgo
M62	Cúmulo globular	Ofiuco
M63	Galaxia espiral (galaxia del Girasol)	Perros de Caza
M64	Galaxia espiral (galaxia del Ojo Negro)	Cabellera de Berenice
M65	Galaxia espiral	Leo
M66	Galaxia espiral	Leo
M67	Cúmulo abierto	Cáncer
M68	Cúmulo globular	Hidra
M69	Cúmulo globular	Sagitario
M70	Cúmulo globular	Sagitario
M71	Cúmulo globular	Flecha
M72	Cúmulo globular	Acuario
M73	Asterismo	Acuario
M74	Galaxia espiral	Piscis
M75	Cúmulo globular	Sagitario
M76	Nebulosa planetaria (nebulosa Dumbbell Pequeña)	Perseo
M77	Galaxia espiral barrada	Ballena
M78	Nebulosa de reflexión	Orión
M79	Cúmulo globular	Liebre
M80	Cúmulo globular	Escorpio
M81	Galaxia espiral (galaxia de Bode)	Osa Mayor
M82	Galaxia espiral (galaxia del Cigarro)	Osa Mayor
M83	Galaxia espiral barrada (Molinillo Austral)	Hidra
M84	Galaxia lenticular	Virgo

Número Messier	Tipo (nombre popular)	Constelación
M85	Galaxia lenticular	C. de Berenice
M86	Galaxia lenticular	Virgo
M87	Galaxia elíptica (Virgo A)	Virgo
M88	Galaxia espiral barrada	Cabellera de Berenice
M89	Galaxia elíptica	Virgo
M90	Galaxia espiral	Virgo
M91	Galaxia espiral barrada	Cabellera de Berenice
M92	Cúmulo globular	Hércules
M93	Cúmulo abierto	Popa
M94	Galaxia espiral	Perros de Caza
M95	Galaxia espiral barrada	Leo
M96	Galaxia espiral	Leo
M97	Nebulosa planetaria (nebulosa del Búho)	Osa Mayor
M98	Galaxia espiral	Cabellera de Berenice
M99	Galaxia espiral	Cabellera de Berenice
M100	Galaxia espiral	Cabellera de Berenice
M101	Galaxia espiral (galaxia del Molinete)	Osa Mayor
M102		No identificado inequívocamente
M103	Cúmulo abierto	Casiopea
M104	Galaxia espiral (galaxia del Sombrero)	Virgo
M105	Galaxia elíptica	Leo
M106	Galaxia espiral	Perros de Caza
M107	Cúmulo globular	Ofiuco
M108	Galaxia espiral	Osa Mayor
M109	Galaxia espiral barrada	Osa Mayor
M110	Galaxia elíptica enana	Andrómeda

GLOSARIO

Los términos en *cursiva* tienen sus propias entradas en este glosario.

ACIMUT El ángulo entre el punto norte del horizonte de un observador y un objeto celeste, medido en el sentido horario alrededor del horizonte. El acimut del norte es 0º; el del este, 90º; el del sur, 180º, y el del oeste, 270º. Véase también *altura*.

ACRECIÓN La colisión y la unión de objetos y partículas pequeños y sólidos.

AFELIO El punto de su órbita elíptica en el que un planeta u otro cuerpo del sistema solar se encuentra en el punto más alejado del Sol. Véase también *perihelio*.

AGUJERO NEGRO Región compacta del espacio, que rodea a una masa colapsada . En ella la gravedad es tan potente que no puede escapar ningún objeto ni radiación.

ALTURA El ángulo entre el horizonte y un objeto celeste. Un objeto en el horizonte tiene una altura de 0º; uno en el cenit, de 90º. Véase también *acimut*.

AÑO LUZ La distancia que recorre la luz a través de un vacío en un año (365,25 días): 9,46 billones de km.

APOGEO El punto de su órbita en el que un cuerpo que orbita alrededor de la Tierra se encuentra en el punto más alejado de esta. Véase también *perigeo*.

ASCENSIÓN RECTA (AR) La distancia angular, medida hacia el este, entre el *meridiano celeste* y un objeto celeste; el equivalente de longitud en la Tierra. Junto con la *declinación*, la ascensión recta especifica la posición de un objeto en la *esfera celeste*.

ASTERISMO Un dibujo evidente de estrellas que no es una *constelación* en sí mismo. Un ejemplo es el Gran Carro, parte de la constelación de la Osa Mayor.

ASTEROIDE Un objeto del sistema solar pequeño e irregular, formado por rocas y/o metal y con un diámetro de menos de 1.000 km. Véase también *cinturón principal, asteroide cercano a la Tierra*.

ASTEROIDE CERCANO A LA TIERRA (NEA) Un asteroide cuya órbita se acerca a la de la Tierra o se cruza con ella.

AURORA Un espectáculo brillante de luz en la atmósfera superior de la Tierra (y las atmósferas de algún otro planeta), causado por la colisión de partículas del *viento solar* con átomos de gas en la atmósfera, lo que hace que emitan luz.

BIG BANG El acontecimiento en el que tuvo su origen el Universo que vemos a nuestro alrededor.

BINARIA ECLIPSANTE Una estrella binaria en la que cada estrella pasa alternativamente por delante de la otra, causando una variación periódica de la luz combinada de ambas vista desde la Tierra.

BUSCADOR Un dispositivo óptico que se puede montar en un telescopio para ayudar a localizar objetos celestes en el campo de visión del telescopio.

CATÁLOGO MESSIER Un catálogo de objetos nebulosos (en su mayoría nebulosas, cúmulos estelares y galaxias) que se publicó por primera vez en 1781. Los objetos de este catálogo se denominan con la letra M seguida de un número. Véase también *New General Catalogue*.

CICLO SOLAR Una variación cíclica de la actividad solar. El nivel de actividad alcanza un máximo en intervalos de unos 11 años.

CINTURÓN DE KUIPER Una región del sistema solar fuera de la órbita del planeta Neptuno que contiene *planetesimales* helados. Véase también *nube de Oort*.

CINTURÓN PRINCIPAL Una región del sistema solar entre las órbitas de Marte y Júpiter que contiene una gran concentración de *asteroides*.

COMETA Un pequeño cuerpo compuesto por hielo cargado de polvo que orbita alrededor del Sol.

CONJUNCIÓN Una alineación cercana en el cielo de dos o más cuerpos celestes que se produce cuando están en la misma dirección vistos desde la Tierra. Cuando un planeta se encuentra en el lado opuesto del Sol respecto a la Tierra, se dice que está en conjunción superior. Cuando Mercurio o Venus pasan entre la Tierra y el Sol, se dice que el planeta está en conjunción inferior. Véase también *oposición*.

CONSTELACIÓN 1) Un dibujo de estrellas con nombre. **2)** Una zona del cielo nocturno con límites determinados por la Unión Astronómica Internacional. Véase también *asterismo*.

CORONA La región más exterior de la atmósfera de una estrella.

CUÁSAR Una fuente de radiación compacta pero muy potente que tiene aspecto casi de estrella, pero que se cree que es el tipo más luminoso de núcleo galáctico activo.

CÚMULO ABIERTO Un grupo disperso de estrellas que se formaron en el mismo momento. Los cúmulos abiertos se encuentran en los brazos de las *galaxias espirales*.

CÚMULO DE GALAXIAS Una agregación de entre 50 y 1.000 galaxias unidas por la gravedad. Véase también *supercúmulo de galaxias*.

CÚMULO ESTELAR Un grupo ligado por la gravedad de entre unas pocas decenas y 1 millón de estrellas, las cuales se cree que se han formado a partir de la misma nube masiva original de gas y polvo.

CÚMULO GLOBULAR Un cúmulo casi esférico de entre 10.000 y más de 1 millón de estrellas unidas por la gravedad.

DECLINACIÓN (DEC) La distancia angular de un objeto celeste al norte o al sur del *ecuador celeste*, el equivalente de la latitud en la Tierra. La declinación es positiva (+) si el objeto está al norte del ecuador celeste y negativa (–) si está al sur. Un objeto en el ecuador celeste tiene una declinación de 0º; un objeto en uno de los polos celestes tiene una declinación de 90º. Véase también *ascensión recta*.

DESPLAZAMIENTO HACIA EL ROJO El desplazamiento de las *líneas espectrales* hacia longitudes de onda más largas que se observa cuando una fuente de luz se aleja del observador. El desplazamiento en la longitud de onda es proporcional a la velocidad a la que se aleja la fuente.

DISCO DE ACRECIÓN Un disco de gas que gira alrededor de una estrella o un *agujero negro*.

ECLIPSE Una alineación de un planeta o luna con el Sol que proyecta una sombra sobre otro cuerpo.

ECLÍPTICA 1) El plano en el que se sitúa la órbita de la Tierra alrededor del Sol. **2)** El trayecto que sigue el

Sol alrededor de la *esfera celeste*, en relación con el fondo de estrellas, en el transcurso de un año.

ECUADOR CELESTE Un gran círculo en la *esfera celeste* que es una proyección del propio ecuador de la Tierra en la esfera celeste.

ELONGACIÓN La separación angular entre el Sol y un planeta u otro cuerpo del sistema solar, vista desde la Tierra. La mayor elongación es la elongación máxima posible de un cuerpo que está dentro de la órbita terrestre, como Mercurio o Venus.

EQUINOCCIO La ocasión en que el Sol está verticalmente en el cenit en el ecuador de un planeta y el día y la noche duran lo mismo en todo el planeta. Véase también *solsticio*.

ESFERA CELESTE Una esfera imaginaria que rodea la Tierra, en la que parecen estar los objetos celestes.

ESPECTRO El intervalo de longitudes de onda de luz emitido por un objeto celeste.

ESPECTRO ELECTROMAGNÉTICO Todo el intervalo de energía emitido por diferentes objetos en el universo, desde las longitudes de onda más cortas (rayos gamma) a las más largas (ondas de radio).

ESTRELLA Una esfera enorme de *plasma* brillante que genera energía por reacciones de *fusión* nuclear.

ESTRELLA BINARIA Una pareja de estrellas, ligadas por la gravedad, que orbitan alrededor de un solo punto (el centro de masas común).

ESTRELLA DE NEUTRONES Una estrella compacta y extraordinariamente densa que está formada casi exclusivamente por neutrones (un tipo de partícula subatómica con carga eléctrica cero).

ESTRELLA DE SECUENCIA PRINCIPAL Una estrella que está en la fase de evolución en la que convierte hidrógeno en helio por *fusión* nuclear. Actualmente, el Sol es una estrella de secuencia principal.

ESTRELLA DOBLE Dos estrellas que están cerca en el cielo. Si orbitan una alrededor de la otra, el sistema se llama *estrella binaria*. Una estrella doble óptica está formada por dos estrellas que solo parecen cercanas porque están en la misma dirección vistas desde la Tierra.

ESTRELLA ENANA Estrella con una masa similar o inferior a la del Sol.

ESTRELLA ENANA BLANCA La estrella brillante, densa e intensamente caliente que deja una estrella de masa similar a nuestro Sol al morir. Véase también *nebulosa planetaria*.

ESTRELLA ENANA MARRÓN Un cuerpo que se forma a partir de una nube de gas que se contrae como una estrella, pero que nunca llega a estar lo bastante caliente para iniciar las reacciones de *fusión* nuclear que alimentan a una estrella normal, ya que tiene demasiado poca masa.

ESTRELLA ENANA ROJA Una estrella fría, roja y de baja luminosidad.

ESTRELLA GIGANTE Una estrella que es más grande y mucho más luminosa que una *estrella de secuencia principal* de la misma temperatura superficial. Véase también *estrella supergigante*.

ESTRELLA GIGANTE ROJA Una estrella grande y muy luminosa con una temperatura superficial baja y de color rojizo.

ESTRELLA MÚLTIPLE Un sistema formado por dos o más estrellas ligadas por la gravedad que orbitan una alrededor de la otra.

ESTRELLA SUPERGIGANTE Una estrella luminosa excepcionalmente grande. Las supergigantes pueden ser cientos de veces más grandes que el Sol y miles de veces más brillantes. Véase también *estrella gigante*.

ESTRELLA SUPERGIGANTE ROJA Una estrella extraordinariamente grande de luminosidad muy alta y temperatura superficial baja.

ESTRELLA VARIABLE Una estrella cuyo brillo varía. Una estrella variable pulsante se contrae y se expande periódicamente y su brillo varía durante estos procesos. Una variable eruptiva se ilumina y se atenúa abruptamente. Véase también *variable cefeida, nova*.

FASE La proporción del hemisferio visible de la Luna o un planeta que es iluminada por el Sol en un momento determinado.

FUSIÓN (FUSIÓN NUCLEAR) Un proceso durante el que los núcleos atómicos se unen para formar núcleos más pesados, liberando grandes cantidades de energía. Las estrellas son alimentadas por reacciones de fusión en sus núcleos.

GALAXIA Una gran agregación de estrellas y nubes de gas y polvo, unidas por la gravedad. Pueden ser de forma elíptica, espiral o irregular. Véase también *Vía Láctea*.

GALAXIA ACTIVA Una galaxia que emite una excepcional cantidad de energía radiante en una amplia gama de longitudes de onda.

GALAXIA CON BROTE DE FORMACIÓN ESTELAR Una *galaxia* donde se están formando estrellas a una velocidad muy elevada.

GALAXIA ELÍPTICA Una *galaxia* que tiene forma redonda o elíptica.

GALAXIA ESPIRAL Una *galaxia* formada por una concentración central de estrellas rodeada por un disco achatado de estrellas, gas y polvo en cuyo interior se agrupan los principales rasgos visibles formando brazos espirales. La *Vía Láctea* es un ejemplo de galaxia espiral.

GALAXIA ESPIRAL BARRADA Una galaxia con brazos espirales que emanan de los extremos de un núcleo alargado en forma de barra. Véase también *galaxia espiral*.

GALAXIA IRREGULAR Una *galaxia* que no tiene una estructura bien definida ni simetría.

GALAXIA LENTICULAR *Galaxia* con forma de lente convexa. Tiene un bulbo central que se funde en un disco; carece de brazos espirales.

GALAXIA SEYFERT Una *galaxia espiral* con un núcleo compacto excepcionalmente brillante cuyo brillo fluctúa en muchos casos. Las galaxias Seyfert son una de varias categorías de *galaxia activa*.

GRUPO LOCAL Cúmulo pequeño de más de 40 galaxias que incluye nuestra galaxia, la *Vía Láctea*. Véase también *cúmulo de galaxias*.

HALO Una región esférica que rodea a una *galaxia* y contiene *cúmulos globulares*, estrellas muy dispersas y algo de gas. Un halo de materia oscura es una acumulación de materia oscura dentro de la cual se halla incrustada una galaxia.

INDEX CATALOGUE (IC) Véase *New General Catalogue*.

LIMBO El borde exterior del disco observado del Sol, una luna o un planeta.

LÍNEA ESPECTRAL Una línea brillante u oscura que aparece en una longitud de onda determinada en el *espectro* de un objeto, debido a la emisión o absorción de radiación de una longitud de onda distinta.

LUNA Un satélite natural que orbita alrededor de un planeta. La Luna es el satélite natural de la Tierra.

LUNA GALILEANA Cualquiera de las cuatro lunas más grandes de Júpiter descubiertas en 1610 por el científico italiano Galileo Galilei (1564-1642). Son Ganímedes, Calisto, Ío y Europa.

MAGNETOSFERA La región del espacio alrededor de un planeta en el interior de la cual el movimiento de partículas cargadas se ve afectado por el campo magnético planetario.

MAGNITUD Una medida del brillo de un objeto celeste. La magnitud absoluta es una medida del brillo intrínseco de un objeto. La magnitud aparente es una medida del brillo de un objeto visto desde la Tierra. Cuanto más brillante el objeto, más pequeño el valor numérico de su magnitud aparente. Los objetos muy brillantes tienen magnitudes aparentes negativas. Una estrella de 1.ª magnitud tiene una magnitud de 1,49 o menos; una de 2.ª magnitud tiene un valor de 1,50 a 2,49, etc.

MANCHA SOLAR Una región de la fotosfera del Sol (capa exterior visible) que parece oscura porque está más fría que la región circundante. Las manchas solares se deben a perturbaciones localizadas en el campo magnético del Sol.

MARE (PL.: MARIA) Una zona oscura y baja de la Luna, llena de lava.

MERIDIANO CELESTE Línea imaginaria en la *esfera celeste* que cruza los *polos celestes* y el *punto equinoccial* vernal. El meridiano celeste es la línea de *ascensión recta* 0°.

METEORITO Un *meteoroide* que llega al suelo y sobrevive al impacto. Véase también *meteoro*.

METEORO El rayo de luz de corta duración, también denominado estrella fugaz, que se ve cuando un *meteoroide* entra en la atmósfera de la Tierra y es calentado por fricción. Véase también *meteorito*.

METEOROIDE Un fragmento o pequeña partícula de roca, metal o hielo que orbita alrededor del Sol en el espacio interplanetario. Véase también *asteroide, cometa*.

MOVIMIENTO RETRÓGRADO **1)** Inversión temporal aparente de la dirección de movimiento de un planeta, como Marte, cuando la Tierra le adelanta en su movimiento orbital. **2)** Movimiento orbital en la dirección contraria a la de la Tierra y los demás planetas del sistema solar. **3)** Movimiento de un satélite a lo largo de su órbita en la dirección contraria a la rotación de su planeta.

NEBULOSA Una nube de gas y polvo en el espacio interestelar, visible porque es iluminada por estrellas cercanas o incrustadas o porque oscurece estrellas más lejanas.

NEBULOSA DE EMISIÓN Nube de gas y polvo que contiene una o más estrellas muy calientes, jóvenes y de gran luminosidad; la radiación ultravioleta emitida por las estrellas hace que brille el gas circundante.

NEBULOSA DE REFLEXIÓN Una *nebulosa* que contiene partículas de polvo diminutas iluminadas por la luz de una estrella brillante vecina.

NEBULOSA DIFUSA Nube luminosa de gas y polvo. El término "difusa" es por el aspecto de la nube.

NEBULOSA OSCURA Una nube cargada de polvo que bloquea la luz de las estrellas del fondo.

NEBULOSA PLANETARIA Una capa brillante de gas eyectada por una estrella de masa similar al Sol hacia el final de su desarrollo evolutivo.

NEBULOSA SOLAR La nube de gas y polvo a partir de la cual se formaron el Sol y los planetas.

NEW GENERAL CATALOGUE (NGC) Un catálogo de nebulosas, cúmulos y galaxias que se publicó por primera vez en 1888. Los objetos de este catálogo se indican con "NGC" seguido de un número. El Index Catalogue (IC) es un suplemento del New General Catalogue que recoge objetos adicionales, indicados con "IC" seguido de un número. Véase también *catálogo Messier*.

NOVA Una estrella que aumenta su brillo de repente y luego regresa a su brillo original durante un periodo de semanas o meses. Véase también *supernova*.

NUBE DE OORT Una enorme región esférica en las zonas exteriores del sistema solar. Se cree que contiene una enorme cantidad de *planetesimales* helados y *cometas*.

NÚCLEO 1) El núcleo central compacto de un átomo. **2)** El cuerpo sólido y rico en hielo de un *cometa*. **3)** El núcleo central de una *galaxia*.

OBJETO DEL CIELO PROFUNDO Objeto celeste externo al sistema solar, excluyendo las estrellas.

OCULTACIÓN El paso de un cuerpo por delante de otro haciendo que el más lejano quede oculto.

ONDAS DE RADIO *Radiación electromagnética* con longitudes de onda más largas que las microondas. Véase también *espectro electromagnético*.

OPOSICIÓN El momento en el que un *planeta superior* se encuentra en el lado opuesto de la Tierra respecto al Sol. El planeta está en el punto más cercano a la Tierra en este momento. Véase también *conjunción*.

ÓRBITA El trayecto que sigue un cuerpo celeste en el espacio bajo la influencia de la gravedad de otros objetos relativamente cercanos.

PARALAJE El desplazamiento aparente en la posición de un objeto cuando se observa desde ubicaciones distintas. La paralaje anual es el desplazamiento angular máximo de una estrella desde su posición media debido al paralaje.

PENUMBRA 1) La parte exterior más clara de la sombra proyectada por un cuerpo opaco. **2)** La región exterior menos oscura y menos fría de una *mancha solar*. Véase también *umbra*.

PERIGEO El punto de la órbita en el que un cuerpo que orbita alrededor de la Tierra se encuentra en el punto más cercano a la Tierra. Véase también *apogeo*.

PERIHELIO El punto de la órbita elíptica en el que un planeta u otro cuerpo del sistema solar se encuentra en el punto más cercano al Sol. Véase también *afelio*.

PLANETA Un cuerpo celeste que orbita alrededor de una estrella; es lo bastante masivo para haber despejado los posibles residuos de su trayectoria orbital y es casi esférico. Véase también *planeta enano*.

PLANETA ENANO Un cuerpo que orbita alrededor del Sol que es lo bastante masivo para ser casi esférico, pero que no ha despejado su entorno de otros objetos y no es una luna.

PLANETA GIGANTE Un planeta grande formado principalmente por hidrógeno y helio. Los planetas gigantes del sistema solar son Júpiter, Saturno, Urano y Neptuno. Véase también *planeta rocoso*.

PLANETA INFERIOR Planeta del sistema solar cuya órbita está dentro de la de la Tierra. Los dos planetas inferiores son Mercurio y Venus. Véase también *planeta superior*.

PLANETA ROCOSO Un planeta formado por rocas, de características similares a las de la Tierra. Los planetas rocosos del sistema solar son Mercurio, Venus, Tierra y Marte. Véase también *planeta gigante*.

PLANETA SUPERIOR Planeta del sistema solar cuya órbita alrededor del Sol está fuera de la de la Tierra. Los planetas superiores son Marte, Júpiter, Saturno, Urano y Neptuno. Véase también *planeta inferior*.

PLANETESIMAL Uno de los numerosísimos cuerpos pequeños, compuestos de roca o hielo, que se formaron dentro de la *nebulosa solar* y a partir de los cuales se formaron los planetas por *acreción*.

PLASMA Una mezcla de iones y electrones que se comporta como un gas, pero conduce la electricidad y se ve afectada por los campos magnéticos.

POLOS CELESTES El equivalente celeste de los polos terrestres. El cielo nocturno parece rotar en un eje a través de los polos celestes.

PRECESIÓN Un cambio lento en la orientación del eje rotacional de un cuerpo.

PULSAR *Estrella de neutrones* de rápida rotación con un fuerte campo magnético. Si los polos del campo magnético no están alineados con el eje de rotación de la estrella, se desplazan chorros de radiación por el espacio a gran velocidad.

PUNTO EQUINOCCIAL Cualquiera de los dos puntos en la *esfera celeste* donde se cortan el *ecuador celeste* y la *eclíptica*. El punto equinoccial vernal del hemisferio norte –denominado también primer punto de Aries– es el origen de las medidas de *ascensión recta*.

RADIACIÓN DE MICROONDAS *Radiación electromagnética* con longitudes de onda más largas que la infrarroja y la luz visible, pero más cortas que las ondas de radio. Véase también *espectro electromagnético*.

RADIACIÓN ELECTROMAGNÉTICA Perturbaciones eléctricas y magnéticas oscilantes que propagan energía en forma de ondas (ondas electromagnéticas). Entre los ejemplos se encuentran las ondas de radio y de luz visibles.

RADIACIÓN GAMMA *Radiación electromagnética* con longitudes de onda extremadamente cortas (más cortas que los rayos X). Véase también *espectro electromagnético*.

RADIACIÓN INFRARROJA *Radiación electromagnética* con longitudes de onda más largas que la luz visible, pero más cortas que las microondas o las ondas de radio. Véase también *espectro electromagnético*.

RADIACIÓN ULTRAVIOLETA *Radiación electromagnética* con longitudes de onda más cortas que la luz visible pero más larga que los rayos X. Véase también *espectro electromagnético*.

RADIANTE El punto en el cielo del que parecen proceder los *meteoros* de una lluvia.

RADIOGALAXIA Una *galaxia* que es excepcionalmente luminosa en longitudes de onda de radio.

RADIOTELESCOPIO Un instrumento diseñado para detectar ondas de radio de fuentes astronómicas.

RAYO X *Radiación electromagnética* con longitudes de onda más cortas que la radiación ultravioleta pero más largas que los rayos gamma. Véase también *espectro electromagnético.*

RAYOS CÓSMICOS Partículas subatómicas altamente energéticas, tales como electrones, protones y núcleos atómicos, que se desplazan por el espacio a una velocidad cercana a la de la luz.

REMANENTE DE SUPERNOVA Nube de residuos en expansión creada por una explosión de *supernova*.

ROTACIÓN SINCRÓNICA La rotación de un cuerpo alrededor de su eje en el mismo periodo de tiempo que tarda en describir una órbita alrededor de otro cuerpo.

SATÉLITE Un cuerpo que orbita alrededor de un planeta; un satélite natural se denomina también luna.

SISTEMA SOLAR El Sol junto con la familia de cuatro *planetas rocosos*, cuatro *planetas gigantes* y cuerpos más pequeños (*planetas enanos, lunas, asteroides, meteoroides, cometas*, polvo y gas) que orbitan alrededor del Sol.

SOLSTICIO Uno de los dos puntos de la *eclíptica* en los que el Sol se encuentra en su *declinación* máxima al norte o al sur del *ecuador celeste*. Véase también *equinoccio*.

SUPERCÚMULO DE GALAXIAS Un cúmulo de cúmulos de galaxias. Un supercúmulo pueden contener hasta 10.000 galaxias.

SUPERNOVA Explosión muy violenta de una estrella en la cual expulsa la mayor parte de su material y su brillo aumenta muchísimo.

TELESCOPIO CATADIÓPTRICO Un telescopio que capta y enfoca la luz utilizando lentes y espejos. Véase también *telescopio de reflexión, telescopio de refracción*.

TELESCOPIO DE REFLEXIÓN (REFLECTOR) Un telescopio que utiliza un especto cóncavo para captar y enfocar la luz. Véase también *telescopio catadióptrico, telescopio de refracción*.

TELESCOPIO DE REFRACCIÓN (REFRACTOR) Un telescopio que utiliza una lente para captar y enfocar la luz. Véase también *telescopio catadióptrico, telescopio de reflexión*.

TERMINADOR El borde del área iluminada por el Sol de la superficie de una luna o planeta.

TIPO ESPECTRAL Tipo en el que se clasifica una estrella según las líneas que aparecen en su espectro. Véase también *línea espectral*.

TRÁNSITO El paso de un cuerpo más pequeño por delante de uno más grande; por ejemplo, el paso de Venus por delante del Sol.

UMBRA 1) La parte central oscura de la sombra proyectada por un cuerpo opaco. **2)** La región central más oscura y más fría de una *mancha solar*. Véase también *penumbra*.

VARIABLE CEFEIDA Un tipo de *estrella variable* con un patrón regular de cambios de brillo en relación con la luminosidad de la estrella. Cuanto más luminosa la cefeida, más largo su periodo de variación.

VARIABLE MIRA Un tipo de *estrellas variables* que llevan el nombre de la estrella Mira. Una variable Mira es una estrella pulsante, gigante y fría, cuyo brillo varía en un periodo de 100 a más de 500 días.

VÍA LÁCTEA 1) La *galaxia espiral* que contiene el Sol. **2)** Una franja de luz que cruza el cielo nocturno formada por la luz combinada de enormes cantidades de estrellas y nebulosas de nuestra galaxia.

VIENTO ESTELAR Una salida de partículas cargadas de la atmósfera de una estrella. Véase también *viento solar*.

VIENTO SOLAR Una corriente continua de partículas cargadas de rápido movimiento que escapa del Sol y fluye a través del sistema solar.

ZODIACO El área de la *esfera celeste* alrededor de la *eclíptica* a través de la cual se mueven el Sol, la Luna y los planetas. En el transcurso de cada año, el Sol atraviesa 13 constelaciones de esta región; de ellas, 12 corresponden a los signos del zodiaco.

ÍNDICE ALFABÉTICO

Las cifras en **negrita** remiten a las páginas de las entradas principales.

O

P

AGRADECIMIENTOS

Producido en colaboración con la **Smithsonian Institution** en Washington D.C., EE.UU., el mayor museo y complejo de investigación del mundo. Este centro de investigación se dedica a la educación pública, servicio nacional y concesión de becas para las artes, la ciencia y la historia.

Smithsonian Enterprises
Carol Leblanc, vicepresidenta; Brigid Ferraro, directora de Licencias; Ellen Nanney, jefa de Licencias; Kealy Wilson, coordinadora de Desarrollo de producto.

El editor desea dar las gracias a las siguientes personas: Janet Mohun y Miezan van Zyl por el trabajo editorial; Steve Setford por la lectura de pruebas; Simon Murrell, Jacqui Swan y Anna Reinbold por el diseño del libro, y Sophia Tampakopoulos, directora del diseño de la cubierta.
El editor desea dar las gracias por permitir reproducir las fotografías a:: (Clave: a: arriba; b: abajo; c: centro; f: extremo; l: izquierda; r: derecha; t: arriba del todo)

1 Galaxy Picture Library: Robin Scagell. **2 ESO:** J. Emerson Vista Cambridge Astronomical Survey Unit. **6-7 NASA:** 2MASS/G.Kopan R. Hurt Atlas Image courtesy of 2MASS/UMass/IPAC-Caltech/NASA/NSF. **8 Corbis:** Stocktrek Images/Jay GaBany (tr). **Science Photo Library:** David A Hardy, Futures: 50 Years in Space (ca); Detlev van Ravenswaay (clb). **Anatoly Klypin (NMSU) and Joel Primack (UCSC):** Stefan Gottloeber (AIP) (br). **10 Dorling Kindersley:** Imagewerks/Imagewerks Japan (c) Getty (br). **NASA:** Andrea Dupree (Harvard-Smithsonian CfA), Ronald Gilliland (STScI), NASA and ESA (tr); Hubble Heritage Team (AURA/STScI/NASA/ESA) (c). **11 Getty Images:** Flickr/Matteo Colombo (tr). **12 Alamy Images:** AlamyCelebrity (t). **ESO:** (b). **NASA:** JPL-Caltech/Cornell (c). **13 Corbis:** (tr, br). **ESO:** H. H. Heyer (bl). **NASA:** ESA, H. Weaver (JHU/APL), A. Stern (SwRI), and the HST Pluto Companion Search Team (tl). **14 Corbis:** Roth Ritter/Stocktrek Images (b). **ESO:** (t). **NASA:** ESA, Hubble & NASA (c). **15 Corbis:** (t). **NASA:** ESA, R. O'Connell (University of Virginia), B. Whitmore (Space Telescope Science Institute), M. Dopita (Australian National University), and the Wide Field Camera 3 Science Oversight Committee (bl); N. Benitez (JHU), T. Broadhurst (Racah Institute of Physics/The Hebrew University), H. Ford (JHU), M. Clampin (STScI), G. Hartig (STScI), G. Illingworth (UCO/Lick Observatory), the ACS Science Team and ESA (br). **18 Corbis:** Stapleton Collection (t). **19 Corbis:** Radius Images (t). **22 Corbis:** Kerrick James (cra). **Dreamstime.com:** Windsteel (cla, clb, bl). **ESO:** (crb). **Getty Images:** Takanori Yamakawa/Sebun Photo (br). **23 Getty Images:** Chris Walsh (t). **Science Photo Library:** Frank Zullo (b). **24-25 NASA:** ESA, J. Hester and A. Loll (Arizona State University) (b). **25 Getty Images:** William James Warren/Science Faction (tl). **Science Photo Library:** NASA (tr). **26 Corbis:** Bettmann (b/Venus). **Dreamstime.com:** Yiannos1 (b/earth). **NASA:** JPL/USGS (b/moon); JPL/Space Science Institute (b/Saturn). **27 Dorling Kindersley:** Luciano Corbella (b/Andromeda galaxy). **NASA:** A Fujii/ESA/HST (t). **Science Photo Library:** Celestial Image Co. (bc); Mark Garlick (br). **28-29 Science Photo Library:** BabakTafreshi. **31 Corbis:** Reuters (t). **Science Photo Library:** Pekka Parviainen (b). **33 Fotolia:** Anton Balazh (t). **36 Galaxy Picture Library:** Robin Scagell (t). **37 Galaxy Picture Library:** Robin Scagell (cl, tc, br). **38 Galaxy Picture Library:** Robin Scagell (cb, br, c, bc). **39 Galaxy Picture Library:** Robin Scagell (cr, br). **43 Getty Images:** Travel Ink (bl). **45 Corbis:** Dennis di Cicco (tc, tr). **48 Corbis:** Keren Su (c, fcr, br). **50 Corbis:** HO/Reuters (cl). **52 Alamy Images:** Adam van Bunners (cl). **ESO:** (cr). **(c) Robin Jackson:** (tr). **Stuart Macintosh:** (bl). **53 Corbis:** Richard Crisp (bl); Roger Ressmeyer (tr, tl/detail). **54 Galaxy Picture Library:** Robin Scagell (cl). **55 Science Photo Library:** J-P Metsavainio (tr). **57 Galaxy Picture Library:** Dave Tyler (br). **Science Photo Library:** John Chumack (cr). **58 www.nightskyhunter.com:** (bl). **59 Krzystof Jastrzebski, Poland - Skawina:** (cl). **Serge Veillard:** (crb). **Roel Weijenberg, www.roelblog.nl:** (br). **60-61 Galaxy Picture Library:** Dave Taylor. **63 Corbis:** Bettmann (cla/Venus); Walter Myers/Stocktrek Images (ca/Jupiter). **Dreamstime.com:** Yiannos1 (clb/Earth). **Getty Images:** Yoshinori Watabe (bc). **NASA:** Johns Hopkins University Applied Physics Laboratory/Arizona State University/Carnegie Institution of Washington (cla/Mercury); NEAR-JHUAPL (br); JPL/Space Science Institute (cra/Saturn); JPL (cb/Uranus); Erich Karkoschka, University of Arizona (crb/Neptune). **U.S. Geological Survey:** Astrogeology Research Program (cb/Mars). **64 Science Photo Library:** Babak Tafreshi (t). **65 Alamy Images:** Galaxy Picture Library (tc). **Will Gater:** (tl, tr). **66 Corbis:** Bettmann (c/Venus); Walter Myers/Stocktrek Images (c/Jupiter). **Dreamstime.com:** Yiannos1 (clb, c/Earth). **NASA:** Johns Hopkins University Applied Physics Laboratory/Arizona State University/Carnegie Institution of Washington (c/Mercury); SDO (t, bl, c/Sun); Erich Karkoschka, University of Arizona (c/Neptune); JPL/Space Science Institute (c/Saturn); JPL (c/Uranus). **U.S. Geological Survey:** Astrogeology Research Program (c/Mars). **67 Corbis:** Jay Pasachoff/Science Faction (br). **NASA:** SDO/AIA (tr/corona); SOHO (ESA & NASA) (bl). **68 Corbis:** Michael Benson/Kinetikon Pictures (cr). **NASA:** SOHO (ESA & NASA) (cl). **Science Photo Library:** Greg Piepol (b). **69 NASA:** SOHO (ESA & NASA) (c, br). **Science Photo Library:** NOAO (t). **70 Galaxy Picture Library:** Robin Scagell (bl). **71 Corbis:** Francesc Muntantada (t). **NASA:** SDO and the AIA, EVE, and HMI science teams (b). **72 Corbis:** Bettmann (c/Venus); Walter Myers/Stocktrek Images (c/Jupiter). **Dreamstime.com:** Yiannos1 (c/Earth, bc). **NASA:** Johns Hopkins University Applied Physics Laboratory/Arizona State University/Carnegie Institution of Washington (c/Mercury); JPL/USGS (t, bl); JPL (c/Uranus); Erich Karkoschka, University of Arizona (c/Neptune); JPL/Space Science Institute (c/Saturn); SDO/GSFC (c/Sun). **U.S. Geological Survey:** Astrogeology Research Program (c/Mars). **74 Corbis:** Mikael Svensson/Johnér Images (bl). **Galaxy Picture Library:** (bc/binocular view). **NASA:** JPL/USGS (bc/telescope). **Science Photo Library:** John Sanford (br); Eckhard Slawik (t). **75 Alamy Images:** Ria Novosti (t). **Getty Images:** Time & Life Pictures (b). **NASA:** (c). **76 NASA:** GSFC/Arizona State University (b, t). **77 Alamy Images:** Galaxy Picture Library (tr). **NASA:** Johnson Space Center (br); nssdc/gsfc (cl, bl). **78 Galaxy Picture Library:** Jamie Cooper (tl). **NASA:** JPL/USGS (b). **SuperStock:** science & society (c). **79 Galaxy Picture Library:** Damian Peach (b). **Getty Images:** (t); Space frontiers/Stringer (cl). **80 Galaxy Picture Library:** NASA (clb). **NASA:** (b); NSSDC/GSFC (tr); (cr). **81 Getty Images:** Jamie Cooper/SSPL (tr). **Science Photo Library:** NASA (tl). **SuperStock:** Science and Society (br, cl). **82 Science Photo Library:** Thierry Legault/Eurelios (tl). **83 Science Photo Library:** John Bova (cl, cr, bl, br). **84 Corbis:** Jean-Christophe Bott/epa (cb). **E. Israel:** (br). **85 Corbis:** Jay Pasachoff/Science Faction (br). **Getty Images:** AFP (bl); SPL/Rev. Ronald Royer (tr); SSPL (cr). **Science Photo Library:** H R Bramaz, ISM (cl). **86 Corbis:** Bettmann (c/Venus); Walter Myers/Stocktrek Images (c/Jupiter). **Dreamstime.com:** Yiannos1 (bc, c/Earth). **NASA:** Johns Hopkins University Applied Physics Laboratory/Arizona State University/Carnegie Institution of Washington (tl, c/Mercury, bl); JPL/Space Science Institute (c/Saturn); JPL (c/Uranus); Erich Karkoschka, University of Arizona (c/Neptune); SDO/GSFC (c/Sun). **U.S. Geological Survey:** Astrogeology Research Program (c/Mars). **87 Galaxy Picture Library:** Maurice Gavin (br). **88 Corbis:** Bettmann (t, bl, c/Venus); Walter Myers/Stocktrek Images (c/Jupiter). **Dreamstime.com:** Yiannos1 (bc, c/Earth). **NASA:** Johns Hopkins University Applied Physics Laboratory/Arizona State University/Carnegie Institution of Washington (c/Mercury); Erich

Karkoschka, University of Arizona (c/Neptune); JPL/Space Science Institute (c/Saturn); JPL (c/Uranus); SDO (c/Sun). **U.S. Geological Survey:** Astrogeology Research Program (c/Mars). **89 Will Gater:** (b).
90 Corbis: Bettmann (c/Venus); Walter Myers/Stocktrek Images (c/Jupiter). **Dreamstime.com:** Yiannos1 (br, c/earth). **NASA:** Johns Hopkins University Applied Physics Laboratory/Arizona State University/Carnegie Institution of Washington (c/Mercury); Erich Karkoschka, University of Arizona (c/Neptune); JPL/Space Science Institute (c/Saturn); JPL (c/Uranus); SDO/GSFC (c/Sun). **U.S. Geological Survey:** Astrogeology Research Program (t, bl, c/Mars). **92 NASA:** JPL (tr); JPL/Cornell (c); JPL-Caltech/University of Arizona (br); JPL/University of Arizona (bc).
93 Galaxy Picture Library: Robin Scagell (cl, clb); Dave Tyler (bl).
94 Corbis: Bettmann (c/Venus); Walter Myers/Stocktrek Images (t, bl, c/(Jupiter). **Dreamstime.com:** Yiannos1 (c/earth, bc). **NASA:** Johns Hopkins University Applied Physics Laboratory/Arizona State University/Carnegie Institution of Washington (c/Mercury); SDO/GSFC (c/(Sun)); JPL/Space Science Institute (c/Saturn); JPL (c/Uranus); Erich Karkoschka, University of Arizona (c/Neptune). **U.S. Geological Survey:** Astrogeology Research Program (c/Mars). **96 NASA:** Johns Hopkins University Applied Physics Laboratory Southwest Research Institute (clb); JPL/DLR (t, cra, cl); JPL/University of Arizona (c); JPL (b). **97 Alamy Images:** Galaxy Picture Library (bl, bc). **Corbis:** Walter Myers/Stocktrek Images (tl). **Will Gater:** (br). **98 Corbis:** Bettmann (c/Venus); Walter Myers/Stocktrek Images (c/Jupiter). **Dreamstime.com:** Yiannos1 (bc, c/Earth). **NASA:** Johns Hopkins University Applied Physics Laboratory/Arizona State University/Carnegie Institution of Washington (c/Mercury); Erich Karkoschka, University of Arizona (c/Neptune); JPL/Space Science Institute (c/Saturn, t, bl); SDO/GSFC (c/Sun); JPL (c/Uranus). **U.S. Geological Survey:** Astrogeology Research Program (c/Mars). **100 NASA:** JPL/Space Science Institute (tc, tr, cl, cr, bl, bc, br, tl); JPL (c).
101 Galaxy Picture Library: Robin Scagell (bl, bc); Dave Tyler (br). **NASA:** JPL/Space Science Institute (c); The Hubble Heritage Team (STScI/AURA) Acknowledgment: R.G. French (Wellesley College), J. Cuzzi (NASA/Ames), L. Dones (SwRI), and J. Lissauer (NASA/Ames) (tr). **102 Corbis:** Bettmann (c/Venus); Walter Myers/Stocktrek Images (c/Jupiter). **Dreamstime.com:** Yiannos1 (bc, c/Earth). **NASA:** Johns Hopkins University Applied Physics Laboratory/Arizona State University/Carnegie Institution of Washington (c/Mercury); Erich Karkoschka, University of Arizona (c/Neptune); JPL/Space Science Institute (c/Saturn); JPL (t, bl, c/Uranus); SDO/GSFC (c/Sun). **U.S. Geological Survey:** Astrogeology Research Program (c/Mars). **103 Corbis:** (br). **W.M. Keck Observatory:** (tc). **NASA:** JPL (tr). **104 Corbis:** Bettmann (c/Venus); Walter Myers/Stocktrek Images (c/Jupiter). **Dreamstime.com:** Yiannos1 (bc, c/Earth). **NASA:** Johns Hopkins University Applied Physics Laboratory/Arizona State University/Carnegie Institution of Washington (c/Mercury); Erich Karkoschka, University of Arizona (t, bl, c/Neptune); JPL/Space Science Institute (c/Saturn); JPL (c/Uranus); SDO/GSFC (c/Sun). **U.S. Geological Survey:** Astrogeology Research Program (c/Mars).
105 Corbis: NASA/Roger Ressmeyer (tr). **Science Photo Library:** John Chumack (br). **106 NASA:** ESA, and M. Showatter (SETI Institute) (tl).
107 Lowell Observatory Archives: (b). **NASA:** ESA, J. Parker (southwest Research Institute), P. Thomas (Cornell University), L. Mc Fadden (University of Maryland, College Park) and M. Mutchler and Z. Levay (STScI) (tl); ESA, and M. Buie/Southwest Research Institute (tr). **108 Corbis:** Dennis di Cicco (t). **110 Corbis:** Tony Moow/amanaimages (tr). **Getty Images:** Yoshinori Watabe (tl). **NASA:** (b).
111 ESO: S. Deiries (cr). **Getty Images:** Malcolm Park (tr). **NASA:** JPL (tl); JPL-Caltech/UMD (bl). **Science Photo Library:** Rev. Ronald Royer (br).
112 Science Photo Library: Tony and Daphne Hallas (t). **113 Dorling Kindersley:** Colin Keates/Natural History Museum (cl, clb, bl). **Getty Images:** Barcroft Media (br). **114 NASA:** JPL/USGS (t). **115 NASA:** R Evans and K Stapelfeldt (JPL) (br).
116 NASA: JPL-Caltech/UCLA/MPS/DLR/IDA (t); JPL/JHUAPL (bl); JPL/USGS (br). **117 ESA:** MPS/UPD/.LAM/IAA/RSSD/INTA/UPM/DASP/IDA (bl). **Japan Aerospace Exploration Agency (JAXA):** ISAS (cr). **NASA:** JHUAPL (tr); JPL/USGS (cl); JPL/Steve Ostro (br).
118 Alamy Images: Design Pics Inc (t). **119 Science Photo Library:** NASA/ESA/CXS/STScI (br). **120 Alamy Images:** Sunpix Travel (t). **121 NAOJ:** H. Fukushima, D. Kinoshita, & J. Watanabe (br). **Science Photo Library:** Stephen J Krasemann (tl); Pekka Parviainen (bl); Babak Tafreshi (bc). **122-123 NASA and The Hubble Heritage Team (AURA/STScI):** NASA, ESA, N. Smith (University of California, Berkeley),. **124 ESO:** (c).
126 Galaxy Picture Library: Damian Peach (t). **127 The Art Agency:** Terry Pastor (b). **128 NASA:** ESA M. Roberto Space Telescope Science Institute/ESA and the Hubble Space Telescope Orion Treasury Project Team (t); ESA AURA/Caltech (c). **Jeremy Perez:** (b).
129 Corbis: Stocktrek Images (t). **ESO:** (cl). **Getty Images:** Stocktrek Images (b). **130 Corbis:** Robert Gendler/Stocktrek Images (b); Stocktrek Images (c). **Will Gater:** (t). **131 Corbis:** Stocktrek Images (t); Visuals Unlimited (b). **NASA:** JPL-Caltech/UCLA (c).
132 Pedro Ré. . Laboratorio Maritimo da Guia, Portugal. . : (bc, br). **133 ESO:** L. Calçada (cl). **134 ESO:** (t). **Science Photo Library:** Celestial Image Co. (b). **135 Will Gater:** (t, ca, c, cl). **136 Corbis:** Visuals Unlimited (cl). **ESO:** (bl). **Will Gater:** (t). **NASA:** ESA, and G. Meylan (Ecole Polytechnique Federale de Lausanne) (bc). **137 Corbis:** Stocktrek Images (bl). **Will Gater:** (tl, br). **NASA:** JPL-Caltech, J Stauffer (SSC/Caltech) (tr).
138-139 The Art Agency: Stuart Jackson-Carter. **140 Corbis:** Momatiuk - Eastcott (t). **Will Gater:** (b). **141 NASA:** Ames Research Center, W. Stenzel (br); ESA, P. Kalas, J. Graham, E. Chiang, E. Kite (University of California, Berkeley), M. Clampin (NASA Goddard Space Flight Center), M. Fitzgerald (Lawrence Livermore National Laboratory), and K. Stapelfeldt and J. Krist (NASA Jet Propulsion Laboratory) (bc, bl). **142 NASA:** NASA, ESA, and N. Pirzkal (European Space Agency/STScI) and the HUDF Team (STScI) (cl, cr); NASA, ESA, and The Hubble Heritage Team (STScI/AURA) (br, bl). **143 ESA:** NASA (br). **ESO:** (tr). **NASA:** NASA, Holland Ford (JHU), the ACS Science Team and ESA (tl). **144 Corbis:** Tony Hallas/Science Faction (b); Stocktrek Images (t). **NASA:** JPL-Caltech/Harvard-Smithsonian CfA/NOAO (c).
145 Corbis: Stocktrek Images (b, tr); Visuals Unlimited (tl). **146 Getty Images:** Stocktrek Images (b). **The Art Agency:** Terry Pastor (t). **147 NASA:** ESA and R. Massey (California Institute of Technology) (tl, tr). **Sloan Digital Sky Survey (SDSS):** M. Blanton & SDSS Collaboration, www.sdss.org (b).
148 NASA: WMAP Science Team (t).
150-151 Galaxy Picture Library: Nigel Evans. **152 Alamy Images:** Galaxy Picture Library (bl, cb).
155 NASA: Atlas Image courtesy of 2MASS/UMass/IPAC-Caltech/NASA/NSF (br). **160 Alamy Images:** Galaxy Picture Library (br). **167 Corbis:** Roger Ressmeyer (br). **173 ESO:** IDA/Danish 1.5 m/R.Gendler, J-E. Ovaldsen, C. Thöne, and C. Feron. (br). **179 Alamy Images:** Galaxy Picture Library (bl).
185 Corbis: Takashi Katahira/amanaimages (br). **190 ESA:** A. Fuji (bl).
197 Corbis: Stocktrek Images (br).
203 Corbis: Stocktrek Images (bl).
208 Alamy Images: Galaxy Picture Library (bl). **214 Corbis:** Tony Hallas (br). **220 Corbis:** Stocktrek Images (bl).
226-227 Corbis: Stocktrek Images/Miguel Claro. **228 Till Credner/AlltheSky.com:** (cr). **231 Till Credner/AlltheSky.com:** (br). **NASA:** ESA, HEIC, and The Hubble Heritage Team (STScI/AURA) (tr). **233 Till Credner/AlltheSky.com:** (b).
236 NOAO/AURA/NSF: T.A.Rector and B.A.Wolpa, Copyright WIYN Consortium, Inc., all rights reserved (cl).
238 Till Credner/AlltheSky.com: (t).
239 NASA: NASA, ESA, and The Hubble Heritage Team (STScI/AURA) (bl).
243 Till Credner/AlltheSky.com: (t).
244 NASA: ESA, the Hubble Heritage (STScI/AURA)-ESA/Hubble Collaboration, and the Digitized Sky Survey 2. J. Hester (Arizona State University) and Davide De Martin (ESA/Hubble) (cl). **245 Till Credner/AlltheSky.com:** (cl). **246 NASA:** JPL-Caltech (cr). **249 NASA:** 2002

R. Gendler (b). **Hunter Wilson:** (t). **253 Science Photo Library:** Eckhard Slawik (b). **Hunter Wilson:** (tr). **255 NOAO/AURA/NSF:** Peter Kukol/ Adam Block (cl). **256 NASA:** The Hubble Heritage Team (STScI/AURA), R.G. French (Wellesley College), J. Cuzzi (NASA/Ames), L. Dones (SwRI), and J. Lissauer (NASA/Ames) (cr). **259 Corbis:** Stocktrek Images (b). **ESA:** Image by C. Carreau (t). **260 Till Credner/AlltheSky.com:** (cr). **261 Till Credner/AlltheSky.com:** (t). **262 Hunter Wilson:** (tl). **263 ESO:** (cr). **NASA:** ESA, STScI, J. Hester and P. Scowen (Arizona State University) (b). **265 Corbis:** Rolf Geissinger/Stocktrek Images (cl). **266 Till Credner/ AlltheSky.com:** (tl). **266-277 Corbis:** © Stocktrek Images/Miguel Claro/ Stocktrek Images. **268 ESO:** (cr). **269 Till Credner/AlltheSky.com:** (cr). **270 Till Credner/AlltheSky. com:** (cr). **275 NASA:** JPL-Caltech/ Harvard-Smithsonian CfA (cr). **277 NASA:** ESA, M. Robberto (Space Telescope Science Institute/ESA) and the Hubble Space Telescope Orion Treasury Project Team (b). **278 Till Credner/AlltheSky.com:** (cl). **280 Hunter Wilson:** (tr). **281 ESO:** IDA/Danish 1.5 m/R. Gendler, S. Guisard (www.eso.org/~sguisard) and C. Thöne (b). **282 Daniel Verschatse - Observatorio Antilhue - Chile:** © Copyright 2001-2008 by Daniel Verschatse (cr). **283 Galaxy Picture Library:** Gordon Garradd (cr). **284 NOAO/AURA/NSF:** Bill and Sean Kelly/Adam Block (cl). **285 NASA:** ESA, and the Hubble Heritage Team (STScI/ AURA)-ESA/Hubble Collaboration (cr). **287 ESO:** (t). **NASA:** A Fujii (b). **291 NASA:** ESA (cr). **292 Joseph Brimacombe:** (cl). **293 Till Credner/ AlltheSky.com:** (cl). **294 NASA:** ESA, Hubble & NASA (cr). **295 ESO:** (cr). **296 Galaxy Picture Library:** Robin Scagell (tr). **298 Till Credner/ AlltheSky.com:** (t). **299 Alamy Images:** Stocktrek Images, Inc. (bl). **300 ESO:** P. Barthel (cr). **301 ESO:** IDA/ Danish 1.5 m/R. Gendler, J.-E. Ovaldsen, C. Thöne and C. Féron (cl). **305 ESO:** S. Brunier (cl); (c). **306 NASA:** NASA, ESA, and The Hubble Heritage Team (STScI/AURA) (cl). **307 NASA:** (cl). **308 Guillermo Yanez, Lo Barnechea, Chile:** (cl). **309 Till Credner/ AlltheSky.com:** (tr). **310 Science Photo Library:** Robert Gendler, Martin Pugh (cr). **311 ESO:** Loke Kun Tan (StarryScapes.com) (cr). **312 Science Photo Library:** NASA/ESA/STSCL (cl). **315 Till Credner/AlltheSky.com:** (cr). **317 Till Credner/AlltheSky. com:** (cl). **319 ESO:** (tl). **320 ESO:** (cl). **321 Corbis:** Stocktrek Images (cr). **322 ESO:** (cr). **323 Till Credner/ AlltheSky.com:** (cl). **324 Till Credner/AlltheSky.com:** (cl). **325 Science Photo Library:** NASA/ ESA/STSCL (cl)

Fotografías de la cubierta: *Anterior:* **ESO:** tr; **NASA:** ftl, JPL/Space Science Institute b; *Posterior:* **Corbis:** Tony Hallas/Science Faction tr; **U.S. Geological Survey:** Astrogeology Research Program tl; *Lomo:* **Corbis:** Robert Gendler/ Stocktrek Images cb; **NASA:** JPL/Space Science Institute t, JPL/University of Arizona ca.

Otras fotografías © Dorling Kindersley
Para más información véase:
www.dkimages.com